ISBN 978-0-332-48783-0
PIBN 10503075

BIBLIOTHÈQUE UNIVERSELLE DES VOYAGES,

OU

NOTICE complète et raisonnée de tous les Voyages anciens et modernes dans les différentes parties du monde, publiés tant en langue française qu'en langues étrangères, classés par ordre de pays dans leur série chronologique; avec des extraits plus ou moins rapides des Voyages les plus estimés de chaque pays, et des jugemens motivés sur les Relations anciennes qui ont le plus de célébrité:

PAR G. BOUCHER DE LA RICHARDERIE,

Ex-Juge en la Cour de Cassation, et Membre de la Société française de l'Afrique intérieure, instituée à Marseille.

TOME III.

A PARIS,

Chez TREUTTEL et WÜRTZ, ancien hôtel de Lauraguais, rue de Lille, n° 17, vis-à-vis les Théatins;

Et à STRASBOURG, même maison de commerce.

1808.

TABLE

DES SECTIONS ET DES PARAGRAPHES

contenus dans ce volume.

SUITE DE LA SECONDE PARTIE.

SUITE DE LA SECTION IX.

SECTION IX *DOUBLE*.

Descriptions de la mer Adriatique ; des îles Éoliennes ; des îles Vénitiennes, aujourd'hui les Sept-Isles, des îles Baléares, des îles Pythiuses, des îles de Sardaigne et de Corse. Voyages faits dans ces îles.

SECTION X.

Descriptions de la France. Voyages faits dans cette contrée.

SECTION XI.

Descriptions des Pays-Bas et des Provinces-Unies. Voyages faits dans ces pays.

SECTION XII.

Descriptions de la Grande-Bretagne. Voyages faits dans les trois royaumes.

SECTION XIII.

Voyages en Portugal et en Espagne.

FIN DE LA TABLE DU TOME TROISIÈME.

BIBLIOTHÈQUE UNIVERSELLE DES VOYAGES.

SUITE DE LA SECONDE PARTIE.

SUITE DE LA SECTION IX.

§. II. *Descriptions particulières de différentes contrées de l'Italie. Voyages faits dans ces pays.*

Pour le classement de ces Voyages, je suppose que le voyageur descend du Mont-Cénis pour visiter toute l'Italie, qu'il parcourt successivement le Piémont, l'état de Gênes, le Milanais, le Mantouan, l'état de Venise, le territoire de Ravenne, le Modénois, le Parmésan, le Ferrarois, l'ancien duché d'Urbin, la légation de Bologne, la Toscane et le Siennois, la république de Lucques, Rome et tout l'état ecclésiastique, d'où il entre dans le royaume de Naples.

ÉTAT DU PIÉMONT.

Description de la ville de Turin, par Philippe *Pengonius :* (en latin) *Ph. Pengonii Augusta Taurinorum.* Turin, 1587, in-fol.

RELATION de l'état présent du Piémont, par François-Augustin *della Chiesa* : (en italien) *Relazione dello stato presente del Piemonte, dal Sig. Francesco Augustino della Chiesa*. Turin, Gasardo, 1635, in-4°.

SITES du Piémont, par le comte don Emmanuel *Tesauro*, avec figures : (en italien) *Campeggiamenti del Piemonte, del conte don Emanuel Tesauro*. 1640, in-fol.

SITES, ou Histoire du Piémont, par *le même* : (en italien) *Campeggiamenti, ovvero Istoria del Piemonte, del conte Emanuel Tesauro*. Bologne, Monti, 1643, in-4°.

DESCRIPTION de Turin, par *le même*, continuée par Jean-Pierre *Giraldi* : (en italien) *Augusta Taurinorum dell' Emanuel Tesauro, proseguita da Gio. Pietro Giraldi*. Turin, 1679, in-fol.

THÉATRE du Piémont et de la Savoie, traduit du latin en français par Jacques *Bernard*, avec cartes et planches. La Haye, 1700, 2 vol. gr. in-fol.

NOUVEAU THÉATRE du Piémont et de la Savoie, ou Description des villes, palais, édifices, etc. de ces provinces. La Haye, 1725, 4 vol. gr. in-fol.

LE GUIDE des Etrangers dans la ville royale de Turin, avec figures : (en italien) *Guida de' Forestieri per la real città di Torino*. Turin, Rameletti, 1753, in-12.

VOYAGE pittoresque du comté de Nice, avec planches. Genève, 1787, in-8°.

VOYAGE dans les Alpes maritimes, par *Albanis*

Beaumont : (en anglais) *Travels through the Maritim Alps, by Albanis Beaumont*. Londres, 1794, in-fol. avec un nombre de belles gravures.

ÉTAT DE GÊNES.

Description de Gênes, le plus riche marché de toute l'Italie : (en latin) *Genuae celeberrimi totius Italiae emporii Descriptio*. 1634, in-fol.

Description des beautés de Gênes et de ses environs, ornée de différentes vues et du plan topographique de cette ville. Gênes, 1773, in-8°.

MILANAIS ET MANTOUAN.

Histoire de l'illustration et des titres distingués du lac Majeur, où l'on décrit la source du fleuve Tésin et son origine, les terres et les bourgs qui l'avoisinent ; rédigé par le P. Paul *Morigia* : (en italien) *Istoria della nobiltà e degne qualità di lago Majore*, etc... *raccolta dal R. P. Paulo Morigia*. Milan, Lucani, 1603, in-12.

Abrégé de ce qui se voit de plus remarquable dans la ville de Milan : (en italien) *Sommario delle cose mirabili della città di Milano, raccolto dal R. P. F. Mariggi*. Milan, 1609, in-12.

Tableau de Milan, divisé en trois livres, et colorié par Charles *Torré*, dans lequel sont décrits les monumens antiques et modernes de cette ville, etc. avec diverses narrations historiques, etc. avec figures : (en italien) *Il Ritratto di Milano diviso in tre libri, colorito da Carlo Torre, nel quale vengono descritte tutte le antichità e modernità, etc.*

1674, in-4°.

Description de Milan, enrichie de beaucoup de planches, contenant les dessins des édifices les plus remarquables qui se trouvent dans cette métropole; le tout rédigé et mis en ordre par Servilien *Latuada*: (en italien) *Descrizione di Milano, ornata con molti disegni in rame delle fabriche più conspicue che si trovano in questa metropoli; raccolta e ordinata da Serviliano Latuada.* Milan, 1738, 5 vol. in-8°.

Histoire de la ville et de l'Etat de Milan, par Ange *Padesi*: (en italien) *Angeli Padesi Storia della città e Stato di Milano.* Milan, 1783, in-8°.

Voyages aux îles Boromées, par deux amis (Louis *Damin*). Milan, 1798, in-8°.

Voyage de Milan aux trois lacs, Majeur, de Lugano et de Côme, par Charles *Amoretti*, bibliothécaire de la bibliothèque Ambrosienne: (en italien) *Viaggio da Milano ai trè laghi, Maggiore, di Lugano e di Como, del C. Amoretti.* Milan, Galleazzi, 1803, in-4°.

C'est une seconde édition d'un premier Voyage qu'avoit fait en ces mêmes lieux ce savant, et qu'il avoit publié en 1794. Cette édition est considérablement augmentée de plusieurs observations nouvelles, qu'un second voyage aux trois lacs lui a donné l'occasion de faire, et de trois belles cartes, l'une du Haut-Novarèse, l'autre de la Valteline, et la troisième du voyage aux trois lacs. Le voyageur décrit les rivières, les lacs, les cavernes qu'il a visités: il détaille les productions minéralogiques du pays, et principalement les diverses espèces de marbre qu'il renferme; il détermine l'élévation des montagnes des principaux endroits de la Lombardie, d'après les observations de l'astronome *Oriani:* les siennes s'étendent encore aux espèces d'animaux particuliers au pays, aux moeurs et aux usages de ses habitans.

VOYAGE à Montebaldo, par François *Calceolari:* (en italien) *Franc. Calceolari Viaggio a Montebaldo.* Venise, 1566, in-4°.

DESCRIPTION de Montebaldo, par Jean *Pona:* (en italien) *Giovanni Pona, Montebaldo descritto.* Venise, 1617, in-4°.

HISTOIRE de l'antiquité, de l'illustration et des objets les plus remarquables de la ville de Pavie, recueillie par Etienne *Breventano:* (en italien) *Istoria della antichità, nobilità e delle cose notabili della città di Pavia, raccolta da Stefano Breventano.* Pavie, Bartoli, 1570, in-4°.

DESCRIPTION historique de Mantoue, en cinq livres, par Benoît *Osanna:* (en italien) *Dell' Istoria di Mantova libri quinque, descritta per Benedetto Osanna.* Mantoue, 1617, in-4°.

NOUVELLE HISTOIRE de la ville de Tortone, par *Montemerlo:* (en italien) *Nuova Istoria dell' antica città di Tortona, del Sig. Nicolò Montemerlo:* Tortone, Viola, 1618, in-4°.

ETATS VÉNITIENS.

DES CHOSES les plus remarquables qui sont à Venise, par François *Sansovino:* (en italien) *Delle Cose notabili che sono in Venetia, di Franc. Sansovino.* Venise, Trino, 1561, in-12.

TRAITÉ des choses remarquables qui sont à Venise, où sont décrits avec la vérité la plus fidelle, les anciens usages, les habillemens, les manufactures, les palais, etc.... : (en italien) *Trattato delle cose notabili che sono in Venetia, dove con ogni verità fedelmente si descrivono usanze antiche, habiti e vestiti, fabriche e palazzi, etc....* Venise, 1583, in-8°.

Des choses remarquables de la ville de Venise, en deux livres, par Girolamo *Bardi* : (en italien) *Delle cose notabili della città di Venetia.* Venise, 1587, in-8°.

Description de Venise : (en italien) *Venetia descritta.* Venise, 1604, in-4°.

Dialogues sur la république de Venise, par Jacques *Donati* : (en latin) *De republicâ Venetâ Dialogi.* Leyde, 1631, in-12.

Tableau de Venise, divisé en deux parties, par Dominique *Mentinelli* : (en italien) *Il Ritratto di Venetia diviso in due parti, per Domenico Martinelli.* Venise, 1684, in-8°.

Nouvelle Relation de la république de Venise, divisée en trois parties. Utrecht, 1709, in-8°.

L'Origine de Padoue, où sont décrites ses antiquités, avec une notice sur les hommes les plus illustres de cette ville et de tout le Padouan, par Laurent *Pignorio* : (en italien) *Le origini di Padoua scritte da Lorenzo Pignorio, dove si discorre dell' antichità, e degli habitatori di memorie illustri della città e della provincia tota.* Padoue, 1625, in-4°.

Description historique de Padoue, par Sertorio *Orsato* : (en italien) *Istoria di Padova, di Sertorio Orsato.* Padoue, 1678, in-fol.

DESCRIPTION historique de Vicence, par Jérôme *Mazari*, divisée en deux livres : (en italien) *Girolamo Mazari Istoria di Vicenza, divisa in due libri.* Vicence, 1614, in-4°.

DES AMPHITHÉATRES, et particulièrement de celui de Vérone, en deux livres, où il en est traité, tant sous le rapport avec l'histoire, que relativement à l'architecture, avec figures : (en italien) *De gli Amphiteatri, e singolarmente del Veronese, libri due, ne' quali si tratta quanto appartiene all' istoria e quanto all' architectura.* Venise, 1728, in-12.

L'ÉTRANGER instruit des choses les plus rares de l'architecture et de quelques peintures de la ville de Vicence, enrichie de trente-six planches en taille-douce : (en italien) *Il Forestiere instrutto nelle cose più rare di architettura e di alcune pitture della città di Vicenza, arrichito di trenta-sei tavole incise in rame.* Vicence, Turra, 1780, gr. in-8°.

DESCRIPTION historique de la ville de Crême, par *Allemany*, faisant suite aux Annales de Pierre Terni : (en italien) *La Istoria di Crema, raccolta per Allemany, fine degli Annali di M. Petro Terni.* Venise, 1666, in-4°.

DESCRIPTION historique de Bresse, par Elie *Coriolo* : (en italien) *Della Istoria Bresciana, di M. Elia Coriolo.* Bresse, 1585, in-4°.

HISTOIRE naturelle du Bressan, par Christophe *Pilati* : (en italien) *Saggio di Istoria naturale del Bresciano, di Christ. Pilati.* Bresse, 1769, in-4°.

DESCRIPTION historique de la ville de Feltre, par

Jérôme *Bertondelli :* (en italien) *Istoria della città di Feltre, di Girolamo Bertondelli.* Venise, 1673, in-4°.

DESCRIPTION de Venise, les vues de ses palais, bâtimens célèbres, et ses autres beautés singulières, représentées en cent quinze figures gravées en taille-douce. Leyde, Haack, 1762, in-fol.

Les planches de cet ouvrage sont tirées du grand *Thesaurus Antiquitatum et Historiarum Italiae, cura Gronovii*, collection en 45 vol. in-fol. publiée à Leyde en 1704 et suiv.

L'ORIGINE de Bergame, et les choses les plus remarquables qui s'y voyent, recueillies par des auteurs recommandables : (en italien) *Bergamo, sue origine, notabili cose, raccolte da gravi autori.* Bergame, 1763, in-4°.

HISTOIRE naturelle du Bergamasque, par *Maltoni :* (en italien) *Della Istoria naturale delle provincie Bergamasche, di Maltoni.* Bergame, 1778, in-8°.

VOYAGE dans les pays de la domination Vénitienne, par *Pirks :* (en latin) *Pirks Itinerarium per ditionem Venetorum.* In-8°.

DESCRIPTION de Venise, par J. C. *Mayer :* (en allemand) *Beschreibung von Venedig, von J. C. Mayer.* Leipsic, 1789; *ibid.* 1795, 2 vol. in-8°.

TABLEAU de Venise, ou Observations sur le luxe et les modes de Venise : (en allemand) *Tableau von Venedig, oder Bemerkungen über den Luxus und die Moden in Venedig.* (Inséré dans le 3e volume du Journal du Luxe et des Modes.)

Description de Venise : (en allemand) *Beschreibung von Venedig*. Leipsic, 1791, 3 vol. in-8°.

RAVENNE, MODÈNE, PARMESAN, FERRAROIS, DUCHÉ D'URBIN, BOLOGNE.

Description historique de Ravenne, par Thomas *Pesaro* : (en italien) *Istoria di Ravenna, del Thomas Pesaro*. 1574, in-fol.

Histoire naturelle et civile des forêts de pin de Ravenne, par François *Ginnani* : (en italien) *Istoria civile e naturale della pinetta Ravennete*. Rome, 1776, in-4°.

Description de la ville de Massa, par Jean-Bartholomée *Persico* : (en italien) *Persico* (*Gio. Barthol.*) *Descrizione della città di Massa*. Naples, 1646, in-12.

Description historique de Modène : (en italien) *Istoria di Modena*. Modène, 1666, in-4°.

Voyage dans les montagnes de Modène, de signor Antoine *Vallisneri*, dans lequel se trouvent beaucoup de nouvelles notions physiques et historiques, non encore publiées; traduit en latin par le signor S. V. S. : (en italien) *Viaggio per i monti di Modena del signor Antonio Vallisneri, nel quale da molte nuove notizie fisiche e historiche non ancora pubblicate ec.; tradotto in latino del signor S. V. S.*

Ce Voyage est inséré au tome II de l'ouvrage suivant :

Œuvres physico-médicales, imprimées et manuscrites, du cavalier Antoine *Vallisneri*, recueillies par Antoine, son fils : (en italien) *Opere fisico-me-*

diche stampate e manoscritte del cavalier Antonio Vallisneri, raccolte da Antonio suo figlio. Venise, Sébastien Coleti, 1732, 3 vol. in-fol.

VOYAGE au mont Ventasso, et aux différentes sources d'eaux minérales du pays de Reggio, par le comte Philippe *de Ré* : (en italien) *Viaggio al monte Ventasso*, etc.... Parme, 1802, in-8°.

DESCRIPTION des rivières du Parmesan et de la ville de Parme, en huit livres, par Bonaventure *Angeli* : (en italien) *Della Descrizione della Parma et dell' Istoria della città di Parma, libri octo, di Bonaventura Angeli*. Parme, 1590, in-4°.

DESCRIPTION historique de Ferrare, par Gaspard *Sardi* : (en italien) *Istoria Ferrarese autore Gasparo Sardi*. Ferrare, 1586, in-4°.

LES RICHESSES de Ferrare, par l'abbé *Libaroni*, ouvrage divisé en trois parties : (en italien) *Ferrara d' oro imbrunita, dell' abbate Libaroni; diviso in tre parti*. Ferrare, 1665-1667-1674, 3 vol. in-fol.

GUIDE d'un Etranger dans la ville de Ferrare, par Antoine *Strizzi*, avec planches : (en italien) *Guida del Forestiere per la città di Ferrara*. Ferrare, 1787, in-18.

OBSERVATIONS sur le cours du Pô, par *Cavena*. (Insérées dans la Collection Académique, partie étrangère, tome XIII, pag. 331 et suiv.)

DESCRIPTION historique de l'Etat d'Urbin, par Vincent-Marie *Cimarelli* : (en italien) *Istoria dello Stato d'Urbino, di Vincenzio Maria Cimarelli*. Bresse, 1642, in-4°.

DESCRIPTION de l'ancienne et nouvelle ville de Bologne : (en latin) *Descriptio civitatis Bononiae antiquae ac hodiernae.* Leyde, 1696, in-fol.

DESCRIPTION de la ville de Bologne et des objets les plus remarquables de cette ville : (en italien) *Descrizione della città e altre cose notabili di Bologna.* Bologne, Rossi, 1602, in-4°.

EXAMEN de Bologne, par Paul *Masini* : (en italien) *Bologna perillustrata, opera di Paolo Masini.* Bologne, Zenero, 1650, in-12.

— Le même, troisième édition, considérablement augmentée. 1666, 2 vol. in-4°.

RECHERCHES sur les objets les plus remarquables de Bologne, par Pierre *Schmitt* : (en italien) *Informazione delle cose più notabili di Bologna, del Sig. Pietro Schmitt.* Bologne, Ricaldini, in-32.

TOSCANE.

LES BEAUTÉS de la ville de Florence, par François *Boschi* : (en italien) *Le Bellezze della città di Florenza, scritte da Francesco Boschi.* Florence, 1592, in-12.

— Le même, avec des augmentations par Jean Ginelli. Florence, 1677, in-12.

TABLEAU de la ville de Florence, avec figures : (en italien) *Il Ritratto di Florenza.* Florence, 1733, in-12.

HISTOIRE de la ville de Florence, par J. *Nardini* : (en italien) *Istória della città di Fiorenza, di J. Nardini.* In-fol.

Des Météores de la Toscane, de ses loix, de son gouvernement et de ses mœurs, par Guillaume *Postel*: (en latin) *Guill. Postellii de Etruriae regionis ignibus, institutis, religione et moribus*. Florence, 1651, in-fol.

— Le même, Leyde, 1634, in-fol.

Relation de quelques Voyages faits en diverses parties de la Toscane, pour observer les productions naturelles et les monumens antiques qui s'y trouvent, par Jean-Antoine *Targioni Tozetti*: (en italien) *Relazione d' alcuni Viaggi fatti in diverse parti della Toscana per osservare le produzioni naturali e gli antichi monumenti di essa, di Giov. Franc. Targioni Tozetti*. Florence, 1751-1754, 12 vol. in-8°.

— La même, avec des augmentations considérables. Florence, 1768-1779, 12 vol. in-8°.

On en a traduit en français une partie seulement, sous le titre suivant :

Voyage minéralogique, philosophique et historique en Toscane, par le docteur J. F. *Targioni Tozetti*, pendant l'automne de l'année 1742. Paris, Villette, 1792, 2 vol. in-8°.

La partie historique de ce Voyage n'est pas toujours bien philosophique. Tout ce qui concerne la géologie et la minéralogie, ainsi que quelques autres branches de l'histoire naturelle, a un peu vieilli, attendu les nombreuses et importantes découvertes faites en ce genre, depuis que l'auteur a écrit.

Abrégé de la Chorographie et de la Topographie physique de la Toscane, par *Targioni Tozetti*: (en italien) *Prodromus della Corografia e della Topo-*

grafia fisica della Toscana, di Targioni Tozetti. Florence, 1754, in-8°.

RECUEIL abrégé des choses les plus remarquables de la ville de Florence : (en italien) *Ristratto delle cose più notabili della città di Florenza.* Florence, 1767, in-12.

FRAGMENT du Journal du Voyage d'un jeune Suisse à Florence, au printemps de 1788 : (en allemand) *Fragmente aus dem Tagebuch eines jungen Schweizers auf seiner Reise nach Florenz, im Frühjahr 1788.* (Inséré dans le Musée suisse, 1788, XIe cah.)

LETTRES sur l'Histoire naturelle de l'île d'Elbe, par *Koestlin* (en allemand). Vienne, 1780, in-8°.

DISCOURS historique sur l'état ancien et actuel du fleuve Arno, par *Morazzi* : (en italien) *Raggionamento istorico dello stato antico e moderno del fiume Arno, da Morazzi.* 1790, in-8°.

DISCOURS historique sur la vallée de Chiano, par le P. *Corsini* : (en italien) *Raggionamento istorico sopra la valle di Chiano, dal P. Corsini.* 1791, in-8°.

VOYAGES dans les deux provinces de Sienne et de Pise, par *Santi* : (en italien) *Viaggi per le due provincie Siennesi e Pisa, da Santi.* 1796, 2 vol. in-8°.

Ces Voyages, que l'auteur a promis d'étendre aux parties les moins connues de la Toscane, qu'il continuoit de parcourir lorsqu'il a publié celui-ci, ne sont pas purement minéralogiques, quoique le principal but du voyageur ait été d'étudier la Toscane sous ce point de vue : il s'est livré quelquefois à des recherches sur l'antiquité, sur l'agriculture, et quelques autres parties de la statistique des pays qu'il a visités.

Ce qui avoit paru de ces Voyages jusqu'à l'époque de 1796, a été traduit en français sous le titre suivant :

VOYAGE dans le Montaniata et le Siennois, contenant des observations nouvelles faites sur la formation des mines, l'histoire géologique, minéralogique et botanique, de cette partie de l'Italie, par Georges *Santi*, traduit en français par Bodard, avec plusieurs planches. Lyon, Bruyset et Ce, 1802, 2 vol. in-8°.

VOYAGE dans les montagnes du Pisan, par *Mariti* : (en italien) *Mariti Itinerario per le colline Pisane*. Florence, 1796, in-8°.

Dans cette relation, dont l'auteur paroît n'avoir publié que le premier volume, et à laquelle il a donné la forme épistolaire, il s'attache principalement à l'histoire civile ancienne et moderne du Pisan : il n'en néglige pas néanmoins les productions, dont il donne le catalogue.

VOYAGE pittoresque de la Toscane : (en italien) *Viaggio pittorico della Toscana*. Florence, Joseph Tofani et Ce, 1801, 1802 et 1803, 3 vol. in-fol.

Ce Voyage contient, avec un grand nombre de planches, la description de tous les monumens de la Toscane.

ÉTAT ECCLÉSIASTIQUE.

VOYAGE d'Espagne à Rome, par *Stanica* : (en latin) *Stanicae Itinerarium ab Hispaniâ usque ad Romam*. Rome, 1521, in-4°.

VOYAGE de Venise à Rome : (en italien) *Itinerario da Vinegia a Roma*. Venise, 1537, in-8°.

RELATION d'un Voyage d'un Ambassadeur du Japon à Rome, depuis leur départ de Lisbonne, avec la description de leur pays et de leurs usages, et l'accueil qui leur a été fait par les Princes chrétiens à leur passage, par *Guido Gualtieri*: (en italien) *Relazione della venuta degli Ambasciatori Giaponensi a Roma, sino alla partita di Lisbona, con una descrizione del loro paesi e costumi, e con la accoglienza fatta loro da tutti Principi cristiani per dove sono passati, di Guido Gualtieri*. Venise, 1586, in-8°.

L'ANTIQUITÉ de Rome, par André *Fulvio*, antiquaire romain, corrigée de nouveau avec soin et augmentée, avec les dessins et les ornemens des édifices anciens et modernes, et des notes de Jérôme Ferruci, citoyen de Rome, tant sur les antiquités de cette ville, que sur les fameux monumens qui ont été restaurés par sa sainteté le pape Sixte V : on y a ajouté un discours de l'auteur contenant des éloges de Rome, et les noms anciens et modernes de cette ville : (en italien) *L'Antichità di Roma, di Andrea Fulvio, di nuovo con ogni diligenza corretta e ampliata, con gli adornamenti e disegni degli edificii antichi e moderni : con le aggiuntioni e anotationi di Girolamo Ferruci Romano, tanto intorno a molte cose antiche, come anche alle cose celebri renovate e stabilite dalla santità di N. S. Sisto V : aggiuntovi nel fine un' oratione dell' istesso autore delle lodi di Roma, e gli nomi antichi e moderni di Roma.* Venise, Girolamo Francini, 1588, in-8°.

VOYAGES d'Italie, et particulièrement de Rome,

en trois livres, extraits des anciens et nouveaux écrits de ceux qui ont visité les lieux saints dans l'année romaine du Jubilé, par François *Schott*: (en latin) *Francisci Schotti Itinerarii Romanarumque rerum libri III, ex antiquis novisque scriptis ab iis editi qui romano anno Jubilaei sacra viserunt.* Anvers, 1600; *ibid.* 1625, in-12.

DESCRIPTION de Rome ancienne et moderne, où est contenue celle des églises, monastères, hôpitaux, confréries, colléges, séminaires, temples, théâtres, amphithéâtres, naumachies, places, marchés, tribunaux, palais, bibliothèques, musées, peintures et sculptures, etc.... avec un index des Papes, des Empereurs et des Princes: (en italien) *Descrizione di Roma antica e moderna, nella quale si contengono chiese, monasteri, hospitali, companie, collegj, seminarj, tempj, teatri, amfiteatri, naumachie, cerchi, fori, curiae, palazzi, librarie, musei, sculture, pitture, etc.... con indice de' Pontefici, Imperatori e Duchi.* Rome, 1644; *ibid.* 1653, in-8°.

VOYAGE à la Cour de Rome ou au théâtre du Saint-Siége apostolique, de la Daterie et de la Chancelerie romaine, par Grégoire *Leti*: (en italien) *Itinerario della Corte di Roma, ovvero Teatro della Sede apostolica, Dateria e Cancellaria romana, di Gregorio Leti.* Valence, 1675, 3 vol. in-12.

VOYAGE curieux de Rome sacrée et profane, par *Sebastiani*: (en italien) *Sebastiani Viaggio curioso di Roma sacra e profana.* Rome, 1683, in-12.

ROME ancienne et nouvelle, etc.... avec planches : (en italien) *Roma antica e moderna, etc.....* Rome, 1690, 2 vol. in-8°.

Le même, sous le titre suivant :

ROME ancienne et moderne, ou nouvelle Description de la moderne ville de Rome, et de tous les édifices remarquables qui s'y voyent, et des objets les plus célèbres que renfermoit l'ancienne Rome : le tout appuyé sur l'autorité du cardinal Baronius, de Ciacconio, de Rossi, de Panciroli, de Panvinius, de Donati, de Nardini, de Græviu, de Ficoroni, et des autres auteurs classiques, tant anciens que modernes : embellie de plus de deux cents figures en taille-douce, avec de curieuses notices historiques, et la chronologie de tous les Souverains Pontifes, Rois, Consuls et Empereurs romains; augmentée dans cette nouvelle édition, d'un troisième volume, où il est traité de tous les usages et des guerres les plus considérables, et des familles les plus illustres d'entre les anciens Romains : (en italien) *Roma antica e moderna, ossia nuova Descrizione della moderna città di Roma, e di tutti edificj notabili, che sono in essa, e delle cose più celebri che erano nella antica Roma : con là autorità del cardinal Baronius, Ciacconio, Rossi, Panciroli, Panvinius, Donati, Nardini, Graevius, Ficoroni, e di altri classici autori si antichi che moderni : abellita con ducenti, e più figure in rame, con curiose notizie istoriche, e con la cronologia di tutti li sommi Pontefici, Rè, Consuli e Imperadori romani : accresciuta, in quella nuova edizione di un tomo terzo, dove si tratta di tutti li riti, guerre più considerabili, e famiglie più cospicue degli antichi Romani.* Rome, Gregorio Roisecco, 1745, 3 vol. in-8°.

Cette description de Rome est fort estimée des Italiens eux-mêmes, tant pour sa fidélité, son exactitude, que pour les notices historiques et chronologiques dont on l'a enrichie.

VOYAGE à Rome, par la sacrée majesté royale Marie-Casimire, reine de Pologne, qui y étoit venue en vertu d'un vœu, pour visiter les lieux saints et le pasteur suprême de l'église Innocent XII, par Antoine *Bassani*: (en italien) *Viaggio a Roma della sacra reale maestà di Maria Casimira, Regina di Polonia, vedova, per il voto di visitare i luoghi santi e il supremo pastore della chiesa Innocente* XII, *autore Antonio Bassani.* Rome, 1700, in-4°.

VOYAGE d'un Gentilhomme anglais de Londres à Rome: (en anglais) *The Travels of an English Gentleman from London to Roma.* Londres, 1706, in-12.

L'ANCIENNE ROME, la principale des villes d'Europe, avec toutes ses magnificences et ses délices, nouvellement et très-exactement décrite depuis sa fondation, et illustrée par des tailles-douces qui représentent au naturel toutes ses antiquités, par François de Seine. Leyde, 1713, 4 vol. in-8°.

ROME moderne (avec les mêmes détails que dans le précédent article), et suivi d'une description fort exacte du gouvernement et de l'état de Rome, par le même. *Ibid.* 1714, 4 vol. in-8°.

ROME antique et moderne, avec une nouvelle description de tous ses édifices antiques, etc.... ;

(en italien) *Roma antica e moderna, o sia nuova descrizione di tutti gli edificj antichi,* etc... Rome, Roisecco, 1750, 3 vol. in-12.

LES PLUS BEAUX MONUMENS de Rome ancienne, ou Recueil des plus beaux morceaux de l'antiquité romaine qui existent encore, dessinés par M. *Barbault*, et gravés en 128 planches, avec leur explication. Rome, Bouchard et Gravier, 1761, grand in-fol.

LE MERCURE voyageur, où il est traité de l'étendue de Rome, tant ancienne que moderne, divisé en deux parties, dont la première contient les palais et les églises; la seconde, les maisons de plaisance, les bains, les eaux, les théâtres, les places, les arcs-de-triomphe, les obélisques, les tombeaux, et autres antiquités et choses singulières de Rome; par Pierre *Rossini*, antiquaire, avec beaucoup de planches: huitième édition, revue, augmentée des palais construits jusqu'à présent: (en italien) *Il Mercurio errante, delle grandezze di Roma, tanto antiche che moderne, di Pietro Rossini, antiquario; diviso in due parti; la prima contiene palazzi e chiese; la seconda, ville, giardini, termi, teatri, cerchj, archi trionfali, guglie, sepolcri, e altre antichità e cose singulari di Roma: ottava edizione,* etc. Rome, 1761, in-12.

DESCRIPTION topographique, historique exacte, de Rome moderne; ouvrage posthume de l'abbé Rodolphe *Venuti*, augmentée, etc.... avec figures: (en italien) *Accurata Descrizione topografica e istorica di Roma moderna; opera postuma dell' abbate*

Rodolfo Venuti, *accresciuta*, etc.... Rome, Barbiellini, 1766, in-4°.

VOYAGE géographique et astronomique, entrepris par ordre de Benoît XIV, dans les années 1750 et suivantes, pour mesurer des degrés de méridien, et corriger les cartes de l'Etat Ecclésiastique, par les PP. *Maire* et *Boscovich*, avec une nouvelle carte de l'Etat Ecclésiastique. Paris, Tilliard, 1770, in-4°.

LES PLUS BEAUX EDIFICES de Rome moderne, ou Recueil des plus belles vues, des principales églises, places, palais, fontaines, etc.... qui sont dans Rome, dessinées par Jean *Barbault*, et gravées en XLIV grandes planches et plusieurs vignettes, par d'habiles maîtres, avec la description historique de chaque édifice. Rome, Bouchard et Gravier, 1773, gr. in-fol.

ITINÉRAIRE instructif, divisé en trois journées, pour trouver avec facilité toutes les antiquités et les magnificences modernes de Rome, ainsi que tous les ouvrages de peinture, de sculpture et d'architecture, rangés avec une nouvelle méthode, par le cavalier Joseph *Vasi*, troisième édition, corrigée et augmentée de beaucoup de notices et de planches, par le même auteur, avec une courte dissertation sur quelques villes et châteaux : (en italien) *Itinerario instruttivo, diviso in tre giornate, per ritrovare con facilità tutte le antiche e moderne magnificenze di Roma, cioè tutte le opere di pittura, scultura e architettura, con nuovo metodo compilate dal cavalier Giuseppe Vasi : terza edizione, corretta e accre-*

sciuta di molte notizie e di rami, del medesimo autore; con una breve digressione sopra alcune città e castelli suburbani. Rome, Cafaletti, 1777, 1 vol. in-12.

LETTRES concernant la description d'un Voyage de Minorque à Rome, en l'an 1777. Francfort, 1779, in-8°.

LETTRES concernant le journal d'un Voyage fait à Rome en 1773 (par *Guidi*). Genève (Paris), Panckoucke, 1783, 2 vol. in-12.

Le style de ce Voyage est très-foible. L'auteur a hérissé sa relation de citations latines et italiennes, où se trouvent des altérations dans le texte et des infidélités dans sa traduction. M. de Lalande l'attribue à Guidi.

DESCRIPTION exacte et succincte de Rome moderne, par l'abbé *Venuti*: (en italien) *Esatissima e succinta Descrizione di Roma moderna.* Rome, 1786, in-4°.

VOYAGE pittoresque d'un Artiste allemand à Rome: (en allemand) *Malerische Reise eines deutschen Künstlers nach Rom.* Vienne en Autriche, 1789, 2 vol. in-8°.

LETTRES sur quelques environs de Rome, par F. G. *Meyer*: (en allemand) *Briefe über einige Gegenden von Rom, von F. G. Meyer.* (Inséré dans le Mercure allemand, 1791, v.e cah.).

NOUVEL APPERÇU statistique et moral de l'Etat de l'Eglise: (en allemand) *Neueste Statistische und Moralische Uebersicht des Kirchenstaats.* Lubeck, 1793, in-8°.

TABLEAU de Rome, par Olivier *Pola* (de Naples), traduit de l'italien. Paris, 1800, in-8°.

DESCRIPTION historique de Rome ancienne et nouvelle, et des travaux de l'art, particulièrement en architecture, sculpture et peinture : on y a ajouté un Voyage dans les cités et dans les *Ville* des environs de cette métropole, et une Relation des antiquités trouvées à Gabie : par J. *Salmon* : (en anglais) *A Historical Description of ancient and modern Rome: also of the works of art, particularly in architecture, sculpture and painting: to wich are added a Tour through the cities and towns in the environs of that metropoles, and an Account of the antiquities found at Gabia; by Salmon.* Londres, 1800, 2 vol. in-8°.

VOYAGE sur la scène des six derniers livres de l'Enéïde, suivi de quelques Observations sur le Latium, par Charles-Victor *de Bonstetten*, avec une carte des environs de Rome. Genève, Paschoud, an XIII — 1805, in-8°.

— Le même, traduit en allemand par J. Schelle. Leipsic, Hartknoch, 1805, 2 vol. in-8°.

Après tant de voyages en Italie, tant de descriptions de Rome et de ses environs, il étoit difficile d'être neuf en parlant de ces contrées. Bonstetten a trouvé le moyen de l'être, en promenant avec lui son lecteur sur la scène des six derniers livres de l'Enéïde. Addisson l'avoit déjà fait, comme je l'ai observé en rendant compte de son Voyage en Suisse et en Italie. Mais quelle que soit la célébrité de ce premier voyageur, quelque mérite qu'aient ses observations, les rapprochemens qu'a faits le nouveau voyageur sont bien supérieurs à ceux d'Addisson. Une érudition choisie, des apperçus lumineux, des descriptions attachantes, décèlent dans la première partie de l'ouvrage, un savant exercé dans l'étude de l'antiquité, un philosophe versé dans la connoissance des phénomènes de la nature; un écrivain correct et élégant. Le compte qu'il rend de ses savantes et ingénieuses recherches dans le Latium, est si concis et si plein de choses à-la-fois, qu'il n'est pas susceptible d'un extrait. On peut en dire autant des objets qui forment la seconde partie de l'ouvrage : je me borne à les indiquer très-sommairement. Il y recherche d'abord les causes de la dépopulation de la Campagne de Rome : il en décrit l'agriculture. Il indique ensuite les différentes races de gros bétail qu'on rencontre en Italie. Il expose l'union intime de l'agriculture avec les moeurs. Remontant à l'antiquité, il explique comment, chez les Romains, l'agriculture étoit liée aux moeurs et à la religion. Après avoir jeté un coup-d'oeil sur le sol volcanique de la Campagne de Rome, et sur les traces visibles des cratères, il s'occupe du Tibre, et il entreprend d'établir que le Latium a été un golfe de la mer.

Dans cette dernière partie de l'ouvrage, le tableau de la dépopulation de la Campagne de Rome est tracé avec autant d'énergie que de vérité. Le développement des diverses causes de cette effrayante dépopulation, est fait avec une grande sagacité. L'application des remèdes propres à faire cesser ce fléau terrible, est présentée comme extrêmement épineuse, sans être moralement impossible.

§. III. *Description du royaume de Naples en particulier, et Voyages faits dans cette contrée.*

DES VOYAGES à Naples et des campagnes de ce royaume, par Jérôme *Turler*, en deux livres : (en latin) *Hieronimi Turler de Peregrinatione et agro Napolitano, libri II.* Strasbourg, 1574, in-12.

— Le même, Nuremberg, 1581, in-8°.

DESCRIPTION des antiquités de Naples, par Benoît *Falco* : (en italien) *Descrizione di luoghi anti-*

qui di Napoli, per Benedetto Falco. Naples, 1580, in-4°.

DESCRIPTION du royaume de Naples, par Scipion *Mazello*: (en italien) *Descrizione del regno di Napoli, di Scipione Mazello*. Naples, 1586, in-4°.

LA SITUATION et les Antiquités de la ville de Pouzzoles, avec la description des lieux environnans, par Scipion *Mazello*: (en italien) *Sito e antichità della città di Pozzuolo, con la Descrizione de gli altri luoghi convicini*. Naples, 1606, in-4°.

ORNEMENS et Antiquités de la Calabre, par *Marafiori*: (en italien) *Corniche e Antichità di Calabria, di Girol. Marafiori*. Padoue, 1611, in-4°.

LE ROYAUME de Naples divisé en douze provinces, par Henri *Bacco*: (en italien) *Regno di Napoli diviso in duodeci provincie, opera di Enrico Bacco*. Naples, 1618, in-8°.

— Le même, nouvelle édition, corrigée et augmentée par César-Eugène *Caracciolo*: (en italien) *Regno di Napoli*, etc.... *editio nuovamente corretta e ampliata per Ces. Eug. Caracciolo*. Naples, 1622; *ibid.* 1626; *ibid.* 1671, in-4°.

DU MONT VÉSUVE, par Jean *de Quinones*: (en espagnol) *Juan de Quinones de Monte Vesuvio*. Madrid, 1632, in-4°.

DESCRIPTION abrégée du royaume de Naples, divisé en douze provinces, mise au jour par Octave *Beltram*: (en italien) *Breve Descrizione del regno di Napoli, diviso in duodeci provincie, edita in lucem per Octavium Beltram*. Naples, 1644, in-4°.

HISTOIRE des Villes et des Eglises métropolitaines de la province d'Abruzze, où l'on fait mention de leurs antiquités; divisée en trois livres, et rédigée par le docteur Jérôme *Nicolini*: (en italien) *Historia della Città e delle Chiese metropoli della provincia d'Abruzzo, divisa in tre libri, nei quali fassi mentione delle sue antiquità, scritta dal dottor Girolamo Nicolini.* Naples, 1657, in-fol.

DESCRIPTION de la ville de Naples, par Joseph *Marmille*: (en italien) *Descrizione della città di Napoli, per Giuseppe Marmille.* Naples, 1670, in-8°.

DESCRIPTION du royaume de Naples, par Henri *Basci*, corrigée et augmentée par César *d'Eugenio*: (en latin) *Henrici Basci Descriptio regni Neapolitani, correcta atque amplificata per Cesar Eugenio.* Leyde, 1678, in-fol.

GUIDE pour les Etrangers curieux de voir et d'examiner les choses les plus remarquables de la royale ville de Naples, augmenté par les soins de l'abbé Pompée *Sarnelli*, et enrichi de planches par Antoine Rosibandi: (en italien) *Guida de' Forestieri di vedere e intendere le cose più notabili della regal città di Napoli, colla diligenza dell' abbate Pompeo Sarnelli ampliata, da Antonio Rosibandi con vaghe figure abbellita.* Naples, 1688, in-8°.

Le même, considérablement augmenté, sous le titre suivant :

NOUVEAU GUIDE des Etrangers, et Histoire de la ville de Naples, dans laquelle on explique les choses les plus remarquables de cette ville et de son district, avec des remarques sur toute l'étendue du royaume, le nombre de ses villes, terres, villages, châteaux, comme aussi celui de ses fleuves et lacs, l'état des évêchés à la nomination du Roi et du Pape; la description des éruptions du mont Vésuve : le tout recueilli dans les meilleurs auteurs par l'abbé Pompée *Sarnelli*. Nouvelle édition, augmentée de beaucoup de nouveaux édifices du temps actuel, et enrichie de plusieurs planches : on y a joint une instruction pour ceux qui voyagent en poste : (en italien) *Nuovo Guida de' Forestieri e dell' Istoria di Napoli, con cui si spiegano le cose più notabili della medesima, e suo distretto; con annotationi di tutto il circuito del regno, e numero delle città, terre, casali e castelli di esso, come pure de' fiumi e laghi; vescovati Regj e Papali : colla descrizione delle eruzioni del monte Vesuvio. Raccolte da' migliori scrittori da monsignor l' abbate Pompeo Sarnelli. In questa nuova edizione ampliata delle molte moderne fabbriche secondo lo stato presente, e arrichita di varie figure : aggiuntoavi un' Instruzione per chi viaggia per la posta.* Naples, Saverio Rossi, 1682, in-8°.

ABRÉGÉ historique du mont Vésuve, par Antoine *Bulifon* : (en italien) *Antonii Bulifon Compendio Historico del monte Vesuvio.* Naples, 1698, in-8°.

GUIDE des Etrangers curieux de voir les choses les plus remarquables de Pouzzole et de ses environs, traduit de l'italien en français, et augmenté par Antoine *Bulifon*. Naples, 1702, in-12.

LE ROYAUME de Naples en perspective, divisé en douze provinces, où sont décrits la très fidelle métropole ville de Naples, les choses les plus remarquables et les plus curieuses dont la nature et l'art ont enrichi ce royaume, les cent quarante villes et terres dont on a pu se procurer la connoissance, avec les vues de tous ces objets gravées en taille-douce, conformément à leur état actuel : en outre, le royaume tout entier et ses douze provinces, figurés par des cartes géographiques, avec les origines, les antiquités, les archevêchés, évêchés, églises publiques, monastères, hôpitaux, édifices fameux, palais, châteaux, forteresses, lacs, fleuves, montagnes; un état des munitions de guerre, de la noblesse, des hommes illustres dans les lettres, les armes, et par leur sainteté, les corps et les reliques des saints; et enfin tout ce qui s'y trouve de plus précieux et de plus rare, avec le dénombrement des feux et des recettes royales, la liste des princes qui ont gouverné depuis la décadence de l'Empire romain, les noms des Souverains Pontifes et cardinaux nés dans le royaume, les loix, constitutions, pragmatiques qui le régissent; l'index des provinces, villes, terres et familles nobles du royaume et de toute l'Italie : ouvrage posthume de l'abbé Jean-Baptiste *Pacichelli*, divisé en trois livres : (en italien) *Il regno di Napoli in prospettiva, diviso in duodeci provincie in cui si descrivono la sua metropoli fedelissima città di Napoli, e le cose più notabili e curiose, e doni così di natura, come d'arte di essa; e le sue cento quarantotto città, e tutte quelle terre, delle quali se ne sono havute le notizie: con le loro vedute diligentemente scolpite in rame, conforme si trovano al presente, oltre il regno intiero, e le dodici provincie distinte in carte geografiche; con le loro origine, antichità, arcivescovati, vescovati, chiese, collegii, monasterii, ospidali, edificj famosi, palazzi, castelli, fortezze, luoghi, fiumi, monti, vettovaglie, nobiltà, huomini illustri in lettere, armi, e santità, corpi e reliquie de' santi, e tutto ciò che di più raro, e precioso si ritrova, coll' ultima numeratione de' fuochi, e regii pagamenti, con la memoria di tutti i suoi regnanti della declinatione dell' Imperio Romano, e di tutti quei Signori che l' an governato: con i nomi de' Pontefici, e cardinali, che sono nati in esso; catalogo de' sette officj del regno, e serie de' successori e di tutti i titolati di esso, col reassunto delle Leggi, Costitutioni e Prammatiche sotto le quali si governa, con l' indice delle provincie, città, terre, famiglie nobili del regno e quelle di tutta Italia: opera postuma divisa in tre parti, dell' abbate Gio. Battista Pacichelli.* Naples, Louis-Michel Mutio, 1703, 3 vol. in-4°.

Cet ouvrage est celui qui fait le mieux connoître tout le matériel du royaume de Naples.

HISTOIRE naturelle du Vésuve, par Gaspard *Paragaglio*, divisée en deux livres: (en italien) *Gasparo Paragaglio Istoria naturale del monte Vesuvio, divisa in due libri.* Naples, 1705, in-4°.

HISTOIRE naturelle du mont Vésuve, par Ignace *Sorretini*: (en italien) *Istoria del Vesuvio, di Ignacio Sorretini.* Rome, 1734, in-8°.

HISTOIRE du mont Vésuve, traduite des Mémoires italiens de l'Académie de Naples par Duperron-Castera, avec deux cartes. Paris, 1741, in-8°.

NOUVEAU GUIDE des Etrangers pour les très-curieuses antiquités de Pouzzole, des îles adjacentes d'Ischia, de Procida, de Nicida, de Caprée, des collines, terres, maisons de campagne et villes qui sont de l'un et de l'autre côté de Naples, et de son cratère, avec la description de la ville de Gaëte: le tout recueilli dans les meilleurs ouvrages imprimés et manuscrits qui en ont traité, et enrichi de trente belles planches gravées à Rome par les soins de don Antoine *Parrino*, citadin de Naples: (en italien) *Nuovo Guida de' Forestieri per l' antichità curiosissime di Pozzuoli, dell' isole adjacenti d'Ischia, Procida, Nicida, Capri, colline, terre, ville e città che sono intorno alle riviere dell' uno e l' altro lato di Napoli; detto cratero, colla descrizione della città di Gaeta: il tutto epilogato degli autori impressi e manuscritti che ne han trattato, adornata di 30 bellissime figure intagliate in Roma, opera di dom Antonio Parrino, natural cittadino Napoletano.* Naples, Bueno, 1751, in-12.

C'est une nouvelle édition, beaucoup plus ample que celle de 1725.

HISTOIRE et Phénomènes du Vésuve; par Jean-Marie *de la Torre*, avec planches: (en italien) *Gio. Maria della Torre Istoria e Fenomeni del Vesuvio.* Naples, 1755; *ibid.* 1768, in-4°.

Cet ouvrage a été traduit en français sous le titre suivant:

HISTOIRE et Phénomènes du Vésuve, exposés par le P. J. M. *de la Torre*, traduits de l'italien par l'abbé Peton, enrichis de planches. Paris, Hérissant, 1751, in-12.

Ce religieux, physicien très-instruit, qui passoit, pour ainsi dire, sa vie sur le Vésuve, et qui examina courageusement de très-près les différentes éruptions qui eurent lieu de son temps, étoit, par ces circonstances même, le savant le plus capable de donner une bonne histoire de ce volcan.

LES RUINES de Pæstum : (en anglais) *The Ruines of Paestum*, etc. contenant dix-huit pages de texte et quatre grandes planches gravées par Miller, sans nom de dessinateur. Londres, Withe, 1767, gr. in-fol.

LES RUINES de Pæstum ou Possidonia, dans la Grande Grèce, par Th. *Major*, graveur de S. M. Britannique, traduit de l'anglais. Londres, imprimé par J. Dievel, 1768, gr. in-fol. fig.

Cet ouvrage n'est rien moins que la traduction du précédent, il est presque entièrement neuf; on n'y a emprunté du précédent que deux gravures, réduites à une plus petite échelle. Le texte est beaucoup plus étendu que dans l'ouvrage anglais : on y trouve, entr'autres additions, une dissertation sur les médailles et les monnoies de Pæstum, qui occupe environ le tiers du texte. M. Major, au surplus, gardé un silence absolu, tant sur l'ouvrage de son compatriote, dont néanmoins, dans le titre du sien, il s'annonce le traducteur, que sur les dessins de Dumont, artiste français, l'un des premiers qui nous ait donné ceux des ruines de Pæstum. Ces dessins néanmoins avoient été rendus publics antérieurement à la publication de l'ouvrage anglais et de sa traduction ; et les planches de ces deux ouvrages ont beaucoup de conformité avec les dessins de Dumont. Du reste, la partie typographique de l'ouvrage de M. Major ne laisse rien à desirer, et toutes les gravures en sont soigneusement traitées. Dumont n'en a pas moins cru devoir publier, avec moins de luxe typographique et moins de richesse dans les gravures, ses propres recherches sur les ruines de Pæstum, avec les dessins qu'il en avoit levés, et dont évidemment les deux éditeurs anglais avoient fait usage; mais il s'est contenté de les joindre à la traduction qu'il a faite de l'ouvrage anglais; et qu'il a enrichie seulement de quelques additions intéressantes : voici la notice de son ouvrage :

Les Ruines de Pæstum, autrement Possidonia, ville de l'ancienne Grèce, ouvrage contenant l'histoire ancienne et moderne et la description de cette ville, de ses vues, antiquités et inscriptions, etc.... traduction libre de l'ouvrage anglais imprimé à Londres en 1767; par M*** (*Dumont*), et à laquelle on a joint des gravures et des détails concernant la ville souterraine d'Herculanum et autres antiquités, principalement du royaume de Naples, deux petits tombeaux de la ville Mathæi, des vues du mont Vésuve, de Capoue, et une carte des lieux, formant 18 planches. Paris, Jombert, 1769, petit in-fol. fig.

Cet ouvrage est le résultat d'un voyage que Dumont avoit fait sur les lieux même, peu de temps après la découverte des ruines de Pæstum, mal à propos attribuée à un élève d'un peintre de Naples par Grosley.

Les Ruines de Pæstum ou Possidonia, ancienne ville de la Grande-Grèce, à vingt-deux lieues de Naples, dans le golfe de Salerne; levées, mesurées et dessinées sur les lieux en l'an II, par *de la Gardette*. Paris, Barbou, an VII — 1799, gr. in-fol.

Cet ouvrage paroît supérieur aux précédens, pour

l'exactitude des mesures, la justesse des proportions, la netteté des descriptions. Son auteur rend justice à ses devanciers, pour la partie historique. Il a soin d'observer que ce que Grosley rapporte de la première découverte des ruines de Pæstum en 1755, est une pure fable, puisque le baron Joseph Antonini a donné le détail de ces ruines dans son ouvrage sur la Lucanie, publié à Naples en 1745 et années suivantes.

Les ruines de la ville de Pæstum annoncent que sa forme étoit oblongue, qu'elle avoit environ deux milles et demi de circuit, et qu'elle étoit percée de quatre portes. Ses murs, en général assez épais par-tout, avoient en quelques endroits jusqu'à dix-huit pieds d'épaisseur, et ils étoient fortifiés de distance en distance par des tours. Sa situation près de la mer l'avoit fait dédier à Neptune, dont la figure se voit encore sur un bas-relief, avec celle d'un cheval-marin. Le voisinage d'un marais rendoit malsaine l'habitation de Pæstum; et la mauvaise qualité des eaux dans la ville et dans ses environs, avoit obligé d'en tirer d'ailleurs à grands frais, comme l'indiquent les restes de plusieurs aqueducs.

Les principales antiquités de Pæstnm consistent en des théâtres, un amphithéâtre et trois temples. Les deux premiers de ces monumens sont presque entièrement détruits: on voit néanmoins dans l'amphitéâtre, qu'il y avoit dix rangs pour les spectateurs.

Des trois temples, le premier a six colonnes de face, avec un portique: quatorze colonnes décorent les flancs de chaque côté. Le second a neuf colonnes de face, et dix-huit sur chacune des ailes. Le troisième, qui est le plus petit des trois, a six colonnes de face, et en a treize seulement sur chacun des côtés. Toutes sont d'ordre dorique, sans base et sans canelures. Leur hauteur est à peine de cinq fois leur diamètre, et ce diamètre va toujours en diminuant dès leur naissance. La construction de ces temples paroît avoir suivi de très-près le temps où les Grecs perfectionnèrent l'architecture.

L'Avant-Coureur du Vésuve, dans lequel, outre le nom, l'origine, l'ancienneté et les premières éruptions de cette montagne, on propose le moyen de se préserver de ses ravages dans le temps de l'éruption : (en italien) *Prodromus Vesuvianus, etc.... in cui altro nome, origine, antichità, prima fermentatione e eruptione del Vesuvio, si propongono le cautele da usarsi in tempo degl' incendj.* Naples, 1780, in-8°.

De l'état de la Calabre après le tremblement de terre de 1783, par François *Munter*: (en allemand) *Uber den Zustand Calabriens nach dem Erdbeben von 1783, von Fr. Munter.* (Inséré dans le Magasin allemand, 1re année, 1er cah.)

Description de l'île d'Ischia, par un Anglais: (en allemand) *Eines Engländers neue Beschreibung der Insel Ischia.* (Insérée dans le 1er volume des Petits Voyages de Jean Bernoulli.)

Voyage à l'île d'Ischia, par H. M. *Marcard*: (en allemand) *Reise nach der Insel Ischia, von H. M. Marcard.* (Inséré dans le Journal de Berlin, 1787, cah. v et vi.)

Relation d'une excursion dans la province de l'Abruzze, et d'un voyage dans l'île de Ponce, par sir Guillaume *Hamilton*: (en anglais) *Account of journey into the province of Abruzzo, and a voyage to the island of Ponza, by William Hamilton.* (Insérée dans les Transactions philosophiques, vol. 76, pag. 367-381.)

Voyages dans différentes provinces du royaume de Naples, par Ulysses-Salis *Marschlins*, avec plan.

ches : (en allemand) *Reisen in verschiedene Provinzen des Kœnigreiches Neapel, von Ulysses Salis Marschlins*. Zurich, 1793, in-8°.

PETIT VOYAGE de Messine à Scilla en Calabre : (en allemand) *Kleine Reise von Messina nach Scilla in Kalabrien*. (Inséré dans le Journal de Fabrique, 1783, VIe cah.)

VOYAGES physiques et lithologiques dans la Campanie, suivis d'un Mémoire sur la constitution physique de Rome, avec la carte générale de la Campanie d'après Zannoni, celle des cratères éteints entre Naples et Cannes, et celle du Vésuve, par Scipion *Breislack*, traduit du manuscrit italien par le général Pommereuil. Paris, Dentu, an IX—1800, 2 vol. in-8°. fig.

Il a été traduit en allemand, d'après la traduction française, sous le titre suivant :

PHYSISCHE und Lithologische Reisen durch Campanien, von Scipion Breislack. Leipsic, Rein, 1804, 2 vol. in-8°.

Ce Voyage, originairement composé en italien, avoit été imprimé dans cette langue à Florence, sous le titre de *Topographie physique de la Campanie;* mais l'édition italienne ayant été faite en l'absence de l'auteur, on doit préférer la traduction de son manuscrit, où il a fait insérer de nouveaux apperçus, résultats d'observations plus récentes: ce n'est pas le seul mérite de cette traduction, elle a encore celui d'être écrite avec beaucoup de correction et de clarté, qui sont les vrais ornemens de ce genre d'ouvrage. Le traducteur y a répandu aussi des notes qui décèlent un naturaliste très-éclairé.

Le champ principal des observations de l'auteur, est la

Campanie, ou Terre heureuse de l'Italie, ainsi nommée de la fertilité de son sol. On lui a donné aussi le nom de Champs-Phlégréens, à cause des volcans qui l'ont originairement ravagée. Cette dernière dénomination, suivant l'auteur, doit s'étendre à toute la portion du pays comprise entre les Apennins et la mer Tyrrhénienne. Une tradition ancienne, et les amas de laves répandus de tous côtés, concourent également à établir que cette contrée a été le théâtre des révolutions les plus effrayantes, et qu'elle étoit habitée bien avant les temps très-reculés de ces explosions. A la profondeur de 75 pieds, on a trouvé des tufs volcaniques de la plus haute antiquité, et les fragmens d'un squelette humain (1).

En parcourant ce vaste terrein, l'auteur a reconnu tantôt des courans de laves, tantôt un tuf contenant des débris. Sur des monts escarpés, il a recueilli des témoignages irréfragables du séjour de la mer, tels que des dépouilles marines et des poissons fossiles, à de grandes profondeurs. Ainsi la Campanie paroît avoir également été désolée par les deux élémens les plus destructeurs, l'eau et le feu. C'est sur-tout dans le voisinage de Naples qu'on trouve des traces de nombreux volcans dans les cratères qui couvrent, pour ainsi dire, cette partie de la Campanie.

---

(1) Comment l'auteur qui décrit les diverses matières qui se trouvent parmi les laves, ou qui en font même partie, ne s'est-il pas occupé d'examiner si ces matières sont ou ne sont pas le produit des feux volcaniques; si elles sont ou non antérieures à l'éruption de ces feux? Le moyen d'imaginer, par exemple, que la riche mine d'or de *Nagyac* qui, suivant l'auteur, se trouve dans l'un des cratères éteints, ait été produite originairement par les premières éruptions des feux souterrains? N'auroit-elle pas été mille et mille fois détruite par la violence successivement agissante de ces feux terribles? Ne seroit-on pas bien fondé à croire que depuis l'éruption des volcans, la nature, toujours en activité, a formé de nouvelles matières? Cependant l'auteur se contente de dire que l'existence d'une telle mine n'est pas impossible dans un volcan éteint.

L'auteur en compte jusqu'à trente-deux dans ce pays, les uns éteints tout-à-fait, les autres qui ne le sont pas entièrement. Ces derniers indiquent un reste de chaleur, par les eaux chaudes qui en sortent. On est étonné sur-tout à la vue de l'immense cratère connu sous le nom de la Cave d'Averne, décrite par Aristote. Le Vésuve, avec ses éruptions redoutables, n'offre donc qu'un très-foible reste de l'embrasement presque général de la Campanie. L'auteur étoit sur les lieux, lors de celle qui eut lieu en 1794. On ne peut lire qu'avec beaucoup d'intérêt, la relation qu'un observateur si attentif nous a donnée de ce phénomène.

A ce savant voyageur nous devons encore la connoissance de la nature du sol de Rome. Il a examiné celui sur lequel cette ville est assise, en naturaliste et en physicien, comme Petit-Radel l'a étudié en antiquaire profond (1). Cet examen l'a conduit à remarquer que les sept collines renfermées dans Rome, portent encore l'empreinte d'éruptions volcaniques, puisqu'il a trouvé des laves dans tout le voisinage. Suivant lui, ces collines ont fait partie d'un cratère ou de jetées volcaniques, qui n'ont la configuration actuelle, que par le travail des eaux et par d'autres accidens physiques, tels que des secousses et des tremblemens de terre. Tout ce qu'il dit à ce sujet, s'accorde parfaitement avec les traditions historiques. L'un des plus beaux épisodes de Virgile, sert d'appui aux savantes conjectures de l'auteur : l'antre de Cacus lui paroît être l'une de ces cavernes qui se trouvent assez ordinairement au-dessus des laves.

D'après l'examen approfondi de la constitution physique du terrein de Rome, l'auteur a cru pouvoir assigner quatre époques bien antérieures aux temps historiques. La première, où la mer couvroit encore les montagnes les plus

(1) Dans un Mémoire sur les anciennes époques des volcans éteints du Latium, et sur les rapports qui lient la tradition de ces phénomènes aux événemens de l'histoire.

élevées de Rome ; la seconde, où d'abondantes alluvions descendant des Apennins, avoient charié sur ce sol une quantité considérable de matières hétérogènes ; une troisième, où il avoit été recouvert d'eaux stagnantes ; une quatrième enfin, qui est celle des éruptions volcaniques.

Des faits recueillis par le voyageur, donnent une grande vraisemblance à cette théorie véritablement destructive de tous les systêmes de chronologie, en ce qu'elle donne à la Campagne de Rome une antiquité effrayante pour nos foibles conceptions.

A des descriptions où dominent tour à tour une vigoureuse touche, ou des couleurs plus adoucies par une imagination riante, suivant la nature des objets imposans ou agréables qu'offrent au voyageur les superbes et terribles environs de Naples, il ajoute des observations profondes, principalement sur les Lazzaronis. Dans aucune relation, l'on ne trouve des détails aussi piquans et aussi neufs sur cette singulière et méprisable classe d'hommes.

§. IV. *Voyages communs au royaume de Naples et à celui de la Sicile. Descriptions communes à ces deux pays.*

VOYAGE dans la Sicile et la Grande-Grèce, par le baron *de Riedesel* : (en allemand) *Reise durch Sicilien und Gros-Griechenland.* Zurich, 1771, in-8°.

Ce Voyage a été traduit en français sous le titre suivant :

VOYAGE en Sicile et dans la Grande-Grèce, par le baron *de Riedesel*, traduit de l'allemand. Paris, 1773, in-12 (1).

(1) Ce Voyage et celui du Levant, par le même auteur, ont été réimprimés récemment, comme on l'a vu (Partie deuxième, section II), et se trouvent chez Jansen, réunis en un seul volume.

Ce Voyage est composé de plusieurs lettres adressées par Riedesel à son ami le célèbre Winkelmann, avec lequel il partageoit une profonde connoissance de l'antiquité, et le goût le plus passionné pour les ouvrages de l'art. Ce voyageur est le premier qui nous ait fait connoître les restes de ces magnifiques monumens qui ajoutoient les richesses de l'art à celles qu'a prodiguées la nature à cette île.

En décrivant les ruines des villes, des ports, des aqueducs, des temples, des théâtres, des amphithéâtres, répandus sur tous les points de la Sicile, le voyageur, avec le secours des notions éparses chez quelques auteurs de l'antiquité, rappelle sans cesse l'ancien état de ces monumens du goût et de l'industrie des Siciliens, dans les temps de leur antique splendeur.

Syracuse, qui renfermoit dans ses murs trois villes importantes bien distinctes, ne présente presque plus aucuns vestiges de ces édifices, dont la magnificence frappoit tous les étrangers. De tant de temples qui décoroient cette grande cité, il ne reste plus que quelques colonnes; de tant de théâtres qu'elle renfermoit dans sa vaste enceinte, il ne subsiste du plus grand taillé dans le roc, que la partie destinée aux spectateurs, la scène est entièrement détruite. Tous les embellissemens des trois ports, les aqueducs, les fontaines, ont entièrement disparu. Ainsi, par une fatalité singulière, la plus magnifique des villes de l'ancienne Sicile est la plus déchue.

Les ruines de l'antique *Selinus* permettent de distinguer les trois temples qu'on y avoit élevés: l'un des trois surtout est encore imposant, dans sa dégradation même, par ses proportions colossales. A six milles de ce temple, on voit les carrières d'où les énormes colonnes de ce temple ont été tirées: on peut s'y assurer, dit le voyageur, de la manière dont les anciens procédoient à ce genre de travail; car on y voit encore des colonnes à moitié taillées et saillantes hors du rocher, tandis que le reste y tient encore.

C'est à *Girgenti* que les débris de l'ancienne *Agrigente* offrent les monumens les mieux conservés. Les temples de

Junon-Lacinienne, d'Hercule et de la Concorde ont encore toutes leurs colonnes. Il n'en est pas ainsi de celui de Jupiter-Olympien, le plus vaste et le plus magnifique peut-être de tous ceux de l'antiquité, et auquel le voyageur n'hésite pas d'accorder la supériorité sur Saint-Pierre de Rome. Aucune partie de ce magnifique édifice n'est restée entière; mais dans ses débris, on peut vérifier les proportions que lui donne Diodore de Sicile. A une légère inexactitude près sur l'étendue de ce temple, tout le reste se trouve conforme à la description de cet écrivain. Les colonnes, qui ont vingt-huit pieds de circonférence, peuvent faire juger de l'immensité de l'édifice. Beaucoup d'autres ruines, telles que les restes du cirque et plusieurs canaux souterrains, attestent encore la magnificence de l'ancienne Agrigente.

A *Taureminium*, aujourd'hui *Tavormina*, de tous les monumens antiques qui subsistent encore, le plus curieux et le plus rare, est l'ancien théâtre de cette ville, où la scène, qui manque à tous les autres que le temps n'a pas détruits, subsiste encore dans toute son intégrité. Le voyageur a donné la description de cet édifice; il a constaté que la voix des acteurs se transmettoit distinctement de la scène aux parties les plus éloignées du théâtre.

Toutes les autres antiquités de la Sicile moins importantes que celles dont je viens de donner une légère idée, ont été visitées par Riedesel; mais en s'attachant sur-tout aux beautés de l'art, il n'a pas fermé les yeux sur la fertilité extraordinaire de la Sicile, et sur le caractère physique et moral de ses habitans. Au mois d'avril, dit-il, les blés le couvroient, lui et son cheval, lorsqu'il les traversoit, et il a mesuré des tiges hautes de dix palmes (environ sept pieds). Toutes les productions des divers pays réussissent en Sicile : on assura même au voyageur que le canelier et l'arbre du café se trouvoient sur le mont Etna, dans leur état de sauvageons : il y a les plus fortes raisons aussi de croire que le froment et plusieurs autres espèces de grains, y sont indigènes.

La fécondité des femmes en Sicile, répond à la fertilité de la terre. Le voyageur y vit avec surprise la duchesse de *Sanzone* petite femme, fort maigre, qui avoit donné le jour à vingt-six enfans, tous bien constitués.

Les Siciliennes, en général, sont très-agréables; mais c'est à *Trapani* sur-tout que se trouvent les plus belles personnes du sexe. Blanches comme les Allemandes, avec de grands yeux noirs, vifs et brillans, leur beauté seule procure à la plupart des mariages très-avantageux.

Malgré le mélange des races, occasionné par tant de révolutions qu'a essuyées la Sicile, les physionomies grecques s'y remarquent en assez grand nombre, sur-tout le long des côtes orientales et septentrionales. A la différence de Naples, la Sicile offre en général plus de beauté chez les femmes que chez les hommes. Le voyageur accorde à ceux-ci beaucoup de finesse, de pénétration et de talens; mais un penchant irrésistible pour la volupté, et une extrême vivacité ne permettent pas aux Siciliens de donner à leurs productions dans aucun genre, un certain degré de perfection. Le feu immodéré qui les dévore, rend si terribles chez eux les effets de la jalousie et de la vengeance, que par une distinction bien funeste, ils surpassent à cet égard toutes les autres nations.

Les observations du voyageur sur la Grande-Grèce, et particulièrement sur la Calabre qu'il a visitée avant le terrible tremblement de terre qui l'a presque entièrement bouleversée, sont très-rapides, et laissent beaucoup à desirer. Il s'y est sur-tout occupé de recherches sur les antiquités.

Dans le canton où étoit située l'ancienne *Sybaris*, dont il ne reste plus aucun vestige, le voyageur observa cet air épais et doux, qui plongeoit ses habitans dans la mollesse, et ne leur donnoit de l'activité que pour la recherche des plaisirs.

A *Tarente*, autrefois si puissante et si active, et dont les monumens aujourd'hui se réduisent à peu de chose, le voyageur remarqua beaucoup de penchant pour la volupté;

une rare beauté chez les femmes, une extrême jalousie chez les hommes. Une colonne du pays lui a paru entièrement formée de murex, ce coquillage précieux dont on sait que les anciens tiroient la pourpre. Ni la pinne-marine, qui fournit une soie beaucoup plus fine que la soie ordinaire, ni une espèce de coton qui donne un fil six fois plus fin que le coton commun, n'ont échappé à ses observations, et il donne sur ces deux végétaux des détails intéressans.

A *Gallipoli*, qui est bâtie sur un rocher, et qui est creusée en-dessous, le voyageur observa que toutes les cavités sont remplies d'huile que la chaleur du rocher fait fermenter, et dont elle opère la parfaite purification : c'est l'entrepôt le plus considérable de ce genre et l'objet d'un grand commerce. Cette ville a donné naissance à un peintre dont plusieurs tableaux peuvent soutenir la comparaison avec ceux des maîtres des grandes écoles ; ils sont répandus dans plusieurs autres villes du pays.

Lecce, dont la population ne monte qu'à quinze mille ames, mais qui pourroit en contenir quatre-vingt mille, a paru à Riedesel la plus grande et la plus belle ville du royaume, après celle de Naples. Son territoire est d'une fertilité extrême : on y fabrique un tabac qui ne le cède pas à celui de Séville. La stupidité des habitans de cette ville est frappante, et le voyageur la fait contraster avec le génie délié des habitans de *Barri*.

Brindes, si célèbre du temps des Romains par son port, où l'on s'embarquoit pour la Grèce, n'a rien conservé de son antique splendeur. Ses environs sont très-fertiles, mais l'air, en toute saison, et principalement en été, est réputé le plus dangereux de toute l'Italie.

Dans les environs de *Cannes*, Riedesel a observé attentivement ce champ de bataille si mémorable par l'entière défaite des Romains : on l'appelle encore dans le langage vulgaire, *il Campo del Sangue* (le Champ du Carnage). La position des lieux, suivant le voyageur, prouve la supériorité des talens d'Annibal sur ceux de son adversaire ; car dans une plaine aussi unie que l'est celle-ci, le terrein ne pouvoit pas donner plus d'avantage à un parti qu'à l'autre.

En se rapprochant de Naples, Riedesel, à *Bovino*, situé aux pieds de l'Apennin, ressentit le 6 juin un froid aussi vif qu'on l'éprouve à Rome au mois de décembre : c'est encore ici une preuve que l'intensité du froid dépend moins du degré d'éloignement de l'équateur, que de l'élévation au-dessus du niveau de la mer.

Avellina a donné son nom à cette espèce de noisettes qui, comme on l'a vu dans le Voyage de Sestini, forme un objet de commerce si considérable. Celles qu'on recueille sur le territoire de cette ville, dans une quantité vraiment extraordinaire, sont remarquables aussi par leur beauté. Les arbres qui les portent sont mêlés avec un plus grand nombre encore de noyers, dont le bois, employé par les menuisiers de Naples, donne un produit presque incroyable.

LES CHAMPS Phlégréens, ou Observations sur les volcans des royaumes de Naples et de Sicile, par W. *Hamilton:* (en anglais) *Sir W. Hamilton's Campi Phlegræi, Observations on the volcanoes of the Kingdoms of Neapoli and of the Sicilies*, etc.... enrichis de planches. Naples, 1776, 2 gr. vol. in-fol. fig.

Hamilton a résidé très-long-temps à Naples, en qualité d'ambassadeur du roi d'Angleterre. Ce poste important, qu'il remplissoit avec la plus grande distinction, lui laissoit encore assez de loisir pour se livrer avec succès à la recherche des antiquités, à l'étude de l'histoire naturelle. L'ouvrage que j'indique ici, annonce de profondes connoissances dans cette science, et même dans celle de la haute physique.

Comme l'édition dont je viens de donner la notice est d'un prix très-considérable, par la richesse de l'exécution typographique et par la beauté des planches, on peut se réduire aux lettres qu'avoit publiées Hamilton, sur les volcans, dans les Transactions philosophiques, et qui furent depuis imprimées à Londres. Elles renferment à-peu-près ce que contient le texte du grand ouvrage : en voici le titre :

OBSERVATIONS sur le mont Vésuve et sur le mont Etna, et autres volcans, contenues dans une suite de Lettres, par *Hamilton* : (en anglais) *Observations on mount Vesuvius, mount Etna and other volcanoes, in a series of Letters, by Hamilton*. Londres, 1772, in-8°.

Cet ouvrage a été traduit en français, et a paru sous le titre suivant, avec des augmentations :

ŒUVRES complètes de M. le chevalier *Hamilton*, ministre du roi d'Angleterre à la cour de Naples, etc. commentées par M. l'abbé Giraud de Soulavie, avec une carte des Champs-Phlégréens, du mont Vésuve et de ses environs. Paris, Moutard, 1781, in-8°.

Ce dernier ouvrage renferme de plus que les précédens, 1°. la comparaison des phénomènes des volcans ultramontains avec les volcans éteints de la France; 2°. les observations faites par Hamilton pendant les éruptions de 1779; 3°. les descriptions des volcans situés dans les environs du Rhin.

VOYAGE pittoresque, ou Description des royaumes de Naples et de Sicile (par *Saint-Non*), orné de cartes, plans, vues, figures, vignettes et culs-de-lampes. Paris, Delafosse, 1781, 82, 83, 84 et 85, 5 gr. vol. in-fol. fig.

Lorsqu'on veut acquérir cet ouvrage, il faut vérifier si les *phallum*, qu'on n'a fournis qu'après coup aux souscripteurs, et qui manquent dans plusieurs exemplaires, se trouvent au second volume, et si les quatorze planches des médailles des anciennes villes de Sicile, terminent la deuxième partie du tome quatrième.

Le prix de cet ouvrage s'élève de 350 à 600 fr. suivant la beauté des épreuves et la recherche mise dans la reliure. Avec ses figures avant la lettre, l'addition de 60 figures, la reliure de Derome ou de Bozérian, et les eaux-fortes à part, il peut s'élever jusqu'à 1650 fr. (1).

— Le même, traduit en anglais. Londres, 1789, in-8°.

— Le même, traduit en allemand, et abrégé par Keerle. Gotha, 1789; Ettinger, 1806, 12 vol. in-8°.

Saint-Non entreprit ce voyage en 1777. Il étoit accompagné de quelques dessinateurs; et il mit à contribution les talens de plusieurs jeunes artistes, que l'amour des arts et la curiosité avoient attirés dans les royaumes de Naples et de Sicile.

J'ignore si, pour les parties historiques, économiques et physiques, Saint-Non a eu des collaborateurs; mais pour les descriptions, il s'est aidé des artistes même qui levoient les plans, prenoient les plus belles vues, dessinoient les plus grands morceaux de peinture et les plus beaux édifices anciens et modernes.

Ce Voyage n'est pas purement pittoresque. Indépendamment des notions historiques que l'auteur y a répandues sur le pays en général et sur chaque ville importante en particulier, il a consacré, dans le premier tome, un chapitre tout entier aux poètes et aux musiciens célèbres de Naples, avec une notice abrégée de leur vie et de leurs ouvrages. On y trouve aussi un essai sur le Vésuve, et le tableau des usages, des costumes et du caractère des Napo-

(1) C'est à ce prix qu'a été porté, en 1797, à la vente des livres de M. Legendre, un exemplaire qui réunissoit ces différens genres de mérite.

litains. On y donne encore une idée succincte du gouvernement, du commerce et des productions du royaume de Naples.

A la description des antiquités d'Herculanum et de Pompeii, l'auteur a joint, dans le second tome, l'historique de leur destruction par les éruptions volcaniques, de leur découverte dans le dernier siècle, et un essai sur les volcans.

Avec un grand nombre de vues et de dessins de monumens, le troisième tome renferme l'histoire abrégée de la Grande-Grèce. L'auteur a suivi la même marche pour la Sicile, dans les quatrième et cinquième tomes.

ANALYSE du Voyage de Saint-Non, par *Brizard*. Paris, 1789, in-8°.

DESCRIPTION d'un Voyage de Rome en Sicile, à Malte et à Naples : (en allemand) *Beschreibung einer Reise von Rom nach Sicilien, Malta und Neapel.* (Insérée dans le Mercure allemand, 1785; XIe et XIIe cah.)

VOYAGE de Henri *Swinburne* dans les Deux-Siciles : (en anglais) *Travels in the two Sicilies, by Henri Swinburne.* Londres, 1782; *ibid.* 1790, 3 vol. in-8°.

Ce Voyage a été traduit en français sous le titre suivant :

VOYAGE de Henri *Swinburne* dans les Deux-Siciles, en 1778, 79 et 80, traduit de l'anglais par un Voyageur français (La Borde), suivi d'un Voyage du Journal de *Dénon* en Sicile et à Malte, avec quelques cartes. Paris, Didot l'aîné, 1785, 5 gr. vol. in-8°.

Il y en a eu une contrefaction en plusieurs volumes in-12.

Le Journal de M. Denon a été traduit en anglais sous le titre suivant :

DENON's Travels in Sicily and Malta. Londres, in-8°.

Swinburne se rendit d'abord à Naples, et visita cette ville et une partie de ses environs ; il parcourut ensuite les côtes de l'état de Naples; c'est la matière du premier volume. Le second renferme un abrégé de l'histoire de ce royaume; sa description géographique, par le voyageur lui-même ; la chronologie des rois des Deux-Siciles, par le traducteur, qui l'a placée à la suite de la partie du Voyage où Swinburne donne le tableau des monnoies, des poids et mesures, et des routes de l'état de Naples. Le surplus du volume est composé d'un grand nombre de notes, tant de l'auteur que du traducteur, sur les objets traités dans le premier volume. Dans la première partie du troisième volume, Swinburne décrit ceux des environs de Naples qu'il n'avoit pas visités à son arrivée : puis il donne la relation de son voyage à Pœstum.

Avant de passer à celle de son premier voyage en Sicile, entrepris en 1777, le voyageur fait la description de cette île. Girgente, Syracuse, Messine, sont les principaux objets de ses observations qui composent l'autre partie du troisième volume. Dans le quatrième, on trouve d'abord la relation de son retour à Naples; le surplus du volume est formé de notes tenues par M. Denon, tout-à-la-fois habile artiste et homme de lettres éclairé, qui avoit accompagné Swinburne dans ses excursions à Naples et aux environs : il l'accompagna de même dans un second voyage que celui-ci fit en Sicile, en mai 1778, et il nota de même ses propres observations, auxquelles il donna la forme d'un journal. Ces excellentes notes composent la moitié du cinquième volume : l'autre moitié est tout-à-fait étrangère au Voyage dans les Deux-Siciles; c'est la relation d'un voyage de Swinburne, de Bayonne à Marseille. Elle renferme des détails assez curieux sur les provinces méridionales de la France.

Le Voyage de Swinburne dans les Deux-Siciles est très-recommandable pour la partie des antiquités, mais la lecture en est pénible par la multitude de notes qu'on y a jetées à l'écart. Ce Voyage auroit présenté bien plus d'intérêt, et l'attention auroit été moins partagée, si ces notes avoient été fondues dans le texte.

Avec quelque sévérité que le traducteur du Voyage de Swinburne traite celui de Brydone, on lira toujours ce dernier avec plus de plaisir que la relation de Swinburne.

MÉMOIRES sur les Deux-Siciles, recueillis pendant un Voyage fait en 1785 et 1786, par François Munter : (en danois) *Efterretninger von begge Sicilierne samlede paa en Reise i disse lande i aarene 1785-1786, ved Fr. Munter.* Copenhague, 1789-1790, 2 vol. in-8°.

Cet ouvrage danois, fort rare en France, est, suivant M. Malte-Brun, l'un des plus authentiques et des plus intéressans qu'on ait sur ces pays.

LETTRES sur la Calabre et la Sicile, par *Bartels* : (en allemand) *Briefe über Calabrien und Sicilien, von J. H. Bartels.* Gottingue, 1789-1792, 3 vol. in-8°.

Celles de ces lettres sur-tout qui concernent la Calabre, renferment les observations les plus neuves. Leur auteur y fait connoître, sous plusieurs rapports, cette province du royaume de Naples, si intéressante et si négligée par la plus grande partie des voyageurs en Italie et dans l'état même de Naples. Comme je n'ai pas pu me procurer cet ouvrage, dont le mérite seulement m'est connu, j'emprunte du Journal de l'Empire (2 et 3 août 1806), la plus grande partie des deux excellens articles qu'a donnés sur la Calabre M. Malte-Brun. Il y déclare avoir principalement puisé ses notions sur cette province, dans les Lettres de *Bartels*, en s'aidant aussi de l'ouvrage qui a pour titre, *De situ Calabriae*, composé par Gabriel *Barri*, prêtre calabrois, et inséré dans le *Thesaurus Italiae*, de *Grœvius*.

« La Calabre, si tristement célèbre dans les dernières révolutions du royaume de Naples, forme la pointe la plus méridionale de la péninsule italienne. Sur une longueur de 58 lieues, la largeur varie de 7 lieues à 20 ou 21. On peut évaluer l'étendue en superficie, à 760 lieues carrées, et la population à plus de huit cent mille individus. Baignée de tous côtés par une mer ouverte, et traversée par l'une des extrémités de l'Apennin, cette contrée reçoit de toutes parts le souffle rafraîchissant des rosées maritimes. Dans la plus grande partie de l'année, des rosées abondantes y entretiennent une verdure séduisante, qu'entretiennent encore des nombreuses sources, des rivières d'eau vive qui descendent de hautes montagnes, et qui, dans leur cours rapide, ne forment que rarement des marais. Il n'y a, dans la Calabre, que *Reggio* et quelques autres points sur la côte qui soient privés d'eau, et où l'on soit obligé d'arroser les blés, comme nous arrosons nos jardins. Pline le naturaliste a déjà loué la fertilité de la *couche* de terre noire et profonde qui couvre presque par-tout les roches calcaires de la Calabre. Dans ce sol inépuisable, s'élèvent de superbes forêts de *pins* et de *mélèzes*, d'où l'on tire une poix déjà célèbre dans la plus haute antiquité, et dont Aristophane et Virgile, Pline, Dioscoride et Columelle ont vanté la qualité. Ces forêts d'arbres résineux occupent le centre de la péninsule et le dos de la chaîne de l'Apennin. Les anciens la désignent sous le nom de la forêt *Silla*, à laquelle Strabon donne 700 stades ou 25 lieues de longueur. La Calabre produit encore cinq ou six espèces de chênes, parmi lesquelles on compte le chêne vert et le chêne à cochenille. On y voit aussi la plupart des arbres indigènes ou acclimatés en Europe. Le frêne à fleurs y donne la manne de Calabre, si utile et si connue dans la pharmacie.

Au sein de ces forêts majestueuses, au pied de ces montagnes romantiques, sur les rochers les plus arides, dans les landes même, s'élèvent spontanément des arbrisseaux et des plantes qui, la plupart, demandent dans notre climat l'abri des serres. Parmi les roseaux les plus communs qui croissent sur les rivages de la mer ou sur le bord des rivières, on distingue l'*arundo ampolo lesmas*, en italien, *sarrachio*, plante très-utile dont on fait des cordes, des filets pour prendre le thon, des câbles de navires, des paniers, des nattes.

Cette richesse naturelle de la végétation accuse hautement l'ignorance et la paresse des habitans qui, servilement abandonnés à une agriculture routinière, daignent à peine ramasser les trésors que la nature leur prodigue. Toutes les espèces de blé connues dans l'Europe méridionale, dans la Turquie et l'Afrique, réussissent parfaitement dans la Calabre; elles y existent encore, mais elles y sont moins l'objet d'une industrie éclairée et active, que les indices de l'ancienne culture de cette contrée, lorsqu'elle étoit peuplée de colonies grecques. La fertilité du sol et le petit nombre d'habitans consommateurs, permettent pourtant d'exporter des quantités considérables de blé et de riz. On cultive aussi l'olivier, la vigne, le limonier, le caroubier, le figuier, l'amandier, le cotonier, et même la canne à sucre, qui mûrit parfaitement. Le safran, l'anis, la réglisse, la garance, le lin et le chanvre, entrent dans le commerce d'exportation. La soie, qui est d'une bonne qualité, alimente un grand nombre de métiers. Avec ces richesses propres à une contrée méridionale, la Calabre réunit celles qui appartiennent plus particulièrement à l'Europe septentrionale; telles que des pommes d'une saveur et d'un parfum également exquis, et des pâturages superbes et toujours verds, où les herbes les plus succulentes nourrissent des races de boeufs et de chevaux auxquelles il ne manque que des soins plus éclairés, pour égaler en beauté celles que vante le Nord.

A ces productions agricoles, il faut joindre celles qu'offre la pêche des thons, des murènes, des anguilles, et d'une espèce de moule appelée la *pinne-marine*, qui renferme une soie ou laine extrêmement fine et longue, avec laquelle on file des étoffes d'une légèreté inconcevable, et qui sont impénétrables au froid. Enfin, l'Apennin fournit des marbres, des albâtres, des pierres de meulière, des grès de remouleurs, des gypses, de l'alun, divers bols et diverses craies, du sel gemme, du lapis-lazuli : cette montagne offre même des indices de toutes sortes de métaux, parmi lesquels le *cuivre* étoit très-célèbre du temps d'Homère.

Un si beau pays seroit-il donc le séjour d'une horde aussi sauvage que le Tartare, aussi barbare que le Maure du Grand-Désert ? On seroit porté à le croire, d'après les horreurs auxquelles les troupes calabroises se livrèrent en 1790 ; mais il faut considérer que cette armée étoit la lie du peuple calabrois, ou plutôt encore la réunion de toutes les bandes de brigands qui depuis long-temps erroient dans les montagnes de l'Apennin, de quelques Siciliens de la même espèce, et d'un petit nombre de Siciliens égarés par le fanatisme. Si l'on vit quelques membres du clergé calabrois se mêler parmi ces troupes, on doit observer que de tout temps ce clergé, extrêmement nombreux, languissoit dans la plus extrême misère, ayant souvent à peine de quoi se couvrir, et privé des plus simples moyens d'instruction.

Un Napolitain (1), jeté par les hasards de la guerre au milieu d'un village calabrois, déclare y avoir trouvé des hommes d'un caractère violent, mais franc et loyal ; d'une grossièreté rebutante et d'une ignorance extrême, mais très-actifs et très-adroits dans le peu de métiers qu'ils connoissent, très-hospitaliers, très-humains, attachés à leur patrie, et sensibles même à la gloire.

Le Calabrois parle malheureusement un patois presque inintelligible pour les autres Italiens, quoique le

(1) L'auteur d'une brochure intitulée, *Mes Périls pendant la révolution de Naples*, publiée à Paris ; chez Marchand, en 1806.

patriote Barri prétende y reconnoître le véritable langage des anciens Latins, et le préfère, sous tous les rapports, au dialecte toscan même. La civilisation de cette province ne peut être l'ouvrage que d'une fusion absolue de cette tribu particulière avec le reste de la nation, et de l'attention qu'aura le gouvernement de procurer une honnête aisance, et même un certain degré de considération et d'éclat aux classes de la société qui sont appelées à éclairer, instruire et guider les autres. Les habitans les plus industrieux de la Calabre, sont les colons albanais établis dans diverses parties de la Calabre Ultérieure et Citérieure. Un petit nombre d'entre eux est resté attaché au rit grec; presque tous ont adopté le rit romain; mais ils conservent leur idiôme.

Les Calabrois ont aussi éprouvé au suprême degré les effets funestes de cette administration foible et mal éclairée qui, jusqu'à l'avénement de Joseph Ier, a retenu le royaume de Naples dans un rang si inférieur à celui que lui assignoient sa situation, son étendue, sa population, sa fertilité. Barri décrit avec beaucoup d'énergie, les vexations journalières que les fonctionnaires, les intendans et les avocats exerçoient au milieu d'un peuple injustement décrié comme intraitable, et qui nécessairement étoit mal connu, comme assez éloigné de la capitale; et comme n'ayant presque jamais été visité par ses souverains ni par la noblesse.

Un des plus grands obstacles à la civilisation de la Calabre, c'est, comme l'observe très-judicieusement M. Malte-Brun, qu'elle ne renferme aucune grande ville de commerce et de manufacturés. Une telle ville, placée vers le milieu de la côte orientale, aux environs de l'ancienne *Crotone*, vivifieroit tout le pays, en offrant aux cultivateurs un marché plus commode pour leurs productions, que ne le sont Naples et Messine. Les villes de la Calabre, dans leur état actuel, sont de peu d'importance. Tour-à-tour dévastées par les Sarrazins, les Normands, les armées françaises et espagnoles, elles n'offroient au dix-septième siècle que le spectacle de la misère et de la solitude. Quelques-unes de ces villes se sont un peu relevées dans le dix-huitième siècle. *Catanzaro* renferme 12,000 habitans : on en compte 15,000 dans *Cosenza*. L'une est le siége des principales manufactures de soieries ; l'autre fait la plus grande partie du commerce entre la Calabre et Naples. La belle ville de *Regio*, engloutie par le tremblement de terre de 1783, a été reconstruite dans l'endroit nommé *Santa-Agatha de Gallino* ; mais encore une fois, le véritable emplacement d'une grande ville calabroise est à Crotone, dans la région la plus salubre, la moins exposée aux tremblemeus de terre, et d'ailleurs dans la position la plus commode pour le commerce du Levant. Crotone a un port très-sûr, avantage qui manque à la ville de *Squillace*, qui, sous d'autres rapports, pourroit entrer en considération.

Les tremblemens de terre sont un mal physique que la Calabre a de commun avec beaucoup d'autres contrées de l'Europe méridionale ; mais la secousse du 5 février 1783 est peut-être la plus épouvantable catastrophe de ce genre qui soit consignée dans l'histoire. Cette secousse renversa, en moins de deux minutes, presque toute la Calabre : elle changea la surface du pays, de manière qu'il étoit difficile de le reconnoître.

D'énormes crevasses sembloient découvrir aux yeux des vivans, l'empire des ombres ; ces fentes exhaloient des flammes bleuâtres et des vapeurs mortelles. En d'autres endroits, les montagnes englouties ou renversées formoient des vallées nouvelles ; souvent détachées de leur base, elles glissoient sur des terreins plus bas ; et comme la force d'impulsion redoubloit à chaque moment, ces rochers ambulans franchissoient les vallées et les collines. C'est ainsi qu'on voyoit le vignoble descendre des hauteurs, pour venir se placer au milieu des champs de blé. On a vu des fermes avec leurs jardins passer au-dessus d'un abîmé, et venir s'accoler à un village éloigné. Ici, de nouveaux lacs se creusoient au milieu des terres ; là, des rochers, jusqu'alors invisibles, élançoient soudain leurs sommets humides du sein de la mer écumante. Des sources tarissoient, des rivières se perdoient sous terre ; d'autres eaux courantes, arrêtées par les décombres, se répandoient en mares croupissantes. Autre part, des sources jaillissoient des flancs entr'ouverts de la montagne ; et dans leur impétueuse jeunesse, de nouveaux fleuves se frayoient un chemin à travers les ruines des villes, des temples et des palais. L'humble cabane ou la légère tente devinrent l'asyle des malheureux qui avoient échappé à cette terrible catastrophe ; mais tous ceux qui avoient pu survivre, ne l'avoient pas voulu. On vit un ami trop fidèle tenir embrassé le corps de son ami, et, dans cette posture, attendre tranquillement la chute d'une muraille qui termina ses jours. On vit plus d'une jeune amante se précipiter dans le gouffre qui venoit d'engloutir l'objet de sa tendresse. Une mère trop sensible, la comtesse *de Spastara*, étoit déjà sauvée du danger : pâle et à demi-morte, elle étoit dans les bras de son époux qui l'avoit rappelée à la vie : elle jette autour d'elle un regard presque éteint, elle cherche le plus jeune de ses enfans; elle l'apperçoit sur le balcon du palais qui déjà s'écrouloit. Elle veut s'élancer, son époux la retient; mais l'amour maternel est le plus fort, rien ne peut arrêter cette mère désolée. Elle monte l'escalier déjà à moitié détruit, elle traverse la fumée et la flamme, les pierres détachées et qui tombent autour d'elle, semblent la respecter : elle atteint le cher objet de ses affections, elle le prend dans ses bras : au même instant toutes les colonnes s'ébranlent, la terre s'entr'ouvre, le palais disparoît, et *Spastara* n'est plus ! (1)

(1) J'ai pensé qu'on retrouveroit ici avec plaisir, cette description, dont l'auteur a pris les principaux traits dans des dessins faits sur les lieux même, et représentant les tristes effets du tremblement de terre. Ces dessins, accompagnés d'une savante dissertation, se trouvent dans l'un des cahiers du Journal de Physique, publié par M. de la Métherie. Il a consulté aussi diverses lettres de M. Dolomieu et autres pièces.

MÉMOIRES pour servir à l'Histoire naturelle et économique des Deux-Siciles, par Ulysse-Salis *Marschlins* : (en allemand) *Beiträge zur natürlichen und œkonomischen Kenntnis beider Sicilien, von Ulysses Salis Marschlins.* Zurich, 1790, 2 vol. in-8°.

OBSERVATIONS et remarques faites pendant un Voyage en Sicile et dans la Calabre, par *Brian Hils* ; dans l'année 1791 : (en anglais) *Observations and remarks in a Journey through Sicily and Calabria, in the year 1791, by Brian Hils.* Londres, 1792, in-8°.

L'instruction et l'agrément y sont répandus dans une proportion égale.

VOYAGE dans les Deux-Siciles et dans quelques parties des Apennins, traduit de l'anglais de Lazare *Spallanzani*, avec une description du mont Vésuve, du 15 Juin 1794, avec figures. Berne, Haller, 1795, 4 vol. in-8°.

— Le même, réimprimé à Paris, 1799, 6 vol. in-8°.

Le nom célèbre de ce Voyageur, le recommande suffisamment aux naturalistes et aux physiciens.

§. V. *Descriptions de la Sicile et de Malte. Voyages faits dans ces deux Iles.*

HISTOIRE et Description du royaume de Sicile, par Joseph *Camavalo* : (en italien) *Istoria e Descrizione del regno di Sicilia, di Giuseppe Camavalo.* Naples, 1591, in-4°.

DESCRIPTION de la Sicile, avec des médailles, par messire Philippe *Peruta* : (en italien) *La Sicilia descritta con medaglie, da messer Filippo Peruta.* Palerme, 1607; Rouen, 1649; Lyon, 1697, in-fol.

La première de ces éditions est très-rare, et plus recherchée que les deux autres, malgré les augmentations qu'ont reçues celles-ci.

DESCRIPTION de l'antique Sicile et des petites îles y adjacentes, de la Sardaigne et de la Corse; ouvrage enrichi de tables géographiques, par Philippe *Cluver*: (en latin) *Philippi Cluveri Sicilia antiqua cum insulis adjacentibus, item Sardinia et Corsica; opus tabulis geographicis illustratum.* Leyde, 1630, in-fol.

DESCRIPTION de la Sicile, par Placide *Caraffe*: (en latin) *Siciliae Descriptio et Delineatio, etc... Placido Caraffo autore.* Palerme, 1653, in-4°.

DESCRIPTION de la Sicile, par Bernardin *Masbel*: (en italien) *Descrizione di Sicilia, di Bernardino Masbel.* Palerme, 1694, in-fol.

DESCRIPTION de la Sicile, par le P. *Alleyro.* Amsterdam, 1734, in-8°. fig.

DESCRIPTION de l'île de Sicile, de ses côtes maritimes, avec le plan de toutes ses forteresses, par Pierre *Collejó y Angulo*; avec un Mémoire de l'état politique de la Sicile, par le baron Agatin *Apart*, d'après un manuscrit authentique; ouvrage enrichi de deux cartes géographiques et de douze plans. Amsterdam, Wetstein et Smith, 1734, 1 vol. in-8°.

LETTRES sur la Sicile, par un Voyageur italien, en 1776 et 1777, à l'un de ses amis, traduites en français. Amsterdam et Paris, 1778, in-12.

VOYAGE d'Ignace-Paterne, prince *de Biscari*, entrepris pour visiter les antiquités de la Sicile : (en italien) *Ignazio Paterno Principe di Biscari Viaggio per tutta antichità della Sicilia*. Naples, 1781, in-4°.

On peut juger du mérite de cet ouvrage, par la haute idée que Riedesel et Brydone nous ont donnée de l'auteur.

NOUVELLE DESCRIPTION historique et géographique de la Sicile, par Joseph - Marie *Galanti* : (en italien) *Nuova Descrizione istorica e geografica delle Sicilie, da Gius. Maria Galanti*. Naples, 1786, 2 vol. in-8°.

DE L'ETNA, par Pierre *Bembi* : (en latin) *Petri Bembi de Etna ad Gabrielem liber*. Venise, 1495 ; *ibid*. 1530 ; Lyon, 1552, in-4°.

Ces trois éditions sont toutes très-rares.

DESCRIPTION du Mont-Gibel (autrement l'Etna), par Antoine-Philotéo *des Omodei* : (en italien) *La Descrizione di Mon-Gibello ; di Antonio Filoteo de gli Omodei*. Palerme, 1611, in-4°.

LE MONT-GIBEL, par Pierre *Carrera* : (en italien) *Pietro Carrera il Mon-Gibello*. Catane, 1636, in-4°.

L'ANTIQUE SYRACUSE, par Vincent *Mirabella*, etc.... (en italien) *Le antiche Syracuse ; di Vincenzo Mirabella, etc....* Palerme, 1717, in-fol.

NOTICE sur la ville de Syracuse, par Jacques *Bonami* : (en italien) *Della antica Syracusa illustrata, di Giacomo Bonami, libri duo*. Messine, 1684, in-4°.

DESCRIPTION de Messine, en huit livres, par Philippe *Buonfiglio* : (en italien) *Messina descritta in VIII libri, da Giuseppe Buonfiglio, etc...* Venise, 1606, in-4°.

L'ANTIQUE Palerme, etc.... par Augustin *Inveges :* (en italien) *Inveges (Agostino) Palermo antico, etc....* Palerme, 1649, 1650 et 1651, 3 vol. in-fol.

PALERME dans sa gloire, par François *Manfredi :* (en italien) *Palermo glorioso, di Fr. Manfredi.* Palerme, 1726, in-4°.

TABLEAU de Palerme, par le docteur *Hager :* (en allemand) *Gemælde von Palermo.* Berlin, 1799, in-8°.

— Le même, traduit en anglais par mistriss Robinson, sous le titre de *Picture of Palermo.* Londres, 1800, in-8°.

L'auteur s'est principalement attaché à décrire, dans un style de toilette, la ville et les mœurs de ses habitans...

MÉMOIRES historiques sur la ville de Catane; sur son ancienne origine et sa situation, par Pierre *Carrera*, etc... : (en italien) *Memorie istoriche della città di Catania, dell' antica origine e sito di essa; da Pietro Carrera, etc....* Catane, 1639 et 1641, 2 vol. in-fol.

RELATION historique de Catane, par Jean-Baptiste *Guarnery :* (en italien) *Relazioni istoriche di Catanea, narrative di Giovan Baptista Guarnery,* Catane, 1651, in-4°.

TROIS LIVRES touchant la guerre de Rhodes, auxquels a été ajoutée une Description de Malte, par *Fontanus :* (en latin) *Fontanus De bello Rhodio libri tres, quibus adjuncta insulae Maltae descriptio.* in-fol.

— Les mêmes, traduits en italien. Venise, 1516, in-4°.

— Les mêmes. Amsterdam, Van der Aa, in-fol.

DESCRIPTION de l'île de Malte, par Jean-Antoine *Seinerius*, traduite de l'Italien: (en latin) *Joan. Anton. Seinerii Descriptio Melitae, traducta è lingua italiana.* Leyde, Van der Aa, in-fol.

DESCRIPTION de l'île de Malte, par J. F. *Quentin*: (en latin) *Insulae Melitae Descriptio, F. J. Quentini.* Lyon, Griffius, 1536, in-4°.

DESCRIPTION de l'île de Malte, par *Breithaupt*: (en allemand) *Breithaupt's (Joh. Frid.) Beschreibung der Christlichen Helden-Insel Malta.* Francfort, 1632, in-4°.

DESCRIPTION de l'île de Malte, par *Abela*: (en italien) *Della Descrizione di Malta, del Frugio Francisco Abela.* Malte, Bonacorter, 1647, in-fol.

MALTE ancienne et nouvelle, par Jean-Frédéric *Niederstadt*: (en latin) *Malta vetus et nova.* Helmstad, 1660, in-12.

NOUVELLE RELATION d'un Voyageur, et description exacte de la ville de Malte, dans l'état où elle est à présent, et que les auteurs qui en ont ci-devant écrit, n'ont jamais observé, avec des particularités du Levant, par un Gentilhomme français. Paris, Clousier, 1679, in-12.

CONDUITE navale de François Scaletari, et Relation d'un voyage de Carlstadt à Malte, par Jean-Joseph *Herberstein*: (en italien) *Herberstein (Joh. Jos.) Scaletari Francesco Condutta navale, e Rela-*

zione del Viaggio di Carlstadt a Malta. 1688, in-8°.

RELATION de l'état actuel de l'île de Malte, par *Sylva* et Manuel-Thomas *Balio de Lesca* : (en portugais) *Relaçam da estado prezente da ilia de Malta, da Sylva y Manoel Thomas Balio de Lesca.* Lisbonne, 1751, in-4°.

MALTE, par un Voyageur français. Paris, 1791, in-12.

L'ORDRE de Malte dévoilé, ou Voyage de Malte, par *Curasi* (en italien). 1791, 2 vol. in-12.

DESCRIPTION des îles de Malte, de Gozo et de Comino, etc. : (en allemand) *Beschreibung der Inseln Malta, Gozo und Comino, etc....* Hanau, Muller, 1798, in-8°.

DESCRIPTION de l'île de Malte, etc... : (en allemand) *Beschreibung der Inseln Malta.* Nuremberg, 1799, in-4°.

NOUVEAU TABLEAU de Malte, par *Keiser* : (en allemand) *Neueste Gemählde von Malta*, etc... 1799, 2 vol. in-12.

MALTE ancienne et moderne, contenant la Description de cette île, son Histoire naturelle, celle de ses différens gouvernemens, la Description de ses monumens antiques, un Traité complet des finances de l'Ordre, l'Histoire des chevaliers de Saint-Jean-de-Jérusalem, depuis les temps les plus reculés jusqu'à l'an 1800, et la relation des événemens qui ont accompagné l'entrée des Français dans Malte, et sa conquête par les Anglais; par

Louis *de Boisgelin*, chevalier de Malte; édition française, publiée par A. Fortia (de Piles). Marseille, Achard fils et Ce; Paris, Desenne et autres, 1805, 3 vol. in-8°.

La première partie de cet ouvrage, laquelle embrasse la description de l'île de Malte, est incontestablement, sous plusieurs rapports, la plus neuve et la plus instructive. C'est la seule qui appartienne véritablement à une Bibliothèque des Voyages : c'est la seule aussi dont je vais donner l'extrait ; elle est du plus grand intérêt dans les circonstances actuelles.

L'île de Malte renferme deux villes et vingt-deux villages. Sa température ne l'expose ni à de très-grandes chaleurs, ni à des froids rigoureux. Le thermomètre de Réaumur, dans l'été, est ordinairement à 25 degrés : presque jamais il n'est au-dessus de 28. L'hiver, il est très-rarement au-dessous de 8. Les temps où l'on est le plus affecté, dans cette île, par le froid ou par le chaud, ne sont pas néanmoins ceux où le thermomètre marque les deux points extrêmes de la température. Il y a, dit M. de Boisgelin, un contraste perpétuel entre les sensations qu'on éprouve, et les instrumens qui mesurent la vraie température de l'air, entre la chaleur sensible et la chaleur réelle. La direction des vents, leurs changemens brusques, produisent des passages instantanés du froid au chaud, et du chaud au froid. Les vents du nord-ouest, épurés par l'espace immense de mer qu'ils traversent, donnent un grand degré de pureté à l'air : celui du nord ajoute encore à cette pureté, mais il produit un froid extrêmement sensible dans les hivers. Cependant il ne gèle jamais aux environs de la Cité-la-Valette ni sur la côte. En 1788, on regarda comme un phénomène, une pellicule de glace qui se trouva sur une mare, au fond d'un vallon situé dans les plus hautes montagnes du pays. La grêle n'est pas inconnue à Malte. En février 1783, il en tomba de la grosseur d'un œuf de pigeon ; dans d'autres années, on en a vu de la grosseur d'une noisette. Jamais, au reste, dans les froids les plus vifs, les oranges et les autres fruits n'ont gelé; et la campagne est toujours couverte de fleurs et de fruits en hiver. La neige qu'on apporte de la Sicile, se conserve dans des glacières : elle est devenue à Malte un objet de première nécessité, sur-tout dans les temps de *Siroco* ou vent du sud. Les boissons frappées de cette espèce de glace, raniment les forces et aident à la digestion. En passant sur le continent aride et brûlant de l'Afrique, ce siroco produit les effets les plus funestes. Le vent du sud-est même altère tellement la pureté ordinaire de l'air, que s'il ne se détérioroit pas de quelques degrés, il seroit impossible de respirer; on seroit enveloppé d'une atmosphère épaisse, formée par la transpiration insensible, au milieu de laquelle on seroit étouffé. Heureusement la durée ordinaire des vents du midi n'est que de trois ou quatre jours. Souvent il y succède des calmes pendant lesquels la chaleur est aussi très-sensible, mais moins accablante, parce que l'air est plus pur. C'est dans les mois de juillet, d'août, et quelquefois dans les premiers jours de septembre, que la chaleur est excessive par l'influence brûlante du sud-est. Les jeunes gens, à Malte, ont trouvé un moyen de se garantir du mal-aise qu'il cause; c'est de se plonger dans l'eau, et d'en ressortir peu à peu sans s'essuyer, afin de laisser évaporer insensiblement la partie d'humidité attachée à la peau. Ces vapeurs emportent tout-à-la-fois une partie de la chaleur dont elles sont d'excellentes conductrices, et les miasmes de la transpiration insensible.

Il est à Malte un autre fléau, duquel il est plus difficile de se garantir; ce sont des ouragans précédés ou suivis de furieuses tempêtes; mais ces mauvais temps sont rares, et ne sont pas d'une longue durée. Celui de 1757 est cité par les voyageurs modernes.

Le sol, pour ainsi dire, factice de Malte ne se repose jamais. On sème la terre tous les ans. Chaque saison donne sa récolte, et le produit en est d'une abondance véritablement extraordinaire. Dans les terres d'une qualité médiocre, le blé rend ordinairement seize à vingt pour un; dans les bonnes, trente-huit pour un; dans les terreins gras, soixante-quatre pour un. Le morcèlement des propriétés, la culture des terres aussi soignée que celle d'un jardin, à raison de la grande population, peuvent être considérés comme les causes de cette inconcevable fertilité, qui surpasse celle des meilleures terres de la Sicile. Ce qui ajoute encore à l'étonnement où cette espèce de phénomène agricole jette l'étranger, c'est que la terre, dont la couleur varie dans les différens cantons de Malte, ne recouvre guère que d'un pied le rocher qui s'étend dans toutes les parties de cette île. Elle n'est humectée l'été que par la rosée des nuits : à la vérité, le rocher étant poreux, recueille l'humidité qui entretient la fraîcheur. Les Maltais ont eu l'industrie de former des terreins entièrement artificiels. Sur la pente d'un rocher, ils pratiquent avec des pierres rompues, des terrasses où ils portent, des autres cantons de l'île, des terres dans lesquelles ils mêlent du fumier. Avec le temps, ces terrasses deviennent aussi fertiles que les terreins naturels.

En plaine, tous les champs sont séparés par des murs qui garantissent les plantes des ravages du vent et des pluies d'orage.

Lorsque la terre a reçu les préparations convenables, elle donne la première année des melons d'eau et des plantes de jardinage; dans la seconde année, des melons qui se conservent l'hiver, et dont la réputation est si connue; puis on y sème de l'orge, qu'on coupe en herbe pour la donner aux bestiaux. La troisième année, on donne à la terre des labours tels qu'ils la réduisent presque en poussière, pour y planter du coton de trois espèces. La quatrième année, on sème du blé, et l'on alterne ensuite les récoltes.

Dans les jardins de Malte, on pratique ordinairement des bosquets d'orangers et de citroniers, dont on arrondit, comme dans nos climats, les têtes, et auxquels on ne laisse aussi qu'une seule tige. Ils sont arrosés jusqu'à deux fois par jour, la plupart élevés dans des caisses, et placés dans des endroits fort abrités. On connoît toute l'excellence des fruits que donnent les orangers de ces jardins. Les figues de plusieurs espèces qu'y produisent les figuiers, auxquels on applique la méthode de la caprification, ne sont pas moins savoureuses. Enfin les légumes qui y viennent sont aussi de la meilleure qualité. L'eau destinée aux arrosages, et que donnent des pluies assez rares, est conduite par des rigoles dans des citernes creusées dans le roc vif.

Malgré la grande fécondité du sol, ce sol suffit à peine pour nourrir pendant trois mois de l'année le peuple maltais, qui se multiplie dans une proportion inconnue aux autres Etats. La même étendue de terrein, sur laquelle on compte en France cent cinquante-trois habitans, en Italie cent soixante et douze, dans le royaume de Naples cent quatre-vingt-douze, dans l'état de Venise cent quatre-vingt-seize, en Hollande enfin deux cent vingt-quatre, est couverte à Malte de onze cent trois habitans. En 1798, on évaluoit la population de cette île à quatre-vingt-dix mille personnes, et celle de l'île de Gozo à vingt-quatre mille.

Avant les révolutions survenues dans leur île, les Maltais suppléoient en partie à l'insuffisance des grains que produisent Malte et Gozo pour la nourriture de leurs habitans, par les produits de leurs brebis très-fécondes, d'une pêche extrêmement abondante, de la chasse aux oiseaux de passage, mais sur-tout par les grains qu'un commerce très-actif leur procuroit de dehors. Les objets de ce commerce étoient le coton, dont l'exportation s'élevoit à la valeur de deux millions sept cent cinquante mille livres tournois, les oranges et l'eau des fleurs des orangers, des abricots confits connus sous le nom d'alexandrins, des grenades très-délicates, du miel d'une excellente qualité, le *lichen*, les cendres de *kali-magnum*, de la soude, des graines de choux et de brocolis, quelques pièces de filigrane, ouvrage où les Maltais excellent, des horloges, enfin des bouilloires aussi légères et aussi parfaites que celles du Levant. Mais ces articles étoient insuffisans pour solder les achats de grains : l'Ordre remplissoit le déficit avec son trésor.

Je ne suivrai point l'auteur dans la description qu'il fait de la *Cité-Vieille* et de la *Cité-la-Vallette ;* ces objets sont connus, et se trouvent un peu plus détaillés seulement dans son ouvrage. Il en faut dire autant des détails topographiques où il entre sur la campagne de l'île de Malte, et sur celle de l'île de Gozo. Je passe au portrait qu'il fait des habitans de ces îles : il renferme des observations très-intéressantes.

Quoique successivement soumis à différentes nations, les Maltais ont toujours conservé un caractère qui décèle leur origine, et qui prouve qu'ils se sont fort peu mêlés avec elles. Leur physionomie, leur taille annoncent visiblement qu'ils descendent d'Africains. Petits, forts et charnus, comme les nations qui habitent les régences barbaresques, ils ont aussi, comme elles, les cheveux crépus, le nez écrasé, les lèvres relevées, la couleur de la peau tannée. Leurs langues diffèrent très-peu, et ces peuples s'entendent fort bien entre eux.

Les Maltais doivent peut-être autant à leur situation physique qu'à leur communication avec les étrangers qui ont fréquenté leur île, ou qui les ont subjugués, d'être devenus industrieux, actifs, fidèles, économes, agiles, sobres, valeureux, et d'avoir acquis la réputation d'être les premiers matelots de la Méditerranée : mais ils ont un peu retenu de leur origine, d'être intéressés, violens, vindicatifs, jaloux, pillards ; et dans leur conduite, ils rappellent même quelquefois ce qu'on appelloit *la foi punique.* On les accuse aussi d'être fanatiques, superstitieux à l'excès et très-ignorans, quoiqu'avec des dispositions pour réussir dans les arts et dans les sciences. A l'appui de cette restriction dans les derniers traits de ce tableau, l'éditeur, d'après un ouvrage intitulé *Recherches historiques et politiques sur*

Malte, cite un passage de *Houel*, qui, dans son Voyage en Sicile et à Malte, dit qu'il a vu des artistes Maltais en qui il a reconnu beaucoup de mérite, mais dont les ouvrages sortent rarement de l'île. Il observe aussi, d'après le même ouvrage, que Malte a produit le compositeur *Azzupardi*, auteur d'un livre intitulé *il Musico prattico*, qui, traduit en français, sert de livre élémentaire dans l'Institut de Musique de Paris.

Les ecclésiastiques, les avocats, les bourgeois, qui sont en très-petit nombre relativement à la généralité du peuple, portent l'habit français. Les autres Maltais sont vêtus en coton, et ne portent jamais de chapeaux, mais des bonnets de toute couleur. Les gens aisés marchent avec un éventail à la main, et des lunettes garnies de verres bleus ou verts, pour se préserver des effets d'une chaleur excessive, et de la réverbération du soleil sur des pierres et un tuf blanchâtre. Malgré cette précaution, l'on rencontre beaucoup d'aveugles, et un plus grand nombre de gens dont la vue est extrêmement foible.

La plus grande sobriété distingue le Maltais. Une gousse d'ail ou un oignon, des anchois trempés dans de l'huile, du poisson salé, voilà sa nourriture ordinaire. Les jours de grandes fêtes seulement, il mange du porc : c'est un animal fort commun dans les villes et dans les villages, où on le laisse vaguer en toute sûreté, pour qu'il y cherche sa nourriture. Jamais aucun peuple n'a poussé plus loin que le Maltais, l'attachement pour son pays natal : il ne perdit jamais l'espoir d'y voir terminer ses jours.

Les Maltaises sont généralement petites. Elles ont de belles mains, un joli pied, de beaux yeux noirs. Elles paroissent quelquefois louches, par l'usage où elles sont de ne regarder que d'un œil, ayant la moitié du visage couvert d'une étoffe de soie noire, qu'elles ajustent avec beaucoup de recherche. Jamais elles n'ont quitté leur costume pour prendre les modes françaises. Une chemise très-courte, un jupon de toile ou de coton, une autre jupe de couleur bleue, un corset avec des manches, composent tout leur vêtement. Derrière leur tête est attachée une partie du mouchoir qui couvre leur sein. Elles portent à leur cou, des chaînes d'or et d'argent, quelquefois garnies de pierres précieuses, des bracelets aux bras, des ornemens aux oreilles, plus précieux par la valeur que par le goût. Tel est le costume des femmes de la classe ordinaire, soit à la ville, soit à la campagne.

Quant aux baronnes maltaises, toujours vêtues de noir, elles se couvroient autrefois, pour aller à l'église, d'une longue et large mante, qui ne laissoit à découvert que le front et les yeux. Dans la suite, sans renoncer ni au voile, ni à la couleur noire, elles se sont composé un habillement qui laisse admirer les avantages qu'elles tiennent de la nature. Au reste, elles vivoient aussi autrefois dans une grande retraite; mais dans les derniers temps, elles jouissoient d'une liberté honnête; et si le libertinage s'étoit glissé quelque part, ce n'étoit que dans la classe des femmes qui habitoient la ville, et qui, n'ayant d'autres ressources pour vivre que les emplois dont étoient pourvus leurs parens, faisoient peut-être, pour les leur faire obtenir, un usage illicite de leurs charmes.

Les cérémonies des noces à Malte, sont à-peu-près les mêmes que dans le reste de la chrétienté; mais on y a quelques usages différens pour les funérailles.

§. VI. *Voyages communs aux îles de Sicile et de Malte.*

VOYAGE de *Dryden* en Sicile et à Malte, où il a accompagné M. Cecile lors de l'expédition de 1701 et 1702 : (en anglais) *Voyage by Dryden to Sicily and Malta, he accompanied M. Cecil a expedition in 1701 and 1702.* Londres, 1776, in-8°.

VOYAGE en Sicile et à Malte, par *Brydone* : (en anglais) *Travels to Sicily and Malta, by Brydone.* Londres, 1776, 2 vol. in-8°.

Ce Voyage a été traduit en français sous le titre suivant :

VOYAGE en Sicile et à Malte, fait en 1770, traduit de l'anglais de M. *Brydone*, par M. Demeunier. Paris, Pissot, 1775, 2 vol. in-8°.

— Le même, avec des notes par Derveil. Neuchâtel, 1776, 2 vol. in-8°.

La partie de cette relation, en forme de lettres, la plus attachante, est celle du voyage de l'auteur au mont Etna, ce volcan terrible, dont les éruptions ont formé plusieurs montagnes aussi considérables chacune que le mont Vésuve. Le voyageur décrit les différentes régions qu'il faut traverser pour parvenir au cratère : ces régions forment comme trois climats différens. C'est dans la région boisée que se trouve ce fameux châtaignier qui forme cinq tiges, dont la circonférence est de 208 pieds; mais il faut recourir à l'ouvrage même, pour prendre une idée satisfaisante de toutes les merveilles qu'offre l'Etna.

Que les habitans de Catane, située au pied de l'Etna, dont les éruptions avoient plusieurs fois détruit leur ville, aient eu la hardiesse de la reconstruire et de l'agrandir au point que par son étendue et ses embellissemens, elle rivalise presque avec la capitale de la Sicile (Palerme), c'est ce qui ne peut s'expliquer que par cet attrait invincible pour le sol qui nous a vu naître.

Parmi tant de phénomènes qui se présentent à chaque pas au voyageur dans cette étonnante contrée, le plus remarquable peut-être, ou le plus intéressant au moins, est le prince de Biscari, gouverneur de Catane. Chez un peuple qui, par sa vivacité, sa pénétration, a de l'aptitude pour toutes les sciences et pour tous les arts, mais qui est sans cesse détourné de leur étude par le vif attrait des plaisirs, ce seigneur sicilien réunit à des notions très-étendues sur diverses branches de l'histoire naturelle, à de vastes lumières sur l'antiquité, la passion des arts, et ce tact délicat qui en apprécie toutes les beautés. Ses immenses richesses sont presque toutes employées à étendre le domaine des connoissances humaines, et il ne détache de cet emploi de sa fortune, que la partie nécessaire pour exercer des actes de bienfaisance. Ce témoignage lui avoit déjà été rendu par Riedesel avec le même enthousiasme que le fait Brydone.

Ce dernier voyageur a décrit, comme son prédécesseur Swinburne, mais avec moins d'érudition, les antiquités de la Sicile : il a fait connoître aussi, mais avec une touche plus agréable, les principales cités de cette île, les mœurs de leurs habitans, et sur-tout celles du peuple de la campagne. Les notions qu'il donne sur l'administration de la Sicile sont très-curieuses; mais ce qu'il en dit, n'en donne pas une idée bien avantageuse.

La brillante description de la fête de Sainte Rosalie à Palerme, qui seroit inexécutable dans notre climat inconstant, prouve que les Siciliens sont le premier peuple du monde pour l'ordonnance des fêtes. Avec une administration plus éclairée sur leurs propres intérêts, ils pourroient prétendre à un genre de mérite plus solide.

Dans sa relation de Malte, Brydone, après avoir donné quelque idée des immenses fortifications de cette île, s'étend beaucoup sur l'industrieuse culture du sol, qui n'est qu'un rocher recouvert d'un peu de terre apportée de la Sicile en différens temps. Les principales productions de cette île, dit-il, sont le coton et plusieurs espèces de fruits, tous délicieux, mais entre lesquels on distingue sur-tout les oranges, supérieures à toutes celles du midi de l'Europe.

La chaleur de Malte n'a pas paru à Brydone, aussi forte qu'on devroit l'attendre de sa latitude et de la nature de son sol. Il a vérifié qu'en effet, il ne se trouvoit dans cette île aucun animal venimeux. On n'y connoît pas non plus les tremblemens de terre, mais elle est quelquefois affligée par de violens ouragans.

A quelques détails sur la forme du gouvernement et sur les forces de l'île, il ajoute que le séjour des chevaliers de tant de différentes nations à Malte, y rend les mœurs trèsmêlées, du moins dans les classes considérables de la société : il ne nous dit rien de celles des habitans de la campagne.

Lettres sur la Sicile et sur Malte, de M. le comte *de Borch*, écrites en 1777, pour servir de supplément au Voyage en Sicile et à Malte, par M. Brydone; enrichies de deux cartes de l'Etna et de la Sicile ancienne et moderne. Turin, 1782, 2 vol. in-8°.

— Collection de planches, *ibid.* 1 pet. vol. in-4°. oblong.

Ce Voyage a été traduit en allemand sous le titre suivant :

Briefe über Sicilien und Malta; Supplement zu Brydone Reisen, von Graf Borch. Berne, 1783, 2 vol. in-8°.

Dans sa préface, l'auteur de ces Lettres annonce que ce fut la lecture de celles de Brydone qui lui fit former le projet de faire le voyage de Sicile et de Malte. Il se proposoit principalement de rectifier les erreurs et de suppléer les omissions qu'il reprochoit à Brydone, de repousser les railleries que ce voyageur s'étoit permis de lancer contre les Siciliens et leurs pratiques religieuses, de décrire enfin plusieurs phénomènes physiques et beaucoup d'objets tenant à l'histoire naturelle, qui ne se trouvent point dans la relation de Brydone, étranger, sous bien des rapports, à ce genre de connoissance.

Pour cette dernière partie, les Lettres de Borch forment en effet un supplément fort utile à celles de Brydone, sur-tout en ce qui concerne la nature des laves. A l'égard des omissions et des erreurs, elles ne sont pas d'une grande importance, mais elles donnent occasion au nouveau voyageur de présenter les mêmes objets sous un point de vue différent : c'est une nouvelle source de lumières pour le lecteur.

Borch censure vivement Brydone sur l'indiscrétion qu'il a eue de rendre publiques les communications que lui avoit faites à Catane, dans l'intimité de la confiance, le chanoine Recupero sur l'antiquité des laves ; et cette censure n'est que trop fondée ; car cette publicité suscita au savant ecclésiastique, une espèce de persécution de la part de son évêque.

Quant à la description de Malte, par Borch, elle est beaucoup plus satisfaisante que celle de Brydone, particulièrement quant aux mœurs et aux usages de l'île.

VOYAGE pittoresque des îles de Sicile, de Malte et de Lipari, par *Houel,* orné de cartes, plans, vues et figures gravées au bistre. Paris, 1782 et années suivantes, 4 gr. vol. in-fol.

— Le même, traduit en allemand, par J. H. Keerl. Gotha, Ettinger, 1797-1806, 5 vol. in-8°.

Cet habile artiste décrit dans un plus grand détail encore que ne l'avoit fait Saint-Non, les monumens de la Sicile. Ses dessins sont d'une rare correction, et peuvent servir d'étude aux jeunes élèves. C'est sous ce point de vue principalement que ce Voyage est très-recommandable.

LA SICILE et Malte, extrait des ouvrages de Brydone, de Borch et autres, par S. *Oedmann :* (en suédois) *Sicilien och Malta, utur Bref af herrer Brydone och von Borch ved S. Oedmann.* Stockholm, 1791, in-8°.

OBSERVATIONS sur la Sicile et Malte, traduites du russe, et accompagnées d'observations par H. L. : (en allemand) *Bemerkungen über Sicilien und Malta, aus dem russischen übersezt und mit Anmerkungen von H. L.* Riga, 1793, in-8°.

SECTION IX.

Descriptions de la mer Adriatique, des îles Éoliennes, des îles Vénitiennes, aujourd'hui les Sept-Iles, des îles Baléares, des îles Pithyeuses, et des îles de Sardaigne et de Corse. Voyages faits dans ces îles.

§. I. *Descriptions de la mer Adriatique. Voyages faits dans les îles Eoliennes.*

HISTOIRE naturelle de la mer Adriatique, etc.... par *Donati* : (en italien) *Saggio della Istoria marina dell' Adriatico, etc....* Venise, 1750, in-4°.

ESSAI d'Observations sur l'île de Cherso et d'Osero, dans la mer Adriatique, par M. *Fortis* : (en italien) *Saggio d'Osservazioni sopra l'isola di Cherso e d'Osero, del Fortis*. Venise, 1777, in-4°.

VOYAGE aux îles Lipari, fait en 1781, ou Notice sur les îles Eoliennes, pour servir à l'histoire des Volcans, suivi d'un Mémoire sur une espèce de volcan d'air, et d'un autre sur la température de Malte, par le commandeur *Deodat Dolomieu*. Paris, Panckoucke, 1788, in-8°.

Les îles Eoliennes, ainsi nommées autrefois de ce qu'elles sont situées dans une mer extrêmement orageuse, où les anciens supposoient que le dieu des vents Eole avoit établi son empire, sont au nombre de dix : savoir, Lipari, Volcano, les Salines, Panaria, Bazeluzza, Lisca-Bianca,

Datel, Stromboli, Alicuda et Felicuda. On les appelle plus communément aujourd'hui les îles Lipari, du nom de la plus étendue, de la plus fertile et de la plus peuplée de ces îles : elles dépendent absolument de la Sicile, pour le gouvernement civil et ecclésiastique.

Toutes ces îles, suivant Dolomieu, doivent certainement leur formation aux feux souterrains : elles se sont élevées par accumulation au milieu de la mer qui les baigne ; mais les éruptions qui les ont produites, ou ensemble, ou successivement, sont antérieures aux temps de l'histoire, puisqu'aucun historien ne parle de leur origine. La petite île de Volcanella, presque adjacente à l'île Vulcano, et qu'on confond avec celle-ci, est la seule dont les anciens nous aient indiqué la formation, qui remonte à l'an 550 de la fondation de Rome.

Ces îles présentent une suite de volcans dans tous les états, dans toutes les circonstances où peuvent se trouver les montagnes formées par les feux souterrains. Dolomieu a porté dans l'examen de ces îles, non-seulement cette sagacité qui l'avoit placé au rang des minéralogistes les plus distingués, mais encore ce courage persévérant à lutter contre les obstacles que la difficulté du local oppose souvent aux travaux des investigateurs ardens des secrets de la nature. Ce courage, comme on sait, s'est soutenu dans les souffrances d'une longue et cruelle captivité ; et sa délivrance, à laquelle tout le monde savant s'est intéressé, lui parut sur-tout précieuse, par la facilité qu'elle lui donna de se livrer à de nouvelles recherches, dont l'assiduité pénible a glorieusement terminé ses jours.

MÉMOIRE sur les îles Ponce, etc... par *Dolomieu*, pour servir de suite à son Voyage aux îles Lipari. Paris, Cuchet, 1788, in-8°.

LETTRES de l'abbé *Spallanzani* au marquis Luchesini, sur son voyage autour de la mer Adriatique : (en italien) *Abbate Spallanzani, Lettere al Signor*

Marchese Luchesini, sopra le coste dell' Adriatico. Paris, 1789, 4 vol. in-4°.

C'est encore ici un ouvrage de l'un des plus grands naturalistes du siècle dernier, où se trouvent les plus précieux matériaux pour le perfectionnement de la physique et de plusieurs branches de l'histoire naturelle.

§. II. *Voyages dans les îles ci-devant Vénitiennes, aujourd'hui les Sept-Îles. Descriptions de ces îles.*

OBSERVATIONS faites à la hâte et rassemblement de faits sur l'île de Céphalonie, par A. *Morosini* : (en italien) *A. Morosini corsi di penna e catena di materie sopra l' isole di Cefalonia.* Venise, 1628, in-4°.

DESCRIPTION historique de l'île de Corfou, par André *Marmora*, noble Corfiote : (en italien) *Istoria di Corfu, descritta da Andrea Marmora nobile Corcyrense.* Venise, 1672, in-4°.

ANTIQUITÉS de Corfou, par le cardinal *Quirini* : (en latin) *Primordia Corcirae, autore cardinale Quirini.* in-4°.

Ce savant cardinal, dont on a plusieurs autres ouvrages estimés, a répandu dans celui-ci la plus profonde érudition.

MÉMOIRE sur les trois départemens, Corcyre, Ithaque, Céphalonie, par les frères *d'Arbois*. Paris, an VI — 1798, in-8°.

ESSAI sur les îles de Zante, de Cerigo, de Cerigotto et des Strophades, composant le département de la mer Egée, par *Rulhière*. Paris, 1799, in-8°.

VOYAGE historique, littéraire et pittoresque dans les îles et possessions ci-devant Vénitiennes du

Levant, savoir, Corfou, Pexo, Bucintro, Parga, Prevoza, Venizza, Sainte-Maure, Thiaqui, Cephalonie, Zante, Strophades, Cerigo et Cerigote, par André *Grasset-Saint-Sauveur* jeune, ancien consul de France résident à Corfou, Zante, Sainte-Maure, etc.... depuis 1781 jusqu'en l'an VI. Paris, Tavernier, an VIII—1800, 3 vol. in-8°.

— Collection de trente planches, composée de la carte générale, de vues, de costumes, de monumens, de médailles et d'inscriptions. *Ibid.* 1 vol. in-4°.

— Le même, traduit en allemand. Weimar, 1801, in-8°.

L'auteur a divisé son Voyage en douze livres. Dans les six premiers, il traite de l'état physique de l'île de Corfou, et de sa situation politique sous la domination successive des Grecs, des Romains, des empereurs d'Orient, des rois de Naples et des Vénitiens. Il décrit dans le septième, la religion, l'administration civile, l'état militaire, la marine, l'agriculture, l'industrie, la navigation, le commerce, les usages, les mœurs, l'éducation, les divertissemens des Corfiotes. Les cinq derniers livres sont consacrés à l'histoire et au tableau physique et politique de toutes les autres îles indiquées dans le titre du Voyage.

L'histoire de ces îles, traitée par l'auteur avec beaucoup de profondeur, est étrangère à l'objet de ma notice; celle de leur gouvernement l'est également devenue par la révolution politique qui, anéantissant la république de Venise, a formé de ces îles, soumises jadis à sa domination, une puissance à-peu-près indépendante, sous le nom des Sept-Iles. Je me bornerai donc à un rapide apperçu de l'état physique et moral de ces îles.

Corfou, la plus considérable sous tous les rapports, fut connue dans l'antiquité sous le nom de *Corcyre*, et est célèbre sur-tout par la description qu'Homère en a faite dans son Odyssée, où il lui donne le nom d'île des *Phéaciens*. Elle a soixante lieues environ d'étendue, avec une population de soixante mille ames seulement. Le climat de cette île est doux, et extrêmement variable : elle est sujette aux tremblemens de terre, mais les secousses sont modérées et causent rarement du dommage. La mine de charbon de terre qu'on y a récemment découverte, une mine de soufre anciennement connue, sembleroient indiquer que le foyer de ces commotions est dans l'île même ; mais on a remarqué que ces secousses étoient presque toutes de *relation*, ayant leur direction du nord-ouest au sud-est.

Le voyageur est d'accord avec Scrofani, sur l'insuffisance des productions de l'île pour les besoins de ses habitans : ils ne récoltent du bled et du vin que pour trois ou quatre mois. C'est avec le produit de leurs huiles, dont ils fabriquent année commune 250,000 jarres, avec celui de leurs salines, dont le rapport est aussi de quelque importance, avec la dépouille enfin du gros et du menu bétail, dont ils font des exportations pour environ une somme de 50,000 liv., que les Corfiotes se procurent chez leurs voisins tout ce qui leur manque. L'article des huiles seroit susceptible d'un accroissement considérable, si les opérations de la nature étoient secondées par l'activité de l'industrie. Indépendamment de la pénurie de grains et de vins, Corfou est dépourvue de bois, de prairies; et l'art du jardinage y est très-borné. Le gibier de terre y est fort rare, le gibier d'eau et les poissons sont plus communs.

Le caractère que le voyageur assigne aux Corfiotes, n'est rien moins que flatteur, et paroît un peu chargé. Il les dépeint comme superstitieux par religion, ignorans par orgueil, indigens par indolence, ennemis du travail par indigence, cruels par inclination, perfides et faux par foiblesse : il ajoute, à la vérité, que ce peuple redeviendra ce qu'il étoit autrefois, lorsqu'un gouvernement sage et éclairé le guidera. C'est à une éducation dépravée, ou plutôt à la nullité de toute éducation que le voyageur attribue en grande partie les mauvaises qualités des Corfiotes. Sous le gouvernement des Vénitiens, il n'y avoit d'autre moyen de s'éclairer, pour la classe du peuple seulement la plus aisée, que d'aller chercher l'instruction loin de sa patrie. Les lumières étoient concentrées dans les professions d'avocats et de médecins. La fondation d'une académie, l'établissement d'une imprimerie commençoient néanmoins à répandre quelques connoissances dans l'île.

Les femmes, étroitement resserrées autrefois, étoient parvenues à jouir d'une grande portion de liberté. Le luxe, les plaisirs de la table s'étoient insensiblement introduits à Corfou. Cette observation s'applique particulièrement à l'unique ville que contienne l'île, et qui en porte le nom. Les fortifications en sont très-considérables, et exigent une forte garnison. Les couvens y sont très-nombreux, et elle manque d'hôpitaux. Les processions y sont très-multipliées ; la fête de Saint Spiridion s'y célèbre avec le plus grand éclat : on voit avec étonnement dans son trésor, une offrande qui lui fut faite par Soliman, à la suite du siége qu'il avoit mis devant la ville. La superstition exerce d'autant plus son empire sur les Corfiotes, que le clergé est de la plus profonde ignorance : il s'occupe beaucoup de misérables peintures, dont l'objet est d'entretenir l'aveugle dévotion du peuple. Les plus superstitieuses pratiques se remarquent dans les cérémonies des mariages et des funérailles.

Les îles de *Paxo*, de *Bucintro*, de *Pargo*, de *Provosa*, de *Venizza*, de *Sainte-Maure*, n'offrent rien de bien remarquable. Celle de Provosa seulement seroit susceptible d'un commerce considérable avec les provinces turques.

L'île de *Thiaqui*, connue dans l'antiquité sous le nom d'Ithaque ou de Dulychium, attire sur-tout l'attention pour avoir été le théâtre des événemens décrits avec tant de charmes dans l'Odyssée. De toutes parts elle est couverte de rochers dont les intervalles, soigneusement cultivés, donnent en grains d'une mauvaise qualité, une quantité plus que suffisante pour la consommation des habitans. Le surplus fournit un article d'exportation assez borné ; pour les îles de Céphalonie et de Zante. On exporte aussi de Thiaqui, cinq à six milliers pesant de raisins de Corinthe, et un peu d'huile d'olive. Les vins qu'on récolte suffisent aux besoins des habitans : le jardinage se réduit à une petite quantité de légumes et de fruits. Le gibier est rare, la pêche abondante. La volaille réussit singulièrement; on élève des dindes d'une grosseur remarquable. Les tremblemens de terre, à Thiaqui, n'ont pas de suites plus fâcheuses qu'à Céphalonie et à Zante, dont elle est voisine. La population se borne à sept mille ames, répandues dans quatre à cinq villages.

Avec la même étendue que l'île de Corfou, celle de *Céphalonie* ne lui est pas comparable. Elle est très-montueuse et assez stérile ; la récolte de grains n'y fournit que quatre ou cinq mois de subsistances aux habitans. Six à sept millions pesant de raisins de Corinthe, des huiles en assez grande abondance, procurent, par l'exportation, de quoi suppléer aux productions de première nécessité. L'île trouve aussi une ressource dans une certaine quantité de coton et de soie d'une très-bonne qualité. Les vins de liqueur et de table se consomment dans le pays, il n'en passe chez l'étranger qu'une très-petite quantité. On fait à Céphalonie des liqueurs de diverses espèces fort estimées; mais la plus grande partie de ces liqueurs, sous l'administration vénitienne, étoit employée en présens, et ne formoit pas une branche d'exportation proprement dite.

A Céphalonie, comme à Corfou, l'art du jardinage est encore dans l'enfance. Il faut excepter de cette assertion, la culture d'une certaine espèce de melons d'hiver, d'une qualité supérieure à celle même des melons de Malte : la forme en est très-différente ; ceux-ci, parfaitement ronds, sont d'un vert tirant sur le bronze ; ceux de Céphalonie sont d'une forme ovale et d'un très-beau jaune, la chair en est blanche. On les conserve long-temps, en les tenant suspendus. Le voyageur indique la manière de les cultiver ; elle suppose une grande industrie qui pourroit s'appliquer à d'autres fruits et à tous les genres de légumes. Le Céphalonote y réussiroit d'autant mieux, qu'en général il est très-persévérant dans ses projets.

A ce caractère, il joint beaucoup de finesse, et un penchant décidé pour l'intrigue. On a toujours reconnu chez lui une grande aptitude pour les sciences en tout genre. Il a couru, en divers temps, la carrière des lettres avec distinction ; plus d'une fois même, il a fourni à l'étranger des hommes d'état et des militaires distingués. Plus hospitalier que les autres insulaires, il est, comme eux, très-vindicatif.

L'île de *Zante*, qui n'est séparée de Céphalonie que par un canal peu considérable, n'a qu'une étendue de quatre lieues en largeur sur six à sept lieues de longueur. Dans un espace si borné, elle donne des produits considérables, sur-tout en raisins de Corinthe et en huiles. Le premier de ces produits s'élève jusqu'à neuf à dix millions pesant. Le voyageur expose la méthode de cultiver la vigne qui produit ce raisin précieux, dont les grains sans pepin n'ont que la grosseur de ceux de groseille, et sont d'une couleur mordoré. C'est un peu avant sa maturité qu'il est agréable à manger, parce que sa très-grande douceur est corrigée alors par un peu d'acidité ; on le donne dans cet état aux malades. Il se fait de ce raisin, dans l'île de Zante, plusieurs espèces de vins, soit d'ordinaire, soit de liqueur. La plus grande partie se consomme dans le pays, le reste est enlevé par l'étranger : il se conserve long-temps, et on le répute très-stomachique. La plus grande partie du raisin se sèche, et en cet état, où il n'est pas plus gros que des grains de poivre, il forme un objet d'exportation très-considérable.

On ne cultive pas plus de grains à Zante que dans les autres îles ; mais le produit de ses raisins et de ses huiles, lui procure abondamment tout ce qui lui manque, et dans ce genre et dans plusieurs autres. Cette île, outre des cavernes d'où il s'exhale en grande abondance une graisse d'une odeur fétide, renferme deux sources de goudron, des eaux minérales, des salines plus que suffisantes pour la consommation des habitans. Elle est dépourvue de bois, et, ce qui en est la suite ordinaire, on n'y trouve point de rivières. Les sources d'eau douce sont très-communes, mais toutes placées entre des rochers, et trop éloignées pour qu'on puisse les employer à l'arrosement. L'art du jardinage est néanmoins beaucoup plus avancé à Zante que dans les autres îles : on y est désolé par les insectes, qui y sont très-multipliés ; le voyageur en cite deux comme très-venimeux, et dont la piqûre est réputée mortelle, si l'on n'y apporte pas un prompt remède. L'un, est une chenille dont la marche est fort rapide, qu'on appelle *galera* ; l'autre, une araignée de l'espèce des *maçonnes*, et de la grosseur d'une noix. Entre les lézards, il en est un dont la blessure, dit-on, donne la mort ; celle que fait le scorpion n'est point mortelle, mais elle procure une fièvre violente, et on la guérit avec une herbe du pays. L'île est très-riche en plantes salubres.

La ville de Zante, située au centre de l'île, et défendue par une forteresse, est peuplée d'environ douze mille ames, parmi lesquelles on compte deux mille Juifs. La population totale de l'île s'élève à 45 ou 50 mille habitans.

L'île de *Cerigo*, si célèbre dans l'antiquité sous le nom de Cythère, où l'on rendoit un culte particulier à Vénus, a huit lieues de longueur sur cinq à six de largeur. Avec la même étendue que celle de Zante, elle ne lui est comparable sous aucuns rapports. Couverte de roches en grande partie, elle a des produits très-bornés, et ses habitans sont peu aisés. Leurs récoltes en bled et en d'autres grains excèdent néanmoins les besoins de la consommation ; le surplus s'exporte dans les îles de Zante et de Céphalonie. On recueille aussi à Cerigo assez d'huile pour les besoins du pays, un peu de lin, de coton ; et à l'exception des vins d'ordinaire, que les habitans sont obligés de tirer de la Morée et de Candie, les Cerigotes, pour les denrées de première nécessité, sont moins dépendans de leurs voisins que les autres insulaires. Parmi les légumes et les fruits qu'on recueille dans l'île, on distingue une espèce d'oignons très-petits, mais d'un goût exquis, et des olives également fort petites et très-recherchées. On fait à Cerigo deux sortes de vins de liqueur qui sont en grande réputation.

§. III. *Descriptions des îles Baléares et des îles Pithyuses.*

HISTOIRE des îles Baléares : (en anglais) *History of the Balearik islands.* Londres, 1716; *ibid.* 1719, in-8°.

Cet ouvrage n'est que la traduction d'une partie de l'Histoire de ces îles, par *Dameto* et *Mur*, et ne donne que des renseignemens très-imparfaits sur l'état physique, le gouvernement et les mœurs des îles Baléares.

OBSERVATIONS de Georges *Cleghorn* sur les maladies épidémiques de l'île de Minorque, dans les années de 1744 à 1749, avec un tableau succinct du climat, des productions, des habitans et de l'intempérie endémique de cette île : (en anglais) *Georgii Cleghorn's Observations of the epidemical diseases in Minorca, from the years 1744 and 1749, to wich is prefixed a short account of the climate, productions, inhabitants and endemical distempers of the island.* Londres, 1751, in-8°.

RÉFLEXIONS générales sur l'île de Minorque, son climat, la manière de vivre des habitans, les maladies qui y règnent, par Claude *Passerat.* Paris, in-12.

HISTOIRE de l'île de Minorque, par *Armstrong* : (en anglais) *History of the island of Minorca, by Armstrong.* Londres, 1752, in-8°.

Cet ouvrage a été traduit en français sous le titre suivant :

HISTOIRE naturelle et civile de l'île de Minorque, traduite sur la deuxième édition anglaise de J. *Armstrong*. Paris, Debansy, 1769, in-12.

L'auteur de cet estimable ouvrage a consulté Dumeto et Mur, pour les faits purement historiques : mais c'est au voyage et au séjour qu'il a faits dans l'île de Minorque, qu'on doit les lumières qu'il nous a procurées sur la topographie de cette île, son gouvernement, les dettes de l'Etat, les impôts, les monnoies qui circulent dans l'île, son commerce intérieur, ses manufactures. Il y a également recueilli des renseignemens précieux sur son histoire naturelle, considérée dans les trois règnes : il s'y est instruit aussi du caractère, des mœurs et des coutumes des Minorquins. Enfin, dans son ouvrage, il a rassemblé le peu d'antiquités qu'offre l'île, telles que des vestiges et des descriptions de chemins construits par les Romains.

HISTOIRE ancienne et moderne des îles Baléares, ou des royaumes de Majorque, Minorque, Iviça, Fromentera et autres, avec leur description géographique et leur histoire naturelle, traduite de l'original espagnol par Campbell : (en anglais) *Ancient and modern History of the Balearik islands, or of the kingdom of Majorca, which comprehends the islands of Maiorca, Minorca, Fromentera and others, with their natural and geographical description, translated from the original spanish.* Londres, 1776, in-8°.

JOURNAL d'un Prédicateur sur la navigation des troupes d'Hanovre à Minorque : (en allemand) *Tagebuch eines Predigers enthaltend die Seereise der Hanoverschen Truppen nach Minorka.* Hanovre, 1776, in-8°.

Tableau de l'île de Minorque, ou Description générale et particulière de cette île, avec un précis sur les mœurs et les usages de ses habitans, la nature de son sol, ses productions, son commerce, ses antiquités, son histoire civile et naturelle, ensemble une notice détaillée sur la ville et le port de Mahon, le fort Saint-Philippe, Citadella, etc.... Paris, 1781, in-8°.

L'auteur de ce tableau, extrêmement abrégé, de l'île de Minorque, n'en donne pas une idée fort avantageuse. Tourmentée, dit-il, par des ouragans, elle a un sol très-stérile. Ses productions se réduisent à des vins qui sont sa plus grande richesse, à quelques laines que donnent ses troupeaux, à une très-petite quantité de fromages, de miel et de cire, enfin à quelques grains qui ne fournissent pas de quoi nourrir le tiers de ses habitans: elle est obligée de tirer de l'étranger tout ce qui est nécessaire aux besoins de la vie, et aux superfluités du luxe, extrêmement circonscrit dans l'île par sa pauvreté. L'ignorance et la superstition qui y règnent, sont les conséquences fâcheuses de cet état de choses.

Description géographique et statistique de l'île de Minorque, par C. H. F. *Lindermann*, avec planches et cartes: (en allemand) *Geographische und Statistische Beschreibung der Insel Minorka, bei einem langen Aufenthalt daselbst.* Leipsic, 1786, in-8°.

Description des îles Pythiuses et Baléares: (en espagnol) *Descrizione de las islas Pythiusas y Baleares.* Madrid, 1787, in-4°.

Cet ouvrage renferme une description topographique et statistique, un peu abrégée, mais fort exacte, des îles Baléares et Pithyuses.

On y voit, avec quelque surprise, que *Palma*, la capitale de l'île de Majorque, a deux bibliothèques publiques, dont l'une, savoir la Bibliothèque épiscopale, renferme des manuscrits curieux et rares; et qu'on trouve aussi dans cette ville, une foule d'excellens tableaux des plus grands maîtres des écoles de l'Italie et de la Flandre, et que les sciences ont fait depuis quelque temps des progrès très-sensibles dans cette île et dans celle de Minorque.

Les îles *Pithyuses*, auxquelles les Grecs donnèrent ce nom à cause des forêts de pins dont elles sont couvertes, sont au nombre de trois, *Iviça*, *Formentera*, et *Evergesa*, la première et la plus peuplée.

On trouvera plus de détails sur ces îles, dans l'extrait qu'a fait de l'ouvrage espagnol, M. Cramer, à la suite de sa traduction du Tableau de Valence, dont je donnerai la notice (deuxième Partie, sect. XIII, §. III).

§. IV. *Descriptions de l'île de Sardaigne.*

HISTOIRE générale de l'île et du royaume de Sardaigne, par François *de Vico*: (en espagnol) *Franc. de Vico, Historia de las isla y regno de Sardana.* Barcelone, 1639, 2 vol. in-fol.

DESCRIPTION de la Sardaigne, par Raimond *Arquer*: (en latin) *Raimondi Arquer Sardiniae Descriptio.* In-4°.

RELATION du royaume de Sardaigne, par *Cerillo* (en espagnol). In-4°.

DESCRIPTION géographique, historique et politique du royaume de Sardaigne. Cologne, 1718; La Haye, 1725, in-12.

DES AGRÉMENS de la Sardaigne, par *Gemelli*: (en italien) *Rifiorimento della Sardegna.* Sassari, 2 vol. in 4°.

DES QUADRUPÈDES, des amphibies, des oiseaux de Sardaigne, par *Cetti* : (en italien) *Quadrupedi, amfibj, ocelli di Sardegna.* Sassari, 1776, 3 vol. in-12.

NOTICES sur la Sardaigne et sur la constitution, les antiquités de cette île, par *Fuess* : (en allemand) *Nachrichten auf Sardinien, von der gegenwœrtigen Verfassung dieser Insel.* Leipsic, 1780, in-8°.

NOTICES abrégées sacrées et profanes des villes de Cagliari et de Sassari, par le chevalier *Cossu* : (en italien) *Della città Cagliari, della città Sassari, Notizie compendiose sacre e profane.* Cagliari, 1780; Sassari, 1783, 2 vol. in-8°.

ESSAI sur l'histoire géographique, politique et morale de la Sardaigne, par *Azumi.* 1798, in-8°.

De l'aveu consigné par l'auteur lui-même dans l'ouvrage suivant, cet Essai n'étoit qu'une ébauche; et d'ailleurs les fautes topographiques y sont très-nombreuses. C'est dans l'ouvrage suivant qu'on trouvera des notions satisfaisantes sur la Sardaigne.

HISTOIRE géographique, politique et naturelle de la Sardaigne, par Dominique-Albert *Azumi*, avec cartes et planches. Paris et Strasbourg, Levrault, an x—1801, 2 vol. in-8°.

Deux caps, qui prennent leurs noms des deux principales villes de la Sardaigne, les caps de Cagliari et de Sassari, forment la division de cette île en deux parties, entrecoupées de collines et de montagnes aussi fertiles que les vallées et les plaines. La Sardaigne a des hivers très-doux et des étés assez tempérés par le retour des vents du nord qui rafraîchissent l'atmosphère. Aussi le climat est-il d'une telle salubrité, que la vie des habitans y est plus longue que dans plusieurs parties du continent de l'Europe. L'auteur appuie cette assertion sur plusieurs tables extraites des dépôts mortuaires des deux villes ci-dessus nommées. A cette salubrité générale du climat, il n'y a d'exception que dans quelques endroits de l'île, où les eaux stagnantes produisent en été des fièvres putrides très-violentes, connues sous le nom d'*intempérie*.

La Sardaigne renferme plusieurs étangs très-poissonneux, et des eaux thermales dont on faisoit autrefois un grand usage. Aujourd'hui, les bains les plus recherchés sont ceux de Sassari, les autres sont entièrement négligés.

Dans la circonférence de l'île, on compte douze ports bien fortifiés, où les bâtimens étrangers trouvent des asyles sûrs contre les corsaires.

Plusieurs monumens anciens, dont on admire encore les ruines, tels que des restes de ponts, d'aqueducs et d'autres édifices publics, ouvrages des Romains, démontrent en quelle considération, de leur temps, étoit la Sardaigne.

Dans cette île, l'agriculture est très-vicieuse : ce vice tient principalement à la communauté des terres qui s'y trouve en quelque sorte établie par le désastreux usage de laisser forcément les terreins ouverts et exposés à la merci de tout le monde, quoique destinés à l'agriculture. Malgré tous les inconvéniens qu'il entraîne, le sol est si favorable au froment, qu'on en exporte annuellement une quantité considérable. En 1782, la récolte fut si abondante, que, l'exportation en étant limitée par les réglemens, on fut obligé de nourrir de bled les animaux. Cette abondance s'explique par la quantité de grains que rend la semence. Il n'est pas rare de voir recueillir soixante, quatre-vingt, et même cent pour un. Le bled est d'une excellente qualité : il s'emploie de préférence en Italie pour les pâtes. Tous les autres grains, en Sardaigne, sont pareillement très-abondans, et l'on en fait une exportation considérable. Cette île fournit des vins excellens, tant de liqueur que d'ordinaire. Ceux-ci se récoltent dans une si grande quantité, qu'assez fréquemment on est obligé de laisser le raisin sur les ceps, à défaut de futailles pour serrer le vin. Les huiles, qu'on recueille avec une extrême abondance, sont comparables à celles d'Aix et de Lucques. Le défaut de bras fait négliger la culture du chanvre, du lin, des mûriers, qui réussissent parfaitement. Un impôt trop fort mis sur la soude, a diminué la culture de la plante qui la fournit. Le tabac est d'une qualité supérieure; il est sous la main du fisc.

Les orangers, les citroniers, tous les arbres fruitiers de l'Europe réussissent singulièrement en Sardaigne, et l'on y cultiveroit même avec succès le coton, le sucre, le café et l'indigo. Dans cette île, on ne tire aucun parti de ses superbes forêts : il faut sans doute attribuer cette négligence au défaut de routes, qui manquent presque par-tout.

Les cornes et les peaux des animaux, la laine des brebis, les fromages que leur lait procure en abondance, le miel et la cire, le sel, le tabac, la soude, la pêche du thon, celle du corail, avec les grains, les vins et les huiles, forment les branches du commerce actif de la Sardaigne. Elle tire de l'étranger les draperies, les toiles fines et plusieurs autres objets de luxe et de commodité. Ce tribut que le défaut d'industrie lui fait payer à ses voisins, n'empêche pas que la balance du commerce ne soit annuellement en sa faveur d'une somme de près de sept millions.

Les chevaux fins de la Sardaigne sont réputés les plus beaux et les meilleurs de l'Europe. Les courses de chevaux, fort multipliées, contribuent beaucoup à améliorer les races. Les ânes sont de petite taille, mais robustes et vifs. Le nombre en est incalculable; on les emploie à toutes sortes d'usages. Il n'y a pas un seul mulet dans l'île, d'après le faux préjugé que l'introduction de ces animaux métifs gâteroit la race des chevaux. Celle des bœufs et des vaches, faute de prairies artificielles, est petite et maigre. L'espèce des cochons, au contraire, est d'une grosseur surprenante, et la chair en est fort délicate. Ces animaux sont très-multipliés dans la Sardaigne : les brebis le sont également; leur chair aussi est excellente, mais la laine en est fort grossière. Les chiens qu'on nourrit le plus communément dans l'île, sont le mâtin, le lévrier et le brac : ces trois races y sont d'une beauté qu'on ne voit point ailleurs. La force des mâtins, leur fidélité, leur obéissance, surpassent ce qu'on observe même dans d'autres pays sur cette espèce. Parmi les animaux sauvages de la Sardaigne, il n'y a de bien remarquable que le mouflon, qui, par sa tête, tient du mouton, et par sa taille, du cerf. En poissons, l'un des plus communs et des plus exquis, est la murène, si recherchée par les anciens : le thon forme un objet de pêche précieux.

On ne trouve guère d'or dans la Sardaigne, mais elle renferme des mines d'argent assez riches; celles de cuivre ne s'exploitent pas; plusieurs mines de fer abondantes sont même négligées : il y en a d'excellentes de plomb, mais elles ne sont pas toutes en exploitation. On a découvert dans la ville d'Oristan, une mine de mercure qu'on ne pourroit pas fouiller sans détruire beaucoup d'édifices : elle laisse l'espérance d'en trouver ailleurs.

Cagliari, capitale de tout le royaume, renferme une population de trente mille ames : elle a un bon port au fond d'un grand golfe. La ville est composée de ce qu'on appelle assez improprement le château, et de trois faubourgs. Le château, bien fortifié, dans lequel est une citadelle d'une excellente construction, est la résidence du vice-roi, des magistrats et de la noblesse : on y trouve de beaux édifices et une superbe église. Cagliari renferme une audience royale, plusieurs autres tribunaux, la trésorerie, l'université : c'est dans cette ville que s'assemblent les Cortès ou Etats-généraux.

Sassari, la ville la plus considérable de la Sardaigne après Cagliari, n'est qu'à douze milles de la mer : la situation en est charmante : elle est entourée d'allées d'arbres; les promenades publiques le sont aussi, et elles aboutissent toutes à des fontaines richement décorées de marbre, ornées de statues, et à des campagnes couvertes de jardins, d'orangers et de citroniers. La population de cette ville s'élève, comme celle de Cagliari, à trente mille ames.

La Sardaigne a des loix fondamentales, dont l'observation est vivement soutenue par les Cortés, qui, d'après la constitution de l'île, doivent s'assembler tous les dix ans. L'une de ces loix, et la plus précieuse, est que les emplois majeurs doivent être remplis par des nationaux: pour l'avoir violée, en remplissant de Piémontais toutes les places, les derniers rois de Sardaigne ont vu éclater plusieurs insurrections, dont la violence fut portée jusqu'à renvoyer le vice-roi. Ils ne sont parvenus à les appaiser, qu'en faisant droit sur les griefs, et en promettant la stricte observation du statut constitutionnel d'une assemblée périodique des Cortès. L'auteur, à ce sujet, descend à des détails qui appartiennent exclusivement à l'histoire.

Avec une constitution robuste, le Sarde a l'esprit fin et pénétrant, propre à l'étude des sciences et des arts: il porte le courage jusqu'à la témérité. Les femmes sardes sont spirituelles; elles ont généralement de beaux yeux, de belles dents, de beaux bras, une belle gorge, une taille svelte et déliée: elles sont sages, fidelles, constantes en amour, mais jalouses à l'excès, et capables de tout entreprendre pour se venger de l'infidélité d'un amant. Elles sont passionnées pour la danse et l'équitation; les danses sardes sont très-agréables. L'habillement du peuple mâle des campagnes, qui n'a jamais varié, est assez extraordinaire; celui de leurs femmes, qui leur est tout particulier et qui a quelque chose de national, fait avantageusement valoir leur gorge et leur taille.

Les langues qu'on parle en Sardaigne, peuvent se réduire à deux; la langue étrangère, qui, dans certains cantons, tient de l'idiôme catalan, à raison de l'établissement d'une colonie de Barcelonois en Sardaigne, et qui dans d'autres parties de l'île, est un dialecte dérivé de la langue toscane. Dans la langue sarde proprement dite, la base principale est le latin mêlé de grec, d'italien, d'espagnol, d'un peu de français, d'allemand, et de mots qui n'ont aucun rapport avec les langues connues. Avant 1764, la langue usitée dans les tribunaux étoit la langue castillane; c'est aujourd'hui la langue italienne, depuis l'établissement des universités de Cagliari et de Sassari : à partir de cette époque, elle est devenue très-familière dans toute l'étendue même de la Sardaigne, et on l'y parle avec autant d'aisance que de pureté.

§. V. *Descriptions de l'île de Corse, et Voyages faits dans cette île.*

DESCRIPTION de la Corse, avec la relation de la dernière guerre. 1743, in-12.

HISTOIRE de l'île de Corse, par (*M. S. D.*). Nanci, 1749, in-8°.

MÉMOIRES historiques sur l'Histoire naturelle de la Corse, par *Jaussin*. Lausanne, 1758, in-8°.

DESCRIPTION de la Corse, des mœurs et coutumes de ses habitans, etc.... Paris, 1768, in-12.

DESCRIPTION de la Corse, par *Belin*. 2 vol. in-4°.

DESCRIPTION de la Corse, des mœurs et coutumes de ses habitans, suivie de la Campagne que les troupes françaises ont faite en Corse en 1739. Paris, 1768, in-12.

OBSERVATIONS d'un Voyageur anglais sur l'île de Corse, écrites en anglais sur les lieux même, et traduites en italien : (en italien) *Osservazioni di un Viaggiatore inglese sopra l'isola di Corsica, scritte in inglese sul luogo, e tradotte in italiano*. Londres, 1768, in-8°.

— Les mêmes, traduites en français. Paris, 1777, in-12.

RELATION de la Corse, avec un Journal de l'excursion faite dans cette île, et les Mémoires de Pascal Paoli, par Jacques *Boswell*: (en anglais) *Account of Corsica, with the Journal of a tour to the island, and Memoires of Pascal Paoli, by James Boswell*. Glasgow, 1768, 2e édition; Londres, 1768, in-8°.

— La même, traduite en hollandais. Amsterdam, 1769, in-8°.

La même, traduite en français sous le titre suivant:

RELATION de l'île de Corse; Journal d'un voyage dans cette île, et Mémoires de Pascal Paoli, par Jacques *Boswell*, traduits de l'anglais sur la seconde édition par J. P. I. Dubois, avec une carte de la Corse. La Haye, Stedman, 1769, in-8°.

— La même, avec la carte. Lausanne, 1769, 2 vol. in-12.

Dans cette relation, à la suite de quelques observations sur la température de l'île de Corse, le voyageur décrit ses chaînes de montagnes, ses lacs, ses fleuves, ses forêts, ses ports et ses villes. Il donne aussi des détails sur son sol et ses productions; il indique enfin les améliorations dont ces objets sont susceptibles.

Tout ce qui concerne la statistique de cette île, a nécessairement subi de grands changemens depuis qu'elle fait partie de la France, et conséquemment ce qu'en dit le voyageur n'a plus le même intérêt; mais on en trouvera toujours beaucoup dans le tableau qu'il trace de l'opinion des anciens sur le caractère des Corses. Strabon, qui les a dépeints dans la dégradation de l'esclavage, en fait des hommes féroces et stupides. Diodore de Sicile, dans cet état-là même, les regarde comme plus propres au service du corps, par un don particulier de la nature, que les esclaves des autres nations : il ajoute que ces insulaires vivent entre eux avec plus d'humanité et de justice que tous les autres Barbares, et que dans chaque partie de l'économie civile, ils ont un respect particulier pour l'équité. La divergence des jugemens portés par ces deux écrivains, semble résulter de ce que Strabon les a observés chez des tyrans qui les maltraitoient, et que Diodore, au contraire, a étudié leur caractère chez des maîtres plus humains.

Dans les temps modernes, les Corses ont été peints avec les couleurs les plus noires par les Génois, leurs dominateurs, ou pour mieux dire, leurs oppresseurs. Frédéric le Grand et Rousseau de Genève les ont jugés avec plus d'impartialité.

« Les Corses, dit le premier (*Essai critique sur le Prince » de Machiavel*), sont une poignée d'hommes aussi braves » et aussi délibérés que les Anglais. On ne les domptera, » je crois, que par la prudence et la bonté. On peut voir, » par cet exemple, quel courage et quelle vérité donne » aux hommes l'amour de la liberté, et qu'il est dangereux » et injuste de l'opprimer (1) ».

En parlant du peuple de la Corse, *Rousseau* disoit à Boswell : *J'aime ces caractères où il y a de l'étoffe.* Lorsqu'il s'exprimoit ainsi, pressentoit-il donc que, dans cette île, s'élevoit alors ce personnage extraordinaire qui devoit un jour étonner l'univers, par sa prodigieuse activité dans le gouvernement de son vaste Empire, la profondeur de ses combinaisons dans ses victorieuses campagnes, la hauteur de ses conceptions dans ses opérations politiques?

HISTOIRE naturelle de l'île de Corse, par *Grisalvi :* (en italien) *Istoria naturale dell' isola di Corsica.* Florence, 1774, in-8°.

(1) C'étoit un prince destiné, par sa naissance, à devenir un monarque absolu, qui s'exprimoit de la sorte.

HISTOIRE naturelle de l'île de Corse, par *Hagemoohrl*: (en italien) *Istoria naturale dell' isola di Corsica*. Florence, 1774, in-8°.

ESSAI chronologique, historique (physique) et politique de Corse, par *Ferrand de Puy*. Paris, 1777, in-12.

MÉMOIRE sur l'Histoire naturelle des Corses, par *Barral*. Londres (Paris), 1783, in-12.

VOYAGE en Corse, par l'abbé *Gaudin*. Paris, 1787, in-8°.

La principale partie de ce Voyage, et la plus intéressante, roule sur la campagne de M. de Rochambeau en 1780 : on y trouve aussi quelques détails assez curieux sur les productions du pays, sur les mœurs de ses habitans, sur les différentes branches du commerce qui s'y fait ; mais il y a beaucoup de déclamations dans les narrations, et d'emphase dans les descriptions.

DESCRIPTION de l'île de Corse, par *Perny-Villeneuve*. (Insérée dans l'Esprit des Journaux, 1791.)

On y trouve des détails de statistique très-intéressans.

MŒURS et coutumes des Corses ; Mémoire tiré en partie d'un grand ouvrage sur la politique, la législation et la morale des diverses nations de l'Europe, par G. *Faydel*, avec figures. Paris, Garnery, an VII — 1798, in-8°. fig.

Malgré l'énonciation faite dans le titre de cet ouvrage, le meilleur que nous ayons encore sur la Corse, il renferme beaucoup plus d'observations intéressantes sur la physique de la Corse, que sur le moral et les usages de ses habitans.

Du travail des géomètres français, exécuté en 1766, après la prise de possession de la Corse par la France, il résulte que sur une étendue de 500 lieues carrées qu'offroit la surface de cette île, les futaies en occupoient cent soixante. Entre les arbres résineux qu'on trouve dans ces forêts, le pin et le larix se distinguent par leur belle venue et l'excellence de leur bois, particulièrement le larix, qui paroît être une belle variété du mélèze des Alpes ou du cèdre du Liban. L'un et l'autre peuvent servir aux œuvres mortes des vaisseaux de la plus grande dimension, et l'emportent, pour cet usage, sur tout ce que fournit en ce genre le nord de l'Europe. Le chêne, au contraire, malgré sa belle apparence, n'est point propre à la marine militaire. Il ne doit qu'à la longueur du temps son grand volume. Les routes qu'on a commencé à pratiquer, rendront l'extraction des bois plus facile (1).

A l'époque où l'auteur écrivoit, les cantons de l'île les plus favorables à la production des grains et des fruits, restoient sans culture et abandonnés. Ce n'est pas que pour toutes ces productions, la Corse ne soit un des meilleurs pays de l'Europe ; le bled, le raisin, les olives y sont de la meilleure qualité, et y viennent presque sans culture. On a vu plus d'une fois les semences donner soixante, quatre-vingt, jusqu'à cent pour un, et même au-delà. A ce sujet, l'auteur observe que le plus précieux avantage du bled de la Corse tient à la proportion de ses tiges, qui soutiennent aisément la pesanteur du grain sans jamais plier. Le mauvais état de l'agriculture en Corse pourroit se rapporter tout-à-la-fois à la configuration de l'île, et à l'état politique du pays. Les montagnes sont au centre de la Corse, et les plaines vraiment productives sont répandues tout autour. Le voisinage de la mer, la crainte des pirates faisoit abandonner, ou au moins négliger la culture de ces plaines. La sécurité dont jouit aujourd'hui la Corse, les encouragemens qu'on a procurés à l'agriculture, donneront

---

(1) Un meilleur régime forestier doit contribuer aujourd'hui à la conservation du recru des bois qui étoient mal aménagés, et dont les jeunes pousses étoient sans cesse dévorées par les bestiaux.

de l'activité aux cultivateurs. Une plus longue durée des baux et des concessions, qui communément étoient limités à une année, encouragera les Corses à faire des améliorations, et à substituer une bonne méthode de culture aux usages abusifs qui ruinoient la terre. L'usage de la greffe, presque inconnu dans la Corse, s'y établira ; la fabrication de l'huile, extrêmement vicieuse, se perfectionnera : qui sait même si une meilleure police n'influera pas sur le physique de tous les êtres animés? Jusqu'ici, l'on a observé que toutes les espèces animales sont plus petites en Corse que dans le continent ; ce qui est vrai, même pour l'homme, dont communément la stature n'excède pas cinq pieds.

L'auteur représente les habitations des Corses, dans l'intérieur de l'île, comme situées entre des rochers, sur les parties les plus inaccessibles de la montagne, et il observe que l'éloignement des terres propres à la culture, ne dégoûte point de ces tristes demeures les Corses. Comme, suivant lui, ce goût tenoit au droit de guerre et de paix que s'attribuoit chaque peuplade, et que la Corse, aujourd'hui, est soumise à un gouvernement régulier, ce que l'auteur observoit en 1798 doit avoir reçu beaucoup de modifications. Le penchant qu'il attribue aux Corses pour l'assassinat par la voie de la trahison, leur excessive paresse, à laquelle il donne pour cause un goût effréné et exclusif pour la garde des troupeaux, pour la chasse et pour la pêche, ont subi aussi de grands changemens. La soif de la vengeance, portée chez les Corses au même excès que chez les Arabes-Bédouins, et qui, comme chez ceux-ci, se concilioit avec les procédés les plus généreux envers ceux qui réclament l'hospitalité, doit être fort attiédie maintenant qu'il y a des tribunaux bien constitués et une police surveillante ; car ce n'est qu'à défaut de ces établissemens salutaires que les vengeances particulières sont sans frein.

Le peu de commerce qu'il y avoit dans la Corse, à l'époque où l'auteur écrivoit, étoit l'ouvrage de l'étranger, et se réduisoit, pour l'exportation, à de l'huile d'une mauvaise qualité, à de la cire d'une beauté inférieure à celle du Mans, à du goudron, à une mousse vermifuge, à quelques batelées de raisins secs et quelques tonneaux de vins cuits, et sur-tout à du bois en grume et en planches. Le peu de bled qui sortoit de la Corse, y rentroit en farine, en amidon, en pâtes sèches, en biscuits de mer. On rachetoit tanné et fabriqué pour la chaussure, le cuir qu'on avoit vendu écru. La pêche du corail, dont les côtes de la Corse abondent, étoit épuisée par les Napolitains; celle du thon, très-commun aussi sur ces côtes, étoit exploitée par les Sardes. Les importations, comme dans toûs les pays sans industrie et sans arts, consistoient en outils, ustensiles, meubles, merceries, quincailleries, vêtemens.

DESCRIPTION de la Corse, ou Relation de son union à la couronne de la Grande-Bretagne, renfermant la vie du général Paoli, et un Mémoire présenté à l'Assemblée nationale de France, concernant les forêts de cette île, avec un plan extrêmement avantageux pour tirer parti des unes et des autres; par *Frederick*, colonel sous Théodore, roi de Corse, enrichie d'une carte de la Corse : (en anglais) *The Description of Corsica, with an Account of its union to the crown of Great-Britain, including the life of general Paoli, and the Memorial presented to the National Assembly of France, upon the foretss*, etc... *illustrated with a map of Corsica; by Frederick, colonel of the late Theodore, king of Corsica.* Londres, 1795, in-8°.

VIAGGIO di Licomede (Arrighi) in Corsica, e sua relazione storico-filosofica, suoi costumi antichi e attuali de' Corsi, ad un suo amico : (en français) Voyage de Licomède (*Arrighi*) en Corse, et sa relation historique et philosophique sur les mœurs anciennes et actuelles des Corses, à l'un de ses amis. Paris, Lerouge, 1806, 2 vol. in-8°.

Dans cet ouvrage, où les textes italien et français sont mis en regard, l'auteur, on ne sait trop par quel motif, se produisant sous le nom grec de *Lycomède*, a mis en scène ses interlocuteurs sous des noms également grecs.

Il jette d'abord un coup-d'œil sur les premiers habitans de la Corse, sur leur gouvernement, leur religion, leurs usages, jusqu'à l'époque où cette île devint la conquête des Romains. Cette partie de sa relation, où il s'est aidé de quelques passages des historiens qui ont passé jusqu'à nous, et de quelques fragmens de ceux qui ont péri, procure peu de lumières. On est un peu plus éclairé sur les mœurs des Corses à l'époque où les Romains devinrent maîtres de la Corse. Comme Boswell, le nouveau voyageur s'occupe de concilier les opinions contradictoires de Strabon et de Diodore de Sicile, sur le caractère des habitans de cette île. Comme lui, il préfère l'autorité de l'historien à celle du géographe.

Ne perdant point de vue la Corse au milieu des secousses politiques auxquelles furent exposés les peuples de l'occident, après la destruction de l'Empire de ce nom ; le voyageur observe que le gouvernement municipal fut établi dans cette île dès le commencement du onzième siècle ; et, d'après les écrivains du temps, il donne une idée très-avantageuse de ce gouvernement, qui faisoit, dit-il, le bonheur du peuple.

C'est la domination oppressive des Génois qui, suivant le voyageur, a donné aux Corses ce caractère vindicatif qu'on leur attribue communément. Sans les défendre entièrement de cette inculpation, il observe que leurs inimitiés particulières ont toujours cessé, lorsqu'il s'agissoit de défendre la patrie et la liberté ; et il exalte la manière héroïque dont ils exercent la vertu de l'hospitalité. C'est, comme l'avoit déjà observé Faydel, c'est l'état de guerre où ils ont été si long-temps plongés, qui les a rendus passionnés pour la chasse, et presque étrangers aux travaux de l'agriculture, du commerce, des arts sédentaires.

La description que fait le nouveau voyageur du territoire, des productions naturelles, de l'état politique actuel de la Corse, est très-incomplète. La population qu'il donne à cette île, paroît reposer sur des renseignemens assez sûrs : elle est extrêmement foible en raison du territoire, puisqu'il ne la porte qu'à cent soixante-six mille ames environ, et que la Corse a une étendue qui pourroit comporter une population de plus d'un million d'individus.

Le surplus de la relation du voyageur roule sur divers projets propres à améliorer, suivant lui, le systême d'agriculture et des arts en Corse.

Outre que ce Voyage ne paroît être qu'une esquisse d'un ouvrage plus considérable que son auteur, dit-on, prépare, il y règne beaucoup de confusion dans la disposition des matières, qui disparoîtra sans doute dans sa nouvelle production. On pourroit reprocher encore à la traduction qu'il a donnée lui-même en français de sa relation, écrite primitivement en italien, qu'il s'y trouve beaucoup de contre-sens qui annoncent que le voyageur, Corse de nation, n'est pas encore bien avancé dans la connoissance de la langue française.

SECTION X.

Descriptions de la France. Voyages faits dans cette contrée.

§. I. *Voyages dans toute l'étendue de la France. Descriptions générales de ce pays.*

De tous les grands Etats de l'Europe, la France est celui sur lequel on a le moins de relations satisfaisantes qui embrassent toute l'étendue de cette contrée. Vers le commencement du dernier siècle, il a paru seulement quelques descriptions plus géographiques, plus topographiques même qu'instructives sous les rapports politiques, civils, militaires, agricoles, commerciaux, industriels, littéraires, philosophiques et moraux. Dans les derniers temps, des écrivains ont décrit avec plus ou moins de talent, quelques provinces seulement de la France. Quant aux étrangers, ils n'ont jeté qu'un coup-d'œil rapide sur ce beau pays (1). Peut-être, chez un peuple où les charmes de la société sont si séduisans, est-on plus empressé de jouir, qu'on n'est disposé à observer : peut-être aussi cette variation dans les usages et les modes, si remarquable de tout temps chez les Français, tient-elle à une certaine mobilité dans le caractère qui le rend difficile à saisir dans ses différentes nuances.

Délices de la France, ou Voyage dans toute la

(1) Je n'excepte pas même de ce jugement, le Voyage de Wraxall, dont je donnerai ci-après la notice; car il y a jeté, comme je l'observerai dans la suite, plus d'anecdotes historiques que d'observations intéressantes.

France, par Matthieu *Quadt*, avec cartes : (en latin) *Matthaei Quadt Deliciae Galliae, seu Itinerarium per universam Galliam.* Francfort, 1603, in-fol.

DÉLICES de la France, ou Voyage dans toute la France, à partir de la ville de Paris, par Gaspard *Ens* : (en latin) *Deliciae Galliae, seu Itinerarium in universam Galliam ab urbe Lutetiâ, à Gaspardo Ens.* Cologne, 1609, in-8°.

DESCRIPTION politique et médicale de la France, où l'on traite des académies, des villes, des fleuves, des eaux médicales, de la température, des plantes, etc. de la France, par Jean-Etienne *Strobelberger* : (en latin) *Joannis Stephani Strobelbergeri Galliae politicò medica descriptio, de qualitatibus regni Galliae, academiis, urbibus, fluviis, aquis medicatis, aëre, plantis, etc.* Jena, 1621, in-12.

VOYAGE de Louis XIII, etc.... depuis la partie de l'Océan qui baigne les côtes de la Normandie, jusqu'aux monts Pyrénées, depuis le 7 mai jusqu'au 7 novembre 1620, recueilli dans le troisième tome des Annales de la France, où il est traité des marches, des repos et des campemens, jour par jour, publié séparément par Rodolphe *Botereius* : (en latin) *Ludovici XIII, etc.... Itinerarium, ab Oceano Neustrico ad montes Pyrenaeos, à 7 quintilis ad 7 novembris 1620, ex quotidianis itionibus, stativis et castrametationibus, Rodolphus Botereius collegit et ex 3 tomo Annalium excerpsit, et seorsum publicavit.* Paris, Chevalier, 1621, in-12.

DESCRIPTION de la France, par Jean *de Laet* :

(en latin) *Joannis de Laet Gallia.* Elzevir, 1624, in-24.

DESCRIPTION de la France, par Jean *Baudouin:* (en latin) *Descriptio Galliae à J. Balduino.* 1629, in-16.

FIDÈLE CONDUCTEUR pour le voyage de France, par Louis *Coulon.* Paris, 1654, in-8°.

VOYAGE de France, avec un appendice sur le Bourdelais, par Juste *Zinzerling*, sous le nom de *Jodocus Sincère,* avec des plans de villes : (en latin) *Justi Zinzerlingii sub nomine Sinceri (Jodoci), Itinerarium Galliae, cum appendice de Burdigaliâ.* Amsterdam, 1649; *item* 1656, in-12.

Il y en avoit eu deux éditions précédentes, l'une de Lyon, 1616, l'autre de Genève, 1627; mais moins complètes, que celle d'Amsterdam.

LE VOYAGE de France, pour l'instruction des Français, par *Duvivier.* Paris, Robin, 1657; *ibid.* Legras, 1687, in-8°.

VOYAGE du tour de la France, par François *Savinien d'Alquier,* avec planches. Amsterdam, 1670, in-12.

DE LA MANIÈRE de voyager utilement en France, et très-courte description de la France, par Thomas *Erpenius:* (en latin) *Thomae Erpenii de Peregrinatione Gallicâ utiliter instituendâ, item brevis admodum totius Galliae descriptio.* Leyde, 1671, in-12.

VOYAGE en France, ou Description de la France, par Martin *Zeiller:* (en allemand) *Itinerarium Galliae, oder Reisebeschreibung durch Frankreich, von M. Zeiller.* Strasbourg et Francfort, 1674, in-8°.

VOYAGE de France, ou Journal complet d'un Voyage en France, avec le caractère de ses habitans, la description des villes principales, forteresses, églises, monastères, universités, palais et antiquités, le commerce, le gouvernement et les richesses de la France, par Pierre *Helyn*: (en anglais) *The Voyage of France, or a complet Journal through France, with the character of the people, and the description*, etc... *by Peter Helyn*. Londres, 1679, in-8°.

Outre qu'il n'y a ni sagacité dans les observations du voyageur anglais sur le caractère des Français, ni goût dans les jugemens qu'il porte sur leurs écrivains, ni approfondissement dans les recherches qu'il a faites de leurs richesses commerciales et industrielles; c'est que la partie même du Voyage où il ne s'agit que de descriptions, a extrêmement vieilli.

VOYAGE des ambassadeurs de Siam en France, par *Devizer*. Lyon, 1686, in-12.

LE GENTILHOMME étranger voyageur en France, qui observe exactement les meilleures routes qu'il faut prendre, faisant aussi la description des antiquités, par le baron *G. D. M.* Leyde, Van der Aa; 1699, in-8°.

RECUEIL historique d'un Voyage de l'Ambassadeur de Perse en France, par *Lefevre*. Paris, 1713, in-8°.

VOYAGE du tour de la France, par Henri *de Rouvieres*. Paris, Ganeau, 1713, in-12.

NOUVEAU VOYAGE en France, avec des particularités intéressantes : (en anglais) *A new Journey to France, with several diverting transactions*. Londres, 1715, in-8°.

Relation d'un nouveau Voyage fait par la France. Londres, 1717, in-4°.

Voyage littéraire de la France, par deux Bénédictins (*DD. Martenne* et *Durand*), avec planches. Paris, Delaulne, 1717; *ibid.* 1730, 2 tom. en 1 vol. in-4°.

Ces deux savans ont décrit plusieurs monumens curieux, et ont recueilli sur-tout beaucoup d'inscriptions.

Voyage liturgique de France, ou Recherches faites sur les diverses villes du royaume, contenant plusieurs particularités touchant les usages des églises, avec des découvertes sur l'antiquité ecclésiastique et païenne, par *Lebrun-Desmarettes de Moléon.* Paris, 1718, in-8°.

Description historique et géographique de la France, par l'abbé *de Longuerue.* Paris, 1719, in-fol.

Il y a beaucoup d'erreurs dans la partie géographique de cet ouvrage; et l'esprit de système a conduit l'auteur à combattre le droit de souveraineté de la France sur la Gaule Trans-Jurane et sur d'autres provinces. Cette description, au reste, n'a quelque valeur dans le commerce, qu'autant que le frontispice et l'épître dédicatoire s'y trouvent.

Voyage en France, par *Dumas*, avec planches. Paris, 1720, in-12.

Nouveau Voyage de France, géographique, historique et curieux, disposé par différentes routes, à l'usage des étrangers et des Français, par *L. R.*, avec planches. Paris, 1720; *ibid.* 1730; *ibid.* 1738, in-12.

Les Délices de la France, dans lesquelles, avec la description de ses villes, châteaux et maisons de plaisance, se trouve celle de son gouvernement et des mœurs de ses habitans, ornées de plusieurs plans de villes et de maisons royales. Leyde, 1728, 3 vol. in-12.

Cette description très-incomplète, est d'ailleurs une des plus mauvaises compilations qui aient paru sous le nom de Délices.

NOUVEAU VOYAGE en France, avec un Itinéraire et des cartes. Paris, 1728; *ibid.* 1742, 2 vol. in-12.

VOYAGE contenant des observations sur la France, par *Temple*: (en anglais) *Travels containing his observations on France*. Londres, 1748, 3 vol. in-8°.

Les préventions nationales percent continuellement dans ce Voyage, où l'on peut néanmoins recueillir quelques judicieuses remarques.

LETTRES d'un Gentilhomme sicilien sur la Nation française: (en anglais) *A Sicilian Gentleman's Letters on the French Nation*. Londres, 1749, in-8°.

DESCRIPTION historique de la France, par *Piganiol de la Force*, avec planches. Paris, 1753, 15 vol. in-12.

Il y a eu de cet ouvrage, plusieurs éditions antérieures; mais celle-ci, beaucoup plus complète, est la seule à laquelle il faut s'attacher.

VOYAGE de la France, par *P. D. L. F.* (*Piganiol de la Force*). Paris, 1756; *ibid.* 1780, 2 vol. in-12.

C'est un abrégé fort bien fait du précédent ouvrage, par l'auteur lui-même.

On peut reprocher à Piganiol de la Force un grand nombre d'inexactitudes et d'erreurs; mais il faut aussi lui tenir compte de beaucoup de recherches savantes et curieuses sur l'histoire ecclésiastique et civile, sur le commerce, les manufactures, l'histoire naturelle : on conçoit aisément que pour ces trois derniers articles, l'ouvrage a beaucoup vieilli.

RELATION de l'ambassade de *Mehemet-Effendi* à la cour de France, en 1721. Paris, Ganeau, 1757, in-12.

MŒURS et coutumes des Français, par *Poulin de Lumina.* Lyon, 1768, 2 vol. in-12.

JOURNAL d'un Voyage en France, par le chevalier *Talbot :* (en anglais) *Journey through France, by the knight Talbot.* Amsterdam, 1768, in-12.

JOURNAL d'un Voyage en France, par Philippe *Thiknesse :* (en anglais) *Journey through France, by Philippe Thiknesse.* Londres, 1769, 2 vol. in-8°.

EXTRAITS historiques contenant une relation des loix, usages, coutumes, traditions, littérature, arts et sciences de la France, traduits de la nouvelle histoire de *Velly* et autres : (en anglais) *Historical Extraits relating to laws, customs, manners, trade, litterature, arts, sciences of France, translated from the new History by Velly and others.* Londres, 1769, in-8°.

REMARQUES sur le caractère et les usages des Français, contenues dans une suite de lettres écrites par un Voyageur, durant le temps de sa résidence de plusieurs mois à Paris et dans les environs : (en anglais) *Remarks on the character and manners of the French, in a series of letters, written during a resi-*

dence of twelve months of Paris and its environs. Londres, 1769; *ibid.* 1770, 2 vol. in-8°.

EXCURSIONS en France, par J. L. *Wilkinson :* (en anglais) *J. L. Wilkinson's Excursions in France.* Londres, 1770; *ibid.* 1775, 2 vol. in-8°.

VOYAGE au midi, à l'ouest et dans les provinces intérieures de la France, par N. W. *Wraxall :* (en anglais) *A Tour through to western, southern and interior provincies of France, by N. W. Wraxall.* Londres, Delly, 1772; *ibid.* 1784, in-8°.

Ce Voyage a été traduit en français sur la première édition, sous le titre suivant :

TOURNÉE dans les provinces occidentales et intérieures de la France, faite par *Wraxall junior.* Roterdam, 1777, in-12.

Si l'on en excepte Young, dont le Voyage n'est en grande partie qu'agronomique, Wraxall est le seul voyageur étranger qui ait visite la plus grande partie de la France; mais en s'attachant principalement à rappeler les faits historiques relatifs aux pays et aux villes où il s'arrêtoit, il a fait peu d'observations sur les mœurs, les usages et la statistique des différentes provinces de la France. Quant à la partie descriptive de son Voyage, elle n'offre presque rien de neuf. Ce qu'il a observé sur les villes et leurs monumens, se retrouve avec plus d'étendue et d'exactitude, dans une foule d'ouvrages postérieurs au sien.

DESCRIPTION authentique du Voyage du comte de Falkenstein (*Joseph II*) en France : (en allemand) *Authentische Beschreibung der Reise des Grafen von Falkenstein nach Frankreich.* Schwabach, 1777, in-8°.

ANECDOTES intéressantes et historiques de l'illustre Voyageur (Joseph II), pendant son séjour à

Paris. — Relation fidelle et historique du Voyage de M. de Falkenstein (Joseph II) dans nos provinces, faisant suite aux Anecdotes, par le chevalier *Du Coudray*. Paris, 1777, 2 vol. in-12.

VOYAGE pour le cœur, écrit en France, par *Melmoth :* (en anglais) *Travels for the heart written in France, by Melmoth.* Londres, 1777, 2 vol. in-12.

L'auteur de cette relation est le même auquel Coxe adressoit ses Lettres sur la Suisse : c'étoit un bon observateur comme son ami ; mais ses remarques ne portent que sur quelques provinces de France.

Par le titre, en apparence assez bizarre, qu'il a donné à son Voyage, Melmoth a voulu sans doute faire entendre qu'en rédigeant ce Voyage, il avoit eu moins en vue d'éclairer l'esprit du lecteur, que d'affecter vivement son cœur.

VOYAGE en France, par *Fourmont :* (en anglais) *Tour through France, by Fourmont.* Londres, 1777, 2 vol. in-12.

VOYAGE de Genève et de la Touraine (par *Vanderberg*). Orléans, 1779, 1 vol. in-12.

ITINÉRAIRE portatif, ou Guide historique des Voyages de Paris et de quarante lieues à la ronde. Paris, 1782, in-12.

VOYAGE minéralogique et physique de Bruxelles à Lausanne, par une portion du Luxembourg, de la Lorraine, de la Champagne et de la Franche-Comté, fait en 1782, par le comte Grégoire *de Ol....* Lausanne et Berne, 1783, in-8°.

NOUVEAU VOYAGE en France, sous le rapport de l'histoire naturelle, de l'économie, des manufactures, des arts, etc.... par D. L. L. *Volkmann :*

(en allemand) *Neueste Reise durch Frankreich in Absicht auf Natur-Geschichte, Œconomie, Manufacturen und Werke der Kunst, aus den besten Nachrichten und Schriften zusammen getragen, von D. I. L. Volkmann.* Leipsic, 1787, in-8°.

DESCRIPTION des principaux lieux de la France, par *Dulaure*, avec des cartes. Paris, 1787 et 1789, 6 vol. in-12.

JOURNAL d'un voyage en France, par Sophie *La Roche*: (en allemand) *Journal einer Reise durch Frankreich, von Sophie La Roche.* Altenbourg, 1787, in-8°.

ESQUISSES, scènes et observations recueillies pendant un voyage en France, par H. *Storch*: (en allemand) *Skizzen, Scenen und Bemerkungen auf einer Reise durch Frankreich, von H. Storch.* Heidelberg, 1787; *ibid.* 1790, in-8°.

LES PRINCIPAUX VOYAGES en France, par *Krebel*: (en allemand) *Die vornehmsten Reisen durch Frankreich, von Krebel.* Hambourg, 1789, in-8°.

On y trouve de bonnes observations.

VOYAGE en France, par *Lemire*, *Bertholet* et *Gaucher*. Paris, 2 vol. in-18.

LETTRES familières sur la France, écrites pendant un voyage fait en 1792, par J. F. *Reichardt*: (en allemand) *Vertraute Briefe über Frankreich auf einer Reise im Jahr 1792 geschrieben, von Reichardt.* Berlin, 1792 et 1793, 3 vol. in-8°.

OBSERVATIONS pendant un voyage en France, par *Steinbrauner*: (en allemand) *Steinbrauner's Be-*

merkungen, etc.... Gottingue, 1792, 3 vol. in-8°.

C'est une assez bonne compilation des autres Voyages faits en France.

VOYAGE en France, pendant les années 1787, 1788, 1789 et 1790, entrepris plus particulièrement pour s'assurer de l'état de l'agriculture, des ressources et de la prospérité de cette nation, par Arthur *Young*, traduit de l'anglais par François Soulès ; deuxième édition, avec des corrections considérables et une nouvelle carte : on y a joint des considérations et des notes par M. de Cazèaux, et des cartes géographiques de la navigation, du climat et des différens sols de la France. Paris, Buisson, 1793 et 1794, 3 vol. in-8°.

Ce Voyage est précieux sur-tout par les observations que le célèbre agronome a faites sur les vices de la culture en France, et sur les améliorations dont elle est susceptible. Dans tout le cours de son voyage, il déclare qu'en général le sol de la France est bien supérieur à celui de l'Angleterre, mais que la pernicieuse méthode des jachères, la restriction mal entendue des prairies artificielles, le défaut de clôtures, le peu d'intelligence dans l'usage des engrais, la rareté des canaux, tiennent l'agriculture en France dans un grand état d'imperfection. Pour l'en tirer, il propose d'établir un nouveau cours de moissons, de multiplier, comme en Angleterre, les cultures de diverses espèces de fourrages inusitées dans le premier de ces deux pays, d'enclore, autant qu'il est possible, les héritages (1), de faire de bons choix de bêtes à laine, de

(1) La mesure la plus praticable pour y parvenir, seroit peut-être de porter en France, comme on l'a fait en Angleterre, une loi qui autorisât les échanges forcés, d'après l'estimation des experts.

croiser à cet effet les races, d'introduire une grande variété d'engrais, et d'ouvrir de toutes parts des canaux.

Ce tableau statistique-agricole de la France est, suivant le témoignage de l'auteur anglais des Mémoires historiques et critiques sur les plus célèbres personnages vivans de l'Angleterre, le meilleur ouvrage de ce genre qui existe dans aucune langue. M. Young, dit-il, y détaille les immenses ressources que la France peut trouver dans son sein.

Des recherches assidues sur les différentes cultures de cette contrée, et les circonstances des temps où il l'habitoit, n'ont pas permis à Young d'étudier beaucoup les mœurs et le caractère de la nation française (1). Déjà grondoit en 1787 et 1788, l'orage précurseur de la révolution : il le vit éclater en 1789 ; et la tourmente n'étoit rien moins qu'appaisée en 1790. On lit avec intérêt dans son Voyage, ses réflexions sur ce grand événement : il le juge en homme aussi peu étranger aux violentes commotions des gouvernemens, qu'aux paisibles opérations de l'agriculture. Cette partie du Voyage d'Young, dit le même auteur que j'ai cité tout-à-l'heure, est sur-tout précieuse, en ce qu'elle nous retrace le caractère et les vues des premiers auteurs de la révolution.

JOURNAL du séjour de Jean *Moore* en France, depuis le commencement du mois d'août jusqu'au milieu de décembre 1792, auquel on a ajouté la relation des événemens les plus remarquables arrivés à Paris depuis ce temps jusqu'à la mort du roi de France, avec une carte de la campagne de *Dumouriez* sur la Meuse : (en anglais) *John Moore's Jour-*

---

(1) Le caractère qu'Young prête aux Français, parut une nouveauté à ceux qui les jugeoient d'après des observateurs superficiels ; car ce qui le frappa le plus en arrivant, ce fut la taciturnité du peuple, qu'il observa particulièrement dans les habitans des provinces méridionales.

nal during a residence in France, from the beginning of august to the midle of december 1792; to which is added an account of the most remarkables events that happened at Paris, from time to the death of the late king of France; with a mapp of gen. Dumouriez campaigns of the Meuse. Londres, 1793, 2 vol. in-8°.

— Le même, traduit en allemand. Berlin, 1794, 2 vol. in-8°.

— Le même, traduit en hollandais. Gouda, 1796, in-8°.

Il a été traduit en français, et fait partie de la traduction entière des Voyages de Moore, dont j'ai donné la notice (deuxième Partie, section II).

LETTRES écrites en France par *Tench*, en 1794: (en anglais) *Letters written in France 1794, by Tench.* Londres, 1795, in-8°.

VOYAGE géographique et pittoresque des départemens de la France. Paris, 1794-1797, Lami, 11 vol. in-fol.

Il a paru successivement quatre-vingt-neuf cahiers de ce bel ouvrage, dont on doit le plan et le commencement de l'exécution à La Borde. Il sera complété par treize livraisons, qui comprendront les départemens de la Belgique et de la rive gauche du Rhin: on y ajoutera aussi le Voyage pittoresque des nouveaux départemens formés dans le Piémont. Ce Voyage a le même mérite que les autres Voyages pittoresques, soit pour l'exécufion soignée de la partie typographique, soit pour la beauté des planches.

VOYAGE dans les départemens de la France, par *La Vallée*, pour le texte; Brion père, pour la partie géographique; Brion fils, pour celle du dessin. Paris, 1790-1800, 102 cahiers in-8°.

Dans la partie du texte, M. La Vallée, avantageusement connu par celui du Voyage pittoresque d'Istrie et de Dalmatie, dont j'ai donné la notice, s'est presque uniquement attaché à retracer les principaux événemens dont chaque département a été le théâtre.

VOYAGES en France, enrichis de belles gravures. Paris, Devaux, 1798, 4 vol. in-18.

Dans cette collection, qui embrasse les Voyages faits dans plusieurs anciennes provinces de France, le plus grand nombre sont d'un genre purement agréable, sans offrir aucune instruction.

NOTICE sur l'état de la littérature, de l'instruction publique et de la religion dans la France, en exceptant la ville de Paris, recueillie pendant un voyage dans les départemens, fait en 1799, par M. Boerge *Thorlacius* : (en danois) *Efterretninger om underviisningens, Literaturens og Religionsvæsenets Tilstand i Frankrige uden for Paris, samlede paa en reise i departementerne i aarene 1799, af Mag. Boerge Thorlacius*. Copenhague, 1801, in-8°.

Les départemens que le voyageur a visités, sont ceux de la Haute-Saône, des Vosges, de la Meurthe, de la Moselle, du Haut- et Bas-Rhin, et du Doubs. M. Thorlacius rend hommage à la pureté de mœurs et à l'industrie des habitans de ces départemens. Il ne leur reproche que l'usage immodéré du vin. La plupart de ses observations roulent sur les établissemens scientifiques et littéraires, et sur l'état de la religion dans les départemens où il voyageoit. Son style a de la vivacité, et presque toutes ses remarques sont piquantes.

FRAGMENS d'un Voyage en France, fait au printemps et dans l'été de 1799, par E. M. *Arndt* : (en allemand) *Bruchstüke einer Reise durch Frank-*

reich im Frühling und Sommer 1799, von E. M. Arndt. Leipsic, Græf, 1802, 2 vol. in-8°.

VOYAGE en France, en 1800 et 1801, par *Selbiger*: (en allemand) *Reise durch Frankreich, in den Jahren 1800 und 1801, von Selbiger.* Berlin, Maurer, 1802, 3 vol. in-8°.

VOYAGES dans plusieurs départemens du milieu et de l'ouest de la France, dans les mois de juin, juillet, août et septembre 1802, avec des remarques sur les mœurs, les coutumes et l'agriculture de cette contrée, par le révérend H. *Hugues*, enrichi de quatre gravúres : (en anglais) *Tour through several of the mitland and western departements of France, in the months of june, july, august and september 1802; with remarks of the manners, customs and agricultur of the country, embellished with four engravings, by the reverend H. Hugues.* Londres, 1802, in-8°.

LETTRES sur la France, écrites par Jean *King*, pendant les mois d'août, septembre et octobre 1802, contenant plusieurs anecdotes peu connues, et quelques conjectures anticipées sur les événemens futurs : (en anglais) *Letters from France taken*, etc.... *by John King.* Londres, Jones, 1802, in-8°.

C'est moins un tableau de la France, comme sembleroit l'indiquer le titre, qu'un tableau de Paris vers les derniers temps de la révolution, qu'a esquissé le voyageur durant un séjour assez court dans cette capitale.

STATISTIQUE générale et particulière de la France et de ses colonies, avec une nouvelle description géographique, agricole, politique, industrielle et commerciale de cette République, par une société de Gens de lettres (MM. *Peuchet*, *Sonnini*, *de la Lauze*, *Parmentier*, *Deyeux*, *Gousse*, *Amaury Duval*, *Dumays*, P. E. *Herbin*. Paris, Buisson, 1803, 7 vol. in-8°.

— Atlas de cette Statistique, *ibid.* 1 vol. in-4°.

C'est la première fois qu'on a présenté au public une Statistique générale de la France. Si quelques parties de cet ouvrage sont susceptibles d'un peu plus de développement, si l'on peut desirer aussi que toutes celles qui en forment l'ensemble soient plus régulièrement coordonnées entre elles, il n'en sera pas moins désormais la base des divers perfectionnemens que la statistique de la France peut recevoir avec le secours du temps et l'accumulation des recherches.

Dans le Discours préliminaire, dont l'auteur est M. *Peuchet*, il fixe d'abord avec beaucoup de sagacité le genre des connoissances qui sont proprement du ressort de la statistique, et qui la distinguent d'avec l'économie politique, la diplomatie, l'arithmétique politique. Il fait ensuite la revue des divers ouvrages qui ont paru sur la statistique de la France, et il en démontre l'insuffisance. Il attaque, avec trop de vivacité peut-être, le système des économistes, dont la théorie sans doute n'a pas toujours été confirmée par l'expérience, mais dont les recherches ont pu contribuer à en établir une meilleure. Il passe de là au dénombrement des ouvrages où les auteurs de la nouvelle Statistique ont pu puiser des renseignemens utiles, et dans l'examen desquels il exerce une judicieuse critique. Il y fait succéder le plan de l'ouvrage, avec l'indication des auteurs qui ont traité chaque article.

A la tête du premier volume, est la topographie générale de la France. On y trace rapidement les variations de son climat, avec un tableau des longitudes, latitudes, lever et coucher du soleil dans les chefs-lieux des préfectures. L'étendue continentale de l'ancienne France, celle de ses îles et possessions coloniales ; l'indication de ses rivières, canaux, lacs et montagnes, viennent à la suite ; puis on passe aux anciennes divisions politiques de la France, desquelles on rapproche la division actuelle de cette contrée en départemens et en arrondissemens communaux. On s'occupe ensuite de fixer sa population ; et à cet égard, en réunissant toutes les recherches qui ont été faites, on ne peut pas se dissimuler qu'il reste toujours du vague et de l'indéterminé. Des travaux ultérieurs conduiront sans doute à des résultats mieux appuyés.

En traitant du sol de la France, les auteurs ont adapté aux anciens et nouveaux départemens la division que le célèbre Young a faite de la France, en terres grasses et sèches ; terres à bruyères ou landes, terres à craie, terres de gravier, terres pierreuses, terres de montagne, terres sablonneuses ; et ils en ont évalué la contenance à 6,125,878,206 hectares, total égal à la superficie totale de la France. En formant six divisions de cet Etat, relativement à l'emploi des terres en tels ou tels genres de culture ou de productions particulières, ils ont trouvé le même résultat. De ce dernier tableau, il suit qu'un peu plus de moitié du territoire de la France est employé en terres à labour, un peu plus du quart en bois, et que le surplus l'est en vignes, en riches pâturages, en prairies artificielles, en bruyères, landes, terres incultes, rivières, étangs, marais, etc.

En traitant de l'agriculture de la France, les auteurs divisent cette contrée en trois zones ; celle du midi, qui commence au quarante-deuxième degré et demi de latitude, et s'étend jusqu'au quarante-cinquième ; celle du centre, qui commence au quarante-cinquième, et se termine au quarante-huitième ; celle du septentrion, qui commence au quarante-huitième, et finit au cinquante et unième. Pour justifier cette division, dans le rapport à l'agriculture, ils s'attachent au produit de la vigne qu'on cultive dans les trois zones, et ils observent que la qualité plus ou moins spiritueuse de ce produit, est analogue à la température de chacune de ces zones.

La manière de cultiver le plus communément observée en France, est celle qui se fait à la charrue. La culture à la bêche, quoiqu'excellente, est malheureusement un indice de la pauvreté des cultivateurs qui en font usage. Les auteurs parcourent tous les départemens de la France, et assignent les divers genres de culture qui y sont pratiqués : on ne s'attend pas que je les suive dans ces détails, quelqu'intéressans qu'ils soient : c'est à l'ouvrage même qu'il faut recourir.

Dans un excellent résumé, les auteurs observent que la manière dont le Français se nourrit en général, a singulièrement influé sur son agriculture; que le pain et le vin formant la partie essentielle de ses alimens, il s'est attaché à semer beaucoup de grains, à planter beaucoup de vignes, sans consulter la nature des terreins, sans s'attacher aux bonnes méthodes. De là, la médiocrité des récoltes en grains et l'épuisement des terres, la détérioration de la qualité des vins, la rareté des pâturages, la diminution des bestiaux, la dégradation des bois (1).

(1) En examinant l'influence de la révolution sur l'agriculture, je ne peux pas être d'accord sur plusieurs points avec les auteurs de la Statistique. Je conviendrai bien avec eux que le partage des communes, qui fut l'une des dernières opérations peu réfléchies de l'Assemblée législative, fut plus préjudiciable qu'avantageuse à l'agriculture, puisqu'elle détruisit une quantité immense de pâtures, pour y substituer de foibles récoltes en grains, qui, entre les mains de petits cultivateurs mal aisés, devinrent plus chétives encore, à défaut d'engrais. Mais je ne pense pas, comme les auteurs de la Statistique, que l'abolition du privilége exclusif du droit de chasse n'ait été favorable à l'agriculture que sous le rapport de la suppression des capitaineries royales, de celles des princes et de leurs cantons de réserve : j'estime qu'elle l'a été encore respectivement aux grands propriétaires de terres, dont les vexations étoient presque aussi décourageantes pour l'agriculture, que celles des

Le résumé sur l'agriculture est suivi d'un tableau des productions animales terrestres et aquatiques, des productions végétales, des productions minérales. A la tête des productions animales, se place le cheval. Ici, les auteurs de la Statistique font observer qu'avant la révolution, les vices de l'administration des haras, des croisemens de races mal entendus par suite d'une aveugle anglomanie, avoient déjà commencé la destruction de l'espèce; que l'insouciance de l'Assemblée constituante à substituer un autre régime à celui des haras royaux si justement décriés, la guerre sur tous les points de la France, enfin la rigueur des réquisitions portèrent le mal à son comble; mais que le sage emploi des moyens qu'offre la nature, et qui, en France, résultent des variétés de son sol et de sa température, singulièrement favorable à l'éducation des chevaux propres à tous les services, peut réparer tout le mal : c'est ce qu'on doit sur-tout espérer de l'augmentation des ressources que l'acquisition de la Savoie, de la

---

officiers des chasses royales. Je ne puis pas croire non plus, comme le prétendent les auteurs de la Statistique, que le morcellement des propriétés opéré par la révolution, ait été nuisible à l'agriculture, en ce que les possesseurs de grands domaines avoient de grands moyens pour cultiver avec succès, et que ces moyens étoient toujours dirigés utilement, attendu que la plupart avoient le goût de l'agriculture, et des connoissances même en ce genre : car il est notoire que ces grands propriétaires, soit dans la classe de la noblesse, soit dans celle du haut clergé séculier et régulier, soit enfin dans celles de la haute magistrature et de la grande finance, passant presque toute leur vie à la cour, dans la capitale, dans les grandes villes de province, ne s'occupoient guère de leurs vastes domaines que pour en retirer le plus de revenu possible, et qu'en portant les baux de leurs terres à un très-haut prix, ils constituoient presque toujours leurs fermiers dans l'impossibilité d'y faire des améliorations utiles. Il n'y avoit d'exception à cet égard, que pour les terres appartenantes aux abbés réguliers, qui ménageoient assez leurs fermiers, à la différence des abbés commendataires, qui affermoient leurs terres au plus haut prix.

Belgique et de la rive gauche du Rhin, doit nous procurer. Le nombre des chevaux qui, au temps actuel, ne s'élève qu'à environ un million cent trente-cinq mille cent chevaux, peut, en quelques années de paix, doubler.

Les auteurs de la Statistique s'occupent avec intérêt d'une autre espèce trop dédaignée, de l'âne, cet animal si utile à la plus nombreuse classe des citoyens, et dont l'accouplement avec la jument produit les mulets, d'un usage indispensable dans les pays de montagnes. Ils proposent de ranimer la propagation de l'espèce des ânes appelés *baudets*, qui insensiblement régénéreront la race des ânes dans toute la France.

Les observations sur le gros bétail à cornes, ne sont pas moins utiles que les précédentes. Les auteurs de la Statistique portent le nombre des bœufs travailleurs à trois millions deux cent huit mille; celui des bœufs à l'engrais, à quatre cent quatre mille trois cent; celui des élèves, à un million quatre cent cinquante-six mille, et celui des vaches, à un million seize mille: en total, six millions quatre-vingt-quatre mille trois cent soixante bêtes à cornes. En parcourant les divers départemens de la France, ils font observer que ceux de la Belgique, et sur-tout celui du Calvados, fournissent les bœufs de la plus grosse espèce. Les nourrisseurs de ces derniers départemens, en introduisant dans leur pays des taureaux hollandais, sont parvenus, par l'accouplement avec des vaches indigènes de taille médiocre, à se procurer des produits gigantesques, pesant jusqu'à sept cents kilogrammes (1400 livres). Les consommations des armées, les troubles intérieurs ont singulièrement diminué l'espèce dans plusieurs départemens: on porte à onze cent mille le nombre des bestiaux qui ont péri dans les seuls départemens entre lesquels se divise l'ancien Poitou. Le temps et la paix peuvent réparer ces désastres. Cela n'est pas seulement desirable pour l'agriculture qui emploie tant de bœufs pour le labour, pour la modération du prix de la viande qui a haussé si rapidement, mais encore pour l'augmentation des cuirs, dont la quantité que fournissent nos tanneries est si insuffisante pour nos besoins, qu'en 1787, époque où la race des bestiaux n'avoit pas encore essuyé de pertes remarquables, nous en importions de l'Amérique et de la Russie pour près de quatre millions.

La race des bêtes à laine a éprouvé la même diminution que celle des bêtes à cornes. Leur multiplication n'importe pas seulement comme fournissant un aliment aussi savoureux que sain, elle est peut-être plus intéressante encore sous le rapport de leur dépouille. D'après le dénombrement que les auteurs de la Statistique donnent du nombre de moutons répandus dans les divers départemens de la France ; d'après les calculs d'Arthur Young sur le poids moyen des toisons, on peut porter le produit des laines à cinquante et un millions huit cent quatre-vingt-sept mille deux cent dix-huit kilogrammes (106 millions 77 mille 48 livres) ; et cette quantité, qui paroît énorme, étant loin de suffire aux besoins des fabriques, lorsqu'elles sont en grande activité, il faut payer un tribut à l'étranger pour les laines qu'on en importe. La grande quantité de suifs que nous tirons du dehors, l'usage de la peau de mouton, employée de tant de manières dans les arts, sont encore de puissans motifs pour travailler à la multiplication des moutons. Le perfectionnement de leurs races n'importe pas moins pour la qualité des laines ; mais à cet égard, la multiplication des béliers de races espagnoles donne de grandes espérances.

La chèvre, qui, par la facilité qu'il y a de la nourrir, par la qualité médicale de son lait, par sa fécondité, peut être appelée la vache du pauvre, n'a contre elle que les dégâts qu'elle cause par ses courses vagabondes : on a déjà imaginé des bricoles propres à empêcher ses ravages ; cette invention se perfectionnera. L'introduction des chèvres d'Angora, dont la race, en s'alliant avec la race commune, donne des produits féconds, fournira aux manufactures un poil plus précieux que celui des races indigènes.

La destruction d'une grande partie des bois qui fournissoient une abondante glandée; le régime de la gabelle, qui faisoit obstacle aux salaisons; l'opinion trop dominante sur l'insalubrité de la chair des porcs, dont l'usage ne peut être nuisible qu'à ceux qui mènent une vie sédentaire et oisive; le préjugé résultant de leur mal-propreté, qui ne tient qu'au peu de soin qu'on en prend, et qu'il seroit d'autant plus intéressant de réformer, que plus on tient propre le porc, plus il profite et s'améliore, ont beaucoup préjudicié à l'amélioration de l'espèce. Les guerres et les troubles de la révolution y ont concouru encore. Les auteurs de la Statistique indiquent plusieurs moyens de multiplier les porcs, et d'en améliorer la race.

Les chiens et les chats ne devoient trouver de place dans la Statistique, que sous le rapport de leur utilité dans l'économie rurale et civile : c'est en effet sous ce seul point de vue que l'on s'en est occupé. On n'a parlé du loup que pour indiquer les moyens les plus propres à en détruire l'espèce. Les primes sont très-insuffisantes, parce qu'elles ne sont pas payées avec exactitude : des piéges ou des appâts sont plus efficaces. Les renards, le blaireau, le lapin, le lièvre, le cerf, la biche, le daim, le chevreuil, le bouquetin, le chamois, et quelques autres animaux sauvages, ne devoient entrer dans la Statistique, et n'y sont entrés en effet qu'en raison de l'usage qu'on fait de leurs dépouilles pour les différens arts.

Entre les oiseaux domestiques, l'oie, sans en excepter la poule, est, aux yeux des auteurs de la Statistique, le plus intéressant de tous. A la vérité, elle n'est pas si féconde que la poule; et ne donne pas des œufs d'un si bon goût; elle n'a pas une chair aussi estimée, mais elle procure une nourriture plus abondante, et sa dépouille, tant par le duvet que par le tuyau de ses plumes, est infiniment plus précieuse que celle de la poule : les auteurs de la Statistique en recommandent donc la multiplication à l'égal de celle de la poule. Le coq-d'Inde et le canard, sur-tout celui de Barbarie ou de Guinée, le pigeon dans son espèce la plus commune et dans ses nombreuses variétés, amènent dans la Statistique des détails pleins d'intérêt. Il en est de même des oiseaux sauvages, des reptiles, dont le seul venimeux qui existe en France est la vipère; enfin des poissons, dont on trouve dans la Statistique les diverses espèces et les différentes pêches. Elle donne également des notions satisfaisantes sur les mollusques, les coquillages, les crustacées et les insectes. Dans cette dernière classe, elle s'attache particulièrement aux abeilles et aux vers-à-soie. Ce dernier article amène des détails intéressans sur la récolte des soies, leur emploi, et le commerce qui s'en fait à Lyon.

A la tête des productions végétales, dont l'abondance des matières a obligé de rejeter le tableau au septième volume, devoient naturellement se trouver le froment, le seigle, l'orge et l'avoine. Les auteurs de la Statistique observent qu'on s'y est pris de bien des manières pour connoître la quantité de grains qu'on cultive en France, et qu'il est douteux qu'on y soit parvenu. Il est également incertain si le produit des grains de cette contrée suffit à sa consommation, ou si elle a un excédent. A en juger par les tableaux d'importation et d'exportation, il sembleroit que les récoltes de grains sont insuffisantes, puisqu'en 1787, par exemple, où il n'y avoit point eu de disette, la France avoit tiré de l'étranger pour huit millions cent seize mille francs de grains, et n'en avoit exporté que pour six millions cinq cent soixante et un francs.

Les auteurs de la Statistique, pour mettre sur la voie de la solution de cet intéressant problême, donnent des tableaux du produit en bled qu'ont donné en diverses années plusieurs départemens de la France, le tableau moyen de ce produit, pendant l'an IX et l'an X, dans chaque département, et des états du prix du bled dans différens marchés de la France. A ces états et à ces tableaux, ils font succéder les produits approximatifs des terres à labour dans l'universalité des départemens. Sur la culture du chanvre et du lin, ils font observer que, quelque étendue qu'elle ait en France, elle est insuffisante pour ses besoins, et que nous sommes encore tributaires des puissances du Nord pour les grosses toiles sur-tout, et pour les graines de lin. Ce dernier article vaut à la Russie onze cent mille francs. Cette culture pourroit recevoir des accroissemens qui nous délivreroient d'un pareil tribut.

Quelque florissante que soit dans plusieurs départemens la culture du colza, de la navette et du pavot, qui nous fournissent des huiles si précieuses, on pourroit l'étendre à d'autres départemens, où elle procureroit encore le notable avantage de détruire le pernicieux usage des jachères.

Entre les autres plantes de grande culture, les auteurs de la Statistique recommandent singulièrement celle de la garance, dont nous ne récoltons guère que le quart de ce que nos manufactures en exigent : la gaude ou pastel nous devient moins utile, depuis qu'on y a substitué l'indigo. La culture du safran a singulièrement déchu, sans doute parce qu'on en fait beaucoup moins d'usage dans la cuisine.

Sur le tabac, les auteurs de la Statistique observent que, quoique le sol de la France soit en général très-favorable à cette culture, que dans certains départemens même, dont la température se rapproche de celle de la Virginie et du Maryland, le tabac acquière une qualité supérieure (1), on ne voit point que depuis la suppression de la ferme, la culture du tabac se soit beaucoup étendue. Ils attribuent cette négligence à l'empire des vieilles habitudes et à l'ignorance des cultivateurs, dont la plupart ne sont pas instruits des avantages et du mode de cette culture. Cette insouciance est d'autant plus fâcheuse, que nulle part l'art de la manipulation du tabac n'est porté au même degré de perfection qu'il l'est en France, et que l'extension de la culture de cette plante, outre l'emploi

(1) On auroit pu citer à ce sujet, l'ancienne réputation du tabac de *Clerac*.

très-avantageux des terreins qui lui sont propres, et celui d'un grand nombre de bras qui seroient employés à le fabriquer, délivreroit encore la France d'un tribut de quinze millions au moins qu'elle paye à l'étranger pour l'importation du tabac, et qu'elle pourroit elle-même en exporter beaucoup au-dehors.

Toutes ces observations s'appliquent au houblon, dont l'usage si commun de la bière, et l'excessive multiplication des brasseries emportent une consommation si considérable. On le tire presque en totalité de l'étranger, quoique sa culture, d'après les calculs que donnent les auteurs de la Statistique, puisse procurer de gros bénéfices.

Le dénombrement des plantes potagères qu'on cultive en France, et l'exposé de leur culture, démontrent qu'on n'a presque rien à y desirer en ce genre, non plus que dans la culture des arbres fruitiers. Parmi ceux-ci, les plus précieux sont les oliviers et les noyers, pour leur huile surtout, et les mûriers.

Il n'en est pas ainsi des prairies artificielles, qui ne sont pas, à beaucoup près, aussi multipliées qu'elles devroient l'être, particulièrement celle du trèfle, quoiqu'on pût en retirer par-tout le double avantage de détruire l'usage des jachères, et d'augmenter considérablement le nombre des bestiaux.

Du tableau des prairies naturelles dans les divers départemens de la France, il résulte, 1°. que ceux du nord offrent de vastes et riches prairies, où de nombreux troupeaux de bestiaux de toute espèce, paissent jour et nuit dans la belle saison, et où l'on récolte en outre des fruits pour l'hiver; 2°. que ceux du centre possèdent aussi de belles prairies, mais que l'usage des pâturages y est peu commun, et que la grande division des propriétés a cet effet, que chaque particulier récolte des foins dont on engraisse les bœufs à l'étable; 3°. que les pâturages du midi consistent la plupart dans ceux des montagnes, ressources précieuses pour des pays d'ailleurs peu fertiles. Les auteurs de la Statistique indiquent un moyen économique de faire paître les bestiaux dans les prés et les herbages, qui n'est presque point pratiqué en France; c'est de diviser les prairies par portion au moyen de claies, et d'alterner la pâture dans ces différentes divisions..

D'après l'estimation d'Arthur Young, la vingt-sixième partie du territoire de la France est consacrée à la culture de la vigne, qui donne un produit brut de huit cent soixante et quinze millions, et pour le propriétaire, un produit net de quatre cent soixante millions : ce produit compense l'infériorité de notre culture dans les autres genres. Ce beau côté de la culture française est néanmoins encore assez loin de la perfection auquel il pourroit atteindre. Toute la grande étendue à l'ouest et au nord, qui renferme les anciennes provinces de la Bretagne, de la Normandie, de la Picardie, de la Belgique, paroît peu propre à la culture de la vigne : celle qu'on a plantée dans quelques cantons de ces quatre provinces, n'encourage pas à faire de nouveaux essais.

Les auteurs de la Statistique donnent un détail très-curieux des vins de différentes qualités qui se récoltent dans les divers départemens de la France, autres que ceux qu'ils ont exceptés. Ils y ajoutent un tableau comparatif de l'état des vins exportés de France au commencement du dernier siècle, et de ceux qui l'ont été dans les années 1778 et 1788. Il en résulte que le commerce des vins a presque doublé en soixante ans, puisque les exportations ont monté à plus du double, la consommation restant toujours la même. Les exportations en eau-de-vie et en vinaigre ont suivi la même proportion.

D'après l'évaluation faite par le comité des domaines de l'Assemblée constituante, de la quantité des bois de la France, les bois domaniaux s'élevoient à trois millions trois cent soixante et huit mille vingt et un arpens; les bois des communautés, à deux millions deux cent deux mille cent cinquante arpens; les bois des particuliers, à sept millions cinq cent soixante mille deux cent quatre-vingt-treize arpens. Cette proportion, d'après un tableau détaillé des bois de chaque département, a singulièrement changé depuis la révolution. Indépendamment de la réunion des forêts des pays conquis, l'émigration a acquis à la République la plus grande partie des bois des grands seigneurs. Les bois des particuliers, au contraire, qui sont composés tant de ceux qui étoient entre leurs mains avant la révolution, que de ceux qu'ils ont acquis lors de l'aliénation des bois des gens de main-morte, se trouvent prodigieusement diminués; les premiers, parce que ce sont ceux qui ont le plus souffert dans les orages de la révolution; les seconds, par l'essartement d'une grande partie de ces bois qui ont été convertis en terres à labour. Aujourd'hui, les bois nationaux montent à trois millions trois cent soixante et cinq mille deux cent quatre-vingts hectares (près de sept millions d'arpens); les bois communaux, à trois millions d'hectares (environ six millions d'arpens); et les bois des particuliers, à un million cinq cent mille hectares seulement (environ trois millions d'arpens).

A la tête du second volume de la Statistique, se trouvent placés l'historique de la législation des mines et le tableau des productions minérales de la France, divisées en six classes. On y fait succéder un apperçu de l'industrie française, une description générale des arts et métiers, une notice de leur partie réglémentaire.

Les manufactures sont divisées en manufactures qui emploient les substances végétales, en manufactures qui s'alimentent avec les substances animales, en manufacfactures qui s'exercent sur les substances minérales, enfin en manufactures qui travaillent tout-à-la-fois sur les substances végétales, animales et minérales. On conçoit aisément de quel intérêt sont les détails où les auteurs de la Statistique entrent sur ces divers objets; mais ils ne sont pas même susceptibles du plus rapide apperçu; il faut les suivre dans l'ouvrage même, ainsi que tout ce qu'on y développe sur le commerce intérieur et extérieur, sur les poids, mesures, monnoies, routes, navigation intérieure, diplomatie politique et commerciale.

Le troisième volume renferme neuf parties. La première, avec un léger apperçu de l'organisation de l'instruction publique, d'après la loi du 3 brumaire an IV, offre le nouveau plan d'instruction publique, où l'on distingue le Prytanée français, les écoles spéciales, les écoles de service public. La seconde embrasse les établissemens conservateurs de la science, ceux qui sont relatifs aux beaux-arts, les sociétés savantes et littéraires, une notice bibliographique des hommes célèbres dans les sciences, les lettres et les arts. La troisième roule sur les monumens et édifices publics. La quatrième a pour objet les eaux minérales. La cinquième offre le tableau du caractère et de l'organisation des cultes catholique, protestant et de la confession d'Augsbourg. Dans la sixième, se trouvent la constitution et le gouvernement de la France à cette époque. La septième présente tout ce qui est relatif à la finance, tels que les revenus et les dépenses fixes, la dette publique, les contributions. La huitième est consacrée aux administrations des départemens, des arrondissemens communaux, des municipalités, et au système de l'ordre judiciaire, tant pour la juridiction civile, celles de police et de commerce, que pour la juridiction correctionnelle et criminelle. Dans la neuvième et dernière, on expose le systême forestier de la France. Après des observations générales sur l'administration des forêts avant la révolution, on y développe l'organisation actuelle de l'administration forestière.

Le quatrième volume renferme le système militaire et le systéme maritime de la France. Au systême militaire se rapportent la constitution, la formation, l'organisation, la division de l'armée de terre : on y distingue l'infanterie de ligne et l'infanterie légère. La même distinction s'applique à la cavalerie. Le mode d'avancement, même pour les corps qui ont des bataillons et des escadrons détachés, est très-nettement développé.

L'artillerie vient ensuite avec sa composition, son organisation, l'état actuel des arsenaux de construction, celui des ateliers particuliers et des établissemens actifs, le détail des fonctions de divers officiers employés dans cette arme. Au tableau de l'artillerie, succède celui du génie, où se trouvent des renseignemens sur les places fortes, leur état-major, les fonctions des officiers du génie, leurs relations avec les généraux des divisions militaires et les commandans des places de guerre; enfin le mode d'avancement dans cette arme.

La force, la composition, l'organisation de la gendarmerie nationale en général, celle de la gendarmerie d'élite, les fonctions ordinaires de la gendarmerie, son service extraordinaire, ses rapports avec les différentes autorités civiles, avec la garde nationale sédentaire et la troupe de ligne, son ordre intérieur, les fonctions de ses officiers de tout grade, son état-major, ses indemnités, gratifications, sont décrits dans un grand détail.

On ne laisse non plus rien à desirer sur l'état-major, la cavalerie et l'infanterie de la Garde, sur les divisions militaires des départemens, les fonctions des généraux qui les commandent, les inspecteurs généraux des troupes, les aides-de-camp, les adjudans-commandans, leurs adjoints, les inspecteurs aux revues, les commissaires des guerres, les vétérans nationaux, tant valides qu'invalides, la solde de retraite, le traitement de réforme, les récompenses militaires.

Relativement à la Légion d'honneur, la Statistique offre le tableau des chefs-lieux et des départemens formant l'arrondissement des cohortes de cette Légion, et des biens attribués à chacune d'elles.

Le système militaire est terminé par un résumé sur l'administration générale de l'armée, où se rattachent l'administration et la comptabilité des corps, la fixation du nombre des rations de fourrages, et l'état des hôpitaux militaires, par la composition des conseils de guerre, soit en général, soit dans quelques cas particuliers; et enfin par le code pénal sur l'armée de terre.

Pour le système maritime, on donne d'abord une notice

de notre marine à l'époque de 1789, et celle des vaisseaux de guerre et autres bâtimens que les Français sont dans l'usage de mettre en mer. Sur la marine militaire, on commence par des observations générales sur l'organisation actuelle de la marine, et sur son administration présente : on indique aussi les chefs-lieux des préfectures maritimes, et des ports compris dans leurs arrondissemens ; l'état des troupes d'artillerie de la marine, les formes de l'inscription maritime, le montant de la solde de retraite, les dispositions du code pénal maritime.

A la marine marchande se rapportent les armemens en course, les formules des lettres-de-marque, les commissions pour les conducteurs de prises, la formule des actes de cautionnement, les traités de rançon.

Les cinquième et sixième volumes sont consacrés tout entiers à la description topographique de la France. Dans le choix des méthodes à suivre pour cette description, les auteurs de la Statistique ont judicieusement rejeté celle de l'ordre alphabétique, qui n'est propre qu'à jeter de la confusion, de l'incohérence dans une pareille matière ; ils ont préféré celle qui divise la France en dix régions. Dans leur marche, les auteurs partent toujours de gauche à droite, pour arriver circulairement au centre ; par exemple, du nord à l'est, par le nord-est, en suivant au sud ; de-là à l'ouest, et finissant par le centre.

Chacune de ces dix régions est composée d'un nombre égal de départemens. La première région, dite des *Pays réunis*, en comprend treize. La seconde, du *Nord*, onze. La troisième, du *Nord-Est* ou *des Sources*, dix. La quatrième, de *l'Est*, onze. La cinquième, du *Sud-Est*, douze. La sixième, du *Sud*, neuf. La septième, du *Sud-Ouest*, neuf. La huitième, de *l'Ouest*, neuf. La neuvième, du *Nord-Ouest*, neuf. La dixième, du *Centre*, neuf ; et par appendice, le Piémont, qui en comprend six. Total égal au nombre des départemens, cent huit.

La description renferme un chapitre pour chaque région, et ce chapitre se sous-divise en paragraphes. Dans chaque paragraphe, qui contient un département, on expose de quelle ancienne province il est formé, et d'où il tire son nom, quelles sont ses limites, les rivières principales qui l'arrosent, la nature de son sol et de ses productions végétales, animales et minérales, les manufactures et fabriques qui y sont établies, son commerce principal, ses villes les plus considérables, son étendue en superficie d'après les anciennes et nouvelles mesures, celle des forêts qui y sont situées, avec distinction des bois nationaux, communaux et particuliers, sa population comparée à son étendue, le montant de ses contributions directes et indirectes ; enfin sa subdivision en arrondissemens communaux, en cantons, en justices de paix, en communes.

Les auteurs de la Statistique sont entrés ensuite dans quelques-uns de ces mêmes détails, par rapport à chaque arrondissement communal et particulier.

Une partie du septième volume concerne les colonies et possessions françaises dans les deux Indes : elle est divisée en trois sections.

La première roule sur les colonies et possessions françaises en Amérique. On y expose d'abord le régime militaire, administratif, judiciaire et commercial actuel des colonies : on y trace le tableau des denrées des colonies françaises et des colonies étrangères, avec le tarif des droits sur les denrées de ces colonies. Suit la description de la partie française de Saint-Domingue, avec l'état de la vente de ses denrées en 1788 : on y fait succéder la description de la partie espagnole de cette colonie, avec un apperçu de son commerce intérieur et extérieur, ainsi que de sa navigation intérieure. Cette section est terminée par la description des îles de la Martinique, de la Guadeloupe, de Sainte-Lucie, de Tabago, de Marie-Galante, de la Desirade, des Saintes, de Saint-Martin. On y ajoute celle des îles de Saint-Pierre et de Miquelon, dans l'Amérique septentrionale ; de la Guiane, dans l'Amérique méridionale ; et de la Louisiane, alors colonie de la France.

La deuxième section comprend les possessions françaises en Afrique. On y énumère d'abord les marchandises employées à la traite des nègres en 1769, et le prix d'un captif de choix à cette époque; puis on décrit les divers établissemens situés à la côte occidentale de l'Afrique, dont la liste suit: *Arguin*, *Sénégal*, *Podor*, *Galam*, *Gorée*, *Gambia*, *Barbarie*.

La troisième section embrasse les établissemens français aux Grandes-Indes, savoir : sur la route, à la rive orientale de l'Afrique, l'île de *la Réunion*, ci-devant *Bourbon*; l'île de *France*, dont on décrit le gouvernement et l'administration ; les îles *Rodrigue*, *Seychelles*, *Praslin*, *Diego-Gorcias*; sur la côte du Malabar, *Mahé*; à la côte de Coromandel, *Pondichery*, *Karikal*. C'est une inexactitude d'avoir compris dans les établissemens de cette côte, *Chandernagor*, qui est situé dans le Bengale. C'est encore une autre inexactitude d'avoir compris dans les établissemens français situés aux Grandes-Indes, ou sur la côte orientale d'Afrique, le cap de Bonne-Espérance, Mozambiqué et Madagascar, où nous n'avons aucun établissement permanent, et avec lesquels nous entretenons seulement quelques relations de commerce. Mais ces légères erreurs, et quelques autres qui peuvent s'être glissées dans l'ouvrage, n'en affoiblissent pas le mérite, parce qu'elles sont faciles à redresser. Le surplus du septième volume est un appendice sur les productions végétales de la France, qu'on doit reporter, comme je l'ai ci-dessus observé, à la suite des productions animales dans le premier volume.

COLLECTION des Statistiques de chaque département, imprimée par ordre du ministre de l'intérieur, au nombre de trente-quatre. Paris, Leclerc, 34 cah. in-8°.

C'est tout ce qu'on a publié, au moment où j'écris, des Statistiques que les préfets ont été chargés de rédiger.

Dans le nombre de ces Statistiques, on distingue celle

du département des Deux-Sèvres, par M. *Dupin*, que le ministre de l'intérieur a proposée pour modèle dans sa lettre circulaire aux préfets; celle de la Sarthe, par les membres de la Société libre des sciences et arts, établie au Mans; du département de l'Ain, par M. *Denesy*, préfet; du département du Bas-Rhin, par M. *Laumont*, préfet; de Seine-et-Oise, par M. *Garnier*, alors préfet, aujourd'hui sénateur; et quelques autres encore.

Il a paru en divers temps, des Statistiques de départemens qui ne font point partie de cette collection, telles que l'état du département de l'Indre, par M. *Gretré;* une Statistique du département de la Moselle, par M. *Colchem*, alors préfet, et aujourd'hui sénateur; une Description du département de la Seine-Inférieure, par M. *Noël;* une Statistique du département de l'Eure, par M. *Teuquet;* du département de la Roer, par M. *Dorsch;* et enfin une Description de la partie du département du Calvados qu'on appelle le Bocage, par M. *Roussel*. Ces Statistiques sont toutes très-recommandables.

Il vient d'être publié tout récemment une Statistique plus considérable qu'aucune de celles qui avoient paru jusqu'ici, et sur l'un des départemens les plus importans de l'Empire français. En voici le titre :

RECHERCHES économiques et statistiques sur le département de la Loire inférieure (Annuaire de l'an XI), par M. Jean-Baptiste *Huet*, secrétaire-général de la préfecture. Nantes, Malassis; Paris, Onfroy, 1804, 1 vol. in-8°.

Cet ouvrage donne des notions exactes sur le département de la Loire-Inférieure. L'auteur, attaché depuis plusieurs années au centre de l'administration de ce département, et qui y remplit la seconde place, avoit commencé son travail dès l'an VIII; il l'a complété depuis cette époque. Son travail embrasse l'agriculture, le commerce, l'industrie des habitans, leur caractère moral, et jusqu'à la situation même politique. Il rapproche sans cesse de l'ancien état des choses, leur état actuel, et l'on y voit avec intérêt combien, depuis peu de temps, malgré une guerre maritime qui auroit dû avoir la plus fâcheuse influence sur la prospérité d'un département qui se soutient en grande partie par son commerce, il a néanmoins gagné en population et en industrie.

STATISTIQUE élémentaire de la France, contenant les principes de cette science, et leur application à l'analyse de la richesse, des forces et de la puissance de l'Empire français, à l'usage des personnes qui se destinent à l'étude de l'administration, par M. Jacques *Peuchet*. Paris, Gilbert, 1805, in-8°.

Cet ouvrage est divisé en dix chapitres.

Le premier traite de l'étendue de l'Empire français; le second, de ses divisions. Dans le troisième, après avoir exposé celle qui en a été successivement faite en cent huit départemens, on donne le tableau de la France sous les rapports physique et agricole. Sous ce dernier point de vue, l'on divise l'Empire français en onze régions. Ce chapitre est terminé par un résumé statistique de l'étendue territoriale, de la population et des contributions directes de la France au commencement de l'an XII.

Le quatrième chapitre est consacré à un apperçu de l'organisation politique, administrative, judiciaire et ecclésiastique des départemens.

Dans le cinquième, l'auteur s'occupe spécialement de la population de la France, qu'il établit sous divers rapports : puis il indique les moyens employés pour encourager et conserver la population.

Les productions du territoire français sont l'objet du sixième chapitre. L'auteur y donne d'abord une idée de la culture des terres en général; et à l'influence de la révolution sur l'agriculture, il fait succéder l'évaluation présumée de la culture française. Le tableau des productions végétales, animales et minérales des terres en France, est suivi de celui que donnent les eaux fluviatiles et marines. Ce chapitre est enrichi de recherches également curieuses et savantes sur la consommation générale de ces productions qui se fait en France, et sur celle de Paris en particulier.

L'industrie et ses différentes branches, l'administration, l'évaluation du produit général de cette industrie, sont la matière du septième chapitre.

Le huitième renferme les notions les plus essentielles sur le commerce intérieur de la France, sur ses routes et leur entretien, sur la navigation intérieure, sur la quantité du numéraire existant en France, sur la banque établie dans cet Empire. Ce même chapitre embrasse encore le commerce extérieur, sa balance; la navigation marchande à différentes époques, sa police; le change; le rapport des monnoies nationales avec les monnoies étrangères; l'administration, les chambres, le conseil-général et les tribunaux de commerce.

Le neuvième chapitre roule sur les revenus et les dépenses de l'Etat, et sur l'administration des finances : on y trouve le budjet de l'an XIII.

Dans le dixième et dernier chapitre, l'auteur présente le tableau des forces de terre et de mer de l'Empire, et celui des dépenses qu'emporte leur entretien.

L'art analytique, appliqué avec beaucoup de sagacité à l'exposition des principes d'une vaste science, se fait remarquer dans toutes les parties de cet excellent ouvrage.

EXCURSION en France, depuis la cessation des hostilités jusqu'au 13 décembre 1803, par Charles *Mauclean:* (en anglais) *An Excursion in France*, etc... *by Maucleau*. Londres, Longman, 1804, in-8°.

LETTRES écrites de la capitale et de l'intérieur de la France, par J. F. L. *Meyer :* (en allemand) *Briefe aus der Hauptstadt und dem innern Frankreichs*, *von J. F. L. Meyer.* Gotha, 1804, 2 vol. in-8°.

Ces Lettres ne renferment guère que des observations très-superficielles, des anecdotes triviales, des conjectures très-hasardées sur les vues du gouvernement français.

LETTRES d'un habitant des pays méridionaux (sur les départemens méridionaux de la France), publiées par C. A. *Fischer*: (en allemand) *Briefe eines Sudlaenders*, etc.... Leipsic, Graef, 1805, in-8°.

Les principales parties de cet ouvrage, sont, 1°. des tableaux de plusieurs villes de France, à l'usage des voyageurs; 2°. des lettres sur la quarantaine, la pêche maritime, avec des observations sur les pêcheurs provençaux; 3°. des renseignemens sur l'arsenal de Toulon et sur les forçats; 4°. des remarques physiques et topographiques sur le département de Vaucluse; 5°. des observations sur la langue provençale; 6°. quelques notices sur le siège de Lyon, traduites d'un ouvrage français; 7°. enfin quelques avis aux malades qui vont à Marseille et aux îles d'Hières.

L'auteur a recueilli ces notions intéressantes, partie pendant un voyage dans les pays méridionaux de la France, partie dans plusieurs Mémoires déjà connus ou inédits.

VOYAGE en France, écrit en forme de lettres par Adrien *Van der Willigen*, première partie, avec planches: (en hollandais) *Reise door Frankryk*, etc.... Harlem, Loosjes, in-8°.

Cette première partie contient un Voyage dans les départemens méridionaux de la France. Neuf planches représentent les vues de Montbar, Bion, Moursault, Macpu., Dijon, Melun, Valence, Marseille, et la fontaine de Vaucluse.

VOYAGES dans le midi de la France, faits dans les années 1803 et 1804, par A. *Fischer*: (en allemand) *Reisen in das sudliche Frankreich*, etc. *von A. Fischer*. Leipsic, Hartknoch, 1806, 2 vol. in-8°.

Le premier volume paroît aussi sous le titre de *Voyage à Montpellier*, et le second sous celui de *Voyage aux îles d'Hières*. Du reste, ils n'offrent au lecteur que des observations superficielles, des jugemens hasardés, et quelques anecdotes peu intéressantes.

§. II. *Descriptions des anciennes provinces de France et des départemens actuels. Voyages faits dans ces diverses parties de la France.*

En donnant la notice de ces divers Voyages, je suppose le voyageur débarquant de la Corse à Nice, et parcourant d'abord les provinces méridionales de la France, en-deçà et au-delà des Alpes. Il s'élève ensuite jusqu'aux Pyrénées, descend par Bordeaux dans les départemens de l'ouest et du centre de la France, visite ensuite Paris et ses environs, poursuit sa route vers l'orient de la France, et la termine du côté de la Hollande, par les départemens de la Belgique et de la rive gauche du Rhin.

Je ne fais point entrer dans cette partie de la notice, les Voyages faits antérieurement à la révolution, dans les départemens réunis, soit de la Belgique et de la rive gauche du Rhin, soit de l'Italie: on les trouvera classés dans les anciennes divisions géographiques, aux dates antérieures à la réunion. Mais j'ai fait entrer dans ce paragraphe, les Voyages faits dans la Savoie, aujourd'hui le département du Mont-Blanc, même avant sa réunion à la France, parce que la Savoie étant située en-deçà des Alpes, et n'ayant jamais fait partie de l'Italie, ne pouvoit pas y être placée.

Voyage en Piémont, contenant la description topographique et pittoresque, la statistique et l'histoire des six départemens réunis à la France, par J. B. I. *Breton*, avec cartes et planches. Paris, Déterville, an XI — 1802, 2 vol. in-8°.

En annonçant cet ouvrage, l'un des rédacteurs de la Bibliothèque italienne l'a jugé avec une extrême sévérité. « Ce n'est, suivant lui, qu'une compilation indigeste de » détails inexacts, copiés dans des relations plus inexactes » encore. Il n'est pas possible, dit-il, d'entasser dans un » ouvrage plus de bévues et d'erreurs. Nous nous étions » proposé, ajoute-t-il, de les faire connoître en détail, » mais elles sont trop fréquentes et trop nombreuses, pour » que les bornes de notre journal nous permettent de le » faire ». Avec cette méthode de ne rien particulariser, on laisse le lecteur dans la plus pénible incertitude sur le mérite ou l'injustice de la critique.

Ce Voyage au reste, entrepris dans les mêmes vues que celui du même auteur dans les départemens de la Belgique et de la rive gauche du Rhin, dont je donnerai plus bas la notice, complète le Voyage pittoresque de la France, par *La Vallée*, que j'ai précédemment fait connoître. Le lecteur pour qui les recherches étymologiques sont d'un médiocre intérêt, trouvera que l'auteur du Voyage s'y est excessivement livré, comme on le remarquera également dans celui que je viens d'indiquer; mais il en sera dédommagé par les recherches curieuses que la relation renferme sur l'histoire du Piémont, sur ses progrès dans l'agriculture, sur les établissemens qu'on y trouve en faveur des sciences et des arts. Un pays presque entièrement agricole, tel que le Piémont, ne paroît pas donner lieu à beaucoup d'observations sur l'industrie et le commerce; mais le voyageur paroît n'avoir rien oublié de ce que cette contrée peut offrir d'intéressant sur ces deux objets. Il a même indiqué les ressources que le pays pouvoit présenter pour y faire un peu plus grossir ces deux sources de prospérité et de richesses Tout en respectant, ainsi qu'il a dû le faire, la religion dans ce que ses dogmes ont de conforme à l'ancienne tradition de l'Eglise, il s'est déchaîné avec énergie contre de superstitieuses pratiques propres à égarer les esprits foibles et crédules.

VOYAGE aux glacières de Savoie, par *Bourrit*, avec planches. Genève, 1772, gr. in-8°.

— Le même, traduit en allemand par J. H. H. Otto Reichard. Gotha, 1773, in-8°.

DESCRIPTION des glaciers, glacières et amas de glace, par *Bourrit*. Lausanne, 1773, in-8°.

— Le même, traduit en hollandais. Amsterdam, 1778, in-8°.

DESCRIPTION des aspects du Mont-Blanc, du côté du val d'Aost et de la découverte de la Mortine, par *Bourrit*. Lausanne, 1776, in-8°.

NOUVELLE DESCRIPTION des glacières et des glaciers de la Savoie, particulièrement de la vallée de Chamouny et du Mont-Blanc, et de la dernière découverte d'une route pour parvenir à cette haute montagne, par *Bourrit*. Genève, 1785, in-8°.

— La même, traduite en allemand. Zurich, 1786, in-8°.

UNE LETTRE de *Bourrit* adressée à miss Craven, sur deux voyages au Mont-Blanc, par Saussure et le chevalier de Beausais, avec la Description d'un voyage de l'auteur sur la mer de glace du mont Avert en Piémont; traduites en allemand par A. F. Tig. de Gersdorf. Dresde, 1787, in-8°.

Par ces différentes excursions faites dans les montagnes de Savoie, qui ne forment en quelque sorte qu'une seule et même chaîne avec celles de la Suisse, Bourrit préludoit, dans ces relations isolées, à la description, plus complète encore, que depuis il a publiée des glacières, vallées de glace, glaciers des Alpes de l'Italie, de la Suisse et de la Savoie, dont j'ai donné la notice dans la section de la Suisse.

RELATION abrégée d'un voyage à la cîme du Mont-Blanc, en août 1787, par H. B. *de Saussure*. Genève, in-8°.

La réputation de l'auteur attache un grand intérêt à ce Voyage.

VOYAGE littéraire au Mont-Blanc et dans quelques lieux pittoresques de la Savoie, par *Michaud*. 1787, in-8°.

VOYAGE à Chambéri, par Vincent *Campenon*; 3e édition. Paris, Didot, 1798; in-18.

DESCRIPTION des Alpes Grecques et Cottiennes, ou Tableau historique et statistique de la Savoie, sous les rapports de son antiquité, de son étendue, de sa population, de ses antiquités et de ses productions minéralogiques, suivi d'un précis des événemens militaires et politiques qui ont eu lieu dans cette province, depuis sa réunion à la France, en 1792, jusqu'à la paix d'Amiens, en 1802, par J. F. *Albanis Beaumont*. Genève, Paschoud, 1re et 2e parties du tome premier, 1805, 2 vol. in-4°.

— Recueil de planches pour cet ouvrage. *Ibid*. in-fol.

Le premier tome de la première partie de cet ouvrage, traite de l'origine des Allobroges, des peuples Alpins, de leur établissement dans les Gaules, et des événemens les plus remarquables qui accompagnèrent la réunion de ce pays à l'Empire romain. Le second tome donne un précis historique des révolutions qui eurent lieu dans les Gaules, ainsi que dans l'Allobrogie, depuis les premières irruptions des Francs et des Goths, etc. jusqu'au dixième siècle, époque où la Savoie a commencé à former un état particulier; et l'auteur termine ce second tome par un précis statistique de ce pays, où l'on trouve un état de sa population, de son agriculture, de son commerce, et enfin un dénombrement des diverses mines métalliques et fossiles que renferment ses montagnes.

De la profondeur dans les recherches en ce qui touche la partie historique; de la sagacité dans les conjectures, en ce qui concerne les antiquités du pays; un rassemblement fait avec choix, de faits et d'observations sur la statistique; de la richesse et de l'exactitude dans les descriptions géologiques et minéralogiques; voilà ce que présente l'ensemble des deux premiers tomes de l'ouvrage de M. Albanis Beaumont: il faut y ajouter le mérite de la concision et de la pureté du style.

NOTIONS d'un Voyage dans les glaciers de la Savoie: (en allemand) *Nachricht von einer Reise über die Gletscher in Savoyen.* (Insérées dans le Mélange de Physique et d'Histoire natur., vol. III, 1er cah.)

LETTRES écrites à un ami pendant un Voyage dans les glaciers de la Savoie et à Lyon: (en allemand) *Briefe an einen Freund auf einer Reise in die Savoyischen Gletscher und nach Lyon*, etc. etc. (Insérées dans le Mercure allemand, 1787, Ve et VIe cah.)

DESCRIPTION de la ville de Lyon. Paris, 1741, in-12.

HISTOIRE naturelle des provinces du Lyonnais, Forêt, Beaujolais, par Alexis *Dulac*. Avignon, 1765, in-8°.

MÉMOIRE historique et économique du Beaujolais, par *Brisson*. Avignon, 1770, in-8°.

VOYAGE au mont Pilat dans le Lyonnais, suivi du Catalogue raisonné des plantes qui y croissent, par *Latourette*. Avignon, 1771, in-8°.

Le mont Pilat, situé à l'extrémité méridionale du Forez, est la montagne la plus considérable de cette contrée, et devoit exciter la curiosité des observateurs. L'auteur du Voyage a porté son attention sur la zoologie et la minéralogie du pays, mais plus particulièrement encore sur la botanique. Tout aride et sauvage que paroisse au premier aspect le mont Pilat, il est très fertile en plantes, et il a fourni dans ce genre un catalogue divisé par classes.

DE QUELQUES objets remarquables à Lyon; extrait du Journal d'un Voyageur allemand, de 1786: (en allemand) *Ueber einige Merkwürdigkeiten in Lyon aus dem Tagebuch eines reisenden Deutschen, im Jahr 1786.* (Inséré dans le Magasin allemand, 1792, 1er cah.)

VOYAGE de Marseille, par Avignon, à Lyon, en février 1791, par Frédérique *Brun*: (en allemand) *Reise von Marseille über Avignon nach Lyon, im Februar 1791, von Friederika Brun.* (Inséré dans le Magasin allemand, 1794, IVe cah.)

VOYAGE pittoresque et navigation exécutés sur une partie du Rhône réputée non navigable: moyens de rendre ce trajet utile au commerce, par T. C. G. *Boissel*, avec seize planches. Paris, Dupont, an III—1795, in-4°.

On voit, par le titre de ce Voyage, dans quelles vues patriotiques il a été entrepris et exécuté. Le Rhône, rendu navigable dans la partie de ce fleuve rapide qui ne l'est pas, donneroit accès à des forêts qui fourniroient des mâtures pour trente vaisseaux de ligne et autant de bâtimens inférieurs. C'est à quoi l'auteur réduit l'exploitation qu'on devroit faire des mélèzes qui donneroient ces mâtures, parce que ces arbres garantissent les vallées des avalanches de neiges, qui, roulant des cîmes des montagnes, engloutiroient des villages entiers, si des forêts épaisses ne les arrêtoient. Cette exploitation ne devroit donc être faite qu'avec beaucoup de ménagement.

On doit savoir le plus grand gré à l'auteur, après avoir surmonté dans son voyage les dangers qu'il lui offroit à chaque pas, après avoir trouvé les moyens de rendre accessibles des forêts renfermant des bois si précieux pour la marine, de n'avoir pas été tellement ébloui des avantages de son projet, qu'il n'ait sagement calculé les inconvéniens qui en résulteroient, si le résultat n'en étoit pas dirigé avec une grande circonspection.

La description que fait l'auteur du cours de la partie du Rhône non navigable, est du plus grand intérêt, et les planches en facilitent singulièrement l'intelligence.

Essai sur les volcans éteints du Vivarais, par *Faujas de Saint-Fond*, avec planches. Paris, 1778, in-fol.

Histoire naturelle du Dauphiné, par *Faujas de Saint-Fond*. Grenoble, 1781, in-4°.

Ces deux excellens ouvrages sont le produit des voyages faits dans ces contrées par ce célèbre minéralogiste.

Description du département de l'Aveyron, par A. A. *Monteil*, avec planches. Paris, Fuchs, an x — 1802, 2 parties formant 1 vol. in-8°.

Dans la première partie de cette Description, l'auteur remonte à l'ancien état du pays, et après en avoir tracé les caractères physiques, il s'occupe des localités, auxquelles il sait intéresser le lecteur par ses observations curieuses. Dans la seconde partie, il donne le tableau statistique de cette contrée; et ses recherches à cet égard peuvent être fort utiles à l'administration générale et particulière.

LA CHOROGRAPHIE ou Description de la Provence, etc.... par Honoré *Bouche*. Aix, 1664, ou Paris, 1736, 2 vol. in-folio.

C'est la même édition sous deux dates différentes.

RELATION d'un Voyage fait en Provence, contenant les antiquités les plus curieuses de chaque ville, par *de Preheac*. Berlin, 1683, in-12.

RECUEIL de plusieurs Voyages faits à la Sainte-Baume et autres lieux de la Provence, par le P. *Laval*, avec cartes. Paris, 1727, in-4°.

VOYAGE aux îles d'Hières, par *Sulzer* (en allemand). In-8°.

Ce voyageur vit avec surprise, au mois de décembre, de la neige dans ces mêmes îles où les orangers sont en pleine terre.

LES SOIRÉES provençales, ou Lettres écrites pendant ses voyages dans sa patrie, par *Berenger*. Paris, 1786, 3 vol. in-12.

VOYAGE en Provence, contenant tout ce qui peut donner une idée de l'état ancien et moderne des villes, des curiosités qu'elles renferment, et de la position des anciens peuples; des anecdotes littéraires, d'autres qui regardent les hommes célèbres; l'histoire naturelle, les plantes, le climat, etc... cinq lettres sur les Trouvères et les Troubadours, et la Vie de cinq Troubadours: par M. l'abbé *Papou*, nouvelle édition. Paris, Moutard, 1787, 2 vol. in-12.

C'est à cette édition, la seule complète, qu'il faut s'attacher.

— Le même, traduit en allemand par E. Bj. Gli. Hebenstreit. Leipsic, 1783, in-8°.

Ce Voyage, comme l'annonce le titre, est presque entièrement historique, littéraire et pittoresque. L'histoire naturelle du pays n'y est que légèrement esquissée, et la statistique n'a point été l'objet des recherches du savant auteur.

HISTOIRE naturelle de la Provence, contenant ce qu'il y a de plus remarquable dans les règnes végétal, minéral, animal et la partie géoponique, par *Dulac*. Avignon, 1782; Marseille, 1788, 2 vol. in-8°.

VOYAGE physique et économique à Tarascon et à Arles : (en allemand) *Naturhistorische und œconomische Reise nach Tarascon und Arles*. (Inséré dans le Journal des Fabriques, 1793, VIIIe cah.)

SÉJOUR à Marseille, en février 1791, par Frédérique *Brun* : (en allemand) *Aufenthalt in Marseille, im Februar 1791, von Friederika Brun*. (Inséré dans le Magasin allemand, 1794, 3e cah.)

PETIT VOYAGE à Avignon et dans les environs : (en allemand) *Kleine Reise nach Avignon und den umliegenden Gegenden*. (Inséré dans le même Journal, 1795, 1er cah.)

VOYAGE dans le département des Alpes maritimes, avec la description de la ville et du territoire de Nice, de Meutan, de Monaco, etc.... par S. *Papon*. Paris, Burramet-Laboür, 1804, pet. in-8°.

LES ANTIQUITÉS, raretés, plantes, animaux, et autres choses considérables de la ville et comté de Castres, et des lieux qui sont en ses environs. Castres, 1649, in-8°.

VOYAGE dans la Gaule narbonaise, avec un Glossaire sur l'ancienne langue des Gaulois, par Jean *Pontan*: (en latin) *Itinerarium Galliae Narbonensis; cui accessit Glossarium linguae Gallorum veteris; autore Joanne Pontan*. Leyde, Bassompierre, 1666, in-12.

DESCRIPTION d'un Voyage dans les Cevennes: (en allemand) *Beschreibung einer Reise durch die Cevennen*. (Insérée dans le Musée suisse, 4ᵉ année, 9ᵉ cah.)

MÉMOIRES pour servir à l'histoire naturelle du Languedoc, par *Astruc*, avec planches. Paris, 1739, in-4°.

HISTOIRE naturelle du Languedoc, par *de Gensane*. Montpellier, 1775, 5 vol. in-8°.

VOYAGE de Toulouse à Montpellier, et de là à Nîmes, par Frédérique *Brun*: (en allemand) *Reise von Toulouse nach Montpellier, und von da über Nimes, von Friederika Brun*. (Inséré dans le Magasin allemand, 1793, vol. VI; et 1794, vol. VII.)

HISTOIRE naturelle de la France méridionale, par *Giraud de Soulavie*, avec planches. Paris, 1780, 8 vol. in-8°.

LETTRES sur les provinces méridionales de la France, écrites pendant un voyage fait de 1786 à 1788, par le Dauphiné, le Languedoc, le Rouergue, la Provence et le Comtat-Venaissin, par J. J. *Fisch*: (en allemand) *Briefe über die südlichen Provinzen von Frankreich, auf einer Reise durchs Delphinat, Languedoc, Rouergue, Provence und das Comtat-Venaissin, in den Jahren 1786 bis 1788 geschrieben. von J. J. Fisch*. Zurich, 1790, 2 vol. in-8°.

PETITS VOYAGES par les contrées les plus remarquables de la France méridionale, avec des observations sur les Economistes, les Etats provinciaux, les Parlemens, les Tribunaux, etc. : (en allemand) *Kleine Reisen durch die merkwürdigsten Gegenden im Südlichen Frankreich, nebst Bemerkungen über Frankreichs Œconomisten, Provinzial-Staende, Parlements, Obergerichtshœfe, Tribunale, nebst andern historischen Nachrichten.* Magdebourg, 1790, in-8°.

VOYAGE pittoresque par une partie du midi de la France : (en allemand) *Malerische Wanderungen durch einen Theil des Südlichen Frankreichs.* Leipsic, 1792, in-8°.

VUES choisies des antiquités et des ports de mer au midi de la France, avec une description topographique, par *Albanis Beaumont*, avec planches : (en anglais) *Select Views of the antiquities and harbours of the south of France, with topographical and historical description, by Albanis Beaumont.* Londres, 1794, in-fol.

VOYAGE dans les provinces méridionales de la France, par M. *de Thümmel* : (en allemand) *Reise durch die südlichen Provinzen von Frankreich, von Thümmel.* Leipsic, Goeschen, 10 vol. in-8°.

Sous la forme d'un Voyage, c'est une satyre des mœurs françaises.

OBSERVATIONS faites dans les Pyrénées, pour servir de suite aux Observations sur les Alpes, insérées dans la traduction des Lettres sur la Suisse, par le cit. *Ramond.* Paris, Belin, 1789, in-8°.

Ces Observations sont le résultat d'un voyage que M. Ramond fit en 1787, dans une partie des Pyrénées françaises. Son objet principal fut de déterminer les élévations différentes de leurs pics, de décrire les phénomènes qu'ils offrent de toutes parts à l'œil exercé de l'observateur. Avec la même sagacité qu'il a portée dans l'examen de la nature de ces montagnes, il peint les mœurs farouches, mais pures, de leurs habitans: il a porté la même attention sur les animaux qui sont l'objet de leurs chasses, sur les maladies qui les affligent, sur les végétaux salutaires qui, fréquemment, en opèrent la cure. Ses observations sont terminées par une comparaison lumineusé des Alpes et des Pyrénées.

VOYAGE dans les Pyrénées françaises, dirigé principalement vers le Bigorre et la vallée, suivi de quelques vérités importantes sur les eaux de Bagnières et de Barrège. Paris, Lejay, 1789, in-8°.

Des observations sur les mœurs des habitans de cette contrée, sur la statistique, sur certaines parties de l'histoire naturelle, donnent quelque mérite à cet ouvrage un peu superficiel. On regrette sur-tout que l'auteur ne soit entré dans aucun détail sur la minéralogie du pays.

FRAGMENS d'un Voyage sentimental et pittoresque dans les Pyrénées, par *Saint-Amand*. Metz et Paris, 1789, gr. in-8°. (Cet ouvrage est rare.)

L'objet principal de ce voyage, fait par Saint-Amand en la compagnie de Dussault et de M. Pazumo, dont il va être parlé tout-à-l'heure, étoit l'étude de la botanique du pays.

VOYAGE au mont Maledetta (promontoire tenant à la chaîne centrale des Pyrénées). (Il se trouve dans le Journal des Mines, n° 93.)

VOYAGE à Barrège et dans les Hautes-Pyrénées, fait en 1788, par *Dussault*. Paris, Didot le jeune, 1796, 2 vol. in-8°.

Dans cette relation, le voyageur s'est principalement attaché à rendre les vives sensations qu'avoient excitées en lui les magnifiques scènes qu'offrent de toutes parts les Pyrénées, et les sentimens plus doux que lui avoient fait éprouver les mœurs agrestes et patriarchales de leurs habitans. C'est donc véritablement ici, une espèce de Voyage sentimental. Cependant Dussault n'a pas négligé de décrire les principaux phénomènes physiques dont le théâtre est la partie des Pyrénées qu'il a visitée ; mais il l'a plus fait en homme inspiré par l'enthousiasme, qu'en physicien-naturaliste occupé de l'investigation des causes et des effets.

VOYAGES physiques dans les Pyrénées, en 1788 et 1789 ; Histoire naturelle d'une partie de ces montagnes ; particulièrement des environs de Barrège, Bagnières et Governie, avec des cartes géographiques, par F. *Pazumo*. Paris, Leclere, an V — 1797, in-8°.

Le titre de ce Voyage indique l'esprit dans lequel il a été fait.

VOYAGE au Mont-Perdu et dans les parties adjacentes des Hautes-Pyrénées, par L. *Ramond*. Paris, Robin, an IX — 1801, in-8°.

Dans ce nouveau Voyage aux Pyrénées, M. Ramond s'est particulièrement attaché à décrire le Mont-Perdu, le pic le plus élevé de cette chaîne de montagnes, comme le Mont-Blanc l'est de celle des Alpes. Il est recouvert, comme celui-ci, de glaciers, de neiges éternelles. Son sommet est défendu par des pointes menaçantes bordées de précipices effrayans. Quoiqu'on le place communément dans la classe des pics granitiques, ce n'est véritablement, suivant M. Ramond, qu'une montagne du troisième ordre, quoiqu'élevée de plus de dix-huit cents toises au-dessus du niveau de la mer, puisqu'il s'y trouve des débris d'animaux marins et de quadrupèdes.

L'infatigable et savant naturaliste nous a procuré de grandes lumières sur la configuration extérieure et la composition intérieure de ce pic : mais il avoit fait long-temps de dangereux et inutiles efforts pour en franchir le sommet, inaccessible jusqu'alors à toutes les tentatives de ce genre. Les journaux nous apprirent qu'il avoit enfin gravi sur cet inabordable sommet, en tournant la montagne du midi au nord, par la pente qui regarde l'Espagne, au lieu de diriger sa marche, comme il l'avoit toujours fait précédemment, du nord au midi, en n'abordant la montagne que du côté de la France. Il nous a rendu compte lui-même de cette périlleuse expédition, dans la première séance qu'a tenue la première classe de l'Institut, depuis la nouvelle organisation de cette société célèbre. Les charmes d'un style pittoresque et animé jetoient autant d'intérêt dans sa narration, que la grandeur imposante des scènes dont il faisoit la description.

VOYAGES dans les montagnes (des Pyrénées), publiés par C. A. *Fischer* : (en allemand) *Bergreisen*, etc.... Leipsic, Hartknoch, 1804, tome 1er, in-8°.

Dans ce premier volume, l'auteur a rassemblé les relations les plus intéressantes qui ont paru sur les Pyrénées. Ce qui, dans ces relations, concerne les Pyrénées occidentales, a été enrichi des observations de l'éditeur, qui a terminé ce volume par un apperçu général des résultats scientifiques de ces Voyages, classés par ordre de matières. La carte qui accompagne l'ouvrage, représente les vallées de *Barréges*, *Coletères* et *Campan*. Le second volume contiendra la description des Alpes maritimes.

LE VOYAGE de Bordeaux : (en latin) *Itinerarium Burdigalense*. 1588, in-12.

LA CATALOGNE française, par *Caseneur*. Toulouse, 1644, in-4°.

VOYAGE à Bordeaux et dans les Landes, où sont décrits les mœurs, les usages et les coutumes du pays, avec planches. Paris, Pigoreau, 1798, in-8°.

Le Voyage de Fischer en Espagne, dont je donnerai en son lieu la notice, renferme sur Bordeaux des détails très-intéressans. Le port, les promenades extérieures, les beautés intérieures de cette ville, les aspects romantiques de ses environs, les richesses agricoles de son territoire, le caractère même de ses habitans et leurs mœurs, y sont décrits de la manière la plus attachante : le même pinceau trace avec autant d'agrément, Bayonne, son port, et les landes qu'il faut traverser pour y arriver.

HISTOIRE naturelle du pays d'Aunis, de ses côtes et des provinces limitrophes, par *d'Arcète*. Paris, 1757, in-12.

VOYAGE dans le Finistère, ou Etat de ce département en 1794 et 1795 (par le cit. *Cambri*), avec planches. Paris, an x—1802, 3 vol. in-8°.

On en a donné une traduction abrégée en allemand, sous le titre suivant :

VOYAGE dans une partie de la France occidentale, traduit en allemand par Ch. A. Fischer : (en allemand) *Reise durch einen Theil des Westlichen Frankreichs*, etc... Leipsic, Hartknoch, 1803, in-8°.

Ce Voyage est une excellente description statistique de cette partie de l'ancienne Bretagne. Il sera difficile d'y rien ajouter, que ce que pourront apporter d'amélioration et de changemens heureux, les vues bienfaisantes du gouvernement, secondées par l'administration particulière du pays. Le voyageur en a indiqué plusieurs. On lira surtout avec beaucoup d'intérêt, la description de la ville et du port de Brest, le tableau des établissemens de marine qui y ont été successivement formés, et les détails curieux où entre l'auteur sur les fameuses mines de plomb de *Poulavoine* et de *Huelgeat.*

DESCRIPTION de la Limagne d'Auvergne, en forme de Dialogues, avec plusieurs médailles, statues, oracles, épitaphes, sentences et autres choses mémorables et non moins plaisantes que profitables aux amateurs de l'antiquité, traduite du livre italien de Gabriel *Symeon* en français, par Antoine Chappuys de Dauphiné, avec planches. Lyon, Guillaume Rouille, 1561, pet. in-4°.

Cet ouvrage est assez rare, et fort curieux pour la partie des antiquités.

VOYAGE fait en 1787 et 1788, dans la ci-devant Haute- et Basse-Auvergne, aujourd'hui départemens du Puy-de-Dôme et du Cantal, et partie de celui de la Haute-Loire, ouvrage où l'on traite de ce qui regarde la nature du sol, les révolutions qu'il a éprouvées, des productions, climat, météores, produits de volcanisations, mines, carrières, lacs, eaux minérales, mœurs des habitans, constitution physique, population, arts, commerce, manufactures, industrie, etc.... par le cit. *Legrand-d'Aussy*. Paris, imprimerie des Sciences et Arts, an III—1795, 3 vol. in-8°.

—Le même, traduit en allemand par extrait. Bareuth, 1791, in-8°.

Le même, entièrement traduit en allemand sous le titre suivant:

REISEN durch Auvergne. Gottingue, 1797, 2 vol. in-8°.

La description de l'ancienne Auvergne doit intéresser vivement différentes classes de lecteurs; l'agronome, par la prodigieuse fertilité de la partie de ce pays qu'on nomme la Limagne; l'économiste, par la richesse de ses mines de charbon-de-terre; le physicien, par le *Puy-de-Dôme*, où se firent les fameuses expériences sur la pesanteur de l'air; le naturaliste, par les vestiges de tant de volcans éteints; le médecin, par les propriétés salutaires de plusieurs eaux minérales; l'antiquaire, par de nombreux monumens de l'ancien et du moyen âge; le militaire, par la position de plusieurs camps de César; le philosophe enfin, par le spectacle intéressant d'un peuple qui se répand au midi de la France et jusqu'en Espagne, pour y exercer paisiblement plusieurs métiers, et rapporter le fruit de ses économies dans les lieux qui l'ont vu naître.

Legrand-d'Aussy a décrit l'Auvergne sous tous ces rapports et sous plusieurs autres encore: et l'on ne peut pas assez s'étonner qu'un savant, principalement occupé de déchiffrer et de rendre usuels les manuscrits des divers âges de la France, ait réuni tant de connoissances, si étrangères en apparence, à ses travaux habituels.

On peut lui reprocher seulement, d'avoir un peu trop négligé de s'étendre sur les antiquités que présente encore aux savans qui les recherchent, l'Auvergne, malgré les révolutions qu'elle a essuyées, et d'avoir réduit à un trop petit nombre, les hommes célèbres qui ont illustré cette province.

TABLEAU de la ci-devant province d'Auvergne, suivi d'un précis historique sur les révolutions qu'elle a essuyées jusqu'à nos jours, par A. *Raboni Beauregard*, avec l'explication des monumens et antiquités qui s'y trouvent, par P. M. *Gault;* orné des gravures de monumens publics inédits, et de costumes auvergnats. Paris, Panier, an IX — 1802, in-8°.

Legrand-d'Aussy n'a presque rien laissé à desirer sur la géologie si riche de l'Auvergne, sur ses productions, son commerce, ses manufactures, etc.... mais, comme je l'ai précédemment observé, il a gardé le silence sur les antiquités de cette province. M. Gault s'est proposé de venger l'Auvergne de cet oubli. Il a fait une ample collection des monumens antiques de l'Auvergne ; mais la dépense excessive qu'auroit entraînée leur publication complète, l'a forcé de se réduire à un simple extrait. Ce qu'il en a publié dans le Tableau de l'Auvergne, fait regretter qu'il ne puisse pas faire part au public de toutes les richesses qu'il a recueillies en ce genre.

Le tableau historique et descriptif qui précède l'exposé des antiquités, et dont M. Raboni-Beauregard est l'auteur, a été rédigé pour servir d'introduction aux monumens dessinés et expliqués par M. Gault.

Dans la préface de l'ouvrage, M. Gault se plaint, avec quelque fondement, que Legrand-d'Aussy ait eu peine à compter dans l'Auvergne deux ou trois hommes célèbres. N'est-ce pas, dit-il avec amertume, pousser l'indécence jusqu'à l'ineptie, que de parler ainsi de la patrie de Grégoire de Tours, Sidoine-Apollinaire, Herbert, Bonnefond, Arnaud, Sirmond, Domat, Savaron, Pascal, Lhôpital, Girard, Banier, Chappe d'Auteroche, Meynard, Du Belloi, Thomas, Marmontel, Champfort, Delille, d'Estaing, Turenne, La Fayette, Marillac, Desaix et d'autres grands hommes? On pourra s'étonner de trouver dans cette liste, au nombre des grands hommes ou des grands écrivains, et placés sur la même ligne que Turenne, Lhôpital, Arnaud, Pascal, etc.... des hommes qui n'occupent que le troisième, ou tout au plus le deuxième rang dans la littérature, tels que Girard, Boissy, Meynard, Du Belloi, etc....

VOYAGE agronomique en Auvergne, précédé d'observations générales sur la culture de quelques départemens du centre de la France (par l'abbé *de*

Prudt). Paris, Giguet et Michaud, an XI — 1803, in-8°.

Arthur Young a publié, comme on l'a vu, un excellent Voyage agronomique de la France: mais comme il embrasse une grande partie de cet Empire, il n'est très-recommandable que pour les observations générales. Une course rapide ne lui a pas permis d'approfondir les divers genres de culture dans les différentes provinces. Comme étranger d'ailleurs, il n'a pas pu toujours saisir le véritable sens des renseignemens qu'on lui donnoit. De bons Voyages agronomiques dans chacun des départemens de la France sont donc très-desirables, même après l'ouvrage d'Arthur Young. L'auteur du Voyage agronomique d'Auvergne a ouvert le premier cette intéressante carrière, et il l'a fait avec un tel succès, que son exemple doit encourager les bons agronomes à porter leur examen sur la culture des autres départemens de l'Empire. Il a judicieusement borné son enseignement, 1°. à faire bien connoître les inconvéniens des jachères absolues, et du biénage annuel; 2°. à insister sur les avantages des prairies artificielles, et sur la nécessité de diminuer le labourage en faveur du pâturage; 3°. à développer la valeur des animaux, soit comme moyens d'engrais, soit comme prix de vente, soit encore comme valeur comparative avec les autres produits de la terre.

Ces trois rapports, dit-il, sont généralement méconnus en France, et dans le midi de cette contrée encore plus que dans toutes les autres. Il exhorte, et avec raison, les écrivains français qui s'occupent des progrès de la culture dans leur patrie, et qui y voyageront dans l'esprit d'améliorer, par leurs observations, cette culture, à diriger surtout leurs instructions vers ces trois points.

NOUVEAU VOYAGE au Mont-d'Or, par l'auteur du Voyage de Constantinople par l'Allemagne. Paris, an VIII — 1799, in-8°.

Ce Voyage, en un lieu célèbre par ses eaux minérales, n'est pour ainsi dire qu'un cadre où, dans trente-quatre lettres, suivies de notes assez étendues, l'auteur a jeté des observations neuves et piquantes. On regrette qu'il les ait quelquefois gâtées par des citations trop prodiguées, des plaisanteries d'un mauvais choix, un style maniéré et néologique, qu'on ne remarque point dans son précédent Voyage.

DESCRIPTION de la ville d'Orléans, par *Dom Duplessis*. 1736, in-8°.

LE THÉATRE des Antiquités de Paris, par le P. F. Jacques *Dubreul*. Paris, P. Chevalier, avec figures, 1612, in-8°.

VOYAGE de Martin *Lister* à Paris, en 1698 : (en anglais) *Martin Lister's a Journey to Paris, in the year 1698*. Londres, 1699, in-4°.

DESCRIPTION de Paris, par Martin *Brice*. Paris, 1715, 3 vol. in-12.

— La même, nouvelle édition, augmentée par l'abbé *Perau*. Paris, 1757, 4 vol. in-12.

Beaucoup d'inexactitudes et d'erreurs, et la pesanteur insupportable du style, sont un peu compensées dans cet ouvrage par quelques faits assez curieux, sur-tout dans la nouvelle édition, à laquelle seule il faut s'attacher.

CURIOSITÉS de Paris, Versailles, Marly, Vincennes, Saint-Cloud et environs, par M. L. R. (Charles-Marie *Saugrain*) Paris, Libraires associés, 3 vol. in-12.

DESCRIPTION de Paris, par *Piganiol de la Force*. Paris, 1750, 10 vol. in-12.

Dans cette Description de Paris, écrite d'un style simple, mais qui n'est pas dénué d'élégance, il y a des recherches intéressantes et de l'exactitude dans les détails; mais Paris a tellement changé de face depuis que cet ouvrage a paru, qu'il s'y trouve beaucoup de vides à remplir.

VOYAGE pittoresque à Paris, par *d'Argenville*, avec planches. Paris, Debure l'aîné, 1752, in-12.

Tous les monumens de Paris alors subsistans, sont décrits dans cet ouvrage par un homme de beaucoup de goût; mais une grande partie des productions de l'art ont été déplacées dans le cours de la révolution, et beaucoup même ont été détruites.

ÉTAT ou Tableau de la ville de Paris (1), considéré relativement au nécessaire, à l'utile, à l'agréable et à l'administration (par *Jeze*, avocat), précédé d'une préface de Pesselier. Paris, Prault, 1760, in-8°.

CURIOSITÉS de Paris, par *Lerouge*. Paris, 1771; *ibid.* 1778, 3 vol. in-12.

RECHERCHES critiques, historiques et topographiques sur la ville de Paris, depuis ses commencemens connus jusqu'à présent, avec le plan de chaque quartier, par *Jaillot*. Paris, 1775, 5 vol. in-8°.

DESCRIPTION de Paris, par *Beguillet*, enrichie de plans et de figures. Paris, 1779, 2 vol. in-4°.

— La même, aussi avec plans et figures. 3 vol. in-8°.

Dans un cadre plus étroit, cette description donne une

---

(1) Je n'ai point cru devoir faire entrer dans cette nomenclature topographique, le Tableau de Paris par M. *Mercier*, parce que c'est plutôt un tableau critique, du moins des habitans de cette ville, qu'un ouvrage topographique.

idée plus juste de Paris que les descriptions de Brice et de Piganiol de la Force. Dans celle de Beguillet, il se trouve beaucoup de recherches neuves et même d'objets curieux qui avoient échappé à ces deux écrivains. La révolution néanmoins, soit par l'acquisition que la France a faite de tant de chefs-d'œuvre de l'art, soit par les nouvelles dispositions locales pour les recevoir, soit par le déplacement ou la destruction d'anciens et de nombreux monumens, a opéré de si grands changemens, dans Paris, qu'une nouvelle description de cette ville devient, en quelque sorte, nécessaire.

Dictionnaire historique de la ville de Paris et de ses environs, par MM. *Hurtaut* et *Magny*, avec cartes et plans. Paris, Moutard, 1779, 4 vol. in-8°.

Cet ouvrage ne vaut pas le précédent.

Observations faites pendant un voyage à Paris par la Flandre : (en allemand) *Beobachtungen auf einer Reise nach Paris, durch Flandern.* Leipsic, 1776-1778, in-8°.

Lettres à un jeune Gentilhomme à son départ pour la France, contenant la description de Paris et une revue de la littérature française, des règles et une direction pour les voyageurs, et des observations, des anecdotes relatives à ces objets, par Jean *Andrews* : (en anglais) *John Andrews's Letters to joung Gentleman on his setting out for France, containing a survey of Paris and a review of french litterature, with rules and directions for travellers, and various observations and anecdotes relating to the subject.* Londres, 1784, in-8°.

Nouvelle Description des curiosités de Paris

par J. A. *Dulaure*. Paris, Lejai, 1784; *ibid.* 1787; *ibid.* 1791, 2 vol. in-12.

SINGULARITÉS historiques, pour servir de suite à la Description de Paris, par *le même*. *Ibid.* 1788, in-12.

GUIDE des amateurs et des étrangers voyageurs à Paris, ou Description raisonnée de cette ville, de sa banlieue, et de tout ce qu'elles contiennent de remarquable, par M. *Thiéry*, enrichie de vues perspectives des principaux monumens modernes. Paris, Hardouin et Gattey, 1787, 2 gros vol. in-12.

LE VOYAGEUR à Paris : extrait du Guide des amateurs et des étrangers voyageurs, avec le plan de Paris, par M. *Thiéry*; huitième édition. Paris, Gattey, 1790, 2 part. formant 1 gros vol. in-12.

EXTRAIT du Journal d'un Voyageur, concernant l'état des spectacles à Paris, par François *Schulz*: (en allemand) *Auszüge aus dem Tagebuch eines Reisenden hauptsæchlich das Theater in Paris betreffend, von Fr. Schulz*. (Inséré dans le Nouveau Mercure allemand, 1790, 1er cah.)

MA FUITE à Paris, dans l'hiver de 1790, par *Kotzebue*: (en allemand) *Meine Flucht nach Paris, im Winter 1790, von Kotzebue*. Leipsic, 1790, in-8°.

JOURNAL d'un Voyage fait de Genève à Paris, par la diligence, en 1791. Genève, 1792, in-12.

SUR PARIS et ses environs, par François *Schulz*: (en allemand) *Paris und die Pariser, von Fr. Schulz*. Berlin, 1791, in-8°.

VOYAGE de Brunswick à Paris, fait en 1789, par

J. H. *Campe :* (en allemand) *Reise von Braunschweig nach Paris, im Jahr 1789, von J. H. Campe.* Brunswick, 1793, in-8°.

VOYAGE de *Twis* à Paris, en juillet 1792 : (en anglais) *Twis's Trip to Paris, in July 1792.* Londres, 1793, in-8°.

SOUVENIR de mon dernier voyage à Paris (par Jacques-Henri *Meister*). Zurich, 1797, in-12.

VOYAGE de M. *Heinzmann* à Paris, et son retour par la Suisse (en allemand). Berne, 1800, in-8°.

MANUEL du Voyageur à Paris. Paris, 1800, in-8°.

VOYAGE à Paris, dans les années 1798 et 1799, par Thomas *Bugge :* (en danois) *Thomas Bugge's Reise til Paris i aarene 1798-1799.* Copenhague, Brunner, 1800, in-8°.

L'Institut national de France ayant invité toutes les puissances alliées et autres à envoyer des commissaires à Paris, pour se concerter sur l'unité des poids et mesures, M. Bugge, professeur de mathématiques à Copenhague, reçut de sa cour cette honorable mission.

Son Voyage renferme des observations très-curieuses sur les divers établissemens consacrés en France aux sciences, aux lettres et aux arts. On lira peut-être ici, avec intérêt, l'énumération que le voyageur a faite des richesses que possèdent les différentes bibliothèques de Paris.

La Bibliothèque nationale, suivant M. Capperonier, l'un des conservateurs, possède plus de trois cent mille volumes imprimés, et quatre-vingt mille manuscrits (1). La bibliothèque de l'Arsenal comprend à-peu-près soixante et quinze mille volumes imprimés et six mille manu-

(1) Depuis l'époque où M. Bugge est venu en France, le nombre de ces manuscrits est considérablement augmenté.

scrits. Dans celle du Panthéon, l'on compte environ cent mille volumes imprimés, et deux mille manuscrits. M. Bugge ne parle point de celle de l'ancien collège des Quatre-Nations, aujourd'hui le Musée des Arts, qui, outre un grand nombre de livres imprimés, entre lesquels on distingue beaucoup d'éditions *princeps*, possède des manuscrits très-précieux (1).

M. Bugge trouva dans les petites villes, l'instruction publique très-négligée, et le plan des études fort défectueux Il fut satisfait des examens qu'on subit à l'Ecole Polytechnique et dans les écoles d'application : il ne paroît pas l'avoir été autant du régime des écoles centrales.

VOYAGE d'un Allemand à Paris (M. *Heinzmann*). Lausanne, Hignon, 1800, in-8°.

Dans ce Voyage, en forme de lettres, M. Heinzmann s'occupe beaucoup de la révolution et de ses suites.

VOYAGE fait à Paris, en août et septembre 1798, dans la vue d'en connoître l'esprit public, traduit de l'italien : (en allemand) *Reise nach Paris*, etc... 1802, in-8°.

JOURNAL d'une partie de plaisir faite à Paris dans le mois d'avril 1802, pour servir de guide aux personnes qui se proposent de faire ce voyage, avec un apperçu des dépenses et des amusemens, etc.... accompagné de treize vues dessinées d'après nature par l'auteur, et gravées par S. *Hill* : (en anglais) *Journal of a party of pleasure to Paris*, etc.... Londres, Cadere et Duvier, 1802, in-8°.

---

(1) Il y a encore à Paris quelques autres bibliothèques publiques, pour de certaines classes de citoyens, telles, par exemple, que les bibliothèques du Sénat, du Corps législatif, du Tribunal, de la Cour de Cassation, celle du Muséum d'Histoire naturelle, celle des Invalides, etc....

Les violentes chaleurs que le voyageur a éprouvées à Paris dans l'été de 1802, l'usage des cheminées adopté dans cette ville pour les parties les plus habitées des appartemens, au lieu des poêles, qui, à Londres, échauffent toutes les maisons, lui font indiquer le printemps comme la saison la plus agréable pour faire le voyage de Paris. Dans le séjour qu'il y a fait, il paroît y avoir été étonné de beaucoup de choses, il en censure plusieurs autres, il en juge quelques-unes dignes d'être admirées. Après des observations assez judicieuses sur les établissemens de Paris en tout genre, sur les églises, les spectacles, etc.... le voyageur conclut que cette ville offre plus de magnificence dans ses palais et ses édifices publics que Londres, mais que celle-ci a plus de régularité, et sur-tout plus de propreté.

Essai sur Paris moderne, ou Lettres sur la société, les mœurs, les curiosités et les amusemens de cette capitale, écrites vers la fin de 1801 et au commencement de 1802 : (en anglais) *A rough sketch of modern Paris*, etc. Londres, Johnson, 1802, in-8°.

La finesse du tact dans l'observation, l'impartialité dans les jugemens, distinguent cet ouvrage, dont le style d'ailleurs a de la facilité, du naturel, et les agrémens propres à la matière.

Éloge de Paris, ou Essai sur cette capitale de la France, en forme de Lettres écrites pendant l'été de 1782, accompagné d'une liste des couvens, églises et palais qui ont fourni des tableaux à la galerie du Louvre, par *S. W.* : (en anglais) *The Praise of Paris*, etc.... Londres, Saldwin, 1802, in-8°.

Guide-pratique pour le voyage de Londres à Paris, contenant la description exacte de tous les objets remarquables de la capitale de la France;

seconde édition, corrigée et accompagnée de tables et de cartes : (en anglais) *A, Practical Guide during a journey from London to Paris*, etc.... Londres, Philips, 1803, in-12.

QUELQUES JOURS à Paris, avec des observations caractéristiques sur plusieurs personnages distingués : (en anglais) *A few days in Paris*, etc.... Londres, Hutchard, 1803, in-8°.

PARIS, ce qu'il a été et ce qu'il est, ou Essai d'une histoire de cette capitale et de la révolution française, suivi d'un tableau de l'état actuel des sciences, des arts, de la religion, de l'éducation, des mœurs, amusemens, etc.... dans une suite de lettres écrites par un voyageur anglais pendant les années 1801 et 1802 : (en anglais) *Paris as it was and as it is*, etc... Londres, 1804, 2 vol. in-8°.

— Le même, traduit en allemand, et accompagné d'observations par Zimmermann. Leipsic, Fleischer, 1806, 2 vol. in-8°.

LETTRES familières écrites de Paris pendant les années 1802 et 1803, par J. Fr. *Reichard* : (en allemand) *Vertraute Briefe aus Paris geschrieben*, etc... *von J. Fr. Reichard*. Hambourg, Hoffman, 1804, 2 vol. in-8°.

L'auteur de ces Lettres, maître de chapelle du roi de Prusse, s'est principalement attaché, pendant son séjour en cette ville, à l'examen des spectacles lyriques de Paris : ses observations sont pour la plupart intéressantes et assez impartiales.

L'ETRANGER en France, ou Voyage de Devonshire à Paris, par Jean *Carr*, avec gravures coloriées : (en anglais) *The Stranger in France*, etc.... *by John Carr*. Londres, Johnson, 1804, in-4°.

Ce que le voyageur a observé sur le Havre et Rouen, qui se trouvoient sur sa route, est la seule partie intéressante de sa relation : ce qu'il dit de Paris se réduit à quelques anecdotes recueillies dans cette capitale, et à des réflexions hasardées sur l'état de la France. Le style a de l'agrément.

ITINÉRAIRE parisien, ou petit Tableau de Paris, par M. *Allez*; deuxième édition, considérablement augmentée, avec un plan de Paris. Paris, Bertrand Potier, 1804, 1 vol. in-12.

MIROIR de l'ancien et nouveau Paris, avec treize Voyages vélocifères dans ses environs, orné d'un plan de Paris et de dix-huit gravures, par L. *Prudhomme*. Paris, Prudhomme fils et Debray, 1804, 2 vol. in-18.

PROMENADE de Paris et de ses environs, ou Paris vu dans son ensemble. Paris, Bailleul et Renard, 1804, 2 vol. in-12.

OBSERVATIONS faites à Paris pendant la paix, et sur la route de Londres à Paris, par la Picardie et la Normandie, contenant une description détaillée de toutes les curiosités de la capitale de la France et de ses environs, un apperçu critique de ses théâtres, et d'autres particularités intéressantes, par Joseph *Eyre* : (en anglais) *Observations made during the peace*, etc.... *by Jos. Eyre*. Londres, Robinson, 1804, in-8°.

SOUVENIRS de Paris en 1804, par Auguste *Kotzebue*, traduits de l'allemand sur la seconde édition, avec des notes. Paris, Barba, 1805, 2 vol. in-12.

On imagine difficilement ce qui a pu engager le traducteur anonyme de cet ouvrage, à le faire passer dans notre langue, lorsque les notes nombreuses dont il a enrichi ou plutôt souillé sa traduction, n'ont d'autre objet que de déprimer l'ouvrage original et son auteur. La langue allemande n'est pas encore si généralement répandue en France, qu'il eût à redouter, pour une classe nombreuse de lecteurs, les impressions fausses, ou même dangereuses, que, suivant lui, l'ouvrage de Kotzebue peut faire. S'est-il flatté que ces notes avoient assez de mérite, pour qu'on dût les traduire en allemand, afin de corriger ainsi en Allemagne les prétendus effets pernicieux de l'ouvrage? Pour obtenir ce résultat, il auroit fallu rédiger ces notes dans un autre esprit et avec un autre style; il auroit fallu ne pas y employer sans cesse une ironie froide et monotone; il auroit fallu sur-tout ne pas y jeter presque à chaque page des injures grossières et dégoûtantes. Sans doute Kotzebue blesse plus d'une fois le bon goût; mais son traducteur en montre-t-il plus que lui dans ses notes? Avec un peu d'impartialité, tout en rendant justice, comme malgré lui, à plusieurs excellens morceaux de l'ouvrage, il auroit encore insisté sur les beautés qu'offrent plusieurs descriptions où Kotzebue partage le mérite de ses compatriotes en ce genre.

ET MOI aussi j'ai été à Paris: (en allemand) *Auch ich war in Paris.* Winterthur, Steiner, 1805, 2 vol. in-8°.

C'est la relation d'un voyage fait à Paris, lors de la convocation des députés suisses en 1802: il ne faut pas y chercher des observations d'un grand intérêt, mais on y trouve des apperçus justes, des réflexions judicieuses, le talent d'apprécier les hommes et les circonstances. On croit que l'auteur de cet ouvrage est M. *Hagner*, ci-devant membre du tribunal du canton de Zurich, et actuellement secrétaire du gouvernement de Winterthur.

Lettres écrites pendant un voyage fait à Paris en 1804, par *Benzenberg*, avec planches : (en allemand) *Briefe geschrieben auf einer Reise nach Paris*. Dortmund, Malinkrod, 1806, 2 vol. in-8°.

M. Benzenberg étoit très-avantageusement connu par son ouvrage intitulé : *Experiences sur les loix de la chûte des corps et la rotation de la terre.* Les Lettres que j'annonce ici ne peuvent ajouter à sa réputation, que par plusieurs observations géologiques et minéralogiques qui se trouvent dans le premier volume, et par quelques réflexions judicieuses qu'il a répandues dans tous les deux ; car du reste, ses observations sur Paris et ses habitans ne présentent rien de neuf ni d'intéressant.

Souvenirs de Paris dans les années de 1802 à 1804, par Jean *Pinkerton* : (en anglais) *Recollections from Paris in the years 1802–1804, by John Pinkerton*. 1806, 2 vol. in-8°.

Manuel du Voyageur à Paris, par P. *Villiers*. Paris, Delaunay, 1806, 1 vol. in-18.

Je n'ai dû faire entrer dans les Voyages faits à Paris et dans les Descriptions de cette capitale, ni les Essais historiques de *Saint-Foix*, ni Paris vers la fin du dix-huitième siècle, par M. *Pujoulx* ; parce que ces deux ouvrages, d'un genre critique, mais plus grave que celui de M. *Mercier*, ne sont pas, à proprement parler, des descriptions de Paris. Quelques tableaux descriptifs qu'on y trouve, ne peuvent être considérés que comme des cadres destinés à recevoir des recherches historiques ou des observations critiques.

Voyage de Fontainebleau, par *de Preheac*. Paris, 1678, in-12.

Description de Versailles, par J. F. *Felibien*. Paris, 1687, in-12.

PIÈCES fugitives contenant le voyage et la description de Fontainebleau, par *Dehainville*. Paris, 1705, in-12.

DESCRIPTION de Versailles et de Marly, par *Piganiol de la Force*. Paris, 1730, 2 vol. in-12.

Cette description a tout l'agrément dont la matière étoit susceptible.

CURIOSITÉS de Paris, Versailles, Marly, Vincennes, Saint-Cloud, etc.... par *Lerouge*. Paris, 1750; *ibid.* 1766, in-8°.

VOYAGE pittoresque des environs de Paris (par *d'Argenville*). Paris, Debure l'aîné, 1752, in-12.

Cette Description a le même mérite que le Voyage pittoresque de Paris, par le même auteur.

DESCRIPTION des environs de Paris, par *Dulaure*. Paris, 1786, 2 vol. in-12.

ITINÉRAIRE portatif, ou Guide historique et géographique du Voyageur dans les environs de Paris, à quarante lieues à la ronde, avec des cartes. Paris, Théophile Barrois, in-12.

EXCURSION à Ermenonville, contenant, outre un détail des palais, jardins et curiosités de Chantilly et de la superbe terre d'Ermenonville, appartenant au marquis de Gerardin, une description particulière du mausolée de J. J. Rousseau, avec des anecdotes qui n'ont pas encore été publiées : (en anglais) *A Tour to Ermenonville containing, besides an account of the palace, gardens and curiosities of Chantilly, and the marquis of Gerardin*, etc. Londres, 1789, in-8°.

Cette description est d'autant plus intéressante, qu'outre

les détails qu'elle nous donne sur Ermenonville, elle nous retrace toutes les beautés de Chantilly, que la révolution a entièrement dévorées.

MANUEL du Voyageur aux environs de Paris, avec des cartes géographiques et topographiques, par *Villers*. An XI — 1803, 2 gros vol. in-18.

VOYAGE des Elèves de l'Ecole centrale de l'Eure, dans les parties occidentales du département de ce nom, pendant les vacances de l'an VIII (1800), avec des observations, des notes, et plusieurs gravures relatives à l'histoire naturelle, à l'agriculture et aux arts. Paris, Fuchs, an VIII — 1800, in-12.

Il est à desirer que cet exemple soit suivi dans les autres départemens de la France. Outre l'instruction que de semblables Voyages procurent à la jeunesse sous la forme d'un délassement, l'ardeur et la curiosité propres à cet âge heureux, peuvent conduire à des découvertes utiles à l'humanité.

DESCRIPTION du département de l'Oise, par le cit. *Cambri*. Paris, Didot l'aîné, an XI — 1803, 2 vol. in-8°.

— Atlas de cette Description, *ibid.* gr. in-4°.

L'auteur de cet excellent ouvrage s'attache d'abord à déterminer la nature du sol, et est entré à cet égard dans des détails qui supposent des connoissances assez étendues dans diverses branches de l'histoire naturelle : puis, se ramenant à des notions moins curieuses, mais d'une utilité plus réelle encore, il donne la division du sol suivant ses produits, et décrit les diverses cultures du pays. Les bois, l'une des principales richesses du pays; la vigne qui, sous un ciel contraire, donne un vin grossier, mais en assez grande quantité, ont attiré singulièrement son attention. Il entre dans des détails économiques sur la vente des grains, le prix des terres, l'état des bestiaux qui servent à l'agriculture, et celui de la main-d'œuvre, etc....

En donnant une nomenclature méthodique des rivières navigables et non navigables, principales ou affluentes, où leurs sources sont toutes indiquées, il propose des moyens d'améliorer leur cours, et d'ouvrir des canaux de navigation. A ces vues utiles, il fait succéder un tableau exact des foires et marchés, des grandes routes, des moulins, des carrières, des briqueteries, tuileries, fours à chaux et à plâtre.

Les recherches de l'auteur sur les antiquités et les arts du département, ne présentent pas moins d'intérêt que ses observations économiques. Par une suite de monumens qu'il a rassemblés dans ses excursions, il trace l'historique des arts des Gaulois et des Romains, et ceux de leurs descendans à commencer du dixième siècle. Malgré l'infernal systéme de destruction qui a plané sur ces monumens à la désastreuse époque de 1793 et 1794, beaucoup de morceaux curieux qui appartenoient au trésor de la cathédrale, se sont conservés, particulièrement des tablettes en ivoire, différentes sculptures, des vitraux. Ces vitraux font foi de l'état de perfection à laquelle s'étoit élevée la peinture sur verre, tant pour la composition et le dessin, que pour la richesse des couleurs.

Dans un Mémoire fort étendu, l'auteur donne la notice des médailles qu'il a rassemblées au nombre de plus de neuf cents. Parmi ces médailles, il en a noté cinq cents d'une belle conservation et très-pures; elles démontrent que le mont *Ganelons*, *Beauvais*, et sur-tout les environs de *Breteuil*, furent fréquentés par les Romains à différentes époques. Avec leur secours, et à l'aide des monumens d'un autre genre qu'on trouve dans ces différens territoires, les armes des Gaulois et des Romains, leurs enseignes, la disposition de leurs armées, leurs costumes, leurs ornemens, leurs meubles, peuvent être connus des Beauvoisins, sans qu'ils sortent de leur pays pour les étudier.

Dans la description qu'a donnée l'auteur des lieux les plus remarquables du département, il a fait entrer celle des arts, dont l'exercice distingue plus particulièrement tel ou tel canton.

Si, sur tous les départemens de la France, nous avions des ouvrages aussi bien faits que cette description du département de l'Oise, celle du département du Finistère, par le même auteur, le Voyage dans l'ancienne Auvergne, par Legrand-d'Aussy, nous n'aurions presque rien à desirer pour la connoissance parfaite des diverses parties de la France.

ESSAI sur l'Histoire générale de la Picardie, sur les mœurs, les usages, le commerce de ses habitans, jusqu'au règne de Louis XIV, par *Devérité*, avec le supplément. Abbeville, 1770, 3 vol. in-12.

DESCRIPTION historique et géographique de la Haute-Normandie, par Dom Toussaint *Duplessis*. Paris, 1740, 2 vol. in-4°.

MÉMOIRE sur la navigation, le commerce du Havre-de-Grace, et sur quelques particularités de l'histoire naturelle de ses environs. Havre-de-Grace, 1753, in-4°.

ANTIQUITÉS anglo-normandes examinées dans un voyage fait dans une partie de la Normandie, par *Ducave:* (en anglais) *Anglo-normand Antiquities considered in a tour through a part of Normandy, by Ducave*. Londres, 1767, in-8°.

PETIT VOYAGE de Rouen au Havre et à Honfleur ; (en allemand) *Kleine Reise von Rouen nach Havre und Honfleur*. (Inséré dans le Journal des Manufactures, 1793, XIe et XIIe cah.)

MON VOYAGE, ou Lettres sur la Normandie, par

C. L. *Cadet-Gassicourt*. Paris, Desenne, an VI — 1798, 2 vol. in-12.

Ce Voyage, en forme de lettres adressées à une femme, et mêlées d'anecdotes piquantes, offre aussi des recherches intéressantes sur le pays que le voyageur a parcouru, et même quelques apperçus très-philosophiques.

RELATION d'un Voyage dans le département de l'Orne, pour constater la réalité du météore de Laigle, par J. B. *Biot*. Paris, 1803, in-4°.

JOURNAL du voyage du roi *Louis XV* à Reims, etc. La Haye, Alberti, 1723, in-12.

RECUEIL et Discours des voyages du roi *Charles IX*, des provinces de Champagne et de Brie. In-4°.

VOYAGE aux grottes d'Arcy (dans le département de l'Yonne), par A. *de Villers*. Paris, 1802, in-12.

Ces grottes, pratiquées dans un sol calcaire, qu'en 1670 Colbert avoit fait visiter par l'académicien Pérault, n'offrent pas des singularités aussi piquantes que la fameuse grotte d'Anti-Paros; elles méritent néanmoins l'attention du voyageur.

VOYAGE au mont Pilat, sur les bords du Lignon, et dans une partie de la ci-devant Bourgogne; ouvrage écrit au commencement de l'an IV (1796). Paris, Desenne, 1800, in 12.

VOYAGE à Montbar, contenant des détails très-intéressans sur le caractère, la personne et les écrits de Buffon, par feu *Hérault-de-Seychelle*. Paris, Terrelonge, an IX — 1801, in-8°.

Ce Voyage ne renferme que des anecdotes fort curieuses, avec des jugemens quelquefois un peu hasardés sur le personnel de Buffon.

VOYAGE agrononique dans la sénatorerie de

Dijon, avec une gravure, par N. *François (de Neufchâteau)*. Paris, madame Huzard, 1806, 1 vol. in-8°.

Cet intéressant ouvrage, le fruit des excursions de son auteur dans plusieurs départemens de la France qui forment l'enclave de la sénatorerie de Dijon, renferme principalement des recherches sur l'ancien état de la propriété dans ces contrées, et sur les causes primitives de la désunion des terres, avec l'exposition des moyens proposés ou tentés pour en corriger l'abus, par la manière sur-tout de tracer les chemins d'exploitation.

En applaudissant aux vues lumineuses de l'auteur de ce Voyage, sur les avantages de la réunion des terres sous les rapports qu'il indique, je me crois obligé d'observer qu'il faut bien se garder de tomber dans un excès opposé, en réunissant les terres en de trop grandes masses.

L'Andalousie, si célèbre dans l'antiquité, sous le nom de *Bétique*, par son extrême fertilité, est, pour la plus grande partie, comme on le verra dans la section de l'Espagne, frappée aujourd'hui de stérilité par l'excessive étendue des fermes. Les grands propriétaires de ces fermes ont des régisseurs qui ne font valoir que les meilleures terres, et laissent en friche, non pas seulement celles qu'ils jugent être d'un trop foible rapport, mais même toutes celles qu'ils n'estiment être que d'un produit médiocre. De cet abus, il résulte qu'à peine le tiers de l'Andalousie est en pleine valeur.

LA FRANCHE-COMTÉ ancienne et moderne, par Romain *Joly*, dans des lettres adressées à madame Udressier. Paris, 1779, in-12.

VOYAGE dans le Jura (par le cit. *Lequinio*). Paris, Castillot et Debray, an IX—1801, 2 vol. in-8°.

Ce Voyage, enrichi d'une excellente carte de ce département, gravée par Tardieu, renferme deux parties. Le Voyage proprement dit, divisé en deux parties, forme la première : la seconde contient des additions faites par l'auteur à sa relation.

Un style très-extraordinaire, un peu de désordre dans la marche du voyageur, peuvent rendre fatigante, pour les lecteurs ordinaires, la lecture de ce Voyage ; mais ceux qui voudront se procurer des notions détaillées sur la culture, l'histoire naturelle, l'industrie et le commerce du département du Jura, doivent surmonter la répugnance, qu'au premier apperçu l'on pourroit avoir pour une marche rompue, des idées quelquefois gigantesques, des expressions trop souvent métaphoriques.

EXCURSIONS dans la partie française du mont Jura, en 1799 et 1800, par A. *de Salis-Marschlins* : (en allemand) *Streifereien durch den Franzoesischen Jura.* Winterthur, Steiner, 1805, 2 vol. in-8°.

DESCRIPTION générale et particulière du duché de Bourgogne, par Edme *Beguillet*, précédée de l'Abrégé historique de cette province, par Courtepée. Dijon, 1773 et ann. suiv. 6 vol. in-8°.

RELATION du voyage de mademoiselle de *Clermont*, depuis Paris jusqu'à Strasbourg, par le chevalier *Daudet*. Châlons, Bouchard, 1727, in-12.

DESCRIPTION historique et topographique de la ville de Strasbourg, et de tout ce qu'elle renferme de plus remarquable, en faveur des voyageurs. Strasbourg, 1785, in-8°.

VOYAGE de Paris à Strasbourg, et principalement dans le département du Bas-Rhin, par L. G. *F**** : (*Dugere*). Paris, an x — 1802, in-8°.

Ce Voyage contient des observations utiles, tant sur l'agriculture et la statistique du département du Bas-Rhin, que sur celles des autres départemens que le voyageur a traversés.

Lettres sur l'Alsace, sous le rapport de la culture de l'esprit, des lumières religieuses et du patriotisme : (en allemand) *Briefe über das Elsas in Hinsicht der wissenschaftlichen Cultur, der religiosen Aufklærung und des Patriotismus.* (Sans lieu d'impression) 1792, in-8°.

Voyage par l'Alsace, la Lorraine, etc... : (en allemand) *Reisebeschreibung durch den Elsas, Lothringen*, etc.... (Inséré dans le Journal de l'Allemagne, année 1785, IIe et IIIe cah.)

Description de la Lorraine et du Barrois, par *Durival.* Nanci, 1778-1779, 4 vol. in-4°.

Voyage dans les Vosges, par M. *Grégoire* (Sénateur). (Inséré dans les Mémoires de l'Institut.)

Voyage du roi *Henri IV* à Metz, par Abraham *Fabert*, avec planches. Paris, 1600, in-fol.

Histoire naturelle de la ville de Verdun, par *Tumphius* : (en latin) *Tumphii Historia naturalis urbis Verdun.* Nuremberg, 1740, in-4°.

Description de la ville de Bruxelles, ou Etat présent, tant ecclésiastique que civil, de cette ville, par l'abbé *Mann*, avec planches. Bruxelles, 1785, in-8°.

Lettres d'un Anglais pendant un voyage dans le nord de la France, dans l'été de 1792 : (en allemand) *Briefe eines Englænders auf einer Reise im Nordlichen Frankreich, im Sommer 1792.* (Insérées dans la Minerve, 1793, IVe cah.)

Voyage dans les départemens du Nord, de la Lys et de l'Escaut, pendant les années VII et VIII

(1799 et 1800), par *Barbault-Royer*. Paris, Lepetit, 1800, in-8°.

VOYAGE dans la ci-devant Belgique et sur la rive gauche du Rhin., orné de treize cartes enluminées et de trente-huit estampes, et accompagné de notes curieuses et instructives sur l'état actuel de ce pays, par J. B. J. *Breton* pour la partie du texte, Brion père pour la partie géographique, et Brion fils pour celle du dessin. Paris, Poncelin, an X — 1802, 2 vol. in-8°.

Avec la description du pays, dans laquelle le voyageur donne des notions curieuses sur la fertilité de son sol, la beauté des routes et des canaux qui le traversent, la richesse des villes dont il est couvert, cette relation embrasse aussi l'industrie, le commerce, les arts, les mœurs, les usages de l'ancienne Belgique et de la rive gauche du Rhin.

Pour sauver la sécheresse inséparable des détails de cette nature, l'auteur, lorsque le sujet le comporte, anime ses tableaux d'un style qui a de la chaleur. Sa relation offre aussi des anecdotes piquantes sur les préjugés superstitieux et serviles qui long-temps ont asservi les belles provinces de la Belgique. Quelquefois il se jette dans des digressions, mais elles sont la plupart instructives et attachantes : telles sont sur-tout celles qui roulent sur différens objets de culture, sur le régime forestier, sur les procédés employés pour manufacturer les matières premières, sur divers points de chimie, de minéralogie, de métallurgie. Peut-être, comme je l'ai déjà fait observer relativement à son Voyage dans le Piémont, s'est-il trop appesanti encore ici, sur les opinions bizarres de quelques érudits, touchant l'origine des villes et l'étymologie des noms qu'elles portent.

VOYAGE dans les départemens nouvellement réunis, et dans les départemens du Bas-Rhin, du Nord, du Pas-de-Calais et de la Somme, à la fin de l'an x, par A. G. *Camus*. Paris, Baudouin, an xi — 1803, 2 vol. in-18.

Vers la fin de l'an x, le gouvernement français avoit donné à Camus la mission d'aller visiter les archives et les dépôts de titres dans les départemens de la rive gauche du Rhin, de la Belgique et du Nord : ce n'est pas le résultat de cette mission qu'il a publié, le compte, a-t-il dit, en appartient au gouvernement : mais l'Institut l'avoit désigné en même temps pour voyager en son nom, et faire des recherches sur diverses branches des connoissances humaines. C'est le rapport de ces recherches, par lui lu à l'Institut, et augmenté de quelques détails, qu'il a donné au public.

Tout ce qui, dans sa relation, concerne les bibliothèques, les arts, les manufactures, et qui donne lieu à des observations aussi neuves qu'intéressantes, est bien relatif à la mission qu'il avoit reçue de l'Institut; mais les détails très-étendus où il est entré sur les hôpitaux et les maisons de travail et de détention, paroissent un peu étrangers à cette mission, et appartenir à la statistique. On doit néanmoins lui savoir gré de cette espèce d'écart. A qui convenoit-il mieux qu'à l'un des administrateurs les plus éclairés des hospices de Paris, et l'un de ceux qui ont le plus contribué à y opérer de salutaires réformes, d'indiquer les abus qui règnent encore dans plusieurs des départemens dont il s'agit, et les améliorations qu'on peut y faire ?

SECTION XI.

Descriptions des Pays-Bas et des Provinces-Unies. Voyages faits dans ces pays.

§. I. *Voyages et Descriptions communs à ces deux contrées.*

DESCRIPTION de tous les Pays-Bas, autrement dits la Germanie inférieure, avec toutes les cartes de la géographie du pays, et la description au naturel des principaux endroits, par Louis *Guichardin*; revue de nouveau, et augmentée par-delà le but de l'auteur lui-même, avec planches : (en italien) *Descrizione di Ludovico Guicciardini di tutti paësi Bassi, altrimente detti Germania inferiore, con tutte le carte di geografia del paëse, e col ritratto naturale di molte terre principali, rivedute di nuovo, e amplicata per tutto più che la metà del medesimo autore.* Anvers, Plantin, 1581, in-fol.

La même, traduite en latin sous le titre suivant :

BELGICAE *sive inferioris Germaniae descriptio, autore Ludovico Guichardin.* Amsterdam, Meursius, 1670, 2 vol. in-18.

Cette traduction est recherchée sur-tout pour l'élégance de l'impression.

Cette Description, qui, dans l'ouvrage original, est enrichie de cartes et de plans de villes, et dont la belle exécution typographique fait honneur aux presses de Plantin, a été traduite aussi en français sous le titre suivant :

DESCRIPTION des Pays-Bas, par Louis *Guichardin*, traduite de l'italien en français par Fr. Belleforêt, avec un grand nombre de planches. 1576, in-16.

— Elle l'a été en hollandais. Amsterdam, 1672, in-fol.

Louis Guichardin, qu'il ne faut pas confondre avec le célèbre historien François Guichardin, son oncle, ne s'en est point rapporté à des relations étrangères pour faire la description dont il s'agit : il s'est transporté lui-même sur tous les lieux qu'il décrit. Pour la partie historique, il a consulté les meilleures sources. Aussi cet ouvrage est-il aussi profond pour les recherches, qu'il est curieux pour les descriptions.

VOYAGE de Geoffroi *Hagenist* dans la Frise hollandaise, et d'Abraham *Ortell* dans le Brabant français : (en latin) *Gotfredi Hagenisti in Frisia hollandica, et Abrahami Ortelli Itinerarium Gallo-Batavicum.* Leyde, Elzevir, 1630, in-12.

DE LA RÉPUBLIQUE des Belges, par Jean *de Laet:* (en latin) *Joannis de Laet Respublica Belgica.* Elzevir, 1633, in-24.

DESCRIPTION de tous les Pays-Bas, autrement appelés la Germanie inférieure ou la Basse-Allemagne, par Jean *Verbist*, avec cartes. Anvers, Verbist, 1638, in-8°.

LA FLANDRE illustrée d'Antoine *Sanderus*, ou Description du comté de Flandres, avec figures : (en latin) *Antonii Sanderi Flandria illustrata, seu Descriptio comitatus Flandriae, cum figuris aeneis.* Cologne et Bruxelles, 1641 et 1644, 2 vol. grand in-fol.

— La même. La Haye, 1735, avec figures, 5 vol. in-fol.

La première de ces éditions, devenue extrêmement rare avant la publication de la seconde, continue toujours d'être recherchée de préférence, à cause de la beauté des épreuves des gravures en taille-douce. Ce n'est néanmoins, ainsi que les autres ouvrages du même auteur sur la Flandre qui, par leur objet, ne m'ont pas paru devoir être insérés ici, qu'une compilation assez indigeste. On peut cependant y recueillir quelques particularités qu'on trouveroit difficilement ailleurs.

OBSERVATIONS sur les Provinces Unies et sur les Pays-Bas, par Guillaume *Temple* : (en anglais) *Will. Temple Observations upon the United-Provincies of the Netherland.* 2e édition. Londres, 1673, in-8°.

LIVRE de Voyages dans les Provinces-Unies et les Pays-Bas (en hollandais). Amsterdam, 1689, in-8°.

RELATION historique et théologique d'un voyage de Hollande et d'autres voyages des Pays-Bas, par *Guillot de Marcilly*. Paris, Etienne, 1719, in-12.

HISTOIRE générale des Pays-Bas, contenant la description des dix-sept provinces : édition nouvelle divisée en quatre volumes, augmentée de plusieurs remarques curieuses, de nouvelles figures, et des événemens les plus remarquables jusqu'en l'an 1720. Bruxelles, 1720, 4 vol. in-12.

Je ne donne pas ici la notice des éditions antérieures, parce qu'elles sont très-incomplètes.

— La même, La Haye, 1766, 5 vol. in-12.

— La même, *ibid.* 1785, 7 vol. in-12.

La partie historique de cet ouvrage, assez généralement connue sous le nom de *Délices des Pays-Bas*, n'est pas méprisable, et les descriptions sont assez exactes.

DESCRIPTION abrégée du Brabant hollandais et de la Flandre française, avec le plan des places fortes. Paris, 1743, in-12.

VOYAGE pittoresque en Hollande, en Brabant et en Flandre, par Samuel *Ireland*. Amsterdam, 1778, 2 vol. in-4°.

LE GUIDE de Flandre et de Hollande. Paris, 1779, in-8°.

LE VOYAGEUR bienfaisant, ou Anecdotes du voyage de *Joseph II* dans les Pays Pas et la Hollande. Liége, 1781; Paris, 1781, in-12.

VOYAGE en Hollande et dans le Brabant, par Henri *Pekam*: (en anglais) *Travels through Holland with Brabant, by Pekam*. Londres, 1788, in-12.

VOYAGE en Flandre et en Hollande, en 1781, par le chevalier Josué *Raynolds*, traduit de l'anglais par Jansen. (Inséré dans la traduction des Œuvres complètes de Raynolds, par le même (tome 2).) Paris, 1806, 2 vol. in-8°.

Ce Voyage, comme celui de Cochin en Italie, n'est qu'une description des plus beaux tableaux de la Flandre et de la Hollande, avec des jugemens portés par un des plus célèbres artistes du dix-huitième siècle.

§. II. *Descriptions particulières des Pays-Bas, et Voyages dans ces pays.*

VOYAGE du prince *don Philippe*, fils de Charles V, de l'Espagne dans la Basse-Allemagne, avec la description de tous les états de Brabant et de Flandre, par Jean-Christoval *Calvette de Estrale:* (en espagnol) *Viagge del principe don Philippe, hejo del imper. Carolus V, des de España sus tierras de la Bassa-Allemaña, con description de lo tos estados del Brabante y Flander.* Anvers, 1552, in-fol.

VOYAGE du roi Henri II aux Pays-Bas de l'Empereur. Lyon, Thibault Payen, 1554, in-fol.

— Le même. Rouen, Thomas Valentin, 1555, in-4°.

— Le même. Paris, Robert Etienne, 1556, in-4°.

COMMENTAIRE d'Alfonse d'*Ulloa*, contenant le Voyage du duc *d'Albe* en Flandres (en espagnol). Anvers, Mavier, 1570, in-8°.

VOYAGE d'Adam *Walker* en Flandre: (en anglais) *Excursions through Flanders, by Adam Walker.* Londres, in-8°.

LE VOYAGE de Malines. (Sans nom d'auteur, de lieu d'impression et sans date.)

Ce Voyage est très-rare. C'est l'ouvrage d'un homme qui écrit agréablement des choses assez communes.

VOYAGE dans la Belgique, par Jean-Baptiste *Grammaye:* (en latin) *J. B. Grammaye Peregrinatio Belgica.* Cologne, 1633, in-8°.

VOYAGE dans le Brabant Français, par Abraham *Ortell:* (en latin) *Abrahami Ortellii Itinerarium Gallico-Brabanticum.* Lyon, 1630; *ibid.* 1647, in-24.

NOUVELLE DESCRIPTION du cercle de Bourgogne et des Pays-Bas, par Martin *Zeiller:* (en allemand) *Mart, Zeiller's Neue Beschreibung des Burgundischen und Niederlændischen Craises.* Ulm, 1649, in-8°.

RELATION d'un voyage fait en Flandre, Hainaut, Artois, Cambresis, en 1661, où il est fait mention des universités de Louvain et de Douai, par *Saint-Martin*. Caen, 1667, in-12.

LE GUIDE universel des Pays-Bas. Paris, 1672, in-12.

VOYAGE du cardinal *de Baden*, et son séjour à Liége, en 1674 et 1675. Amsterdam, 1676, in-4°.

DESCRIPTION, par Jean *Enoch*, de son voyage, en 1680, dans le Brabant et en Flandre. 1681, in-8°.

VOYAGE dans les Pays-Bas Autrichiens (en l'année 1724); de plus, le tableau des batailles et des siéges les plus mémorables, et une introduction à l'histoire des dix-sept Provinces : (en anglais) *A Journey through the Austrian-Netherland (in the year 1724) with an account of the sieges, and an introduction to the history of the whole seventeen Provincies*. Londres, 1725; *ibid.* 1732, in-8°.

LES DÉLICES du pays de Liége. Liége, 1738, in-12.

RELATION de la Flandre, du cardinal *de Bentivoglio*, traduite par le P. Guffard. Paris, 1742, in-4°.

— La même, *ibid.* in-12.

Cette relation a été extraite de l'Histoire des guerres civiles de Flandre, par Bentivoglio.

LES DÉLICES du Brabant et de ses campagnes, par *Cantillon*, avec planches. Amsterdam, 1757, 2 vol. in-8°.

VOYAGE pittoresque de Flandre et du Brabant, par *Descamps*, avec planches. Paris, 1769, in-8°.

Ce Voyage n'a plus le même degré d'utilité, depuis qu'une partie des richesses de la Flandre en peintures, a été transportée à Paris.

VOYAGE de Spa à Bruxelles. Bruxelles, 1782; *ibid.* 1784, in-8°.

LE VOYAGEUR dans les Pays-Bas Autrichiens; ou Lettres sur l'état actuel de ce pays. Amsterdam, 1782; *ibid.* 1784, in-12.

DESCRIPTION géographique et statistique des Pays-Bas Autrichiens ou du cercle de Bourgogne, par A. F. W. *Crôme*, avec une carte: (en allemand) *Statistische-geographische Beschreibung der sæmtlichen Œsterreichischen Niederlande oder des Burgundischen Kreises.* Dessau, 1785, in-8°.

LETTRES sur les Pays-Bas, par J. *Grabner*: (en allemand) *Briefe über die Vereinigten Niederlande, von J. Grabner.* Gotha, 1792, in-8°.

§. III. *Descriptions particulières des Provinces-Unies. Voyages faits dans cette contrée.*

INDÉPENDAMMENT des relations particulières aux Provinces-Unies que je vais indiquer, il faut consulter les Voyages de Georges *Forster*, de *Coyer*, de *Courtenvaux*, de *Marshall*, et de madame *Radcliffe*, dont j'ai donné la notice (deuxième Partie, section II).

DESCRIPTION de la ville de Harlem, par Thomas *Schrevelius.* Amsterdam, 1648, in-4°.

LES PROVINCES Belgiques-Unies, ou Description claire de la république des Provinces-Unies, par Martin *Shokius* : (en latin) *Mart. Shokii Belgicum Foederatum, seu distincta Descriptio reipublicae Foederati Belgii*. Amsterdam, 1652, in-12.

RELATION du voyage et du séjour qu'a fait le roi *Charles II* en Hollande, enrichie de très-belles planches, et du portrait de Charles II : (en anglais) *Relation of the voyage and residence which king Charles II made in Holland*. Londres, 1660, in-fol.

Ce Voyage est rare et recherché : il a été traduit en français sous le titre suivant :

RELATION en forme de Journal du voyage et du séjour que *Charles II*, roi de la Grande-Bretagne, a fait en Hollande, depuis le 25 mai jusqu'au 2 juin 1660, avec planches. La Haye, 1660, in-fol.

LES DÉLICES de la Hollande, avec un Traité du gouvernement, etc... par J. *de Percival*. Leyde, 1660, in-12.

C'est vraisemblablement la plus ancienne édition de l'ouvrage suivant :

LES DÉLICES de la Hollande, contenant une description exacte du pays, des mœurs et des coutumes des habitans, avec un Abrégé historique de l'établissement de la République, jusqu'au-delà de la paix d'Utrecht, avec le plan des principales villes de la Hollande, avec planches ; nouvelle édition. Amsterdam, 1738, 2 vol. in-12.

Après les Délices de la Suisse, celles de Hollande sont l'ouvrage le plus instructif qui ait paru sous ce titre.

ARRIVÉE de sa majesté *Guillaume III*, roi d'Angleterre, en Hollande : (en hollandais) *Komste van zyn majestet Willem III, koning van Groot-Britannia, in Holland.* La Haye, 1691; in-fol.

Ce Voyage a été traduit en français sous le titre suivant :

RELATION du Voyage de Sa Majesté Britannique (*Guillaume III*) en Hollande; depuis le 3 janvier 1691, jusqu'à son retour en Angleterre, le 3 avril suivant, avec planches. La Haye, 1692, in-fol.

DESCRIPTION historique, géographique et politique des Pays-Bas-Réunis, par Auguste-Frédéric *Bone :* (en allemand) *Historisch-geographisch-und politische Beschreibung der Vereinigten-Niederlande,* etc.... *von Aug. Fried. Bone.* Erfurt, 1696, in-12.

LE GUIDE d'Amsterdam, enseignant aux Voyageurs et aux Négocians sa splendeur, son commerce et la description de ses édifices; la connoissance des poids, des mesures, des aunages et du change des principales villes de l'Europe; du réglement de la banque et du lombard; le tarif des droits d'entrée et de sortie des marchandises de France, d'Espagne, de Hollande, de Liége, etc. avec le tarif d'appréciation des droits du poids et du courtage; le départ des postes, des chariots, des barques, et la route des principales villes de l'Europe : nouvelle édition, augmentée. Amsterdam, P. de la Fenike, 1709, 1 vol. in-12.

LES DÉLICES de la campagne à l'entour de la ville de Leyde, contenant un abrégé de l'histoire des anciens Bataves, de leurs mœurs, coutumes, etc... avec planches, par Gérard *Goris*, Leyde, 1712, in 8°.

Séjour en Hollande pendant les années 1717 à 1719, par *Deïschel* : (en allemand) *Aufenthalt in Holland voñ den Jahren 1717-1719, von Deischel.* (Inséré dans les Archives de l'Histoire moderne, par Jean Bernoulli.)

Voyage de Rome à Amsterdam, par Joseph *Pignata*. Cologne, 1725, in-8°.

État de la république des Provinces-Unies, par *Janiçon*. La Haye, 1725, 2 vol. in-12.

Cette description étoit très-utile pour le temps où elle a paru, mais elle a vieilli.

Journal du voyage en Hollande de M. *de la Papelinière*. Paris, Simon, 1730, in-4°.

Lettres sur la Hollande ancienne et moderne, par *Baumarchais*. Francfort, 1738, in-8°.

L'auteur s'est montré dans cet ouvrage, un savant très-éclairé et un excellent observateur; mais comme il écrivoit à une époque déjà très-éloignée de nous, quelques-unes de ses observations portent à faux aujourd'hui.

Les Amusemens de la Hollande, avec des remarques nouvelles et particulières sur le génie, les mœurs et le caractère de la nation, entremêlés d'épisodes curieux et intéressans. La Haye, 1739, in-8°.

Description de la Hollande et des Provinces-Unies : (en anglais) *Description of Holland and the United Provincies*. Londres, 1743, in-8°.

Lettres hollandaises, ou les mœurs, les usages et les coutumes des Hollandais. Amsterdam, 1747, *ibid.* 1750, 2 vol. in-8°.

Voyage de Hambourg en Hollande, en 1753, par C. *Mylius* : (en allemand) *Reise von Hamburg nach Holland, im Jahr 1753, von C. Mylius.* (Inséré dans les Archives de l'Histoire moderne, par Bernoulli, tome VI.)

VOYAGE fait dans la Hollande en 1771, par le comte *de Lynar*: (en allemand) *Reise durch Holland, im Jahr 1771, vom Grafen von Lynar.* (Inséré dans le premier volume des Voyages de J. Bernoulli.)

LE GUIDE, ou nouvelle Description d'Amsterdam, enseignant aux Voyageurs et aux Négocians, son origine, ses agrandissemens et son état actuel; sa splendeur, son commerce, et la description de ses édifices, rues, ports, canaux, ponts, écluses, etc. le départ des postes, chariots, des barques, etc. avec une description de sa belle maison-de-ville et de tout ce qu'elle renferme de curieux; nouvelle édition, augmentée considérablement, et enrichie d'un grand nombre de tailles-douces. Amsterdam, Covens et Mortier, 1772, in-8°.

Cette description, dont une partie du titre est conforme à celui du *Guide d'Amsterdam* dont j'ai donné précédemment la notice, et qui a été principalement rédigée pour les négocians, n'a rien de commun avec cet ouvrage que le titre. La nouvelle description dont je donne ici la notice, ne laisse rien à desirer pour le matériel d'Amsterdam.

LA HOLLANDE au dix-huitième siècle, ou nouvelles Lettres contenant des remarques et des observations sur les principales villes, sur la religion, le gouvernement, le commerce, la navigation, les arts, les sciences, les coutumes, les usages, les mœurs des habitans de cette province. La Haye, Detune, 1779, in-12.

Ces Lettres, qui, de l'aveu de l'auteur, ne sont qu'une

compilation à laquelle il n'attache lui-même aucune importance, peuvent néanmoins, à un certain point, servir de guide à un voyageur : il y trouvera aussi quelques notions utiles sur plusieurs villes importantes de la Hollande, dont il n'est point parlé dans la relation de *Pilati*, dont je vais donner de suite la notice. Enfin l'auteur de ces Lettres a donné quelques renseignemens assez curieux sur la personne et les ouvrages de quelques poètes hollandais.

LETTRES sur la Hollande, écrites en 1777, 1778 et 1779 (par *Pilati*). La Haye, Munikuisen et Pleat, 1780, 2 vol. in-12.

Ces Lettres, attribuées à Pilati, l'auteur d'un Voyage en Allemagne, en Suisse, en Italie et à Paris, que j'ai fait précédemment connoître, sont jusqu'à présent la meilleure et la plus complète relation que nous ayons sur la Hollande.

Pour toute préface, Pilati, à la tête de son ouvrage, a mis une lettre de Descartes à Balzac. Ce philosophe y fait l'éloge de l'activité des habitans de la Hollande, de la liberté dont on y jouit, et, ce qui est beaucoup plus remarquable, de la température même du pays. « Il la préfère, dit il, à » ce beau ciel de l'Italie si vanté, où la peste se mêle avec » l'air qu'on y respire, où la chaleur du jour est insuppor- » table, où les fraîcheurs du soir sont mortelles, où l'ombre » des nuits commande le vol et les meurtres. Avec des » fontaines, des bosquets, des grottes, se garantira-t-on » aussi bien de la chaleur, ajoute Descartes, qu'on se pré- » serve ici du froid avec un poêle ou une cheminée? »

S'étonnera-t-on, d'après cette manière de voir, que Descartes, pour qui son cabinet étoit une délicieuse retraite, ait pris le parti d'aller vivre et mourir en Suède?

Je ne m'arrêterai pas à ce qui, dans la relation de Pilati, concerne l'état politique, et qui a subi assez récemment de si grands et de si heureux changemens. J'omettrai aussi le peu de détails que le voyageur a donnés sur le matériel des villes de la Hollande, qu'on trouve plus exactement décrites dans les *Délices de la Hollande*. Je me bornerai à extraire les observations qui portent sur l'aspect général du pays, sur le caractère physique de ses habitans, sur leurs mœurs, leurs habitudes, leurs usages, et qui m'ont paru appartenir exclusivement à l'auteur.

L'uniformité que présente l'aspect des villes et de la campagne en Hollande, est une singularité qu'on ne retrouveroit nulle part ailleurs. Les villes ne diffèrent des villages que par leur grandeur. La construction des habitations est à-peu-près la même par-tout. Une maison hollandaise est un bâtiment de briques, unies par un ciment dont la blancheur contraste agréablement avec la couleur des briques, lorsqu'on les laisse à découvert. Les murs, extrêmement minces, n'ont souvent que l'épaisseur d'une seule brique, et l'intérieur est tout en bois. Le moindre bruit se communique ainsi d'un étage et d'une chambre à l'autre : les planchers sont si bas, qu'on les touche presque de la tête. Les chambres de rez-de-chaussée sont communément les seules qui soient bien soignées, les autres sont presque inhabitables. L'escalier pour y monter, est fort mauvais. La porte d'entrée est petite, et les fenêtres assez grandes. La plupart des maisons sont étroites et très-profondes. Dans les plus considérables, les portes et les croisées sont formées avec de la pierre de taille ou du marbre. L'intérieur des appartemens au rez-de-chaussée, est communément revêtu de carreaux de faïence, même chez les simples bourgeois. Dans les rues habitées par les artisans et le petit peuple, les maisons sont si petites et si basses, qu'elles n'ont le plus souvent que deux fenêtres de face, et qu'un seul étage au-dessus du rez-de-chaussée. Le grand nombre de croisées et leur rapprochement sont tels, que la face des maisons présente plus de vitrages que de murs. Toutes ces maisons, grandes ou petites, sont entretenues dans l'intérieur et au-dehors, avec la plus grande propreté.

La campagne a la même uniformité que la ville. Une large prairie, entourée d'un canal d'une eau croupissante, et couverte de moutons et de belles vaches, avec un moulin à vent sur ses bords, vous donne une idée exacte de toute la campagne de la Hollande. Il en est de même des jardins qui ornent la maison de plaisance : c'est d'abord une belle avenue de plusieurs rangées d'arbres très-hauts, très-touffus, et entretenus avec le soin le plus minutieux : à l'extrémité de cette avenue, un parterre orné des fleurs les plus rares, d'espaliers d'arbres fruitiers, de gazons et de quelques mauvaises statues. Ensuite vient la maison qui, chez les gens aisés, est entourée de serres et d'une ménagerie pour les volailles ordinaires et pour les différentes espèces d'oiseaux des Indes.

La passion pour les fleurs est poussée en Hollande à l'extrême. Ce sont sur-tout les jardiniers de Harlem qui sont renommés pour ce genre de culture. Ces jardiniers ont leurs jardins dans un des faubourgs de cette ville. On y accourt des Sept Provinces, et même de plus loin encore, pour en visiter les beautés : la profession de ces jardiniers est si lucrative, que plusieurs ont un capital de cent mille florins : il s'en trouve dans quelques autres villes encore, comme à Leyde et à Halkmaer. Pilati remarque comme une singularité qui l'a vivement frappé, qu'un amateur français, le marquis de Saint-Simon, après quelques mois seulement d'observation sur la nature des fleurs qu'on cultive dans ces jardins, s'est trouvé en état de donner au public un volume in-fol. sur les jacinthes, et d'y enseigner aux fleuristes hollandais des principes sur la culture de cette fleur, qu'ils avoient ignorés jusqu'à lui. On vendait alors à Harlem un Catalogue qui contenoit les noms de plus de six mille oignons de toute espèce. Ceux de jacinthes doubles y tenoient le premier rang ; les jacinthes simples venoient à la suite; les tulipes, qui si long-temps furent au premier rang, n'occupoient plus que le troisième. Après les tulipes venoient les renoncules, puis les anémones, puis les oreilles-d'ours, et enfin, chose singulière ! les œillets, les derniers de tous (1).

(1) Depuis que l'auteur des Lettres a écrit, les œillets ont repris plus de faveur.

De toutes parts, la face du pays annonce l'aisance des habitans. Les villages, très-multipliés et fort rapprochés les uns des autres, sont pour la plupart aussi grands et infiniment plus propres que ne le sont dans le reste de l'Europe les villes du second rang. Les uns fournissent aux villes la viande; d'autres, les légumes, les fruits et le lait, et d'autres enfin le poisson. Les maisons des paysans sont presque toutes riantes, bien entretenues, avec un jardin à fleurs pardevant, un grand potager parderrière, et quelquefois même un verger. De tous côtés, l'œil se repose avec complaisance sur des prairies immenses couvertes de troupeaux de vaches, de moutons et de chevaux. Contre l'usage des autres pays, le villageois trait souvent les vaches dans la prairie même, pour porter de suite le lait à la ville, dans des vases de cuivre si propres, qu'ils ne laissent pas craindre les accidens sinistres qu'on a cru devoir prévenir en France, en substituant à ce métal le fer-blanc. Les plus aisés de ces villageois vont la plupart à la ville sur des chariots peints, quelquefois même agréablement dorés. C'est aussi communément la voiture des marchands, des fabricans, des artistes, qui vont d'une ville à l'autre pour acheter des matières premières, ou pour débiter leurs marchandises.

La frugalité, l'économie, l'adresse à saisir les occasions de faire un gain quelconque, et plus que tout cela peut-être, le bon esprit qu'ont les villageois de ne jamais sortir de leur état, quelque riches qu'ils soient, sont pour eux les sources de cette opulence générale qui s'annonce également dans l'habillement des deux sexes. Sans s'écarter de ce dernier principe, ils trouvent le moyen de placer avantageusement leur argent. Beaucoup d'autres occupent leur loisir à la lecture, soit de la Bible, soit de l'histoire de leur pays, soit de poésies populaires. Quelques-uns même, sans le secours d'aucun maître, s'occupent de l'étude de la nature. Pilati cite de son temps le paysan *Prot* comme un excellent poète, et le paysan *Trehal* comme un très-bon physicien.

Avec le tableau riant qu'offre le pays, contraste singulièrement la manière d'y voyager par terre, très-incommode pour les étrangers qui n'ont ni voitures ni chevaux à eux. Ils n'ont de ressource en effet que de prendre le chariot de la poste-aux-lettres, où l'on est brisé par les secousses, et étouffé par les fumées de tabac de ses compagnons de voyage. Il n'y a point d'autre poste établie dans le pays, et l'on seroit étrangement rançonné, si l'on s'avisoit de louer une voiture, des chevaux et un postillon particuliers. La seule ressource est d'avoir une voiture à soi, pour laquelle on trouve facilement des chevaux : mais mille fois on est exposé à voir briser sa voiture dans des chemins abominables, et quelquefois même dangereux, par le risque qu'on y court d'être renversé dans une rivière ou dans des canaux. Pour échapper à ces inconvéniens, on a la ressource de faire la route sur ces canaux. La plus agréable manière peut-être de voyager dans ce pays, au moins dans la belle saison, seroit de le faire à pied. Sur ces chemins si détestables, sont pratiquées des levées toujours bien entretenues pour les gens de pied. La route se fait alors sous des rangées d'arbres hauts et touffus, dont tous les chemins sont plantés, et qui, en même temps qu'ils contribuent à les rendre presque impraticables pour les voitures, flattent par leur belle verdure l'œil du voyageur à pied, réjouissent dans le printemps son odorat par le parfum de leurs fleurs, et lui procurent dans l'été l'ombre la plus délicieuse et tout-à-la-fois la plus salutaire, contre les ardeurs du soleil. Elles sont néanmoins incommodes et dangereuses même en Hollande, malgré sa situation au nord, à cause des vapeurs grossières et aqueuses dont l'air est toujours chargé, et que cet astre répand dans toute l'atmosphère.

Mais plus communément, l'incommodité des routes de terre fait recourir à celles d'eau, même dans la belle saison ; parce que les Hollandais n'aiment pas à voyager à pied. Toute la Hollande est entrecoupée de canaux, dont les uns servent à transporter les hommes et les marchandises précieuses : la destination des autres, est de voiturer les fruits, les légumes, le bled, la paille et le foin des campagnes à la ville ; et le fumier, les cendres, et jusqu'aux ordures même de la ville à la campagne. Les barques établies sur les canaux et sur les rivières, sont très-multipliées : elles se succèdent sans presque aucune interruption. L'heure de l'arrivée et du départ de celles qui servent de voitures, est fixée avec la plus grande précision. On a calculé que lorsqu'un étranger qui vient d'Allemagne est arrivé à Utrecht, l'une des provinces frontières de la Hollande, il peut aller de-là par eau dans toutes les villes les plus considérables des autres provinces ; que de ces villes, il y en a quarante-huit où il peut parvenir dans une journée, et que de ce nombre, il y en a même trente-cinq d'où il peut revenir dans le même jour.

Les provinces les plus exposées à la fureur de la mer, sont la Frise, la Zélande, la Hollande proprement dite, et la province de Groningue. Presque tout le terrein de ces quatre provinces est au-dessous du niveau de la mer, des lacs même et des rivières. En approchant des côtes, on se figure voir la cime des arbres et la pointe des clochers sortir du fond des eaux. Cette disposition du sol a obligé, comme on le sait, d'élever en différens temps des digues prodigieuses, dont l'entretien, suivant Pilati, coûte autant à l'Etat que celui d'une armée de quarante mille hommes : la vigilance qu'on met à les entretenir ne suffit pas toujours pour prévenir les accidens. Le haussement progressif des rivières est tel, par la quantité de matières qu'elles charient et qui restent déposées dans leurs lits, la mer est si souvent orageuse, qu'il s'en est peu fallu, plusieurs fois, que les eaux continentales et celles de la mer ne s'élevassent au-dessus des digues et n'inondassent tout le pays. Des dangers d'un autre genre les ont éminemment menacées aussi. En 1638, la digue de l'Yssel fut rompue par le dégel, et toute la province de Hollande se trouva sous l'eau. Beaucoup plus récemment, des vers d'une certaine espèce, originaires des Indes, s'étant glissés dans les vaisseaux de la compagnie de ce nom, gagnèrent les digues, en attaquèrent le bois; et cette même province de Hollande étoit encore sur le point d'être submergée, si l'on n'eût pas découvert le mal avant qu'il eût produit tout son effet.

Ces digues, qu'un étranger prendroit pour des collines, s'il ne faisoit pas attention à la régularité de leurs proportions, sont si larges, sur-tout dans la Zélande, que deux voitures peuvent y marcher de front. Comme elles ne suffiroient pas encore pour empêcher les débordemens, les Hollandais ont imaginé diverses espèces de moulins pour mettre à sec les prairies inondées par les eaux. Ces moulins ne peuvent être mus que par un grand vent; et des observateurs ont calculé qu'il n'y avoit pas trente jours dans l'année où il y eût assez de vent pour leur imprimer le mouvement. Cependant on a été obligé de faire des réglemens pour empêcher qu'ils n'agissent tous à la fois, sans quoi on feroit entrer dans les canaux une si grande quantité d'eau, qu'ils déborderoient nécessairement, et que le pays seroit plus inondé qu'auparavant.

Les inondations et les gelées de l'hiver ont leurs avantages et leurs inconvéniens. D'un coté, elles engraissent les campagnes et font mourir les insectes; d'une autre part, elles rendent le froid plus piquant, quoique communément en Hollande la glace soit mince et molle, du moins dans les prairies. De temps en temps au reste, il soufle des vents du sud et du sud-ouest qui échauffent l'air et fondent les glaces, même dans le fort de l'hiver; mais il s'en élève des vapeurs qui forment des brouillards épais et incommodes, au point d'empêcher de voir et de respirer.

C'est à ces vents et à d'autres qui soufflent vers la fin de l'automne, et qui donnent lieu, sur les côtes, à tant de naufrages, qu'on doit attribuer la salubrité de l'air en général, tout marécageux que soit le sol, en ce qu'ils le dessèchent un peu, et qu'ils balayent sur-tout les vapeurs; mais en même temps la variabilité des vents devient le germe de beaucoup de fluxions et de rhumatismes, si familiers aux habitans de la Hollande, qu'ils semblent ne s'en inquiéter guère.

En portant son attention sur les habitudes et les mœurs des Hollandais, Pilati fut singulièrement frappé d'abord de leur extrême propreté. Tous les samedis, on lave les vitres, le perron, le plancher de toutes les chambres, les escaliers, les meubles de bois et de métal, comme on lave ailleurs journellement la vaisselle et les autres ustensiles de table. Tous les coins de l'appartement sont remplis de crachoirs, les nattes sont prodiguées au-dehors. Les rues des villes, des bourgs, des villages même, si l'on en excepte quelques-unes des plus fréquentées, telles que la Haye et Amsterdam, sont tenues dans un état de propreté extraordinaire : on a soin de l'entretenir dans les étables même, en suspendant au plancher, avec des cordelettes, la queue des vaches pour empêcher qu'elle se salisse. Cette propreté est portée à un tel point au village de *Broeck* dans la Nord-Hollande, que les rues de ce village, pavées de briques, sont non-seulement lavées fréquemment ; mais même recouvertes d'un sable blanc sur lequel on trace des figures de toutes sortes de fleurs. Pour conserver cette propreté, on a fait les rues si étroites, qu'aucune voiture ne peut y passer, et l'on tient les bêtes à cornes et de somme auprès des prairies. Ce goût de propreté prend évidemment son origine dans l'air humide et épais du climat, dans la nature marécageuse du sol, qui en auront primitivement imposé la nécessité, devenue depuis une habitude. Quoique ce goût soit commun à la généralité des habitans des Sept Provinces, il a plus ou moins d'intensité, suivant le plus ou moins d'épaisseur et d'humidité de l'air. Ce qui a sur-tout démontré à Pilati que c'est au climat et au sol qu'il faut attribuer cette recherche extrême de propreté, et nullement à un penchant naturel, c'est que le peuple des dernières classes est extrêmement mal-propre en ce qui regarde sa personne même. Il observe aussi que cette épaisseur, cette humidité de l'air, particulières à la Hollande, sont très-probablement le principe du tempérament flegmatique de ses habitans, d'où sont ressorties chez eux des vertus précieuses, telles que la modération, la prudence, la fermeté, la patience, le mépris du danger, l'aversion pour la violence et l'oppression.

Les démonstrations extérieures répondent, chez les Hollandais, à leurs habitudes intimes. Les gesticulations, en parlant, leur sont tout aussi étrangères qu'elles sont familières aux Italiens. Ils ont l'immobilité des Orientaux en fumant leur pipe. Les gelées néanmoins produisent chez eux la plus singulière des métamorphoses. Ces êtres massifs, pesans, roides et presque immobiles pendant tout le reste de l'année, deviennent tout-à-coup dispos et agiles, dès que les canaux sont pris. Les hommes de toute condition, de tout âge, courent, dansent, sautent sur ces canaux avec des patins. C'est de cette manière que les paysans viennent à la ville et s'en retournent chez eux; c'est en se livrant à cet exercice, que les élégans et les dames même cherchent, avant l'heure du dîner, à gagner de l'appétit. Les enfans qui, dans tout autre temps, sont des masses inertes, s'évertuent alors avec toute l'effervescence et l'agilité de leur âge. Les mêmes individus qui, dans la douce saison, restent immobiles, la pipe à la main, sur les bords d'un canal, pour attendre patiemment une barque, voyagent en hiver, non-seulement d'une ville à l'autre, mais de province en province, sur les canaux. On en cite plusieurs qui ont fait cinq lieues dans une heure, en devançant les meilleurs courriers. Les Hollandais ont même inventé des bateaux qu'on fait aller à la voile sur la glace, à l'aide d'un grand fer qu'on y ajuste dessous en forme de patin. Avec ces bateaux, on a fait jusqu'à quinze lieues en une heure; mais on risque d'être étouffé par la résistance de l'air, ou tout au moins d'être renversé, à cause des inégalités de la glace: ces courses sont le carnaval des Hollandais. Leurs autres plaisirs se bornent à des promenades aux jardins de Harlem et des autres villes où l'on cultive les fleurs, et à des repas de poissons dans quelques villages voisins de la mer, où le Hollandais, une ou deux fois l'année, mène sa femme et ses enfans. Pilati est porté à croire que ce n'est que par une espèce d'effort, et pour sortir de leur apathie, que les habitans de la Hollande affichent un goût décidé pour la musique. Ce goût s'est déclaré chez eux par l'établissement de plusieurs concerts publics à Amsterdam et à la Haye, sans compter beaucoup de concerts extraordinaires et particuliers ; par l'usage où ils sont de faire entrer dans l'éducation de leurs filles, l'étude du chant et des instrumens ; par la manie enfin qu'ont les paysans même de mettre leurs filles en pension à la ville, pour leur faire apprendre la musique. Pilati doute néanmoins qu'elle fasse sur les Hollandais la même impression que sur les Italiens et les Allemands ; il en juge par leur indifférence sur le caractère de la musique, soit française, soit italienne.

La sobriété des Hollandais, sur laquelle Pilati donne beaucoup de détails, a ceci d'étonnant, qu'elle s'étend à une privation presque absolue des liqueurs fortes, dont un usage modéré auroit peut-être pour eux le bon effet d'imprimer un mouvement plus vif à leur sang, dont une abondance excessive d'humeurs ralentit la circulation.

Les manières des Hollandais sont libres, mais honnêtes, franches, sans être choquantes : il y règne une certaine teinte de politesse éloignée de toute affectation et de toute gêne. Le Hollandais vous reçoit la pipe à la main, et vous offre les boissons usitées dans le pays. La conversation reste toujours dans les termes de l'honnêteté et de la franchise ; il ne s'y mêle jamais de propos frivoles ou satiriques : à quelques nuances près, ce ton est celui du paysan hollandais comme du noble ou du gros négociant.

Pilati déclare qu'il ne connoît point de pays où l'âge et le mariage amènent dans le sexe tant de variations qu'en Hollande. Les filles conservent communément jusqu'à dix-huit ans, la blancheur du teint et de vives couleurs. Elles ont les cheveux blonds, le corps charnu, la taille assez bien prise. Leur parure est simple, leur habillement modeste, en voilà assez pour plaire à un Hollandais. Ces agrémens sont déparés, même à cet âge, par des mains larges et mal conformées, par l'habitude de se courber en avant, par le défaut de vivacité dans les yeux, par des dents gâtées de très-bonne heure. Le mariage et les années amènent une dégradation effrayante. Une pâleur fade remplace la blancheur du teint et les couleurs vives ; la tête se dégarnit de cheveux, les joues se creusent, et ce qui avoit échappé de dents saines dans la jeunesse, se perd ou se noircit tout-à-fait. Cette dégradation n'est pas uniquement l'effet du climat : deux autres causes y concourent encore, ce sont l'usage continuel du thé et de l'eau chaude, qui relâche les fibres et dessèche la peau, et celui des chaufferettes de charbon de terre ou de tourbe, que les femmes mariées ne quittent presque pas, et dont les vapeurs sont extrêmement nuisibles. Leur habillement semble avoir été imaginé pour faire ressortir encore davantage le désagrément de leur figure et de leur taille : on conçoit, dit Pilati, que cette peinture ne s'applique qu'au général des femmes hollandaises, et qu'il se trouve des exceptions, sur-tout chez les personnes de distinction.

La femme hollandaise ne s'occupe point de l'art de plaire : dès qu'elle est mariée, toutes ses idées et ses sentimens se concentrent dans son ménage ; elle renonce à tous les plaisirs pour se vouer uniquement aux affaires de sa famille. Toute dépourvue qu'elle est de charmes, elle exerce, non-seulement sur ses enfans, mais même sur son mari, l'empire le plus absolu : pour le conserver, ses moyens ne sont jamais ceux de la violence ; des réponses piquantes ou de la taciturnité, tels sont les ressorts de son autorité *purement domestique* (1). Sa mauvaise humeur ne cesse que lorsque tout a plié sous elle. L'abord des Hollandaises est froid ; leurs réponses, quand on les interroge,

---

(1) J'ajoute ces mots, pour ne pas mettre Pilati en contradiction avec lui-même : car on verra tout-à-l'heure qu'il n'accorde aux femmes en Hollande, aucun empire sur les hommes : mais ceci n'est vrai que des femmes considérées en société. Sous ce rapport, elles ne peuvent se donner aucun ascendant sur l'autre sexe, puisqu'elles vivent toujours séparées de lui dans le monde, et renfermées dans leur domestique.

sont concises et sèches, mais leur amitié aussi est plus durable que celle des femmes des autres pays. L'influence du climat donne à leur dévotion une teinte de mélancolie. La solitude où elles vivent, la privation des plaisirs, le besoin même de s'instruire pour se distraire de l'uniformité de leurs occupations domestiques, leur inspire beaucoup de goût pour la lecture, et le choix des livres est communément très-bon : c'est aux historiens, aux voyageurs, aux philosophes moralistes, aux poètes, aux bons romanciers seulement, qu'elles s'attachent exclusivement.

Des mœurs si sévères excluent nécessairement, non-seulement la débauche ouverte, mais même la simple galanterie. Celles des Hollandaises que l'indigence, la mauvaise éducation ou le commerce avec les matelots ravale au métier de filles publiques, ont l'air si triste et si abattu, qu'on voit clairement qu'elles n'ont embrassé ce genre de vie que pour ne pas mourir de faim : elles sont si mal habillées, si sales et si dégoûtantes, qu'il faut être matelot, dit Pilati, pour en soutenir seulement l'approche. C'est dans les musicaux (on appelle ainsi les cabarets où la canaille s'assemble) qu'on voit les efforts qu'elles font pour surmonter leur froideur naturelle, et montrer un peu de gaieté. Ce sont les matelots qui forment en grande partie ces assemblées : les uns fument et boivent à côté des filles prostituées ; d'autres, la pipe à la bouche, dansent gravement, sans jamais regarder les danseuses en face, au son d'un instrument qui joue des airs aussi graves qu'eux.

Les assemblées réglées, dans les grandes villes, n'ont jamais lieu que pour les hommes : ils y passent le temps à fumer, à boire très-modérément, à jouer un fort petit jeu, à lire les gazettes, à s'entretenir de leur état, du commerce et de la guerre. Les visites sont rares, excepté parmi les parens, ou à l'occasion de quelque compliment à faire ou de quelque invitation pour un dîner ou pour un souper : ce sont là les festins de cérémonie, et l'on n'en connoît pas d'autres. Le repas fini, on s'en va, ou tout au plus on attend le thé, et en attendant on s'amuse à faire la conversation ou à garder le silence ; car il arrive souvent qu'après avoir parlé de choses fort indifférentes, tout le monde à-la-fois se tait. Quoiqu'il y ait en Hollande de fort belles promenades, les Hollandais aisés ne se promènent jamais, excepté dans l'arrière-saison, où le temps est moins variable : dans l'été, ils restent chez eux à contempler le beau temps par la fenêtre, et à l'admirer (1). Quant à la bourgeoisie et à la dernière classe du peuple, elles se promènent en foule le dimanche au soir après l'office : le mari, presque toujours la pipe à la bouche, la femme à ses côtés, les enfans derrière gardant constamment le silence ; et s'il arrive à ceux-ci de le rompre, on leur enjoint de se taire.

Il est facile de juger qu'avec de pareilles moeurs, la nation hollandaise ne tombera jamais dans l'esclavage des femmes, qu'elle ne contractera même jamais ce qu'on appelle l'esprit de galanterie. Son flegme, la solidité de ses goûts, son aversion pour les plaisirs de la société, et plus que tout cela peut-être, les catharres, les fluxions, les migraines, les rhumatismes, les maux de jambe, dont presque tous les individus sont de temps en temps affligés, éloigneront toujours les hommes du commerce assidu des femmes. Ajoutez à cela que les Hollandaises, avec beaucoup de solidité dans le caractère, de force de raison, de modestie dans les manières, sont fort loin d'avoir, d'après le portrait qu'en a tracé Pilati, ces formes séduisantes, ces qualités enchanteresses propres à subjuguer les hommes.

Comme la législation criminelle d'un peuple, pour avoir quelque efficacité, doit être appropriée, autant qu'il est possible, à ses habitudes morales, Pilati termine le tableau qu'il nous en a donné, par un coup de pinceau remar-

---

(1.) Indépendamment de l'immobilité propre aux Hollandais comme aux Orientaux, toute cette partie de leurs habitudes domestiques a encore une grande conformité avec celles des peuples de l'Orient.

quable sur l'état de cette législation en Hollande : il observe qu'elle est plus mauvaise peut-être qu'en aucun autre pays policé ; mais il ajoute, avec quelque satisfaction, qu'il n'est peut-être pas de pays non plus où il se commette moins de crimes. Depuis la chûte des manufactures de Leyde, plus de trente mille pauvres, dit-il, ne vivent que des aumônes des riches et des consistoires, et l'on n'entend parler néanmoins d'aucun vol considérable, ni d'aucun de ces délits que communément la pauvreté fait commettre. Dans le cours de dix-sept années, il avoit visité six fois Amsterdam, et on lui donna comme bien constant que dans cet espace de temps, on n'y avoit condamné à mort que deux personnes. La police n'a besoin, dans ce pays, ni de maréchaussées dans les campagnes, ni de troupes d'archers dans les villes, ni de gardes de jour et de nuit pour veiller à la sûreté publique. Il n'y a pas même d'espions dans les maisons de débauche. La douceur des mœurs, et le caractère flegmatique des Hollandais, expliquent à un certain point ce phénomène moral ; mais il faut recourir à une autre cause, pour se rendre raison du peu de désordre que jettent dans la société les gens féroces, fourbes et fripons qui se trouvent mêlés parmi les marins, et qui le plus souvent sont armés de longs couteaux dont il est très-rare qu'ils se servent pour commettre des meurtres. Cette cause est la considération du supplice, rapprochée de la grande difficulté de s'évader dans un pays tel que la Hollande, entrecoupé de canaux, couvert de grands chemins extrêmement fréquentés, n'offrant que des plaines dégarnies d'arbres, et absolument dénué de forêts et de gorges, la retraite ordinaire des malfaiteurs. Du temps de Pilati, les accusés étoient obligés d'essuyer un double procès, dont le premier n'étoit autre chose qu'une procédure extraordinaire, et dont la torture faisoit nécessairement partie, si l'accusé ne faisoit aucun aveu. Ce n'étoit qu'après cet affreux préalable qu'on l'écoutoit dans ses défenses, qu'on lisoit les pièces, qu'on examinoit enfin le procès. Cette moustrueuse instruction ne subsiste plus sans doute, depuis la régénération de la Hollande.

HISTOIRE géographique, physique, naturelle et civile de la Hollande, par *Lefranc de Berkhey*: (en hollandais) *Geographike, physike, naturlike, civile Historie van Holland, van Franc. Berkhey*. Amerterdam, 1769, 3 vol. in-8°.

Ce Voyage a été traduit en français sous le titre suivant:

HISTOIRE géographique, physique, naturelle et civile de la Hollande, par M. *Lefrancq de Berkhey*, M. D. et lecteur d'histoire naturelle de l'université de Leyde; traduit du hollandais, avec planches. Bouillon, Société typographique, 1782, 4 vol. in-12.

Cette histoire est particulièrement recommandable pour la partie de l'histoire naturelle, et pour des détails sur les mœurs et les usages de la Hollande.

LE GUIDE des Voyageurs en Hollande. La Haye, 1781, in-8°.

ITINÉRAIRE historique, politique, géographique des sept Provinces-Unies des Pays-Bas. La Haye, 1782, in-12.

COMMENTAIRE sur la République Batave, par *Postel*: (en latin) *Comment. de Republicâ Batavâ, autore Postel*. Leyde, 1782, in-8°.

NOUVEAUX VOYAGES dans les sept Provinces-Unies des Pays-Bas, sous le rapport des arts, de l'histoire naturelle, de l'économie, etc.... par J. J. *Volkmann*, avec planches: (en allemand) *Neueste Reisen durch die sieben Vereinigten-Provinzen der Niederlande vorzüglich in Absicht der Kunst-Sammlungen, Naturgeschichte, Œkonomie und Manufacturen, etc....* Leipsic, 1783, in-8°.

C'est un des Voyages les plus instructifs sur la Hollande.

ITINÉRAIRE de la Hollande, par *Febvre*. Amsterdam, 1784, in-12.

EXCURSION en Hollande, contenant un essai sur le caractère de ses peuples: (en anglais) *A Trip to Holland, containing a sketch of caracter*. Londres, 1786, 2 vol. in-12.

NOTICES sur la Hollande, par un Brigadier écossais : (en allemand) *Vermischte Nachrichten eines Schottischen Brigadier aus Holland*. Francfort, 1786, in-8°.

NOUVEAU VOYAGE en Hollande : (en allemand) *Neue Reise-Bemerkungen in und über Deutschland von verschiedenen Verfassern*. Halle, 1786, in-8°.

VOYAGE littéraire en Hollande : (en allemand) *Litterarische Reise durch Deutschland*. Leipsic, 1786, in-8°.

OBSERVATIONS statistiques et politiques faites pendant un voyage dans les Pays-Bas-Unis, par *Barkhausen* : (en allemand) *Statistische und Politische Bemerkungen bey Gelegenheit einer neuen Reise durch die Vereinigten Nieder-Lande, von Barkhausen*. Leipsic, 1788, in-8°.

EXPOSÉ de la République Batave, par *Postel* : (en latin) *Expositio Reipublicae Batavae, autore Postel*. Leyde, 1789, in-8°.

DESCRIPTION d'Amsterdam, par *Wagenaér* : (en hollandais) *Beskryving van Amsterdam, van Wagenaer*. Amsterdam, 1790, in-8°.

OBSERVATIONS faites pendant un voyage en Hollande, en 1790: (en allemand) *Bemerkungen auf einer Reise nach Holland, im Jahr 1790*. Oldenbourg, 1790, in-8°.

Mémoires pour servir à la connoissance de l'état actuel de la France et de la Hollande, extraits des lettres de K. G. *Kuttner*, écrites pendant ses voyages en Hollande, en 1787, 1790 et 1791: (en allemand) *Beitræge zur Kenntniss vorzüglich des gegenwærtigen Zustandes von Holland, aus den Briefen K. G. Küttner auf seinen Reisen durch Holland: in den Jahren 1787, 1790 und 1791*. Leipsic, 1792, in-8°.

Ces Mémoires roulent principalement sur la Hollande.

Voyage républicain de la France en Hollande, par Gerrit *Paape* : (en hollandais) *Republikanische Reize van Vrankryk naar Holland, door Gerrit Paape*. Amsterdam, 1795, in-8°.

Voyage dans la République Batave, vers la fin de l'année 1800, contenant la relation de la révolution, et les divers événemens qui se sont passés dans ce pays, par R. *Fell* : (en anglais) *A Tour through the Batavian Republic during the last part of the year 1800*. Londres, Philipps, 1801, in-8°.

Dans la partie de ce Voyage étrangère aux événemens historiques et aux considérations politiques, l'auteur a fait quelques observations intéressantes : il a remarqué, par exemple, que les fabriques de faïence de Delft, si florissantes autrefois, sont tombées, et qu'au lieu de dix mille ouvriers, elles n'en emploient plus qu'un très-petit nombre. La cause de cette décadence, est la concurrence de plusieurs fabriques du même genre qui se sont établies en France, en Allemagne, en Angleterre.

Le voyageur s'étonne, avec raison, de ce que les Hollandais ne bâtissent pas de maisons de campagne sur les bords de la mer, comme c'est l'usage en Angleterre. En général, il règne chez les Hollandais un préjugé tel contre l'influence de l'air de la mer, qu'ils ne s'y baignent même jamais. Cependant, observe le voyageur, l'air de santé et les corps robustes de leurs marins et de leurs pêcheurs, devroient bien dissiper cette prévention que les médecins même partagent avec le peuple. A quelques observations près de cette nature, ce Voyage d'ailleurs est fort superficiel.

VOYAGE en Hollande, par *la Rochefoucault-Surgère*. Inséré dans ses Œuvres. Paris, Gerard, 1802, in-8°.

Ce Voyage ne renferme guère que des descriptions topographiques : il s'y trouve peu d'apperçus intéressans.

STATISTIQUE de la Batavie, par M. *Estienne*. Paris, Leclerc, an XI—1803, in-8°.

Cet ouvrage donne des notions satisfaisantes sur l'origine, la situation physique et géographique, la température, la nature du sol, le genre de productions, l'étendue de territoire, la population de la Batavie. L'auteur y jette aussi un coup-d'œil rapide sur les animaux qui l'habitent, et les fossiles qu'elle recèle. A ces premières notions succède un tableau de l'état des arts et des sciences, du commerce, de l'agriculture, de l'industrie nationale et des manufactures de cette contrée. La constitution physique des habitans, leurs mœurs, leurs usages y sont tracés rapidement. L'auteur termine son ouvrage par une idée générale de la législation du pays, et de la tolérance politique, civile et religieuse qui s'y est maintenue.

Je n'entreprendrai point de donner un extrait de cet ouvrage, que sa concision ne permet point d'analyser : il faut le lire tout entier.

SECTION XII.

Descriptions de la Grande-Bretagne. Voyages faits dans les trois royaumes.

§. I. *Descriptions générales de la Grande-Bretagne. Voyages faits dans toute l'étendue, ou dans la plus grande partie des trois royaumes.*

DANS l'embarras où je me suis trouvé pour classer convenablement la Grande-Bretagne, qui, d'une part, se rapproche beaucoup du Nord, et de l'autre tient aux contrées du milieu de l'Europe, j'ai cru devoir la placer entre la Hollande et le Portugal; les deux pays de l'Europe avec lesquels elle a communément les communications les plus fréquentes et les relations de commerce les plus étendues.

Aux Voyages dont je vais donner la notice, il faut joindre ceux de MM. *Forster* et *Archenholz* en Angleterre, qui font partie de ceux qu'ils ont publiés sur différentes contrées de l'Europe, et que j'ai indiqués (deuxième Partie, section II). On y trouve des observations intéressantes, et qui leur sont particulières.

LE GUIDE des chemins d'Angleterre. Paris, 1579, in-8°.

VOYAGE de *Heutzner* en Angleterre, sous le règne d'Elisabeth, traduit de l'allemand: (en anglais) *Heutzner's Travels in England during the reign of Elisabeth*. Londres, 1600, in-8°.

Ce Voyage est intéressant, soit par l'originalité du style, soit parce qu'on y trouve la peinture des mœurs anglaises à une époque aussi remarquable qu'ancienne.

DESCRIPTION de la Grande-Bretagne, par Guillaume *Camden* : (en latin) *G. Camdeni Britannia.* Londres, 1607, 2 vol. in-fol.

C'est la meilleure édition de cet ouvrage en latin, langue dans laquelle l'auteur l'a écrit.

La même, aussi en latin, sous le titre suivant :

LA GRANDE-BRETAGNE de Guillaume *Camden*, ou Description puisée dans les monumens anciens des royaumes florissans de l'Angleterre, de l'Ecosse et de l'Irlande, et des îles adjacentes, disposée en épitomes par Regnier Vitellius Ziriscus, et enrichie de tables géographiques et de cartes : (en latin) *Guillelmi Camdeni Britannia, sive florentissimorum regnorum Angliae, Scotiae, Hiberniae, insularumque adjacentium ex intima antiquitate descriptio in epitomen contracta à Regnero Vitellio Zirisco, et tabulis geographicis illustrata.* Amsterdam, Guillaume Blaew, 1639, in-16.

Cette édition, quoique inférieure à la précédente, reçoit un assez grand prix du travail de Ziriscus, de la beauté de l'impression, et de sa forme portative.

— La même, traduite en anglais. Londres, 1722, 2 vol. in-fol.

— La même, traduite en anglais par Gilson. Londres, 1772, 2 vol. in-fol.

Je ne donnerai ici le titre que de la dernière traduction en anglais, parce que c'est la plus estimée.

BRITANNIA, or a Chorographical Description of England, Scotland and Ireland, translated from the edition published by the author in 1607, enlarged by Richard Gough. Londres, 1789, 3 vol. in-fol. avec pl.

— La même, traduite en hollandais. Amsterdam, 1662, in-4°.

Aucun écrivain, avant Camden, n'avoit si bien décrit la Grande-Bretagne, qu'il parcourut dans toutes ses parties. Quoique cet ouvrage ait vieilli à bien des égards, il est toujours très-recherché pour la partie des antiquités, où l'auteur étoit très-versé. On lui reproche des inexactitudes dans la partie de son ouvrage où il traite de l'Ecosse et de l'Irlande, qu'il connoissoit moins que l'Angleterre proprement dite.

Délices de la Grande-Bretagne, par Gaspard *Ens* : (en latin) *Deliciae magnae Britanniae, Caspari Ens*. Cologne, 1609, in-8°.

La Grande-Bretagne, par *Hermanida*, ou Description historico-géographique de l'Angleterre, de l'Ecosse, de l'Irlande et des îles adjacentes, (en latin) *Hermanidae Britannia magna, sive Angliae, Scotiae, Hiberniae et adjacentium insularum geographico-historica descriptio*. Amsterdam, 1612, in-12.

Direction pour un Voyageur anglais : (en anglais) *Direction for the English Travellers*. Londres, 1643, in-4°.

Voyage de la Grande-Bretagne, ou Description de l'Angleterre, de l'Ecosse et de l'Irlande, par Martin *Zeiller* : (en allemand) *Itinerarium magnae Britanniae, oder Reisbeschreibung durch Engel-Schotts und Irland*. Strasbourg, 1647; *ibid.* 1672, in-8°.

Fidèle Conducteur pour le voyage d'Angleterre, par Louis *Coulon*. Paris, 1654, in-8°.

Voyage en Angleterre, par Samuel *Sorbières*. Paris, 1664; Cologne, 1666, in-12.

OBSERVATIONS sur le voyage de Sorbieres. Paris, 1665, in-12.

HISTOIRE des singularités naturelles d'Angleterre. Paris, 1667, in-12.

OBSERVATIONS de Thomas *Spralt* sur le Voyage de Sorbieres en Angleterre : (en anglais) *Th. Spralt's Observations and M. Sorbieres Voyage into England.* Londres, 1668, in-12.

On a réuni ces dernières Observations avec la traduction du Voyage même de Sorbieres, sous le titre suivant :

VOYAGE en Angleterre, par Samuel *Sorbieres*; contenant, avec diverses choses, la relation de l'état des sciences, de la religion, et d'autres curiosités de ce royaume, traduit du françois : de plus, les Observations de Spralt sur ce Voyage : (en anglais) *Sorbieres (Samuel) Voyage to England, containing many things, relating to the state of learning, religion, and others curiosities of that kingdom, from the french translated, with Spralt's Observations on het Voyage.* Londres, 1709, in-8°.

VOYAGE en Angleterre, et Tableau des routes de ce royaume et de la principauté de Galles, par Jean *Ogilby* : (en anglais) *John Ogilby's Itinerarium Angliae, or a Book of roads through the kingdom of England and domination of Wales.* Londres, 1675, in-fol.

REMARQUES sur l'Angleterre, ou Relation exacte de plusieurs de ses contrées : (en anglais) *England Remarks, or exact Account of the several countries.* Londres, 1678, in-8°.

VOYAGE de Pierre *Coronelli* en Angleterre : (en

italien) *P. Coronelli Viaggio nell'Enghilterra.* Venise, 1697, in-8°.

MÉMOIRES et observations faites par un voyageur (*Wissor*) en Angleterre, avec planches. La Haye, Bulderen, 1698, in-12.

Il y a dans cette relation quelques faits curieux, mais on ne peut pas y prendre une juste idée de la Grande-Bretagne : l'auteur y est moins satirique que dans son Voyage d'Italie.

OBSERVATIONS faites en 1697 et 1698, par un Voyageur, sur l'Angleterre, l'Ecosse et l'Irlande : (en hollandais) *Gedenkwaardige aantekeningen gedaan door en reisiger in de jaaren 1697 ent 1698, van geghel England, Schottland ent Ireland.* Utrecht, 1699, in-fol.

VOYAGE remarquable fait dans les années 1697 et 1698, en Angleterre, Ecosse et Irlande, avec planches. Utrecht, 1699, in-8°.

ITINÉRAIRE de la Grande Bretagne, par *Antonin*, enrichi des commentaires de Thomas Galle : (en latin) *Antonini Iter Britannicum, Commentariis illustratum a Thoma Galle.* Londres, Atkins, 1709, in-4°.

— Le même. Amsterdam, 1735, in-4°.

On a attribué mal-à-propos cet Itinéraire à l'empereur Antonin ; mais on ignore entièrement quel est cet Antonin sous le nom duquel a été publié cet ouvrage, qui est utile aux géographes.

VOYAGE en Angleterre : (en anglais) *The Voyage in England.* Londres, 1709, in-8°.

ITINÉRAIRE de la Grande-Bretagne, par *Leland* :

(en anglais) *Itinerarium of Great-Britain, by Leland.* Londres, 1711-1712, 8 vol. in-8°.

RELATION d'un voyage de George Ier d'Hanovre à Londres : (en allemand) *Relation der Reise Kœnigs George 1 von Hannover nach London.* Hambourg, 1714, in-8°.

SÉJOUR en Angleterre pendant les années de 1717 à 1719, par *Deixsal* : (en allemand) *Aufenthalt in England in den Jahren 1717-1719, von Deixsal.* (Inséré dans les Archives de l'Histoire moderne de Jean Bernoulli, tome VIII.)

VOYAGE en Angleterre, contenu dans les Lettres familières d'un Gentilhomme du pays, etc.... (en anglais) *A Journal through England in familiar Letters from Gentleman here, etc....* Londres, 1718, 2 vol. in-8°.

LE TOUR de la Grande-Bretagne, divisé en journées : (en anglais) *A Tour through the whole island of Great-Britain divided into journies.* Londres, 1720, in-8°.

NOUVEAU THÉATRE de la Grande-Bretagne, ou Description exacte des palais et des maisons les plus considérables des seigneurs et des gentilshommes dudit royaume, avec figures en taille-douce. Londres, 1721, 4 vol. gr. in-fol.

LE NOUVEAU GUIDE de Londres : (en anglais) *New Guide of London.* Londres, 1726, in-8°.

LES DÉLICES de la Grande-Bretagne et de l'Irlande, où sont exactement décrites les antiquités, les provinces, les villes, les bourgades, les montagnes, les rivières, avec les ports de mer, les bains, les forteresses, abbayes, églises, académies, colléges, bibliothèques, palais, maisons de campagne remarquables, et autres beaux édifices, des familles illustres avec leurs armoiries, la religion et les mœurs des habitans, leurs jeux, leurs divertissemens, et généralement tout ce qu'il y a de plus considérable à remarquer, par Jean *Beeverel*; le tout enrichi de très-belles figures et cartes géographiques dessinées sur les originaux. Nouvelle édition, retouchée, corrigée et augmentée. Leyde, Pierre van der Aa, 1727, 8 vol. in-12.

Cette édition est très-préférable à celle qui avoit paru dans la même ville en 1707.

On doit distinguer cette description de la Grande-Bretagne de la plupart de celles qu'on a données de plusieurs autres Etats sous ce même titre de *Délices*. Aucun ouvrage de ce genre ne fait aussi bien connoître la topographie et le matériel des villes et des principaux bourgs de la Grande-Bretagne. Quant aux observations de l'auteur sur les mœurs et les usages de ses habitans, elles sont assez superficielles, et sur-tout peu libérales.

DESCRIPTION de toutes les parties de l'Angleterre et du pays de Galles : (en anglais) *Description of all the countries in England and Wales*. Londres, 1736, in-8°.

ÉTAT présent de la Grande-Bretagne, depuis l'union de l'Ecosse sous la régence de la reine Anne, par Guy *Miege*. Amsterdam, Wetstein, 1738, 2 vol. in-12.

Il y a plusieurs éditions de cet ouvrage, assez utile dans le temps où il a paru; mais il a vieilli.

VOYAGE dans la Grande-Bretagne, divisé par districts et par journées : (en anglais) *A Tour through the whole island of Great-Britain, divided into circuits, on journies.* Londres, 1738, 3 vol. in-12.

—Le même, *ibid.* 1743 ; *ibid.* 1755 ; *ibid.* 1769 ; *ibid.* 1778, 4 vol. in-12.

LE GUIDE d'Angleterre, ou Relation curieuse d'un voyage de M. *Brazey*, avec une description de Londres, de Tunbridge et d'Epsom. Amsterdam, Wetstein, 1744, in-8°.

ÉTAT nouveau et présent de l'Angleterre, publié par permission signée de la main de Sa Majesté, accordée au propriétaire et à ses héritiers, comme une récompense et un dédommagement des grandes peines et dépenses que lui a occasionnées la confection de cet ouvrage : (en anglais) *A new present State of England, published under the sanction of His Majesty sign. manual, granted to the proprietors, their heires, as a consideration for their great trouble and expens in the compiling of this work.* Londres, 1750, 2 vol. in-8°.

Le premier volume de cet ouvrage contient une description abrégée de la situation et du territoire de la Grande-Bretagne, avec celle de ses comtés et de ses villes principales, des palais appartenant à la couronne, de la ville de Londres et de ses édifices publics, de ses cours de justice, marchés, salles, compagnies et officiers publics ; un état concis du gouvernement de Westminster, avec les prix des voitures de terre et d'eau : on y a joint un tableau des routes de Londres aux villes les plus remarquables de l'Angleterre et du pays de Galles, ainsi que les principaux marchés et édifices du royaume.

Le second volume renferme l'histoire des habitans, leur origine, religion, loix, mœurs, coutumes et commerce, les différens rangs et ordres, tant spirituels que temporels, le pouvoir et les privilèges du roi, des lords et des communes, un abrégé de l'histoire d'Angleterre, depuis la conquête des Saxons jusqu'au présent règne, les divers offices, les protocoles et usages des différentes cours de justice, avec une liste des membres des deux chambres du parlement et du conseil privé, des officiers de la maison du roi, du trésor de la marine, des officiers de l'armée de terre, des capitaines des armées navales, des gouverneurs et officiers dans les colonies.

Dans ce grand nombre d'objets, il en est beaucoup qui ont éprouvé des changemens, mais il en est beaucoup aussi qui sont restés invariables, et qui sont également curieux et instructifs.

LETTRES concernant l'état de la religion et des sciences dans la Grande-Bretagne, par George *Alberti* : (en allemand) *Briefe betreffend den allerneusten Zustand der Religion und Wissenschaften in Gros-Britannien*. Hanovre, 1752 à 1754, 4 vol. in-8°.

La partie géographique remplit plus des deux tiers de l'ouvrage.

LETTRES sur la Nation Anglaise, par Baptiste *Angeloni*, traduites de l'ouvrage original en italien : (en anglais). *Letters on the English Nation, by Batista Angeloni, translated from the original italian.* Londres, 1756, 2 vol. in-8°.

MŒURS anglaises, traduites de l'anglais de *Brown*, par Chais. La Haye, 1758, in-8°.

JOURNAL d'un Voyage en Angleterre, par Chrétien *Gram* : (en danois) *Kort Journal eller Reise-*

beskrivelse til England, ved Christen Gram. Christiania, 1760, in-4°.

ÉTAT actuel de la Grande-Bretagne, avec un rapport sur son commerce et ses finances: (en anglais) *Present State of the Nation of Great-Britain, with report of its trade, finances.* Londres, 1769, in-4°.

NOUVEAU TABLEAU des beautés de l'Angleterre, contenant la description des édifices publics les plus élégans, des palais royaux, des hôtels de la noblesse, et des autres curiosités naturelles et artificielles, par une société de Gentlemans, revu par Pierre *Russel:* (en anglais) *A new Display of the beauties of England: description of the most elegant public edifices, royal palaces, noblemen and gentlemen sees, and other curiosities natural and artificial, by a society of Gentlemans, revised by (R.G.) Russel.* Londres, 1769, in-fol.

—Le même, *ibid.* 1776, 2 vol. in-8°.

CURIOSITÉS de Londres et de l'Angleterre, traduites de l'anglais par Lerouge. Paris, 1770, in-12.

LONDRES (par *Grosley*). Lausanne, 1770, 3 vol. in-12.

—Le même, nouvelle édition, revue, corrigée et considérablement augmentée, avec le plan de la ville de Londres. Lausanne, 1774, 4 vol. in-12.

—Le même, après la mort de l'auteur, sous son nom. Paris, 1788, 4 vol. in-12.

Ce Voyage a été traduit en anglais sous le titre suivant:

VOYAGE à Londres, par *Grosley*, traduit par Nugent: (en anglais) *Grosley's Tour to London, translated by Nugent.* Londres, 1772, 2 vol. in-8°.

Le Voyage de Grosley est l'un des mieux faits, à beaucoup d'égards, que nous ayons sur l'Angleterre, malgré les digressions trop fréquentes qui y jettent un peu de désordre. Quoiqu'il n'ait donné à sa relation que le titre modeste de *Londres*, il ne s'est pas, à beaucoup près, circonscrit dans la description de cette ville et des établissemens qu'elle renferme. Dans son plan, il embrasse encore le caractère physique et moral des Anglais, celui de leurs femmes, l'éducation de leurs enfans, leur jurisprudence civile et criminelle, la compétence de leurs divers tribunaux, le genre de leur éloquence dans les discussions, soit au parlement, soit au barreau, l'état de leurs forces de terre et de mer. A ces objets généraux, sur lesquels on a eu depuis des renseignemens plus étendus et plus conformes d'ailleurs à la situation actuelle de la Grande-Bretagne, il fait succéder, dans la description de Londres, le tableau de sa police et des secours qu'on y a ménagés à l'indigence, à la vieillesse, à l'enfance abandonnées; celui de la vie domestique de ses habitans, de leurs exercices et de leurs plaisirs, tant dans l'intérieur de la ville qu'au-dehors. A l'occasion des sociétés littéraires et patriotiques, si multipliées à Londres, Grosley trace rapidement les progrès qu'a faits l'Angleterre dans les arts libéraux et mécaniques; et il décrit de la manière la plus attachante les divers établissemens formés à Londres, soit par la nation elle-même, soit plus fréquemment encore par de simples particuliers, uniquement mus par l'esprit public, pour l'encouragement des sciences, le perfectionnement des arts et le soulagement de l'humanité.

Entre tant d'observations pleines de sagacité, que Grosley a répandues dans son Voyage, on distingue sur-tout celles qu'il a faites sur cette mélancolie particulière aux Anglais, qui prend quelquefois le caractère fâcheux de la maladie qu'on nomme le *spleen*, mais qui plus souvent, lorsqu'elle n'est pas portée à un tel excès, devient, suivant lui, le germe de la grande aptitude de ce peuple pour les sciences, et de la passion avec laquelle il s'occupe des matières de politique. On ne lit pas avec moins d'intérêt, dans sa relation, ce qu'il y observe sur la forme de l'éducation publique en Angleterre, qui ne comprimant jamais, et qui entretenant même, avec une certaine mesure, l'esprit de liberté et d'indépendance qu'apportent les jeunes Anglais presque en naissant, renforce en quelque manière chez eux, ce caractère originel qui, dans un âge plus avancé, les rend capables des entreprises les plus extraordinaires.

ITINÉRAIRE curieux, ou Relation des antiquités et des curiosités de la nature et de l'art, observées pendant le voyage de *Stukeley* dans la Grande-Bretagne : (en anglais) *Itinerarium curiosum, or an Account of the antiquities and curiosities of natur and art, observated in the travels through Great-Britain by Stukeley*. Londres, 1774, in-fol.

TABLEAU complet des usages, coutumes, armes, habillemens, etc. des habitans de la Grande-Bretagne, par Joseph *Strutt*, avec planches : (en anglais) *A complet View of the manners, customs, arms, habits, etc. of the inhabitants of England, by Jos. Strutt*. Londres, 1775, 3 vol. in-4°.

Cet ouvrage a été traduit en français sous le titre suivant :

ANGLETERRE ancienne et nouvelle, ou Tableau des mœurs, usages, armes, habillemens des habitans de l'Angleterre, de *Strutt*, par Boulard. Paris, 1789, 2 vol. in-4°.

VOYAGE dans les îles de la Grande-Bretagne : (en anglais) *A Tour through the island of Great-Britain*. Londres, 1778, 4 vol. in-12.

NOUVELLES OBSERVATIONS sur l'Angleterre,

par l'abbé *Coyer*. Paris, Duchêne, 1779, in-12.

VOYAGE en Angleterre, sous les rapports des arts, de l'histoire naturelle, de l'économie, des manufactures, etc... par *Volkmann* : (en allemand) *Reise durch England vorzüglich in Absicht auf Kunst-Sammlungen, Naturgeschichte, Œconomie, Manufacturen, etc... von Volkmann*. Leipsic, 1781 et 1782, 4 vol. in-8°.

VOYAGE d'un Allemand en Angleterre, en 1782, par Charles-Philippe *Moritz* : (en allemand) *Ch. Phil. Moritz's Reise eines Deutschen nach England, im Jahr 1782*. Berlin, 1783, in-8°.

Le même, traduit en anglais sous le titre suivant :

TRAVELS into England, by Moritz. Londres, 1784, 2 vol. in-12.

NOUVEAU VOYAGE d'un Allemand en Angleterre, en 1783, par Ch. *Buschel* : (en allemand) *Neue Reise eines Deutschen nach England, von Büschel, im Jahr 1783*. Berlin, 1784, in-8°.

LE NOUVEAU VOYAGEUR Anglais, ou Exposition moderne, complète et universelle de la Grande-Bretagne et de l'Irlande, publié sous l'inspection immédiate d'Auguste *Walpoole* : (en anglais) *The new British Traveller, or a complet, modern, universal Display of Great-Britain and Irland : that were published under the inmediat inspection of Aug. Walpoole*. Londres, 1784, in-fol.

LETTRES sur un Voyage fait dans quelques provinces de l'Angleterre, par M. *le B*** de R**** (en allemand). Dresde, Walther, 1785, in-8°.

NOUVELLE et exacte Description de toutes les beautés et des principaux chemins de traverse en Angleterre et dans le pays de Galles, par *Paterson*: (en anglais) *A new and accurate Description of all the beauties and principal cross-roads in England and Wales, by Paterson*. Londres, 1786, in-12.

— La même, nouvelle édition. Londres, 1802, in-8°.

LETTRES sur l'Angleterre, écrites pendant un voyage, en 1784, par Henri *Watzdorf*: (en allemand) *Briefe zur Charakteristik von England gehœrig auf einer Reise im Jahr 1784*. Leipsic, Dyk, 1786, in-8°.

Dans ces Lettres, l'auteur peint les Anglais beaucoup plus vifs et plus gais qu'ils ne le sont communément.

VOYAGE philosophique d'Angleterre, fait en 1783 et 1784. Londres (Paris), Poinçot, 1786, 2 vol. in-8°.

— Le même, suivi des Promenades d'automne. *Ibid.* 1791, 2 vol. in-8°.

Ce Voyage, en forme de lettres, n'offre aucune description d'objets qui ne fussent déjà bien connus; mais on y remarque une nouvelle manière de les voir et de les juger. L'avertissement que l'éditeur a placé à la tête de l'ouvrage, explique très-bien le genre de philosophie qui domine dans cette relation.

« Le style de ces lettres, dit-il, ne rappelle sans doute
» ni le pinceau léger et satirique de Sterne, ni la plume
» facile et abondante du naïf Montagne.....; mais on recon-
» noît dans l'ensemble une méthode empruntée de ces
» deux hommes célèbres. Comme le philosophe français,
» l'auteur paroît avoir étudié l'homme dans l'intérieur de
» lui-même; et, comme l'écrivain anglais, il observe les

» individus, non dans les grands mouvemens de l'ame,
» mais dans les déterminations les plus familières ; et par
» suite de cette méthode, c'est toujours dans la manière
» d'être et les actions d'un seul qu'il offre successivement
» les différentes et nombreuses nuances du caractère na-
» tional. »

NOUVELLE EXPOSITION des beautés de l'Angleterre, ou Description des édifices publics, palais, etc. ornée d'une variété de gravures bien exécutées. Londres, Goudy et Ce, 1787, 30 cah. in-8°.

Cet ouvrage doit avoir eu une suite.

QUELQUES NOTICES sur la Grande-Bretagne et l'Irlande, par J. *Meermann :* (en hollandais) *Eenige Berichten omtrant Groot-Britannien and Ireland, van J. Meermann.* La Haye, 1787, in-8°.

VOYAGE en Angleterre, par *Cambri.* 2e édition. Paris, 1787, in-8°.

SÉJOUR en Angleterre, par C. *Mylius :* (en allemand) *Aufenthalt in England, von C. Mylius.* (Inséré dans les Archives de l'Histoire moderne, de J. Bernoulli, tome VIII.)

OBSERVATIONS faites pendant un voyage en Angleterre, par *Poorten :* (en allemand) *Bemerkungen auf seiner Reise durch England, von Poorten.* (Insérées dans le Journal géographique et historique, 1788, X^{e} cah.)

DE L'ÉTAT politique, religieux, de la littérature, des arts, dans la Grande-Bretagne, vers la fin du dix-huitième siècle, par G. F. A. *Wendeborn :* (en allemand) *Der Zustand des Staats, der Religion, der Gelehrsamkeit und der Kunst in Gros-Bri-*

tanien, gegen das Ende des XVIII Jahrhunderts, von G. F. A. Wendeborn. Berlin, 1788, 4 vol. in-8°.

EXCURSION faite dans l'ouest de l'Angleterre, par *Saw:* (en anglais) *Saw's Tour through the west of England.* Londres, 1789, in-8°.

TOURNÉE faite en 1788 dans la Grande-Bretagne, par un Français parlant la langue anglaise. Paris, 1790, in-8°.

Cet ouvrage est un guide sûr pour les voyageurs qui se proposeront de visiter les mêmes parties de la Grande-Bretagne que le voyageur a parcourues; car il y précise, avec une exactitude scrupuleuse, toutes les distances. Le sentiment de la préférence qu'il donne à l'Angleterre sur sa patrie, perce à chaque instant dans sa relation. La culture, suivant lui, y est portée par-tout à son dernier degré de perfection; les routes y sont généralement d'une beauté incomparable; et sa narration néanmoins indique une infinité de landes sous la dénomination équivoque de communes. Il ne peut pas non plus déguiser qu'il a trouvé dans sa route, un grand nombre de chemins impraticables.

Du reste, outre des notions rapides, mais assez curieuses, sur plusieurs villes de la Grande-Bretagne, telles que Liverpool, Manchester, Bristol, Plymouth, Birmingham, Edimbourg, etc.... le voyageur décrit avec netteté les procédés observés dans plusieurs manufactures importantes, autant que la jalousie nationale lui a permis de suivre ces procédés et d'en prendre note.

Entre les ouvrages publics qui ont attiré son attention, sont le pont de fer d'une seule arche de cent pieds d'ouverture, sur quarante-cinq au-dessus du niveau de l'eau, que l'on a jeté sur la rivière de Severne; et le canal de *Bridgewater*, avec son aqueduc et ses souterrains, qui a pris son nom de celui du duc de Bridgewater, lequel a consacré la plus grande partie de sa fortune à la confection de cet important et utile ouvrage, dont lui seul avoit conçu le projet.

LETTRES écrites de l'Angleterre par *W. de Hessel:* (en allemand) *Briefe aus England, von W. von Hessel.* Hanovre, 1792, in-8°.

MÉMOIRES pour servir à la connoissance de l'intérieur de l'Angleterre et de ses habitans, par G. *Kütner:* (en allemand) *Beitræge zur Kenntniss vorzüglich des Innern von England und seiner Einwohner in Briefen von G. Kütner.* Leipsic, 1791 à 1795, XIII cahiers.)

VOYAGE dans les trois royaumes d'Angleterre, d'Ecosse et d'Irlande, fait en 1788 et 1789; ouvrage où l'on trouve tout ce qu'il y a de plus intéressant dans les mœurs des habitans de la Grande Bretagne, leur population, leurs opinions religieuses, leurs préjugés, leurs usages, leur constitution politique, leurs forces de terre et de mer, les progrès qu'ils ont faits dans les arts et dans les sciences, avec des anecdotes aussi piquantes que philosophiques; par le cit. *Chantreau*, avec trois cartes et dix gravures en taille-douce. Paris, Briant, 1792, 3 vol. in-8°.

L'auteur de ce Voyage ne montre pas la même sagacité dans ses recherches, la même finesse dans ses apperçus, que l'auteur de *Londres;* mais il ne s'abandonne pas, comme celui-ci, à des digressions qui dégénèrent quelquefois en écarts: il est aussi méthodique qu'on peut l'être dans un genre tel que celui des voyages. A cet avantage, il joint celui de donner des notions plus précises sur diverses branches de la constitution britannique: on regrette seulement que, dans le tableau qu'il en a tracé, il ait laissé une lacune importante; il ne parle point, en effet, de la forme des élections dans les villes, bourgs et comtés de la Grande-Bretagne: *Delolme,* dans son excellent ouvrage sur la constitution de l'Angleterre, a fait la même omission. Son silence, et celui des voyageurs qui ont visité l'Angleterre, laisse sur ces premiers élémens du corps politique, un voile qu'il étoit très-desirable qu'ils eussent levé : on l'a desiré sur-tout lorsque les journaux nous ont donné tant de détails sur les troubles qui se sont élevés dans les élections des députés pour le nouveau parlement. Aucun de ces journaux n'a indiqué nettement la manière de recueillir les votes : on entrevoit seulement que les scrutins sont très-multipliés; que dans le cours de l'émission de ces votes, on opine quelquefois en levant les mains, et que les élections doivent être consommées dans les trois mois de la nomination des électeurs.

Le voyageur s'est beaucoup étendu sur le gouvernement particulier de la cité de Londres, sur ses principaux établissemens, ses édifices les plus remarquables, ses promenades les plus fréquentées : on lui doit aussi des observations utiles sur plusieurs villes et lieux célèbres de l'Angleterre, dont Grosley n'avoit point parlé. Enfin, il nous fait connoître, dans un grand détail, les deux capitales de l'Ecosse et de l'Irlande, assez négligées par les voyageurs dans leurs relations.

L'Ami des Etrangers qui voyagent en Angleterre, par *Dutens*. Paris, Delalain, in-12.

Le long séjour du voyageur en Angleterre, lui a procuré de fréquens moyens d'observer les hommes et les choses; et ses talens, bien connus par d'autres ouvrages, lui ont donné la facilité d'imprimer à ses observations un caractère piquant et philosophique.

Souvenir de mes Voyages en Angleterre (par Jacques-Henri *Meister*). Zurich, an III — 1795, in-8°.

De deux voyages dont l'auteur a donné au public les

Souvenirs, l'un a été fait en 1789, presque au même instant où venoit de s'opérer en France la révolution ; l'autre en 1792, à l'époque où elle commençoit à être souillée par plusieurs excès. Ces circonstances lui ont donné lieu de faire de fréquens rapprochemens de la situation de la France et de celle de la Grande-Bretagne, relativement sur-tout au gouvernement des deux Etats. Ses observations, au reste, frappent sur des objets dont les relations précédentes donnent une connoissance plus approfondie ; mais celles de M. Meister ont le mérite d'être présentées d'une manière rapide et intéressante.

MANUEL contenant un tableau général de la constitution, du gouvernement, des revenus, des armées, etc.... de la Grande-Bretagne, par *Price :* (en anglais) *Price's Manuel,* etc.... Londres, 1797, in-8°.

GUIDE des Voyageurs par toutes les Iles Britanniques, par *Mavor :* (en anglais) *British Tourist or Traveller-poket companion,* etc.... *by Mavor.* Londres, 1798, 5 vol. in-12.

TABLEAU de la Grande-Bretagne et de l'Irlande, et des possessions anglaises dans les quatre parties du monde, avec quatre cartes géographiques, quatre vues, une planche représentant des Anglais qui boxent, les portraits de MM. Pitt et Fox, et un grand nombre de tableaux (par A. *Baert*). Paris, Jansen, an VIII — 1800, 4 vol. in-8°.

A la tête de cet ouvrage important, fruit des voyages et d'un long séjour même de l'auteur dans les différentes parties de la Grande-Bretagne, il a placé le tableau physique et moral des trois royaumes : il y fait succéder celui des importations et des exportations, des revenus, des dépenses, et l'état des forces de terre et de mer de la Grande-Bretagne. Primitivement, ses calculs et ses résultats s'arrêtoient à une époque assez rapprochée de l'année 1788; mais la guerre avec la Hollande, la France et l'Espagne, ayant obligé l'Angleterre de faire des efforts peut-être hors de proportion avec ses ressources, l'auteur a jeté dans des appendices, les accroissemens qu'en 1789 avoient reçus la marine et l'armée de terre, les revenus de l'Etat et ses charges: il y a même fait entrer des corrections sur des objets moins importans. Cette méthode a jeté de la confusion dans un ouvrage d'ailleurs excellent; et il est à desirer que, lors d'une seconde édition, ces appendices soient fondus dans le corps même de l'ouvrage, et qu'on y ajoute des renseignemens sur la situation actuelle de l'Angleterre, respectivement à ces mêmes objets.

Aucun voyageur n'a donné, sur la religion anglicane et les différentes sectes qui sont tolérées dans la Grande-Bretagne, des notions aussi claires et aussi étendues que l'a fait Baert: celles qu'il nous a procurées sur les accroissemens du commerce depuis le fameux acte de navigation, ne sont pas moins instructives. Le tableau qu'il a tracé du caractère, des mœurs, des usages du peuple de la Grande-Bretagne, de la littérature de ce pays, de ses établissemens relatifs aux sciences et aux arts libéraux et mécaniques, est également complet et méthodique; mais dans cette partie de son ouvrage, l'auteur est moins neuf que dans toutes les précédentes, les autres voyageurs s'étant beaucoup étendus sur ces différens objets.

ESQUISSE de l'Angleterre, par *Aikin:* (en anglais) *England delineated, by Aikin.* Londres, in-8°.

ANTIQUITÉS de l'Angleterre et du pays de Galles, par François *Grose:* (en anglais) *Antiquities of England, and countries of Wales, by Francis Grose.* Londres, 1800, in-4°.

ÉTAT présent de l'Empire Britannique, par

Entick : (en anglais) *State of the British Empire, by Entick.* Londres, 1800, 4 vol. in-8°.

DESCRIPTION des rivières de la Grande-Bretagne, par *Skrine :* (en anglais) *Account of the rivers of Great-Britain, by Skrine.* Londres, 1800, in-8°.

HISTOIRE pittoresque des principales rivières de la Grande-Bretagne, par MM. *Boyndell,* avec planches : (en anglais) *Pittoresque History of the principal rivers of Great-Britain, by MM. Boyndell.* Londres, 1800, in-fol.

On admire également dans cet ouvrage, la magnificence des gravures, la belle exécution typographique, l'exactitude et le style des descriptions.

ITINÉRAIRE de la Grande-Bretagne, par Daniel *Paterson :* (en anglais) *British Itinerary, by D. Paterson.* Londres, 1801, 2 vol. in-8°.

RELATION statistique de la population, de l'agriculture, des productions et des consommations de l'Angleterre et du pays de Galles, par B. *Pitt-Caper :* (en anglais) *Statistical Account of the population, cultivation, produce and consommation of England and Wales, by B. Pitt-Caper.* Londres, 1801, in-8°.

DESCRIPTION d'un Voyage fait pendant l'été de 1799, de Hambourg en Angleterre, par P. A. *Nemnich :* (en allemand) *Beschreibung einer im Sommer 1799, von Hamburg nach England geschehenen Reise,* etc... *von P. A. Nemnich.* Tubingue, Cotta, 1801, in-8°.

M. Nemnich, connu par ses Dictionnaires Polyglottes, s'étoit proposé, pour but de son voyage, l'examen des fabriques et des manufactures anglaises. Sur cet objet, son ouvrage renferme des renseignemens curieux et nouveaux, qu'on trouveroit difficilement ailleurs. La route qu'il a prise, l'a conduit dans toutes les villes de la Grande-Bretagne remarquables par quelques fabriques. Ainsi il a visité Witnoy, Dambury, Birmingham, Wolverhampton, Coventry, Leicester, Wottingham, Chesterfield, Wakefield, Leeds, Hallifax, Rochdale, Manchester, Prescot, Liverpool, Warington, Stokport, Macclesfield, Worcester, Kidderminster, Soho, Shefield, Glocester, Bristol, Buth, Plymouth, Salisbury et Londres. Cette dernière ville devoit entrer pour peu de chose dans le plan de l'auteur, puisque les fabriques qu'elle renferme, se trouvent également dans les villes de la campagne. Aussi s'est-il peu étendu sur Londres. Sur les autres villes, au contraire, l'auteur indique exactement les objets de fabrique qui s'y trouvent en grande quantité, et il ajoute leurs noms en anglais et en allemand : il entre même dans quelques détails sur la fabrication de ces objets. Les chapitres les plus étendus, sont ceux de Birmingham, Soho, Shefield, Leeds, Liverpool et Manchester. L'auteur n'a pas négligé d'indiquer les autres curiosités des lieux qu'il parcourt : il s'arrête même un peu trop aux descriptions qui en ont paru, et qui communément sont remplies de fables et de rapports plus ou moins faux. Il ne faut pas chercher dans ce Voyage, les agrémens et la pureté du style : il est également prolixe et négligé. (*Extrait du Journal Etranger, 2e ann., 2e cah.*)

EXCURSIONS en Angleterre, ou Observations sur l'esprit, le caractère et les mœurs de ses habitans, par *Pratt* : (en anglais) *Glaning into England, by Pratt.* Londres, 1802, 6 vol. in-8°.

Ces excursions n'ont pas le même mérite que celles de ce voyageur en Hollande, en France, dont j'ai donné la notice (seconde Partie, section II). Il y a de l'intérêt dans quelques parties de l'ouvrage, mais la manière dont il a envisagé son sujet, l'a jeté dans la prolixité et dans de minutieux détails.

VOYAGE de trois mois en Angleterre, en Ecosse et en Irlande, pendant l'été de l'an IX; par M. A. *Pictet*. Genève, Paschoud; Paris, Lenormand, 1802, in-8°.

C'est principalement pour recueillir de nouveaux renseignemens sur l'état des sciences et des arts dans la Grande-Bretagne, que M. Pictet s'est déterminé à faire cette rapide excursion. La connoissance du pays et de la langue, des relations avec des personnages distingués par leurs lumières, lui donnoient la facilité de faire des observations utiles: il ne les a pas dirigées sur ce qui a principalement occupé plusieurs voyageurs, sur la constitution politique du pays, sur l'esprit public, sur le caractère, les moeurs, les usages des habitans. Ses remarques embrassent particulièrement l'histoire naturelle et physique du pays, le sol dans ses rapports avec l'agriculture, les établissemens publics si multipliés dans la Grande-Bretagne dans tous les genres. On pourra juger de l'attention pénétrante que le voyageur anglais a portée dans l'examen de l'industrie anglaise, par le passage suivant.

« Il existe, dit-il, un cas où une matière première qui » vaut un *half-penny* (un sol de France), acquiert, par la » main-d'oeuvre la valeur de trente-cinq mille guinées » (huit cent trente mille livres tournois); c'est dans la » fabrication des ressorts spiraux des montres. Le calcul » en est très-singulier. Une livre de fer brut coûte un sol: » on en fait de l'acier, et avec cet acier, les spiraux en » question. Chacun de ces spiraux ne pèse qu'un dixième » de grain, et se vend une demi-guinée, quand il est de » la première qualité. La livre pesant contient sept mille » grains: elle peut donc fournir soixante et dix mille spi- » raux, qui, à une demi-guinée chacun, donnent trente- » cinq mille guinées ».

L'une des observations géologiques répandues dans cet ouvrage, la plus précieuse est celle de la péninsule de *Port-Rush*, située à six milles à l'ouest de la chaussée des

Géans. Cette presqu'île se projette environ de treize cents verges dans l'Océan septentrional, et sa plus grande largeur est d'environ quatre cents verges.

Dans un espace aussi limité, dit M. Pictet, la nature paroît avoir introduit une grande variété, soit dans l'arrangement de ses matériaux, soit dans leur configuration interne. Il faut lire dans l'ouvrage même, les détails curieux où il entre sur les phénomènes qu'offre cette péninsule. Ils sont peut-être aussi étonnans que ceux de la chaussée des Géans, que M. Pictet a décrite aussi avec plus d'étendue et plus d'exactitude peut-être, que ne l'a fait aucun autre voyageur.

NOTICE descriptive des royaumes d'Angleterre, d'Ecosse et d'Irlande, extraits, pris et traduits de divers auteurs. Paris, à l'imprimerie de la République, an XI — 1803, 3 vol. in-8°. avec une carte.

LONDRES et les Anglais, par J. L. *Ferri de Saint-Constant*. Paris, Colnet et Debray, an XII — 1804, 4 vol. in-8°.

L'auteur de cet ouvrage remarque, dans son Introduction, qu'un petit nombre d'observateurs éclairés ont peint les Anglais d'une manière exacte, impartiale; et de ces observateurs, il ne nomme, au moins en cet endroit, que l'auteur du Tableau de la Grande-Bretagne, qu'on ne peut pas citer, dit-il, avec trop d'éloges; mais dans la suite de son ouvrage, il a soin de désigner les autres écrivains auxquels on doit d'excellentes observations sur l'Angleterre et sur les Anglais; ce sont l'auteur de *Londres*, Grosley; l'auteur anonyme du *Voyage philosophique d'Angleterre*, et celui de l'ouvrage qui a pour titre, *Souvenir de mes voyages en Angleterre*. Ce sont en effet les seuls qui aient présenté au public des tableaux bien dessinés de la nation anglaise, et il est assez remarquable que ce sont tous des étrangers : aucun Anglais n'en a fait la tentative. Les nombreuses relations qu'ils ont publiées sur la Grande-Bretagne en général, et sur presque toutes ses parties, se bornent, ou à l'histoire naturelle du pays, ou à des détails purement topographiques, ou à des descriptions pittoresques et sentimentales.

Des quatre écrivains que je viens de citer, aucun, comme l'a très-bien observé M. de Saint-Constant, n'a embrassé dans toutes ses parties le sujet qu'il avoit à traiter. En s'attachant de préférence à quelques-unes, ils n'ont procuré sur les autres que des notions imparfaites. L'auteur du *Tableau de la Grande-Bretagne* lui-même, l'ouvrage le plus considérable et le mieux fait qui eût paru sur l'Angleterre, a donné dans un grand détail, à l'époque où il écrivoit (1788), la description de l'Empire britannique, le tableau de sa constitution et de ses loix, l'état de son commerce et de ses finances, tandis qu'il glisse rapidement sur tout ce qui est relatif aux sciences, aux lettres, aux beaux-arts et aux opinions politiques. En se resserrant, plus que ne l'a fait M. *Baert*, sur les sujets que celui-ci a traités avec de grands développemens, M. de Saint-Constant s'est flatté de donner aux autres parties une étendue suffisante, et l'on peut dire qu'il a atteint son but.

Dans le tableau de Londres, il donne un apperçu rapide, mais satisfaisant, de l'origine et des progrès de cette ville; il détermine, autant qu'il est possible, son étendue, et rend compte de l'impression générale qu'a faite sur lui son aspect. Il fait observer que, si l'on en excepte la *cathédrale de Saint-Paul*, le *Monument*, et quelques ponts de Londres, les édifices publics de cette ville n'ont rien de bien remarquable; qu'à quelques hôtels près, tous les autres sont d'un mauvais genre; les maisons des particuliers, d'une uniformité fatigante. Dans la nouvelle ville, les rues sont larges et bien alignées, avec des trottoirs; mais elles sont étroites et sales dans l'ancienne ville. Les boutiques, en général, sont très-brillantes; la ville est bien abreuvée d'eau, mais les ponts sont obstrués de manière qu'on peut difficilement s'en procurer le coup-d'œil. La Tamise, dénuée de quais, ne présente un bel aspect que hors de

Londres. Les hôtels des Invalides sont magnifiques, surtout celui de Greenwich. Quant à l'entretien des promenades publiques, il est extrêmement négligé, la nature seule en fait tous les frais. Le parc de Kinsington, remarquable sur-tout par ses beaux gazons, offre, dans la belle saison, un rassemblement plus brillant qu'on n'en voit dans aucune ville du monde; le silence et la mélancolie règnent dans ces lieux de réunion, ainsi qu'au Wauxhall et au Renelagh, dont on n'a jamais pu égaler la magnificence sur le continent, et dont la décoration a résisté au changement de goût et à l'empire de la mode.

A cette description rapide du matériel de Londres, M. de Saint-Constant fait succéder le tableau de ses habitans : il y distingue les natifs de Londres et les étrangers. Sur les premiers, il observe qu'ils peuvent se diviser en deux classes : celle des négocians et des capitalistes, dont le caractère, en général, est une soif dévorante de l'or; celle du petit peuple, dont l'insolence et la grossièreté étoient autrefois beaucoup plus marquées, et dont le caractère, aujourd'hui, s'adoucit un peu; ce qui, suivant quelques Anglais, annonce une dégradation sensible dans l'orgueil national et dans l'amour de l'indépendance. A quelques exceptions près, l'esprit, le goût, les lumières, et l'on pourroit dire même l'urbanité, se rencontrent exclusivement chez les étrangers (1), qui affluent à Londres des provinces de l'Angleterre proprement dites, de l'Ecosse et de l'Irlande. Les étrangers, en général, habitent Westminster, dont les habitans n'ont pas les mêmes moeurs que celles de la cité. Cependant les émigrations qui se font de l'une des parties de la ville dans l'autre, tendent à rapprocher les moeurs des deux quartiers.

M. de Saint-Constant jette beaucoup d'intérêt dans les détails où il entre sur les corporations des marchands, où plus d'une fois les souverains n'ont pas dédaigné de se faire inscrire, où l'on compte plusieurs pairs du royaume,

(1) Ce que nous appelons en France les provinciaux.

et dont il faut être membre pour parvenir aux places d'alderman et de maire. En portant sa vue sur la classe des ouvriers, il observe qu'ils font consister leur liberté, leur indépendance, à ne travailler que peu; mais que lorsqu'ils se livrent au travail, c'est de toutes leurs forces : cette ardeur, dit-il, est une des causes de la perfection de la main-d'œuvre. Le bas prix des objets de première nécessité et de consommation grossière, qui résulte de ce qu'une sage législation fait porter de préférence les impôts sur les objets de luxe, rend en général cette classe du peuple plus heureuse qu'elle ne l'est ailleurs.

M. de Saint-Constant confirme ce qui avoit été observé avant lui sur la supériorité du code criminel de l'Angleterre et sur l'imperfection de son code civil, où la chicane trouve tant de ressources dans des loix et des formalités de rigueur; cela est remarquable sur-tout dans la classe des praticiens subalternes: les avocats même ne s'en défendent pas assez; et quoique cette dernière profession, lorsqu'elle est exercée par des hommes d'un mérite distingué, mène à tous les honneurs, on observe que l'esprit de finesse qu'ils ont contracté dans les exercices du barreau, n'en fait pas communément les meilleurs ministres d'Etat, les parlementaires les plus éclairés, les patriotes les plus ardens.

Dans l'examen très-curieux que M. de Saint-Constant fait de la noblesse de l'Angleterre, il observe que la dénomination de *gentleman* n'a pas, dans ce pays, la même acception qu'avoit en France celle de gentilhomme. Le premier de ces titres se donne communément à tous ceux qui exercent des professions libérales, à ceux même qui vivent de leurs rentes; le titre d'écuyer est plus prodigué encore. En combattant l'opinion de ceux qui prétendent qu'il n'y a pas, à proprement parler, de véritable noblesse en Angleterre, parce que, suivant eux, les pairs même des trois royaumes ne sont que des magistrats héréditaires, M. de Saint-Constant paroît croire qu'ils représentent l'ancienne magistrature féodale, et que ce n'est pas, comme on le dit assez généralement, par pure courtoisie qu'on donne aux membres de leur famille les titres de *lord* et de *lady*, puisque la Gazette de la Cour les qualifie de la sorte. Ce n'est pas non plus la pure courtoisie qui range parmi la noblesse, les chevaliers des ordres et les baronets, puisque ces titres leur assurent par-tout la préséance. Mais une noblesse beaucoup plus considérée en Angleterre que celle qui est conférée par ces titres et par le parlement, c'est la noblesse d'extraction. Le collège héraldique est le dépositaire des preuves de cette noblesse, beaucoup plus rare en Angleterre qu'elle ne l'étoit en France.

La classe des domestiques, dans les deux sexes, est beaucoup plus avilie en Angleterre qu'elle ne l'est chez nous, et par cela même, elle est beaucoup plus corrompue. Le genre de vie des Anglais se partage dans la matinée, chez les employés, les négocians, les capitalistes, entre leurs bureaux, leurs comptoirs et la Bourse. Les spectacles, les clubs et la promenade partagent leur temps dans l'après-midi. Sur tous ces points, M. de Saint-Constant ne diffère pas des autres voyageurs, non plus que sur la simplicité des repas, auxquels il faut être spécialement invité : il est également d'accord avec eux sur le fréquent usage des toast, sur la nature et la diversité des clubs, sur la multiplicité des tavernes et des cafés; mais à l'occasion de ceux-ci, il fait remarquer que la consommation du thé est trois fois plus considérable en Angleterre que dans tous les autres Etats de l'Europe à-la-fois; et, avec le célèbre Tissot, il en considère l'usage comme le germe de tant de maladies nerveuses dont sont affectés les Anglais. Ici, M. de Saint-Constant paroît être en pleine contradiction avec M. *Charpentier de Cossigny*, qui, dans son Voyage à Canton, dont je donnerai la notice (quatrième Partie, section x, §. 1), déclare qu'il est persuadé que la Chine doit en grande partie sa population extraordinaire, à l'usage habituel du thé, non, dit-il, qu'il soit prolifique, mais parce qu'il éloigne les causes les plus ordinaires des maladies. Je présume, ajoute ce voyageur, que l'Angleterre doit aussi les accroissemens de sa population, si sensibles depuis un demi-siècle, à l'usage du thé, qui écarte celui des liqueurs fortes, et qui rend les maladies plus rares, et en général moins dangereuses. A l'appui de cette opinion, il cite une autorité qui peut balancer peut-être celle de Tissot. « La » lèpre, dit Guillaume Buch'an (*Médecine pratiq.*, tome III, » page 196, édit. de Paris, 1788), si commune autrefois » dans la Grande-Bretagne, paroît avoir eu beaucoup de » rapport avec le scorbut. Peut-être est-elle moins fré- » quente aujourd'hui, parce qu'en général les Anglais » mangent plus de végétaux qu'autrefois, *boivent beaucoup* » *de thé*, etc.... »

M. de Saint-Constant ne s'éloigne pas du calcul fait par les précédens voyageurs, sur le nombre de filles publiques à Londres. D'accord avec MM. *Archenholz* et M. *Colquhoun*, chef de la police de Londres, et auteur d'un excellent Traité sur cette matière, il le porte à cinquante mille au moins. Les femmes entretenues ne sont pas comprises dans ce calcul; elles forment encore une classe assez nombreuse, parce que les dépenses qu'entraîne l'état du mariage, pour le luxe des femmes mariées d'une certaine classe, condamnent, en quelque sorte, un grand nombre d'hommes au célibat. Les mariages se font assez fréquemment d'après des avis et des demandes insérés dans les papiers publics.

La manière de frapper aux portes extérieures, par des coups plus ou moins fréquens, soit plus sourds, soit plus bruyans, annonce la qualité de ceux qui se présentent : les salutations à la mode sont toujours mêlées, sur-tout chez les gens du bel air, d'imprécations et de juremens. La confusion est la véritable essence des *routs*, ou grandes assemblées. La conversation, chez les Anglais, peu brillante, et souvent interrompue par des pauses et des silences, exprime en peu de mots beaucoup de choses; et la manière d'envisager les objets, y donne aux idées et à l'expression, un tour grave et original. Chez les gens sensés, elle roule presque toujours sur la politique, et les femmes même qui ont reçu une éducation distinguée, traitent toutes les affaires d'État. Pour les gens frivoles, les filles, la chasse, les chevaux, sont l'aliment du discours.

Les Anglais ne sont pas ennemis des pointes et des calembours : ils mettent sur le compte des Irlandais les niaiseries, les balourdises, les coqs-à-l'âne (1) qui choquent la vérité et le bon sens, on les appelle *bulls irlandaises* : cela tient aux termes impropres qu'employoient autrefois les Irlandais, avant que la langue anglaise fût entendue et parlée correctement, comme elle l'est aujourd'hui en Irlande.

La fureur de s'enrichir promptement alimente chez les Anglais, plus que chez aucun peuple du monde, celle des jeux de hasard, quoique sévèrement défendus. Dans le Traité que j'ai déjà cité, M. *Colquhoun* porte à sept millions deux cent vingt-cinq mille livres sterlings (environ cent soixante et treize millions quatre cent mille livres tournois) les pertes et les gains qui se font annuellement dans les maisons de jeu des diverses classes. La manie des paris aux courses de chevaux, aux combats de coqs, et dans beaucoup d'autres circonstances, a donné lieu, comme celle des jeux, à plusieurs actes prohibitifs du parlement : elle n'en est pas moins commune, et n'en a pas moins les effets les plus funestes en Angleterre. La passion de la chasse, qui entraîne celle des chiens et des chevaux destinés à cet exercice, est épidémique aussi dans ce pays, et occasionne assez souvent des accidens très-graves. Les combats des coqs, ceux du pugilat décèlent chez les Anglais un levain de férocité ; les courses de cheval, pour lesquelles ils se passionnent, n'ont guère d'autre inconvénient que de donner lieu à des paris ruineux. Les mascarades de Londres sont remarquables, sur-tout par la bizarrerie et par l'indécence.

(1) Aucun des écrivains qui ont travaillé sur l'étymologie des mots familiers ou proverbiaux de la langue française, et dont les ouvrages sont rassemblés dans la nouvelle édition du Dictionnaire étymologique de Ménage, n'a tenté de donner l'étymologie du mot *coq-à-l'âne*.

Le plus grand avantage des bains d'eaux minérales, tels que ceux de *Bath*, de *Tombridge*, et autres un peu moins célèbres, où il est du bon ton de se montrer, c'est de faire voyager les Anglais, et de les arracher ainsi à l'ennui, qui les jette si souvent dans le *spleen*. L'usage des bains de mer, introduit depuis quelques années dans la Grande-Bretagne, y a produit le plus étrange phénomène; il dépeuple en quelque sorte Londres dans la saison de ces bains, du moins pour les classes de la nation un peu aisées, transforme les bourgs des bords de la mer en villes superbes, et des huttes de pêcheurs en lieux de plaisance.

Les voyages qu'on fait entreprendre aux jeunes gens des familles riches, leur font communément contracter les vices des nations qu'ils visitent, et les délivrent rarement des préjugés nationaux.

M. de Saint-Constant combat l'idée que l'auteur de l'ouvrage intitulé *Souvenir de mes Voyages en Angleterre*, nous donne de l'existence des Anglais à la campagne. Il nie formellement ce qu'a avancé cet écrivain, que la noblesse anglaise ne se montre au peuple des provinces que pour y répandre l'abondance et le bonheur. Sa magnificence, dit M. de Saint-Constant, n'est point habituelle; elle se réduit à un grand appareil de quelques jours, et n'est que le résultat du calcul et de l'intérêt. L'objet politique des grands repas et des fêtes que donnent les grands seigneurs et les riches, est de réunir tous ceux qui ont quelque influence dans les élections, et de s'assurer les voix.

Le caractère national, en Angleterre, est nécessairement très-mêlé de celui des diverses nations qui l'ont successivement subjuguée, et par cela même laisse moins de prise à l'influence du climat, qui néanmoins le modifie encore beaucoup. L'orgueil national qui se soutient toujours le même, l'esprit public qui s'affoiblit peu, l'indépendance dans la manière de penser qu'entretiennent surtout les papiers publics, la philanthropie qui se signale principalement par des établissemens de bienfaisance, l'humanité des loix criminelles de la métropole, qui s'évanouit dans le régime des colonies, forment le caractère général des Anglais : M. de Saint-Constant l'a développé dans toutes ses nuances.

Je me permettrai, à ce sujet, deux observations : la première, que pour peindre les Anglais, il a souvent emprunté le pinceau des écrivains nationaux, par où, suivant l'avertissement de l'éditeur, il a cru prévenir tout reproche de partialité et d'injustice; mais ces écrivains, la plupart, sont des écrivains satiriques, et leurs couleurs sont exagérées. Peut-être les propres observations de l'auteur, rapprochées de celles des voyageurs qui ont visité avant lui l'Angleterre, auroient-elles été une source plus pure. Ma seconde observation frappe sur la forme qu'il a donnée à son ingénieuse exposition des diverses nuances du caractère anglais : chacune de ces nuances forme un chapitre séparé. Par cette méthode, M. de Saint-Constant s'est délivré du travail pénible des transitions; mais il avoit assez de talent pour ne pas redouter ce travail; et la peinture intéressante qu'il fait des mœurs et du caractère des Anglais, auroit eu la majesté d'un grand tableau, tandis qu'elle ressemble un peu à des découpures.

A l'apperçu que je viens de donner du premier volume de l'excellent ouvrage de M. de Saint-Constant, je vais faire succéder une esquisse beaucoup plus abrégée des tableaux qu'offre le second volume, parce que ces tableaux, composés de beaucoup de détails économiques d'où ils tirent leur plus grand intérêt, perdroient infiniment de leur prix, si je retranchois ou si je mutilois une partie de ces détails : je me bornerai donc à quelques observations rapides.

Sur l'éducation, M. de Saint-Constant remarque avec beaucoup de sagacité, que dans cette importante partie de l'économie politique, les Anglais suivent le même systéme que dans leurs jardins modernes. La nature, dit-il, est préférée à tout : elle est souvent guidée par la main de l'art, mais on prend garde qu'il ne la contrarie et ne la défigure. L'indulgence est la règle générale de l'éducation des Anglais; et avec quelques inconvéniens, elle a de grands avantages : elle a sur-tout celui de former chez les Anglais, cette manière libre de penser et d'agir, qu'on appelle proprement *bon sens*.

Les pensionnats, pour les garçons, sont plus propres à rendre les élèves utiles à la société qu'à meubler leurs têtes de choses inutiles à ceux qui ne sont pas destinés aux professions savantes. La modicité du prix de la pension, dans ce qu'on appelle les *académies pour les demoiselles* (1), a l'inconvénient que de simples artisans y envoyent leurs filles, auxquelles on y enseigne la langue française, la musique, la danse, choses fort inutiles, et le plus souvent dangereuses pour les jeunes personnes de cette classe. Celles d'une condition plus relevée, apprennent de plus, dans les pensions qui leur sont destinées, l'histoire, la géographie, le dessin. Dans toutes ces pensions, on néglige trop d'instruire les élèves des détails de l'économie domestique.

Pour le peuple, il y a des écoles de charité, des écoles du dimanche instituées par un philanthrope, des écoles mobiles. M. de Saint-Constant observe fort judicieusement, que pour une nation qui affecte les principes d'égalité politique, la ligne de séparation entre les enfans des riches et ceux des pauvres est trop marquée dans les écoles de premier enseignement de la Grande-Bretagne. Il n'en est pas de même dans les colléges, où l'on enseigne les langues mortes, et où l'on dispose les élèves à entrer dans les universités. Les fils du simple gentleman, du négociant, de l'homme de loi, y sont sur le pied de l'égalité avec les enfans des pairs et des nobles d'extraction ; l'émulation de ceux-ci en est vivement excitée, les autres y forment des liaisons avantageuses : ces deux avantages se trouvent surtout dans les universités d'Oxford et de Cambridge. En les

(1) Ne nous étonnons pas si, en France, des pensions pour de jeunes personnes du sexe ont pris le titre un peu fastueux de Musée *des jeunes Demoiselles ;* cela paroît au moins autorisé par ce qui se pratique à cet égard en Angleterre.

décrivant, M. de Saint-Constant développe tous les vices dont ces deux célèbres écoles sont infectées, et qui avoient déjà été relevés par les précédens voyageurs ; il fait en même temps le plus grand éloge des universités de l'Ecosse et de l'Irlande : la bonne méthode qu'on y suit a formé, sur-tout dans la première, une foule d'hommes célèbres.

Tout ce que M. de Saint-Constant nous expose sur les écoles de droit, les sociétés littéraires, les *clubs discutans*, les *bibliothèques circulantes*, les gazettes, les journaux littéraires, est très-curieux, sans être absolument neuf : mais une observation qui lui est particulière, c'est qu'il n'est pas vrai que les savans et les gens de lettres trouvent dans les grands seigneurs et dans les gens riches, des Mécènes éclairés et généreux. A quelques exceptions près, cette classe aime mieux prodiguer sa fortune aux jeux, aux courses de chevaux, à tous les objets de luxe. C'est à la nation en masse, par l'intermède de son parlement, qu'on doit les encouragemens et les récompenses beaucoup plus considérables qu'ailleurs, qui s'accordent aux découvertes, aux productions nouvelles des arts, à toutes les entreprises utiles : c'est à cette occasion qu'il trace le portrait des hommes qui se distinguent le plus aujourd'hui dans les lettres. C'est une des parties de son ouvrage la plus neuve et du plus grand intérêt. Les grands écrivains de l'Angleterre, dans les deux siècles derniers, nous étoient trop connus pour qu'il ait dû s'y arrêter : il n'a rappelé que *Shakespeare*, parce qu'il paroît encore tous les jours des commentaires sur les ouvrages de cet homme célèbre.

On remarquera dans ce tableau le grand nombre de poésies en tout genre qui paroissent journellement en Angleterre ; la foule de romans qui l'inondent ; les succès mérités que plusieurs obtiennent, parce que le goût de la nation s'y porte avec une sorte d'effervescence : M. de Saint-Constant y a indiqué les causes qui empêchent les progrès de l'éloquence en Angleterre. La principale, suivant lui, est ce *bon sens*, qui n'y permet pas à l'esprit de s'abandonner facilement à l'illusion. Il est parti de cette observation, pour caractériser avec beaucoup de sagacité le genre d'éloquence de ses orateurs parlementaires, et des orateurs de la chaire. Enfin il n'a pas oublié de remarquer la singulière aptitude des Anglais pour l'étude de la langue grecque et des langues orientales et vivantes, en exceptant toutefois de ces dernières, la langue française, pour laquelle même il n'y a aucun professeur salarié.

Comme M. de Saint-Constant ne s'attache qu'aux hommes de lettres vivans, il ne trouve pas l'Angleterre fort riche en bons historiens : il n'y signale actuellement que MM. *Ferguson*, *Widford* et *Gyllies*. En remontant plus haut, l'on trouveroit les noms illustres de Littleton, de Hume, de Robertson, de Gibbon. Peut-être ne rend-il pas assez justice aux Anglais pour la partie des Voyages : il cite simplement, avec de justes éloges, *Coxe*, *Wraxal*, *Moore*, *Swinburne*, *Pradt*, *Cogan*, *Bruce*, *Tooke*, *Eton*, *Dallaway*, *Hodges*, *Turner*, *Lampriere*, *Barrow*, *Stedman*, *Brown*, *Hearn*, *Makenzie*; et ces noms-là seuls suffiroient pour donner la plus haute idée des Anglais en ce genre; mais entre les anciens voyageurs de cette nation, il oublie *Wheler*, *Dampierre*, *Saw*, *Pococke*, *Chandler* : entre les voyageurs plus modernes, il garde le silence pour les voyages autour du monde, sur *Anson*, *Biron*, *Wallis*, *Carteret*, *Cook*, *Vancouver*; pour les voyages au nord-ouest de l'Amérique, il n'a point cité *Dixon*, *Meares*, *Billing*; pour les voyages en Afrique, il ne dit rien de *Lucas*, *Mungo-Park*, *Horneman*; enfin pour les voyages en Asie, il a oublié *Symes*, *Taylor*, *Forster*, etc.... Ces omissions seront aisément réparées dans une seconde édition de l'ouvrage de M. de Saint-Constant, devenue bientôt indispensable par le succès si mérité de la première. On convient, avec M. de Saint-Constant, que dans cette multitude de relations que nous ont données de leur propre pays les Anglais, il y en a beaucoup de médiocres; mais il en distingue lui-même plusieurs d'un très-grand mérite, tant pour l'histoire naturelle que pour les descriptions pittoresques.

Les deux derniers volumes de *Londres et les Anglais*,

sont consacrés à nous donner l'état actuel des sciences, des arts libéraux et mécaniques, du commerce, des finances, de la population, des forces de terre et de mer de la Grande-Bretagne. M. de Saint-Constant y a ajouté des observations aussi judicieuses que neuves, sur la police de l'Angleterre, sa jurisprudence civile et criminelle, sa constitution politique, l'esprit de son ministère, celui de la cour. Je vais en tracer une rapide esquisse.

En parcourant le cercle des sciences cultivées avec succès dans la Grande-Bretagne, M. de Saint-Constant fait observer que la physique est l'une de celles où les Anglais se distinguent le plus. Sans remonter au dix-septième siècle, où *Newton*, *Boyle*, et plusieurs autres, ont fait faire de si grands pas à la science, il signale dans le dix-huitième *Priestley*, si célèbre par sa doctrine sur l'air, *Nicholson*, *Percival*, *Papys*, *Young*, et le fameux astronome *Herschell*, auquel, indépendamment de ses immortelles découvertes dans le ciel, on est redevable d'excellens Mémoires de physique.

L'Angleterre possède aussi d'habiles chimistes, qui se sont empressés d'adopter la nouvelle doctrine, et même la nouvelle nomenclature des chimistes français, espèce d'hommage qu'ils ont rendu à la supériorité bien reconnue de ceux-ci.

La branche de l'histoire naturelle où les Anglais ont fait le plus de progrès, est la botanique. Il a paru néanmoins en Angleterre, quelques bons ouvrages de zoologie et de minéralogie.

Dans la Grande-Bretagne, la médecine doit ses plus grands succès à l'école d'Edimbourg, incontestablement la première de toute l'Europe. Dans ce genre, comme dans celui de l'histoire, l'Ecosse l'emporte de beaucoup sur l'Angleterre proprement dite. La chirurgie n'y a pas fait, à beaucoup près, les mêmes progrès.

De la classe des hommes distingués dans les hautes sciences, M. de Saint-Constant, par une espèce de contraste, passe aux femmes qui se sont fait un nom dans plusieurs genres utiles et agréables de littérature. Plusieurs d'entre elles, nommément la célèbre madame *Radcliffe*, ont pris, dans quelques écrits, la défense des femmes auteurs. Les traités qu'ont publiés quelques-unes sur l'éducation, ont un caractère particulier qu'on ne trouve point dans ceux des hommes : ils respirent la tendresse maternelle, avec la délicatesse et la vigilance qui en forment le caractère, et ces graces de l'imagination, ces charmes du sentiment qui appartiennent au sexe. Les hautes sciences ne lui sont pas même étrangères, du moins quant à la partie élémentaire. Plusieurs Anglaises ont manié avec succès le pinceau de l'histoire; il suffiroit, à cet égard, de nommer madame *Macaulay*, qui a eu plusieurs rivales distinguées dans ce genre. Chez aucune nation l'on ne trouve un aussi grand nombre de femmes qui aient voyagé avec fruit, et qui, comme les Anglaises, aient enrichi la littérature de plusieurs relations intéressantes. Milady *Montagüe*, milady *Craven*, mesdames *Radcliffe*, *Prozzi*, *Murray*, *William*, *Wolstonecraft*, sont les plus connues. On est étonné du grand nombre de femmes poètes que l'Angleterre a produit : il n'est presque point de genre qu'elles n'aient traité avec succès : l'énumération qu'en fait M. de Saint-Constant est très-curieuse.

La branche de littérature qui a fait le plus connoître en France les Anglaises, est celle des romans : elles s'y sont même plus distinguées que les écrivains de l'autre sexe, en exceptant toutefois Richardson et Fielding, qui sont hors de toute comparaison. Parmi les romancières anglaises, miss *Burney* occupe la première place; mesdames *Smith*, *Rééve*, *Lennox*, *Lée*, *Helwe*, *d'Allon*, *Williams*, *Stewart*, etc. (1), y tiennent aussi un rang distingué. Une foule d'autres a marché, avec plus ou moins de succès, sur

---

(1) On est étonné que dans cette énumération, M. de Saint-Constant ait oublié miss *Brook*, auteur des Lettres d'*Emilie Montagüe*, de *Julie de Mandeville*, etc.; mistriss *Bennet*, auteur de *Rosa* et d'*Anna*; mais sur-tout mistriss *Regina-Maria Roche*,

leurs traces; et dans un genre décrié sur-tout par la foiblesse de ses imitateurs, madame Radcliffe s'est fait pardonner le choix de ses sujets fantasmagoriques, par la force de son imagination, par la chaleur et le coloris de son style.

Suivant M. de Saint-Constant, l'esprit du puritanisme, qui a laissé de profondes traces en Angleterre, et le défaut d'encouragement de la part du gouvernement, beaucoup plus que l'influence des causes physiques, ont ralenti ou arrêté les progrès des Anglais dans les beaux-arts. L'académie de ce nom, instituée en 1769, ne leur a pas fait prendre jusqu'ici un essor beaucoup plus rapide. L'école de peinture, fondée par *Rainolds*, a eu un peu plus de succès pour la perfection de cet art, sur-tout dans le genre du portrait.

Dans les derniers temps, la sculpture a fait des progrès sensibles: quelques femmes même s'y distinguent. La perfection du dessin, si nécessaire sur-tout dans cet art, est assez rare en Angleterre: ce ne sont pas les modèles qui manquent aux artistes; M. de Saint-Constant affirme qu'en aucun pays, si l'on excepte l'Italie, l'on ne trouve un aussi grand nombre de statues et de marbres antiques qu'en Angleterre: il cite, en particulier, la fameuse collection d'*Arundel*, et celle du comte *de Pembrock*, sur lesquelles il donne des détails curieux. Outre quatorze autres collections qu'il indique, et dont il énumère les richesses, il y a, suivant lui, en Angleterre, un nombre à-peu-près égal d'ouvrages de sculpture dispersés dans les maisons de plusieurs lords et d'autres riches particuliers; et il en donne l'indication. Il observe judicieusement que les progrès des artistes anglais dans le dessin auroient été beaucoup plus rapides, si les grands modèles, au lieu d'être dispersés dans

---

auteur de l'excellent roman intitulé *les Enfans de l'Abbaye*, qui a eu un succès si mérité en France, et de plusieurs autres romans qui, sans avoir tout-à-fait le même mérite, n'ont pas dérogé à la réputation que lui avoient faite les Enfans de l'Abbaye.

les maisons de campagne, loin de la capitale, étoient réunis dans des galeries publiques, où ces artistes pussent les étudier à loisir.

De tous les beaux-arts, la gravure est un de ceux où les Anglais se sont le plus distingués, parce qu'avec un travail assidu, de l'attention, de la constance, de bonnes études, sans avoir beaucoup d'imagination et de génie, on peut atteindre à un certain fini, et même à la correction du dessin; parce que d'ailleurs les productions des graveurs anglais étant très-multipliées, sont devenues une branche de commerce assez considérable; parce qu'enfin le grand emploi que font les Anglais de la gravure dans presque toutes les éditions d'ouvrages un peu soignées, encourage les artistes qui se livrent à l'étude de cet art. L'usage que fit le célèbre *Hogarth* de son rare talent pour le genre de gravures auxquelles on a donné le nom de *caricatures*, n'a pas eu d'imitateurs. Chacune de ses gravures étoit une leçon de morale: ses successeurs, sans atteindre à son excellence dans l'art, l'ont prostitué souvent à de dégoûtantes satires: M. de Saint-Constant n'excepte de cette critique, que M. *Bonbury*.

C'est dans l'architecture que l'Angleterre a véritablement rivalisé avec l'Italie et la France. M. de Saint-Constant trace d'abord l'historique des monumens gothiques anciens et modernes; et passant à l'architecture moderne, dont il suit les progrès, il indique les monumens qui ont immortalisé *Inigo Jones* et *Wreen*, tels que l'*hôtel du Banquet*, l'*hôtel de Greenwich*, pour les invalides de la marine; l'*église de Saint-Paul* à Covent-Garden, la *Bourse royale*, etc.... qu'on doit au premier de ces artistes; l'*église cathédrale de Saint-Paul*, le *Monument*, l'*église de Saint-Etienne de Walbroek*, le *collége de Chelsea*, les *bâtimens ajoutés à l'hôtel de Greenwich*, le *théâtre d'Oxford*, etc.... qui ont été élevés par le second. Quoiqu'il n'y ait plus en Angleterre d'architectes de cette première force, on ne peut pas dire que l'architecture y ait dégénéré: plusieurs artistes célèbres soutiennent encore la réputation de cet art, particulièrement dans les maisons de campagne construites sur le modèle de celles de la *Brenta* par *Palladio*, ou dans d'autres parties d'Italie.

Les Anglais ont réussi dans quelques compositions musicales. M. de Saint-Constant cite quelques bons-opéra, dont les auteurs ont su adapter à la langue anglaise, sans en changer le caractère, le goût italien : mais l'attention soutenue qu'ont les entrepreneurs de l'Opéra italien, d'attirer les premiers chanteurs et les premières cantatrices d'Italie à ce théâtre, toujours rempli des plus belles et des plus riches femmes de Londres, décourage l'Opéra national.

En rendant justice à plusieurs parties des jardins anglais, M. de Saint-Constant n'en dissimule pas les défauts, qui sont *la manière* et *la singularité*, qu'on impute principalement à Brown, et que des amateurs éclairés se sont attachés à combattre, en ramenant l'art des jardins à des principes propres à les rendre plus variés, plus naturels, plus imitatifs des véritables paysages.

M. de Saint-Constant trace un tableau rapide des progrès et de l'état actuel de l'agriculture en Angleterre, assez connue aujourd'hui en France, pour qu'il n'ait pas dû s'étendre davantage à cet égard. En indiquant les plus célèbres agronomes, *Young*, *Anderson*, *Marshall* et *Forseith*, il observe que Marshall est celui dont on suit le plus généralement les préceptes. Au reste, il préfère l'ordre méthodique adopté dans la traduction française de l'Agriculture-pratique de cet écrivain, à celui de l'ouvrage original, qui ne peut guère convenir qu'aux Anglais. En parlant des monopoles des fermes et de la substitution des terres, il fait voir combien ils entraînent d'inconvéniens graves; et il jette le plus grand intérêt dans les détails où il entre sur les mines de charbon-de-terre, l'une des sources de la prospérité de l'Angleterre, soit par le grand nombre de marins que forme le transport continu de ce minerai par mer, soit par l'aliment inépuisable qu'il procure aux manufactures.

Les causes de la perfection des arts mécaniques, en Angleterre, sont, suivant M. de Saint-Constant, le tempérament flegmatique, le caractère réfléchi, l'extrême patience des ouvriers anglais, la grande division du travail, qui procure les moyens de donner à chaque partie tout le fini dont elle est susceptible ; l'emploi d'un grand nombre de machines de toute espèce, enfin les encouragemens que donne le gouvernement à la classe ouvrière ; soit en s'occupant sans cesse du soin de faire baisser les denrées de première nécessité, soit en empêchant l'exportation des matières premières.

M. de Saint-Constant parcourt de la manière la plus attachante, les fabriques d'étoffes de laine, de coton et de soieries, les fonderies, la coutellerie, l'horlogerie, la quincaillerie, qui comprend les boutons et le plaqué : il s'étend beaucoup sur la supériorité que les Anglais ont acquise dans la fabrication des instrumens de mathématiques, dans l'imprimerie, les poteries, les verreries, la préparation des peaux et le charronage. Les détails où il entre sur les brasseries, les distilleries, les manufactures de vins composés, sont neufs pour la plupart des Français, qui n'ont pas d'idées de ces grandes fabriques, dont l'imagination même est étonnée. M. de Saint-Constant blâme avec raison l'usage excessif des machines dans les manufactures. Cet usage multiplie en Angleterre le nombre des mendians valides, et grossit la classe des voleurs, à raison de l'insuffisance de la taxe des pauvres pour subvenir aux besoins de l'indigence.

Les entraves mises à l'industrie, particulièrement à Londres, par l'établissement des corporations, des apprentissages, et par une foule de statuts et de réglemens, en favorisant les fabricans au préjudice des ouvriers, ont fait refluer ces derniers dans des bourgs qu'ils ont enrichis, et élevés au rang des villes les plus florissantes ; tels que *Birmingham*, *Manchester*, *Sheffield*. Il est remarquable, au reste, que la classe du peuple très-nombreuse qui travaille aux manufactures, et qui s'élève au-delà de cinq millions, est en général malheureuse, et que ses moeurs sont corrompues. L'excès du travail, le défaut d'air, la mauvaise nourriture, opèrent le premier de ces effets : le second résulte du défaut d'éducation pour les enfans employés dès l'âge le plus tendre dans les manufactures.

Pour tout ce que M. de Saint-Constant a écrit sur le commerce intérieur et extérieur, sur les pêcheries, la contrebande, les compagnies de commerce, les banques, les diverses branches des revenus de la Grande-Bretagne, ses dépenses, la dette publique, les fonds d'amortissement, la population des îles britanniques, la marine, la presse, les troupes de terre, les milices, il paroît s'être aidé de l'ouvrage de M. Baert; mais il a resserré, avec beaucoup de talent, les détails très-instructifs où cet excellent écrivain est entré sur tous ces objets.

Si, en Angleterre, au milieu d'une grande tolérance en matière de dogmes, il règne en général un esprit religieux, M. de Saint-Constant en trouve la cause dans l'étroite union de la religion et de la morale. Après avoir tracé le tableau de la religion anglicane et épiscopale, la seule qui soit dominante dans la Grande-Bretagne, des revenus du clergé anglican, des loix et des cours ecclésiastiques, où l'excommunication a lieu, du caractère du clergé anglican, des prélats distingués qu'on y compte, M. de Saint-Constant s'étend beaucoup sur les diverses sectes répandues dans la Grande-Bretagne : il en désigne trois dont M. Baert n'avoit point parlé, les *Antimoniens*, les *Jampers*, les *Sandivoniens* : on desireroit qu'il eût donné une idée plus claire des dogmes que professent ces sectes dissidentes.

M. de Saint-Constant confirme tout ce que les précédens voyageurs ont dit de la mauvaise police de Londres, de la multiplicité des voleurs, de l'abus des sermens et des cautions-juives, du grand nombre de faux témoins : il s'étend fort peu sur les jugemens par jurés, sur la liberté de la presse, sur les inconvéniens et les avantages du divorce : c'est que ces matières ont été directement traitées dans des ouvrages bien connus.

En traitant de la constitution britannique, M de Saint-Constant examine l'influence de la révolution de 1688 sur cette constitution, les changemens qu'elle a éprouvés depuis cette époque; il jette un coup-d'œil rapide sur les parties intégrantes du parlement de la Grande-Bretagne, et sur le mode des élections (1). En parlant de l'influence de la cour, ou, ce qui est la même chose, de la corruption, il en démontre la nécessité, il en indique les effets. On lit avec le plus grand intérêt, tout ce qu'il expose sur la réforme parlementaire, le systême d'alarme, les clubs ministériels, les sociétés libres et l'opposition.

Une des parties les plus curieuses de l'ouvrage de M. de Saint-Constant, ce sont les lumières qu'il nous donne sur ce qu'il appelle le cabinet secret, dont les ministres les plus accrédités en apparence, ne sont véritablement que les agens. On n'est pas médiocrement étonné de voir que, dans leurs opérations, les célèbres *Pitt*, père et fils, étoient soumis à l'influence toute-puissante de ce cabinet. Le lord *Liverpool*, originairement le secrétaire et la créature du lord *Bute*, et à peine connu chez l'étranger, est le chef de ce cabinet.

Après avoir donné quelques détails sur la cour, le roi, la famille royale, la liste civile, dans lesquels il sème des traits curieux avec des anecdotes piquantes, M. de Saint-Constant porte sa vue sur l'union de l'Ecosse et de l'Angleterre, et il en balance judicieusement les avantages et les inconvéniens. Il fait ensuite connoître la triste condition des serfs écossais, donne quelques lumières sur les *sans-culottes britanniques*, et assigne les causes des derniers troubles d'Irlande, dont la principale est le terrorisme arboré par le gouvernement britannique. Il examine aussi les causes et les effets de l'union de l'Irlande avec la Grande-Bretagne, et peint en traits énergiques, la servitude et la misère des Irlandais catholiques. Son ouvrage est terminé

(1) On y trouve, sur la manière de recueillir les votes, la même lacune que j'ai relevée dans l'ouvrage de M. Chantreau.

par la judicieuse critique qu'il exerce sur les panégyristes et les détracteurs des Anglais.

VOYAGES en Angleterre, publiés par C. G. *Kuttner:* (en allemand) *Reisen durch England, von C. G. Küttner.* Leipsic, Gœschen, 1804, 2 vol. in-8°.

Ce sont les deux premiers volumes d'une collection de Voyages faits par les Anglais dans leur propre pays, dont Kutner se propose de donner la continuation.

VOYAGE dans l'Empire Britannique : Observations sur les manufactures, les curiosités de la nature et de l'art, l'histoire et les antiquités, destinées pour l'instruction et l'amusement de la jeunesse, par Priscilla *Wakefield :* (en anglais) *A Family Tour through the British Empire.* Londres, Darton, 1804, in-12.

L'ANGLETERRE, le pays de Galles, l'Irlande et l'Ecosse, ou Observations sur les productions de la nature et de l'art, recueillies pendant un voyage fait dans les années 1802 et 1803, par G. *Goëde:* (en allemand) *England, Wales, Irland und Schottland,* etc... *von G. Goëde.* Nouvelle édition. Dresde, Arnold, 1806, 3 vol. in-8°.

Cet ouvrage, même après celui de M. de Saint-Constant, offre beaucoup d'observations neuves et piquantes, particulièrement sur le caractère politique du peuple anglais, sur son esprit public, sur la force de l'opinion générale, sur les principaux partis politiques, sur la publicité des journaux. Relativement à ce dernier objet, il observe que leurs éditeurs communément ne sont point des gens à gages, et que plusieurs d'entre eux sont aussi riches que les ministres, tels, par exemple, que celui du *Morning-Herald*, à qui ce journal rapporte huit mille livres sterlings par an.

Les notices que donne l'auteur sur la chambre des communes et ses principaux orateurs, offrent beaucoup d'intérêt. Il n'en met pas moins dans tout ce qui concerne le caractère national, l'empire de la mode, l'esprit mercantile des Anglais, qu'ils savent accorder avec l'esprit d'indépendance, leur prédilection pour la vie des champs, la différence des rangs dans la classe marchande, le caractère des bourgeois de la classe moyenne, les mœurs de la populace anglaise, etc....

§. II. *Voyages faits dans quelques contrées seulement de l'Angleterre proprement dite, et descriptions de ces contrées.*

Quoique les Anglais, plus que tout autre peuple peut-être, voyagent beaucoup dans les pays étrangers, ils ne négligent pas cependant, comme l'a très-bien observé M. de Saint-Constant, de voir et de connoître leur propre pays. Il n'est presque pas d'homme aisé, dit-il, qui n'en ait visité quelques parties, telles que la capitale, les principales villes de commerce et de manufactures, les lacs de Cumberland et de Westmoreland, le pays de Galles, etc.... Ces voyages dans l'intérieur de la Grande-Bretagne, auxquels les Anglais donnent assez communément le nom de *tours*, produisent un grand nombre de descriptions. La nomenclature que je vais donner de ces voyages ou de ces descriptions, et qui surprendra par son étendue, appuiera complètement cette observation. Les voyages faits dans l'Angleterre proprement dite, ainsi que les descriptions des parties intérieures du pays, peuvent se diviser en quatre classes. Dans la première se rangent les voyages purement topographiques, la plupart très-minutieux et d'un assez foible intérêt. Dans la seconde, se placent les voyages entrepris pour enrichir l'histoire naturelle : ceux-ci sont précieux, lorsqu'ils sont l'ouvrage d'un homme bien instruit dans cette partie, et tels sont tous ceux qu'a publiés M. *Pennant*. A la troisième se rapportent les voyages dont l'objet étoit la recherche et l'étude des monumens de l'antiquité : M. *Hutchinson* est celui des voyageurs qui s'est le plus distingué dans ce genre. La quatrième classe est composée des voyages ou des descriptions pittoresques : M. *Gilpin*, dit M. de Saint-Constant, est regardé en Angleterre comme le fondateur et le maître de cette espèce d'école pittoresque, introduite dans le genre des voyages et des descriptions, et il a donné tour à tour le précepte et l'exemple (1). De ces derniers voyages, il en est un petit nombre qui embrassent toute la Grande-Bretagne, tels que celui de MM *Boydell*, dont j'ai donné précédemment la notice.

L'ordre chronologique, auquel je me suis assujéti, ne me permettra, ni de réunir les voyages faits dans chaque partie de l'Angleterre, ni encore moins de les ranger dans chacune des quatre classes que j'ai distinguées. L'intitulé des voyages suffira pour indiquer à quelle classe ils doivent se rapporter : je n'envelopperai pas néanmoins dans cette espèce de confusion que commande en quelque sorte l'ordre chronologique, ni Londres, ni le pays de Galles, parce que ces deux parties de l'Angleterre ayant donné lieu, plus qu'aucune autre, à des voyages, à des descriptions, il m'a paru convenable de les détacher : mais, comme je l'ai déjà fait pour les différentes parties de la France, et pour certaines parties de l'Allemagne, dont j'ai cru devoir donner les descriptions séparément, je m'assujétirai toujours à l'ordre chronologique dans les notices que je donnerai des voyages faits dans ces deux parties de l'Angleterre : je commence par Londres.

---

(1) La manière de M. Gilpin n'a rien de commun avec celle des autres auteurs de Voyages pittoresques, qui se sont bornés, la plupart, à décrire les monumens et les chefs-d'œuvre des arts : c'est la nature elle-même que M. Gilpin nous met sous les yeux, avec des observations sur les beautés pittoresques, écrites dans un style dont les formes sont elles-mêmes pittoresques.

LONDRES.

DESCRIPTION de Londres, par Fitze *Stephen*, traduite en anglais par Pogga. Londres, 1772, in-8°.

Je place cette Description à la tête de toutes les autres, parce que son auteur la publia dans le douzième siècle.

LE PLAN de Londres, contenant les originaux et les antiques qui s'y trouvent, ses agrandissemens, son état actuel, et la description de cette ville faite en l'an 1598, par Jean *Stow* : (en anglais) *A Survey of London, containing the original antiquity, increase, modern state, and description of that city written in the year 1598*. Londres, 1599, in-4°.

NOUVEAU TABLEAU de Londres (en anglais). Londres, 1708, 2 vol. in-8°.

LE NOUVEAU GUIDE de Londres (en anglais). Londres, 1726, in-12.

DESCRIPTION de Londres et de Westminster, par Robert *Seymour*, avec figures (en anglais). Londres, 1734 et 1735, 2 vol. in-fol.

DESCRIPTION de Londres et de ses environs, avec planches : (en anglais) *London and environs described*. Londres, 1761, 6 vol. in-8°.

LE GUIDE des Voyageurs à Londres et à Westminster (en anglais). Londres, 1761, in-12.

LONDRES et ses environs, par sir Horace *Walpole* (en anglais). Londres, 1761, 6 vol. in-8°.

RELATION historique des curiosités de Londres et de Westminster : (en anglais) *An Historical*

Account of the curiosities of London and Westminster. Londres, 1763, in-12.

DESCRIPTION de Londres, par Jean *Stowe* (en anglais). Londres, 1774, in-8°.

DESCRIPTION de Londres, par *Maitlan.* Londrés, 1775, in-8°.

DESCRIPTION de la route entre Londres et Douvres, par *Armstrong* : (en anglais) *Armstrong's Survey of the road between London and Dover.* Londres, 1777, in-8°.

OBSERVATIONS sur Londres et ses environs, par *Lacombe.* Londres (Paris), 1777, in-12.

JOURNAL des premières idées conçues, des observations faites, des caractères tracés, des anecdotes recueillies à mesure qu'elles se sont présentées à l'auteur dans un voyage fait à Londres et à Scarborough : (en anglais) *A Journal of first thoughts, observations, character and anecdotes, which occurred in a journey from London to Scarborough.* Londres, 1781, in-8°.

VOYAGE de Chester à Londres, par *Pennant,* avec planches : (en anglais) *A Journey from Chester to London, by Pennant.* Londres, 1782, in-12.

ENVIRONS de Londres, par *Lyson* : (en anglais) *Environs of London, by Lyson.* Londres, 4 vol. in-4°.

LONDRES ressuscité, par *Malcom* : (en latin) *Malcom Londinium redivivum.* Londres, in-8°.

VOYAGE de J. M. *Phelippon,* femme de Roland, ministre de l'intérieur, en 1784, à Londres et dans ses environs. (Tome 3ᵉ de ses Œuvres, dont j'ai donné la notice, 2ᵉ Partie, section II.)

Ce Voyage, plus rapide encore que celui qu'elle fit en Suisse, a le même mérite.

DESCRIPTION de Westminster, par *Labely*: (en anglais) *Description of Westminster, by Labely*. Londres, in-8°.

DESCRIPTION historique des curiosités de Londres : (en anglais) *An historical Account of the curiosities of London*. Londres, 1785, in-12.

LONDRES et ses environs, ou Guide des Voyageurs curieux et amateurs de cette partie de l'Angleterre, qui fait connoître tout ce qui peut intéresser et exciter la curiosité des voyageurs, des curieux et des amateurs de tous les états; avec des instructions indispensables à connoître, avant d'entreprendre ce voyage, et une notice des principales villes les plus commerçantes et les plus manufacturières des trois royaumes : on y a joint les vues des principaux édifices et maisons royales, et une carte générale, gravées en taille-douce : ouvrage fait à Londres par M. *D. S. D. L.* Paris, Buisson, 1788, 2 vol. in-12.

C'est l'ouvrage le plus satisfaisant que nous ayons en français, sur le matériel de Londres et de ses environs.

LONDRES et ses environs. Paris, Buisson, 1790, in-12.

LE PARISIEN à Londres, par *Decremps*. Paris, 1790, in-12.

DESCRIPTION de Londres et de ses environs, par Thomas *Pennant*: (en anglais) *Of London and its environs Description, by Thom. Pennant.* 1790, in-8°.

Lettres sur Londres, par F. W. *de Schutz :* (en allemand) *Briefe aus London, von F. W. von Schütz.* Hambourg, 1792, in-8°.

Histoire de l'antiquité et de l'état actuel de Londres, par Jean *Mazzinghi* (anglais et français) : (en anglais) *John Mazzinghi's the History of the antiquity and present state of London, english and french.* Londres, 1793, in-8°.

Histoire des villes et des villages dans les environs de Londres, par *Lyson*, avec figures : (en anglais) *Lyson's History of towns and villages in the environs of London.* Londres, 1795, 4 vol. gr. in-4°.

Ce magnifique ouvrage se vend 340 francs à Londres même.

Observations d'un Allemand sur Londres en particulier, et sur l'Angleterre en général : (en allemand) *Bemerkungen über England, besonders über London von einem Deutschen.* (Insérées dans le Magasin de Brünn, 1er et 2e cah.)

Vue pittoresque et géographique de la grande route de Londres à Bath et à Bristol, par Archibald *Robert*, avec planches : (en anglais) *Pittoresque and topographical View and great road of London into Bath and Bristol, by Archibald Robert.* Londres, 1798, 2 vol. in-8°.

Description de Londres et de Westminster, par *Entik :* (en anglais) *Survey of London and Westminster, by Entik.* Londres, 1800, 4 vol. in-8°.

Excursion à Londres et dans ses environs, par *Kerley:* (en anglais) *Companion through London, by Kerley.* Londres, 1800, in-12.

Tableau de Londres et de ses environs en 1802, ou Guide des Voyageurs curieux et Négocians dans cette partie de l'Angleterre, donnant une esquisse du génie, des mœurs et usages de ses habitans; traduit sur la deuxième édition de l'original anglais. Paris, Langlois, 1802, 2 vol. in-12.

Cet ouvrage offre le dernier état de Londres: on n'y trouve pas des renseignemens aussi étendus sur le matériel de Londres, que dans celui qui a paru chez Buisson en 1788; mais il donne une idée satisfaisante du caractère physique et moral des habitans de Londres.

Londres ressuscité, ou Histoire ancienne et description moderne de la ville de Londres, recueillies d'après les archives de plusieurs fondations, les registres des paroisses, les manuscrits de Clarley et d'autres monumens authentiques, par Jacques-Peller *Malcom:* (en anglais) *Londinium redivivum*, etc..... Londres, Revington, 1803, tome 1er, in-4°.

Tableau de Londres pour l'année 1803, ou Guide complet de toutes les curiosités, amusemens, établissemens publics et objets remarquables de la ville et des environs de Londres, à l'usage des étrangers qui ne connoissent pas cette capitale: (en anglais) *The Picture of London for the years 1803.* Londres, 1803, in-12.

PAYS DE GALLES.

RELATION historique d'un voyage de trois ans en Angleterre et dans le pays de Galles, par *Roger*, avec cartes : (en anglais) *Historical Account of three years travels over England and Wales*. Londres, 1694, in-8°.

ETAT du nord du pays de Galles, par *Cradock* : (en anglais) *Account of north-Wales, by Cradock*. Londres, 1760, in-12.

EXCURSIONS dans le nord de la principauté de Galles, par *Evans* : (en anglais) *Tour through north Wales, by Evans*. Londres, 1762, in-8°.

Ce voyageur s'est principalement attaché à décrire les moeurs des Gallois.

EXCURSION dans le sud de la principauté de Galles, par *Gilpin* : (en anglais) *Tour in south Wales, by Gilpin*. Londres, in-8°.

EXCURSION dans le sud de l'Angleterre et dans le pays de Galles : (en anglais) *A Tour through the southern countries of England and Wales*. Londres, 1768, in-8°.

VOYAGE au pays de Galles, par R. *Warner* : (en anglais) *A Tour through Wales, by R. Warner*. Londres, in-8°.

LETTRES contenant la relation d'un Voyage fait dans le nord du pays de Galles, et des usages et coutumes de ses habitans : (en anglais) *Letters descriptive of a Tour through the northern countries of Wales, with the manners and customs of the inhabitans*. Londres, 1770, in-8°.

Excursion dans le pays de Galles, par Thomas *Pennant*: (en anglais) *A Tour in Wales, by Thomas Pennant*. Londres, 1778, in-4°.

Gravures supplémentaires au Voyage de Thomas *Pennant* dans le pays de Galles : (en anglais) *Supplemental plates in the Tour in Wales by Thom. Pennant*. Londres, 1781, in-fol.

Voyage au pays de Galles, par *Cattagerville* : (en anglais) *A Tour in Wales, by Cattagerville*. Londres, in-8°.

Observations sur les routes et les rivières de plusieurs pays de la province de Galles, par *Gilpin* : (en anglais) *Observations on the rivers, ways, and several parts of south Wales, by Gilpin*. Londres, Blamiere, 1789, in-8°.

Voyage fait à pied dans le nord du pays de Galles, par J. *Huck* : (en anglais) *A pedestrean Tour through north Wales, by J. Huck*. Londres, 1795, in-12.

Voyage dans le nord du pays de Galles, fait dans l'été de 1798; par Guillaume *Bingley*, ne contenant pas seulement la description et le local historique de cette contrée, mais encore une ébauche de l'histoire des Bardes, un essai sur la langue, des observations sur les usages, coutumes et habitudes; qualités de plus de quatre cents plantes indigènes, formant une relation complète de cette romantique contrée, enrichie de vues peintes à l'*aqua-tinta* par Alken : (en anglais) *Bingley's (William) a Tour round north Wales, performed during the sommer of 1798, containing not only the description and local history of the country, but also a sketch of the history of the Wales-Bards, an essays on the language, observations on the manners and customs, and the habitudes, of above 400 of the more natural plants, forming the complet account of that romantik country.* Londres, 1800, 2 vol. in-8°.

SECOND VOYAGE dans le pays de Galles, par R. *Werner*: (en anglais) *A second Voyage through Wales, by R. Werner.* Londres, Dill, 1800, in-8°.

En parcourant les parties nord et sud de la principauté de Galles, Werner s'est beaucoup occupé de l'agriculture, de l'économie rurale et domestique, des manufactures; mais il a dirigé sur-tout son attention sur les mines, et particulièrement sur celles de plomb.

OBSERVATIONS faites durant un voyage dans les parties nord et sud du pays de Galles, par *Wigstead*, avec planches; (en anglais) *Remarks on a Tour north and south Wales, by Wigstead.* Londres, 1800, in-8°.

La beauté des planches de ce Voyage, au nombre de vingt-deux, est ce qu'il offre de plus remarquable.

EXCURSION de Jean *Evans*, dans une partie du nord du pays de Galles, en l'année 1798 et dans d'autres époques, principalement entreprise dans la vue de faire des recherches botaniques dans les parties alpines de cette contrée: on y a mêlé des observations sur les différentes scènes qu'offre le pays, sur son agriculture, ses manufactures, ses coutumes, son histoire, ses antiquités: (en anglais) *John Evans's a Tour through part of north Wales in the year 1798 and at other times; principaly under-*

taken with a view to botanical researches in that alpine country, interspersed with observations on its scenery, agriculture, manufactures, customs, history and antiquities. Londres, 1806, in-8°.

Le titre de ce Voyage indique suffisamment le but de l'auteur en l'entreprenant, et il a réussi complètement.

ITINÉRAIRE du Voyageur Gallois, contenant la description historique et topographique des antiquités et des beautés du pays de Galles, par Thomas *Evans* : (en anglais) *Cambrian Itinerary or Wales Tourist, containing an historical and topographical description of the antiquities and beauties of Wales, by Thomas Evans.* Londres, 1801, in-8°.

VOYAGE pittoresque dans le midi et le nord du pays de Galles, ou suite de vues dessinées et gravées dans le style anglais, en imitation de dessins coloriés à l'eau, avec des détails descriptifs qui forment le texte, par Amélie *Choiseul-Suffren*. Première livraison. Paris, 1802, in-4°.

L'ouvrage étoit annoncé comme devant avoir huit livraisons : j'ignore s'il se continue. La livraison qui a paru, contient six vues coloriées du comté de Monmouth. Ces vues ont été dessinées par madame Choiseul-Suffren, et le texte est sorti aussi de sa plume.

VOYAGE par la Galle méridionale, etc. contenant un apperçu général des vues pittoresques, des ruines de l'antiquité, des événemens historiques, mœurs et situation commerciale de cette partie de l'Empire Britannique, par J. T. *Barber* ; orné d'une carte et de vingt vues gravées d'après les dessins de l'auteur (en anglais) *A Tour throughout South Wales*, etc... Londres, 1802, in-8°.

Lettres écrites pendant un voyage dans la Galle méridionale, en l'année 1803, contenant des observations sur l'histoire, les antiquités et les usages de cette province, par Jean *Evans* : (en anglais) *Letters written during a tour through South Wales*, etc.... *by John Evans*. Londres, Baldwin, 1805, in-8°.

Ce voyageur, ainsi qu'on l'a précédemment vu, avoit fait en 1798 une excursion dans une partie du nord du pays de Galles. Plusieurs années après, il a visité la partie méridionale de ce pays. C'est le résultat de ce dernier voyage qui est l'objet des quinze lettres dont je donne ici la notice. A des descriptions très-attachantes, il a joint des observations intéressantes sur l'histoire ancienne et les mœurs des habitans du pays de Galles. La dernière lettre renferme de savantes remarques sur la minéralogie et les mines de cette contrée.

Scènes, antiquités et biographies de la Galle méridionale, recueillies pendant deux voyages faits en l'an 1803, par B. H. *Matkin*, avec planches : (en anglais) *The Scenery, antiquities and biography of South Wales*, etc.... *by B. H. Matkin*. Londres, Longman, 1805, in-4°.

Dans les descriptions que fait ce voyageur, on reconnoît un observateur exercé. Il a su jeter beaucoup d'intérêt dans ses remarques sur les antiquités et l'histoire de la partie méridionale du pays de Galles, et dans ses notices sur plusieurs personnages distingués. Il a particulièrement signalé les progrès des arts dans cette contrée. Cet ouvrage peut figurer à côté de celui que Thomas Pennant a publié sur la partie septentrionale du pays de Galles, et dont j'ai donné précédemment la notice.

AUTRES PARTIES DE L'ANGLETERRE.

Voyage dans le comté de Kent, par *Lambarde*: (en anglais) *Perambulation of Kent, by Lambarde*. Londres, 1596, in-4°.

Histoire du pays de Galles et des comtés de Cornouailles et de Chester, par *Doddridge*: (en anglais) *History of Wales, Cornwall and Chester*. Londres, 1620, in-4°.

Description du comté de Lancaster, de ses antiquités, de son arsenal, etc... par Guillaume *Burton*: (en anglais) *Description of Leicestershire, with antiquities and armory, etc... by William Burton*. Londres, 1622; *ibid.* 1777, in-fol.

Les Antiquités du comté de Warwick, par Guillaume *Dugdale*, avec figures (en anglais). Londres, 1656, in-fol.

Cet ouvrage, fort estimé, est assez rare.

Antiquités du Nottinghamshire, par *Thornton*: (en anglais) *Of Nottinghamshire Antiquities, by Thornton*. Londres, 1677, in-fol.

Histoire naturelle de l'Oxfordshire, suivie d'un essai sur l'histoire naturelle de l'Angleterre, par Robert *Plot*: (en anglais) *Natural History of Oxfordshire, being an essay towards the natural history of England, by Robert Plot*. Oxford, 1677; *ibid.* 1686; *ibid.* 1695, in-8°.

— La même, avec des additions de M. Burmann: (en anglais) *Natural History*, etc.... *with additions by Burmann*. Oxford, 1705, in-4°.

HISTOIRE naturelle du Staffordshire, par Robert *Plot*, avec planches : (en anglais) *Natural History of Staffordshire, by Robert Plot.* Oxford, 1679; *ibid.* 1686, in-fol.

HISTOIRE naturelle du Staffordshire, par F. *Erdeswick* : (en anglais) *Natural History of Staffordshire, by F. Erdeswick.* Oxford, 1686, in-fol.

HISTOIRE et antiquités du comté de Rutland, recueillies d'après les anciens registres et les monumens antiques, et ornées de figures, par Jacob *Wright* : (en anglais, le titre seul en latin) *Historia et Antiquitates comitatûs Rutlandiae, ex tabulis antiquis et monumentis collectae, atque figuris ornatae, à Jacobo Wright.* Londres, 1684, in-fol.

ÉTAT de Honoré *de Richmond*, contenant la description des terres et des fermes qui appartinrent autrefois au comte Edwin, au-dessous de Richmondshire : (en latin) *Registrum Honorii de Richmond exhibens terrarum et villarum quae quondam fuerunt Edwin, comitis infra Richmondshire descriptionem.* Londres, H. Gerling, avec cartes et fig. in-fol.

HISTOIRE naturelle et Antiquités de la contrée de Surrey, par Jean *Aubry* : (en anglais) *J. Aubry's Natural History and Antiquities of the country of Surrey.* Londres, 1700, 5 vol. in-8°.

ANTIQUITÉS historiques de Herefordshire, par Henri *Challey* : (en anglais) *Historical Antiquities of Herefordshire, by Henr. Challey.* Londres, 1700, in-fol.

HISTOIRE naturelle du Lancashire, du Cheshire et de Peak dans le Derbyshire, avec la description des antiquités de l'Angleterre en cette partie, par Charles *Leigh*, avec planches : (en anglais) *The Natural History of Lancashire, Cheshire and Peak in Derbyshire, with an account of the antiquities in there parts, by Ch. Leigh.* Oxford, 1700, in-fol.

HISTOIRE naturelle et Antiquités du Northamptonshire, par Thomas *Morton* : (en anglais) *A Natural History and Antiquities of Northamptonshire, by Th. Morton.* Londres, 1702, in-fol.

L'ANTIQUE MONA, ou Discours archéologiques sur les antiquités naturelles et historiques de l'île d'Anglesey, et l'ancienne résidence des Druides bretons, par Henri *Rowland* : (en anglais) *Mona antiqua, ou Archæological Discours of the antiquities natural and historical of the isle of Anglesey, the ancient seas of the British Druids, by Henr. Rowland.* Dublin, 1703, in-4°.

HISTOIRE de l'Herefordshire, avec la description des anciens monumens, et en particulier des monumens romains de cette contrée, par Nicolas *Salmon* : (en anglais) *History of Herefordshire, describing the country its monuments particulary the roman, by N. Salmon.* Londres, 1708, in-fol.

ESSAI sur l'histoire naturelle du Cumberland et du West-Morland, par *Robison* : (en anglais) *Essay towards a natural History of Cumberland and West-Morland, by Robison.* Londres, 1709, in-8°.

HISTOIRE naturelle du Cumberland et du West-Morland, par *Robland* : (en anglais) *Natural History of Cumberland and West-Morland, by Robland.* Londres, 1709, in-8°.

DESCRIPTION des cantons de Shire et de Twendale, par *Pennekin*: (en anglais) *Description of the Shire and Twendale, by Pennekin.* Londres, 1715, in-8°.

HISTOIRE de l'île d'Anglesey : (en anglais) *History of the island Anglesey.* Londres, 1725, in-4°.

DESCRIPTION du comté de Dorset, par *Cooker*, avec des cartes : (en anglais) *A Survey of Dorsetshire, by Cooker.* Londres, 1732, in-fol.

COUP-D'ŒIL sur le comté de Sussex, par Richard *Bladgen*: (en anglais) *Survey of the country of Sussex, by Richard Bladgen.* Londres, 1732, in-8°.

VOYAGE d'Angleterre dans les comtés de Suffolk, Essex, Kent, Sussex, Surrey, Berkshire, Middlesex, Londres, Buckinghamshire, Bedfordshire, Herefordshire, Wiltshire, Dorsetshire, Devonshire, Oxfordshire, Warwickshire, Gloucestershire, Somersetshire, Shropshire, Lancashire, Staffordshire, Derbyshire, Leicestershire, Rutland et Huntingdon, Nottinghamshire, Northamptonshire, Yorkshire, Durham, Northumberland, Cumberland, Galles, Cornwall, et l'île de Man, par Jean *Macky*: (en anglais) *A Journey through England, Suffolk, Essex,* etc..... *by John Macky.* Londres, 1732, 3 vol. in-8°.

HISTOIRE des antiquités de Harwich et de Dovercourt, dans le comté d'Essex, par Sylla *Taylor*: on y a ajouté un grand appendice contenant l'histoire naturelle de la mer, des côtes et de la contrée des environs de Harwich, par Samuel *Dale*: (en anglais) *The History and antiquities of Harwich and Dovercourt on the country of Essex, by Sylla Taylor: to which is added a large appendice, containing the natural history of the sea, coast and country about Harwich, by Samuel Dale.* Londres, 1732, in-4°.

HISTOIRE du Cheshire : ensemble des extraits considérables de sir P. *Leicester* sur les antiquités du Cheshire, et des observations très-étendues, propres à former une histoire complète de cette contrée : (en anglais). *The History of Cheshire.... together with considerables extracts from sir P. Leicester antiquities of Cheshire, and observations of late written the whole forming a complete history of that country.* Chester, 2 vol. in-8°.

RELATION des îles Jersey et Guernesey, par *Falle* : (en anglais) *An Account of islands Jersey and Guernesey, by Falle.* Londres, 1734, in-8°.

Cette relation a été traduite en français sous le titre suivant :

HISTOIRE détaillée des îles Jersey et Guernesey, traduite de l'anglais par Lerouge. Paris, 1768, in-12.

HISTOIRE et Antiquités, tant ecclésiastiques que civiles, de l'île de Thanet, dans le comté de Kent, par Jean *Lewis*, maître-ès-arts, curé de Myasted, et ministre de Murgate dans ladite île : avec une collection de pièces et de renseignemens cités dans les précédentes histoires et antiquités de Thanet : enrichie de beaucoup de plans et de figures, et du portrait de l'auteur : (en anglais) *The History and Antiquities as well ecclesiastical as civil, of the isle of Thanet in Kent, by John Lewis, vicar of Myasted and minister of Margate in the said island : a collection of papers, records, etc.. reserved in the foregoing history and antiquities of Thanet.* Londres, Osborne, 1736, gr. in-4°.

ANTIQUITÉS de Surrey, avec quelques détails sur l'histoire naturelle de cette contrée, par Nicolas *Salmon :* (en anglais) *Antiquities of Surrey, with some account of the natural history of the country; by Nic. Salmon.* Londres, 1736, in-8°.

HISTOIRE naturelle du pays de Cornouaille, par *Borlase :* (en anglais) *The Natural History of Cornwal, by Borlase.* Oxford, 1738; Londres, 1739, in-fol.

HISTOIRE et Antiquités de Selborne, dans le comté de Southampton, par Gilbert *Wite :* (en anglais) *The History and Antiquities of Selborne in the country of Southampton, by G. Wite.* Londres, 1749, in-4°.

DESCRIPTION relative tant à l'histoire proprement dite, qu'à l'histoire naturelle des îles Scilly, et description générale du pays de Cornouaille, par Robert *Heat,* avec planches : (en anglais) *A Natural and Historical Account of the islands of Scilly, and a general description of Cornwall.* Londres, 1750, in-8°.

DESCRIPTION historique de Guernesey, avec des remarques sur Jersey et autres îles voisines, appartenant à l'Angleterre, sur les côtes de France, par M. Thomas *Duey* (en anglais). Londres, Ramberg, 1751, in-12.

OBSERVATIONS sur l'état ancien et actuel des îles de Scilly, par *Borlase*, avec planches : (en anglais) *Observations of the ancient and present state of the islands of Scilly*. Oxford, 1756, in-4°.

BEAUTÉS rurales, ou Histoire naturelle des quatre contrées occidentales de Cornouaille, du Devonshire, du Dorsetshire et du Somersetshire: (en anglais) *Rural Beauties, or the Natural History of the four western countries, Cornwall, Devonshire, Dorsetshire and Somersetshire*. Londres, 1757, in-12.

HISTOIRE naturelle de l'Angleterre et du pays de Galles, contenant une description complète de leur situation, par Benjamin *Martin*: (en anglais) *Natural History of England and Wales, containing a full account of their situations, by Benj. Martin*. Londres, 1759, in-4°.

LE NOUVEAU GUIDE d'Oxford: (en anglais) *New Conduct of Oxford*. Londres, 1761, in-12.

ETAT ancien et actuel du Gloucestershire, par Robert *Atkins*: (en anglais) *The ancient and present State of Gloucestershire, by Robert Atkins*. Londres, 1768, 2 vol. in-fol.

VOYAGE de six semaines dans les contrées méridionales de l'Angleterre et du pays de Galles, par Arthur *Young*: (en anglais) *Six weeks Tour through the southern countries of England and Wales, by Arthur Young*. Londres, 1769, in-8°.

VOYAGE de six mois dans le nord de l'Angleterre, contenant le tableau de l'état présent de l'agriculture, des manufactures, de la population, etc.... par *Arthur Young*: (en anglais) *Six months Tour through the north of England, containing an account of the present state of agriculture, manufactures and population, etc.... by Arthur Young.* Londres, 1769, 4 vol. in-8°.

LE VOYAGE DU FERMIER à l'est de l'Angleterre, par Arthur *Young* : (en anglais) *Farmers Tour through the east of England, by Arthur Young.* Londres, 1771, 4 vol. in-8°.

OBSERVATIONS sur les landes de la Grande-Bretagne, par Arthur *Young* : (en anglais) *Observations of the present state of the waste lands of Great-Britain, by Arthur Young.* Londres, 1773, in-8°.

Ces Voyages ont été traduits en français, et réunis sous le titre suivant :

VOYAGES en diverses parties de l'Angleterre, sous le titre de *Cultivateur anglais, ou Œuvres choisies d'agriculture et d'économie rurale et politique, par Arthur Young* ; traduits de l'anglais par les CC. Lamarre, Benoît et Billecocq, avec des notes par le C. de Leuze, ornés de tableaux et de quarante-quatre planches gravées par Tardieu. Paris, Meurant, an IX — 1801, 18 vol. in-8°.

Cet important ouvrage est digne de la réputation de son auteur. On conçoit que des Voyages purement agronomiques ne sont pas susceptibles d'extraits aussi resserrés que doivent l'être ceux qui entrent dans une Bibliothèque universelle des Voyages. De tant d'observations importantes faites par Young dans ses Voyages, je n'en releverai qu'une, parce qu'elle laisse des nuages sur un fait très-intéressant. Ce célèbre agronome dit avoir constaté que plusieurs provinces de l'Angleterre ont une température qui, aussi douce que celle du midi de la France, est très-favorable, dans son opinion, à la culture des orangers et de la vigne. Pourquoi donc n'y plante-t-on pas en pleine terre l'oranger, comme dans notre ci-devant Provence? Pourquoi n'y cultive-t-on pas la vigne en plein champ, comme on l'a essayé, avec succès même, dans les provinces un peu septentrionales de la France? Il ne paroît pas que Young ait résolu cette espèce de problême agronomique. Ne seroit-ce pas que la température, presque constamment brumeuse, des parties même les moins froides de l'Angleterre, est plus préjudiciable encore à ces deux genres de culture, que les gelées d'une foible intensité?

VOYAGE dans l'intérieur de l'Angleterre, en forme de lettres familières d'un Gentleman à son ami résident sur le continent, et contenant tout ce qui se trouve de curieux dans le comté de Norfolk, etc.... (et autres parties de l'Angleterre); cinquième édition, considérablement augmentée : (en anglais) *A Journey through England, in familiar letters from a Gentleman here to his friend abroad, containing what is curious in the countries of Norfolk, etc.... (and other parts of England) the fifth edition, with large additions.* Londres, Pimberton; 1772, 3 vol. in-8°.

La multiplicité des éditions de ce Voyage, dont je n'indique ici que la dernière, prouve quel intérêt les Anglais prennent aux descriptions détaillées de leur pays.

HISTOIRE et Antiquités de Rochester et des environs, à laquelle on a ajouté une description des villes, villages, maisons de campagne, et anciens édifices situés sur et proche la route de Londres à Margate, à Deal et à Douvres, enrichies de planches en taille-douce : (en anglais) *The History and Anti-*

quities of Rochester and its environs : to which is added a description of the towns, villages, gentlemen seats, and ancient buildings, situated on, or near the road from London to Margate, Deal and Dover, embellished with copper plates. Rochester, Fisher, Londres, 1772, in-8°.

ESSAIS introductifs à l'histoire topographique du comté de Norfolk, par *Blomefield* : (en anglais) *Essais towards topographical history of the county Norfolk, by Blomefield.* Londres, 1772, 5 vol. in-fol.

Cet ouvrage vient de plus en plus à l'appui de l'observation précédente. Cinq volumes in-folio pour de simples essais topographiques d'un seul comté d'Angleterre ! A combien de volumes in-folio auroit été porté cet ouvrage, si l'auteur avoit complètement traité ce qui n'a été pour lui que la matière de simples essais ?

VOYAGE dans le Derbyshire et le Yorkshire : (en anglais) *A Tour into Derbyshire and Yorkshire.* Londres, 1777, in-8°.

PROMENADE aux environs de la ville de Cantorbéry, par Guillaume *Gestling* : (en anglais) *Walk on and about the city of Cantorbury, by William Gestling.* Cantorbéry, 1777, in-8°.

HISTOIRE naturelle et Antiquités des comtés de Cumberland et de Westmorland, par *Nichols* : (en anglais) *History and Antiquities of the Country of Cumberland and Westmorland, by Nichols.* Londres, 1777, 2 vol. in-4°.

HISTOIRE et Antiquités du comté de Leicester, par *Nichols* : (en anglais) *History and Antiquities of the countries of the county of Leicester, by Nichols.* Londres, 4 vol. in-fol.

Voilà encore des *in-folio* pour la description d'un simple comté !

TABLEAU de l'île de Wight, en forme de lettres écrites par Jean *Sturk* à ses parens : (en anglais) *View of the island of Wight, in four letters to a parent, by John Sturk.* Londres, 1778, in-8°.

L'ILE de Wight, par *Worsley* : (en anglais) *Worsley's island of Wight.* Londres, in-8°.

ESQUISSE d'un voyage dans le Derbyshire et l'Yorkshire, et en partie dans les contrées de Buckingham, Warwick, Leicester, Notthingham, Northampton, Bedford et Herefordshire : (en anglais) *Sketch of a Tour in to Derbyshire and Yorkshire, including parts of Buckingham, Warwick, Leicester, Notthingham, Northampton, Bedford and Herefordshire.* Londres, 1778, in-8°.

HISTOIRE de Newcastle, par Jacques *Brand* : (en anglais) *History of Newcastle, by James Brand.* Londres, 1780, 2 vol. in-4°.

Les recherches que l'auteur a jetées dans cet ouvrage, sur les anciens monumens, sont précieuses.

VOYAGE dans le Monmouthshire et le pays de Galles, par le lord *Littleton* : (en anglais) *Tour through Monmouthshire and Wales, by lord Littleton.* Londres, 1781, in-fol.

HISTOIRE naturelle du Monmouthshire, par Jean *Morton* : (en anglais) *A Natural History of Monmouthshire, by John Morton.* Londres, 1781, in-fol.

VOYAGE dans le Monmouthshire, par Henri-Penderocke *Windham* : (en anglais) *Tour through Mon-*

mouthshire and Wales, by Henr. Penderocke Windham. Londres, 1781, in-8°.

COUP-D'ŒIL sur l'état présent du Derbyshire, par Jacques *Pikinton*, avec cartes : (en anglais) *A View of the present state of Derbyshire, by James Pikinton.* Derby, 1783, 2 vol. in-8°.

L'HISTOIRE et les Antiquités de Hawsted, dans le comté de Suffolk, par Jean *Cullum* : (en anglais) *The History and Antiquities of Hawsted in the country of Suffolk.* Londres, 1784, in-4°.

LETTRES sur un Voyage fait dans quelques provinces méridionales de l'Angleterre, par le baron *de R***.* Dresde, 1786, in-8°.

COURTE DESCRIPTION de quelques curiosités naturelles aux environs de Malham dans le Yorkshire, par Thomas *Huntley* : (en anglais) *A concise Account of some natural curiosities in the environs of Malham in Yorkshire.* Londres, 1786, in-8°.

RUINES remarquables et Aspects romantiques du nord de la Grande-Bretagne, par Charles *Cordiner*, avec d'anciens monumens et des sujets d'histoire naturelle, enrichis de cent planches : (en anglais) *Remarkables Ruins and romantics Prospects of north Britain, with ancient monuments and singular subjects of natural history, by Ch. Cordiner.* Londres, 1788-1795, 2 vol. in-4°.

EXTRAIT du Journal de voyage d'un Allemand, sur l'état des mines dans le comté de Cornouailles : (en allemand) *Auszug aus dem Reise-Journal eines Deutschen, oder Nachrichten von dem Zustand des*

Bergwesens in der Grafschaft Cornwall. (Inséré dans le Journal des Mines, 3e année, 2e vol.)

VOYAGE en différentes parties de l'Angleterre, et particulièrement dans les montagnes et sur les lacs du Cumberland et du Westmorland; contenant des observations relatives aux beautés pittoresques, par Guillaume *Gilpin*, avec planches; 3e édition: (en anglais) *A Tour in the several parts of England, and particularly in the mountain and lakes of Cumberland and Westmorland; containing the observations relatives at pittoresque beauty, by William Gilpin.* Londres, 1788, 2 vol. in-8°.

Ce Voyage a été traduit en français sous le titre suivant:

OBSERVATIONS pittoresques sur différentes parties de l'Angleterre, particulièrement sur les montagnes et les lacs du Cumberland et du Westmoreland, ainsi que du pays de Galles, par Will. *Gilpin*, traduit de l'anglais par le B. de Blumenstein. Breslau, 1800, 3 vol. in-8°.

Cette édition est précédée de deux volumes du même auteur, contenant trois Essais, sur le Beau pittoresque, sur les Voyages pittoresques et sur l'Art d'esquisser le paysage.

Les vingt planches et vues gravées à l'*aqua tinta*, qui se trouvent dans cette édition, sont bien supérieures à celles de l'original, et ont aussi été employées pour la traduction allemande, imprimée également à Breslau, en 2 vol. in-8°.

La traduction française qui a paru en 1789, à Paris, chez Defer de Maison-Neuve, en 2 vol. in-8°, est moins considérée.

Ce Voyage est du plus grand intérêt pour les amateurs des beautés de la nature: le voyageur les a saisies avec une grande sagacité, et les a rendues avec beaucoup de chaleur.

EXCURSION dans l'île de Wight, par *Hassell*, avec figures coloriées: (en anglais) *Hassell's Tour of the isle of Wight.* Londres, 1790, 2 vol. in-4°.

— La même, avec figures. *Ibid.* 1798, 2 vol. in-8°.

DESCRIPTION topographique du Cumberland, du Westmorland, du Lancashire et d'une partie du Yorkshire, par Jean-Housman *Carlisle*, avec planches : (en anglais) *A Topographical Description of Cumberland, Westmorland, etc.... by John Housman Carlisle.* Londres, Lawat Clarke, 1791, in-8°.

HISTOIRE naturelle et Antiquités du comté de Somerset, par Jean *Collinson*, avec planches : (en anglais) *The History and Antiquities of county of Somerset, by John Collinson.* Bath, 1791, in-8°.

— La même, considérablement augmentée. Londres, 1792-1794, 3 vol. in-4°.

HISTOIRE et Antiquités de Nasabi dans le comté de Northampton, par Jean *Martin*, avec planches : (en anglais) *The History and Antiquities of Nasabi in the county of Northampton, by John Martin.* Cambridge, 1792, in-8°.

ESSAI sur l'Histoire, les montagnes et les productions du Caernarvonnshire, par Arthur *Aikin* : (en anglais) *Caernarvonnshire, a Sketch of the History, mountains and productions, by Arthur Aikin.* Londres, 1792, in-8°.

TABLEAU topographique de la grande route de Londres à Bath et à Bristol, par Archibald *Robertson* : (en anglais) *Topographical Survey of the great road from London to Bath and Bristol, by Archibald Robertson.* Londres, 1792, 2 vol. in-8°.

VOYAGE par quelques provinces occidentales et méridionales de l'Angleterre, par G. *Wendeborn* : (en allemand) *Reise durch einige westliche und sud-*

lichen Provinzen Englands, von *G. Wendeborn*. Hambourg, 1793, 2 vol. in-8°.

POINTS DE VUE de l'île de Wight, par Henri Penderoke *Windham* : (en anglais) *A Picture of the isle of Wight, of Penderoke Windham*. Londres, 1794, in-8°.

CHOIX DE VUES dans le Lancashire, par *Trosby* : (en anglais) *Select Views in Lancashire, by Trosby*. Londres, 1794, in-8°.

LA MINÉRALOGIE du pays de Cornouaille, par *Price* : (en anglais). *Mineralogy of Cornwall, by Price*. Londres, 1794, in-8°.

NOUVELLE HISTOIRE corrigée et perfectionnée de l'île de Wight, depuis les premiers établissemens qui y ont été formés jusqu'au temps actuel, d'après des informations authentiques, comprenant ce qu'il y a de plus digne d'attention dans son histoire naturelle et dans son état civil, ecclésiastique et militaire, en parcourant les différens âges de cette île, tant anciens que modernes, par J. *Albin* : (en anglais) *A new correct and much improved History of the isle of Wight, from the earliest times of authentic information, in the present period, comprehending whatever is curious or worthy of attention in the natural history, with its civil, ecclesiastical and military state, in the various age both ancient and modern, by J. Albin*. Londres, 1795, in-8°.

VUES de Middlesex, par *Middleton* : (en anglais) *View of Middlesex, by Middleton*. In-4°.

JOURNAL du voyage d'Arthur *Aikin* dans le nord du pays de Galles et dans le Shropshire, avec des observations sur la minéralogie et d'autres branches de l'histoire naturelle, orné de planches : (en anglais) *Journal of a tour through north Wales and Shropshire, with observations in mineralogy and other branches of natural history, by Arthur Aikin.* Londres, 1796, in-8°.

OBSERVATIONS relatives principalement à l'histoire naturelle, aux scènes pittoresques et aux antiquités de l'ouest de l'Angleterre, faites dans les années de 1794 à 1796, par Guillaume-George Maton, avec planches : (en anglais) *Observations relatives chiefly to the natural history, pittoresque scenery, and antiquities of the western countries of England, made in the years 1794-1796, by William Georg. Maton.* 1796, 2 vol. in-8°.

VOYAGE pittoresque des lacs du Westmorland, du Lancashire et du Cumberland, par Joseph Rudworth : (en anglais) *Pittoresque Tour of lakes of Westmorland, Lancashire, of Cumberland; by Jos. Rudworth.* Londres, 1796, in-8°.

EXCURSION aux lacs de Westmorland, par *Walker* : (en anglais) *Tour to the lakes of Westmorland, by Walker.* Londres, 1796, in-8°.

EXCURSION aux lacs de Cumberland, par *Houssman* : (en anglais) *Tour to the lakes in Cumberland, by Houssman.* Londres, 1796, in-8°.

EXCURSION aux lacs de Westmorland et de Cumberland, par Guillaume *Hutchinson* : (en anglais) *Excursion to the lakes in Cumberland and Westmorland, by William Hutchinson.* Londres, 1796, in-8°.

C'est à la description des anciens monumens que s'est

principalement attaché ce voyageur; mais il a jeté aussi beaucoup d'agrément dans celle qu'il nous a donnée des deux lacs.

VOYAGE aux lacs de Cumberland et de Westmorland, par madame *Radcliffe*: (en anglais) *Tour in to the lakes of Cumberland and Westmorland, by mistriss Radcliffe*. Londres, in-8°.

Madame Radcliffe n'a pas laissé jouer davantage ici son imagination, qu'elle ne l'avoit fait dans son Voyage sur les bords du Rhin, en Hollande : ses descriptions sont animées, mais avec une certaine sobriété, et toutes ses observations sont judicieuses.

VOYAGE dans l'île de Wight, par Charles *Tomkins*, enrichi de quatre-vingts cartes et vues : (en anglais) *A Tour to the isle of Wight, enriched by 80 views, by Ch. Tomkins*. Londres, 1796, in-fol.

RELATION des Antiquités romaines découvertes à Woodchester, dans le Gloucestershire, par *Lyson*, avec figures en couleur : (en anglais) *Lyson's Account of roman Antiquities discovered at Woodchester in Gloucestershire*. Londres, 1797, in-fol.

Ce bel ouvrage se vend 250 fr. à Londres même.

JOURNAL d'un voyage de Londres dans l'île de Wight : (en anglais) *Journey from London to the isle of Wight*. Londres, 1800, 2 vol. in-4°.

VUES pittoresques de la Tamise et de la Medway, par Samuel *Ireland*, avec planches : (en anglais) *Pittoresque View of Tamise and Medway, by Samuel Ireland*. Londres, in-fol.

VUES pittoresques de la Wye, depuis sa jonction avec la Saverne, par Samuel *Ireland* : (en anglais)

2

Pittoresque View of the Wyefrom his spring at his joining with the Savern, by Samuel Ireland. Londres, in-fol.

De belles gravures, exécutées en *aquâ tintâ*, et qui offrent les paysages les plus remarquables des quatre rivières, l'objet de ces deux descriptions, n'en forment pas, à beaucoup près, le seul mérite : avec de la simplicité et de la clarté, elles ont encore celui d'être mêlées d'observations judicieuses et d'anecdotes piquantes.

LE VOYAGEUR accompagnant M. Gray en Angleterre et dans le pays de Galles, par Thomas *Northmore*, avec des additions et des corrections considérables : (en anglais). *Thomas Northmore's companion through England and Wales, by the late M. Gray, to which are now added considerable improvements and additions.* Londres, 1799, in-8°.

VOYAGE dans le Cornouaille, par les comtés de Southampton, Wilts, Dorset, Sommerset et Devon, accompagné de remarques historiques, littéraires et politiques, par G. *Lipscombe* : (en anglais) *A Journey into Cornwall, through the counties of Southampton, Wilts, Dorset, Somerset and Devon, with Remarks moral, historical, litterary and political, by Lipscombe.* Londres, Rivington, 1800, in-8°.

Malgré tout l'appareil de l'annonce faite dans le titre, ce Voyage ne renferme rien de bien intéressant, si ce n'est la description d'une pompe à feu d'un mécanisme curieux, et la description des ruines de quelques monumens du moyen âge.

HISTOIRE naturelle et Antiquités du Northumberland et d'une partie du comté de Durham entre les rivières de Tyna et de Tweed; communément appelée Evêché du Nord, par Joseph *Wallis*, avec planches : (en anglais) *Natural History and Antiquities of Northumberland and of so much of the county of Durham as lies between the rivers Tyne and Tweed, commonly called North-Bishoprick*. Londres, 2 vol. in-4°.

Esquisse de la Nature, ou Voyage de Margate, traduit de l'anglais de *Keate*. Paris, Dentu, 1799, in-8°.

Ce Voyage est une satire où l'auteur a jeté beaucoup de gaieté, et de ce que les Anglais appellent *humour* : il ne devroit peut-être pas entrer dans la Bibliothèque des Voyages; mais j'ai cru devoir l'y insérer, parce qu'il donne une idée exacte du caractère moral des Anglais.

Description du Cumberland, par *Housman* : (en anglais) *An Account to Cumberland, by Housman*. Carlisle, 1800, in-8°.

Guide aux lacs par *West* : (en anglais) *West Guide to the lakes*. Londres, 1800, in-8°.

Description de la contrée de Manchester, par *Aikin* : (en anglais) *Aikin's Description of the country round Manchester*. Londres, 1795, in-8°.

Antiquités historiques, architecturales, chorographiques et itinéraire dans le Nottinghamshire, et les contrées adjacentes, comprenant l'histoire de Southwell et de Newark, et où sont répandues des esquisses biographiques et des gravures, par G. *Dickinson* : (en anglais) *Antiquities historical, architectural, chorographical and itinerary in Nottinghamshire and the adjacent countries, comprehending the historical of Southwell and Newark, interspersed with biographical sketches and profusely embellished with engravings, by William Dickinson.* Londres, 1801 et 1802, 2 vol. in-4°.

VOYAGE dans la contrée de Middlesex, par *Lyson*: (en anglais) *A Tour in Middlesex country, by Lyson.* Londres, 1801, in-4°.

DESCRIPTION du comté de Durham, par *Hutchinson*: (en anglais) *The county of Durham, by Hutchinson.* Londres, 1801, 3 vol. in-4°.

JOURNAL de pensées pendant un voyage à Scarborough : (en anglais) *Journal of thoughts in a Journey to Scarborough.* Londres, 1801, in-12.

VOYAGE de *Hotton* à Birmingham : (en anglais) *Journey from Birmingham, by Hotton.* Londres, 1801, in-8°.

VOYAGE historique dans le Monmouthshire, par *Coxe*, avec planches : (en anglais) *Historical Tour in Monmouthshire, by Coxe.* Londres, 1802, Cadel et Davies, 2 vol. in-4°.

Les vues figurées sur les planches sont d'une grande beauté.

HISTOIRE de Birmingham, par *Hotton*: (en anglais) *History of Birmingham, by Hotton.* Londres, 1802, in-8°.

DESCRIPTION de Blenheim, par *Mentor*: (en anglais) *Description of Blenheim, by Mentor.* Londres, 1802, in-8°.

VOYAGE sentimental de Bath, par *Heard*: (en anglais) *Sentimental Journey to Bath, by Heard.* Londres, 1802, in-4°.

Ce Voyage n'est pas purement sentimental ; il renferme

des descriptions et des peintures de mœurs très-exactes : c'est à ce titre que je le place ici.

VOYAGE du docteur *Bougout* à Bath : (en anglais) *Journey of Dr Bougout in Bath.* Londres, 1802, in-8°.

VOYAGE dans la partie occidentale de l'Angleterre, par *Gilpin*, avec planches : (en anglais) *Tour in the west of England, by Gilpin.* Londres, in-8°.

LES BEAUTÉS du comté de Wilt, par J. *Britton :* (en anglais) *The Beauties of Wiltshire, by J. Britton.* Avec planches. Londres, 1801, 2 vol. in-8°.

VOYAGE dans quelques contrées occidentales de l'Angleterre, par Robert *Werner*, seconde édition : (en anglais) *A walk through some of the western countries of England, by R. Werner.* Londres, 1801, in-8°.

Le principal objet de ce voyageur, dont les relations méritent le plus d'être distinguées dans la multitude de celles dont je donne ici la notice, étoit de décrire les sites du pays, les monumens de l'architecture ancienne et moderne, les mœurs et les usages des habitans : mais il s'est occupé aussi de l'économie rurale, et c'est une des plus précieuses parties de sa relation.

Les Anglais, dit-il, sont si pénétrés de l'importance des canaux, qu'ils en creusent par-tout où ils les jugent praticables ; de sorte que bientôt, chaque endroit considérable aura le sien. On en construit actuellement un, ajoute-t-il (en 1800), de Bath à Rodstock, pour le transport des charbons-de-terre (1). Ce peuple ne met pas moins d'ar-

(1) En France, le gouvernement met le même zèle à ouvrir de nouveaux canaux, que, malgré les faveurs versées par la nature sur cette contrée, Young juge utiles pour la prospérité de l'agriculture, et propres à vivifier le commerce intérieur.

deur à fertiliser les terres incultes. La Grande-Plaine (*Trau-Kil-Moer*) étoit autrefois couverte des eaux de la mer, ce que, dans le grand nombre de collines qui formoient alors des îles, on reconnoît aisément par les productions marines qu'on y trouve encore. Ce marais a été totalement converti en terres à pâturages, au moyen de larges fossés; et des digues empêchent qu'il ne soit inondé de nouveau.

En donnant des éloges à cette destination d'un terrein originairement dérobé à l'action des eaux, le voyageur, auquel sa méthode constante de faire à pied ses excursions, donnoit la facilité de recueillir des faits échappés à ceux qui voyagent d'une manière plus commode, s'élève avec force contre la manie de convertir par-tout les pâturages en terres labourables. Je me permettrai, à ce sujet, une observation qu'amène assez naturellement la censure du voyageur anglais.

On ressent maintenant en France les graves inconvéniens qu'a entraînés la conversion de beaucoup de pâturages en terres labourables. Le défrichement des pâtures appartenantes aux communes, résultat nécessaire du partage de ces pâtures entre les habitans communaux, décrété par l'Assemblée législative vers la fin de sa session (1792), à une époque où elle commençoit à affecter une dangereuse popularité, peut être regardé comme une des causes les plus influentes dans la diminution des bestiaux, l'augmentation de leur prix, le renchérissement excessif de la viande, la rareté même des engrais. Les pâtures, en effet, donnoient aux habitans les moins aisés, la faculté de nourrir une vache et quelques moutons. En convertissant ces pâtures en terres à labour, on a considérablement diminué l'espèce des bestiaux, sans aucun profit, et même au détriment de l'agriculture : car les terres anciennement en pâture, généralement d'une très-médiocre qualité, après avoir donné, dans les premières années, quelques belles récoltes en avoine et en blés de mars, ne produisent plus aujourd'hui qu'une petite quantité de menus grains; et cependant la diminution du bétail résultante du défrichement de ces pâtures, a operé celle des engrais indispensables pour entretenir la fertilité des meilleures terres.

DESCRIPTION topographique du Cumberland, du Westmorland, du Lancashire, et d'une partie de Westriding dans le Yorkshire : (en anglais) *A Topographical Description of Cumberland, Westmorland, Lancashire, and parts of Westriding in Yorkshire.* Londres, Clarke, 1802, in-8°.

Sous le titre modeste de Description topographique, l'auteur de cet ouvrage y a jeté des notions très-utiles sur les productions de la nature, sur l'agriculture, le commerce, les manufactures, la navigation intérieure, les mines des comtés désignés dans le titre : il n'a pas même négligé de donner une idée des usages et des mœurs de leurs habitans.

VOYAGE dans la partie occidentale du pays de Galles, à travers les contrées d'Oxford, de Warwick, de Worcester, de Hereford, de Salop, de Stafford, de Buckingham et de Hertford, dans l'année 1799, par George *Lypscomb*; (en anglais) *Journey into south Wales, through the countries of Oxford, Warwick, Worcester, Hereford, Salop, Stafford, Buckingham and Hertford, in the years 1799, by George Lypscomb.* Londres, 1802, in-8°.

VOYAGE dans les contrées septentrionales de l'Angleterre et le long des frontières de l'Ecosse, par Robert *Werner*: (en anglais) *A Tour through the northen countries of England and the borders of Scotland, by R. Werner.* Londres, 1802, 2 vol. in-8°.

Le principal mérite de ce Voyage, consiste dans des observations minéralogiques faites par l'auteur, auquel, comme on l'a vu, l'Angleterre doit plusieurs autres relations très-avantageusement distinguées de la plupart de celles qu'on a tant multipliées, en se livrant à de minutieuses et prolixes descriptions.

DESCRIPTION de Matlock-Bath, où l'on a entrepris d'expliquer la nature de ses sources : on y a ajouté une relation de Chatsworth et de Kedleston, et des eaux minérales de Querodon et de Kedleston; par Georges *Lypscomb* : (en anglais) *A Description of Matlock-Bath : with an attempt to explain the qualities of the springs, to which is added some account of Chatsworth and Kedleston, etc.... by George Lypscomb.* Londres, 1805, in-8°.

PIÈCES fugitives sur l'histoire et les beautés naturelles de Clifton, Hotwels et des environs, par G. W. *Mamby*, avec planches : (en anglais) *Fugitive Sketches of the history and natural beauties, etc.... by G. W. Mamby.* Londres, Robinson, 1804, in-8°.

GUIDE historico-pittoresque de Clifton, par les comtés de Monmouth, Glamorgan et Brecknock, avec planches, par *le même* : (en anglais) *An historic and pittoresque Guide from Clifton.* Ibid. 1804, in-8°.

Dans ces deux ouvrages, l'auteur a eu principalement pour objet, de rechercher et de décrire les monumens antiques, les temples, les inscriptions, etc.... Ses recherches et ses descriptions annoncent une grande connoissance des antiquités. Il y a joint des observations historiques sur les pays qu'il a parcourus et sur les monumens qui s'y trouvent.

VOYAGE dans la partie septentrionale du comté de Devon, par T. H. *Williams* : (en anglais) *Tour in the north of Devon, by T. H. Williams.* Londres, 1804, in-8°.

EXCURSION à Leicester, contenant une description de la ville et de ses environs, avec des observations sur son histoire et ses antiquités, par une dame: (en anglais) *A Walk through Leicester, etc...* Londres, Horst, 1805, in-8°.

§. III. *Voyages communs à l'Angleterre proprement dite et à l'Ecosse.*

LA GRANDE-BRETAGNE de Bacon, ou Raretés d'histoire naturelle de l'Angleterre, de l'Ecosse et du pays de Galles, telles qu'on les trouve dans chacune de leurs provinces, et décrites historiquement suivant les préceptes du lord Bacon, par *Childrey*: (en anglais) *Britannia Baconica, or the Natural History rarities of England, Scotland and Wales, according as they are to be found in every shire, historically related according to the precept of lord Bacon, by Childrey.* Londres, 1661, in-8°.

Cet ouvrage a été traduit en français sous le titre suivant :

HISTOIRE des Singularités de l'Angleterre, du pays de Galles et de l'Ecosse, traduite de l'anglais de *Childrey*, par Briot. Paris, Rinville, 1667, in-12.

VOYAGE en Angleterre, en Ecosse et dans le pays de Galles, par Jacques *Brome*; (en anglais) *Travels in England, to Scotland and Wales, by James Brome.* Londres, 1700; *ibid.* 1707, in-8°.

JOURNAL d'un voyage en Angleterre et en Ecosse:

(en anglais) *A Journey through England and Scotland.* Londres, 1722, 3 vol. in-8°.

VOYAGE au Nord, ou Journal d'un voyage dans les contrées de l'Ecosse et dans les parties septentrionales de l'Angleterre, par Alexis *Gordon*, avec planches : (en anglais) *Itinerarium septentrionale, or a Journey through most of the countries of Scotland, and those of the north of England, by Alexis Gordon.* Londres, Strochem, 1726, in-fol.

— Le même, avec des augmentations de l'auteur (en anglais). Londres, Van der Huek, 1736, in-fol.

Ce Voyage est fort recherché et mérite de l'être, sur-tout pour la partie des antiquités.

JOURNAL d'un voyage dans quelques parties de l'Angleterre et de l'Ecosse : (en anglais) *A Journey through parts of England and Scotland.* Londres, 1746, in-8°.

LETTRES contenant plusieurs observations sur l'histoire naturelle, faites dans un voyage au pays de Galles et en Ecosse, par Edouard *Lwid* : (en anglais) *Letters containing several observations in natural history, made in his travels through Wales and Scotland, by Lwid.* (Insérées dans les Transactions philosophiques, vol. 27, n°s 334 et 339; vol. 28, n° 337.)

LE NOUVEAU VOYAGEUR universel dans la Grande-Bretagne, ou Relation exacte et complète d'un voyage en Angleterre, dans le pays de Galles et en Ecosse, et dans les îles voisines : (en anglais) *The modern universal British Traveller, or a new com-*

plete and accurate Tour through England, Wales, Scotland, and the neighbouring islands. Londres, 1779, in-fol.

OBSERVATIONS faites dans une suite de Lettres, pendant un voyage dans une partie de l'Angleterre, de l'Ecosse et du pays de Galles : (en anglais) *Observations made during a Tour through parts of England, Scotland and Wales, in a series of Letters.* Londres, 1779, in-4°.

Ce Voyage a été traduit en allemand sous le titre suivant :

OBSERVATIONS faites dans un voyage en plusieurs parties de l'Angleterre, de l'Ecosse et du pays de Galles, accompagnées (par le traducteur) d'un Voyage dans les cavernes d'Ingleborough et du Yorkshire : (en allemand) *Bemerkungen auf einer Reise durch verschiedene Theile von England, Schotland und Wales, nebst einer (von dem Uebersetzer angehængten) Neben-Reise in die Hoehlen von Ingleborough und in Yorkshire.* Leipsic, 1781, in-8°.

VOYAGE dans une partie de l'Angleterre, de l'Ecosse et du pays de Galles, en 1778, par Joseph-Richard *Sullivan* : (en anglais) *Tour through parts of England, Scotland and Wales, in years 1778; by Jos. Rich. Sullivan.* Londres, 1780; *ibid.* 1784, 2 vol. in-8°.

OBSERVATIONS minéralogiques et technologiques faites pendant un voyage dans différentes provinces de l'Angleterre et de l'Ecosse, par J. Ch. *Fabricius*, avec des notes et des additions de J. J. Ferber : (en allemand) *Mineralogische und technolo-*

gische Bemerkungen auf einer Reise durch verschiedene Provinzen in England und Schottland, von J. C. Fabricius, mit Anmerkungen und Zulagen von J. J. Ferber. Dessau et Leipsic, 1784, in-8°.

VOYAGES aux montagnes d'Ecosse, aux îles Hébrides, de Scilly, d'Anglesey, et au nord du pays de Galles, traduits de l'anglais par une société de Gens de lettres, avec les notes et les éclaircissemens nécessaires : ouvrage enrichi de cartes, de vues et de dessins, gravés par les meilleurs artistes. Genève, Barde; Paris, Moutard, 1785, 2 vol. in-8°.

La traduction de ces Voyages n'a rempli qu'une partie du plan qu'avoit formé cette société, sous les auspices du vertueux et infortuné *Malesherbes*, sous le titre de *Voyages au Nord;* ce plan devoit embrasser toutes les parties les moins connues des îles Britanniques, et celles qui en même temps présentoient le plus de singularités. Le choix des voyages renfermés dans ces deux premiers volumes, et le mérite de leurs auteurs, font vivement regretter que ce plan n'ait pas reçu son entière exécution.

Dans l'ordre qu'ont adopté les rédacteurs, la première des relations embrasse les îles *Scilly*, plus connues sous le nom de *Sorlingues*, situées à l'entrée des deux canaux de la Manche et de Saint-George, près du comté de Cornouailles. Ces îles, fameuses dans l'antiquité par leurs riches mines d'étain, et qu'on appeloit les *Cassitérides*, sont au nombre de douze, et sont peuplées d'environ mille habitans. Le docteur *Borlase*, c'est le nom de l'auteur de cette relation (1), s'attache d'abord au petit nombre d'antiquités qu'offrent les îles Sorlingues, et il trace ensuite le tableau

(1) Ce savant est encore très-avantageusement connu par un excellent Traité sur les antiquités de Cornouailles, et par d'autres ouvrages également estimés.

de leur température, de leur sol, de leurs productions, et des animaux qu'on y trouve.

A la suite de cette relation, vient la description de l'île d'Anglesey, par *Pennant*, dont j'ai donné précédemment la notice, et auquel, ainsi qu'on l'a vu et comme on le verra encore, on doit plusieurs autres relations précieuses, sur-tout pour la partie de l'histoire naturelle : dans celle-ci, il nous fait connoître l'ancien état de cette île et ses richesses actuelles, dont les principales sont d'abondantes mines de cuivre. A ces recherches de Pennant, *Littleton*, auteur de plusieurs bons ouvrages historiques, joint des observations curieuses sur l'extraordinaire fertilité de plusieurs vallées de cette île, dont, en général, l'aspect est peu agréable ; et ces observations sont suivies de la relation d'un voyage du même Littleton au nord du pays de Galles.

La description des îles Hébrides, par *Pennant*, est également du plus grand intérêt pour les amateurs de l'histoire naturelle. Dans le tableau qu'a tracé de ces mêmes îles *Johnson*, il s'est plus particulièrement attaché à faire connoître la température du climat, la nature du sol, et sur-tout le caractère ; les mœurs et le génie des habitans. Je m'étendrai un peu plus sur cette relation dans la notice que j'en donnerai au paragraphe de l'Ecosse. Avant de suivre ce voyageur dans les montagnes de cette contrée, dont il fait la peinture la plus attachante, les éditeurs esquissent le tableau que *Dalrymple* a tracé du costume et des mœurs des montagnards écossais.

L'île de Staffa a été décrite par *Troïl*, à qui nous devons l'excellente relation de l'Islande, dont j'ai rendu compte (deuxième Partie, section III, §. IV). Dans le voyage qu'il fit à Staffa, il étoit accompagné du célèbre *Banks*, l'un des compagnons les plus éclairés de Cook. L'île entière n'est qu'un composé de colonnes basaltiques ; mais c'est dans la partie de l'île où elles forment la grotte de Fingal (1), que

(1) On lui a donné ce nom pour honorer la mémoire de Fingal, père d'Ossian.

les dispositions romantiques forment le spectacle le plus imposant. La description très-détaillée que Troïl et d'autres voyageurs ont faite de cette grotte, ne peut néanmoins en donner qu'une idée confuse et incomplète. Dans la vingt-quatrième lettre de Troïl, sur les colonnes de basalte, ce monument authentique de l'ancienne conflagration de l'île de Staffa, est, à la suite de sa description de l'Islande, représenté par une planche qui peut donner une légère idée de la grotte : mais pour pouvoir se flatter de la bien connoître, il faut l'avoir visitée soi-même, et avoir toutes les connoissances d'un naturaliste exercé dans cette partie.

VOYAGE de *Skrine* dans le nord de l'Angleterre et de l'Ecosse : (en anglais) *Skrine's the Travels through the north of England and Scotland*. Londres, 3 vol. in-8°.

Les descriptions de ce voyageur ont de la précision et de la clarté : à ce mérite, il joint celui de donner un tableau fidèle des mœurs des habitans, et un état exact de l'agriculture, du commerce et des arts du pays.

COUP-D'ŒIL et Observations naturelles, économiques et littéraires de Thomas *Newte*, dans un voyage en Angleterre et en Ecosse : (en anglais) *Prospect and Observations natural, commercial and litterary, on a Tour in England and Scotland, by Thomas Newte*. Londres, 1791, in-4°.

Ce sont sur-tout les observations économiques de ce voyageur qui le placent sur la ligne des Pennant, des Johnson, des Borlase, etc. Dans sa relation, il s'élève avec force contre l'extension excessive des fermes, qu'il regarde comme le pire de tous les monopoles, par la diminution qu'elle opère dans la population des campagnes : il observe aussi que les taxes imposées sur les eaux-de-vie de l'Ecosse, sont aussi impolitiques qu'injustes, puisqu'en privant ce pays de ses avantages particuliers, on nuit nécessairement à l'ensemble de l'Empire britannique. Il a remarqué encore, en portant particulièrement son attention sur la ville de Birmingham, si célèbre par son industrie, que dans les pays de manufactures, les habitans sont de petite taille, et ont généralement l'air maladif: c'est, dit-il, l'effet de la mauvaise nourriture et d'un long travail sédentaire. La vie manufacturière, suivant lui, n'influe pas seulement sur la constitution physique, elle attaque même le caractère moral. Comme les enfans, en effet, sont employés dans les manufactures, dès qu'ils peuvent faire le moindre usage de leurs mains, ils ne reçoivent aucune espèce d'éducation, et il en résulte une génération aussi corrompue qu'elle est misérable: on a vu que M. de Saint-Constant avoit fait les mêmes observations.

VOYAGE en Angleterre et aux îles Hébrides, ayant pour objet les sciences, les arts, l'histoire naturelle et les mœurs, avec la description minéralogique du pays de New-Castle, des montagnes du Derbyshire, des environs d'Edimbourg, de Glasgow, de Perth, de Saint-Andrews, du duché d'Inverary et de la grotte de Fingal; par B. *Faujas de Saint-Fond*, avec planches. Paris, Jansen, 1797, 2 vol. in-8°.

Il y en a une traduction en allemand sous le titre suivant:

VOYAGE de *Faujas de Saint-Fond* en Angleterre, en Écosse et les îles Hébrides: (en allemand) *Faujas Saint-Fond's Reise durch England, Skotland und die Hebriden.* Gottingue, 1801, 2 vol. in-8°.

Ce Voyage est non-seulement précieux par les excellentes observations minéralogiques qu'y a répandues l'auteur, mais encore par les particularités aussi curieuses que neuves qu'il renferme sur quelques villes de l'Angleterre et de l'Ecosse, sur les sciences, les arts, et les hommes distingués qui les cultivent en Angleterre : on y lit sur-tout avec intérêt, les détails de la visite qu'il fit au célèbre astronome Herschell, singulièrement aidé dans ses observations et ses calculs, par sa jeune sœur.

GUIDE pour ceux qui voudroient visiter les beautés de l'Ecosse, des lacs de Westmoreland et du Cumberland, du Lancashire et du district de Craven, par madame *Murray* : (en anglais) *Guide to the beauties of Scotland, lakes of Westmoreland, Cumberland, of Lancashire and Craven, by mistriss Murray*. Tome 1er, Londres, Nicol, 1798, in-8°.

—Le même, traduit en allemand par C. R. W. Windman. Gottingue, Dietrich, 1800, 2 vol. in-8°.

Cette traduction a été enrichie des notes de Jacques Magdonal, écossais : le traducteur y a ajouté les siennes.

—Suite de l'ouvrage, tome second. Londres, *ibid.* 1804, 1 vol. in-8°.

Madame Murray ne se borne pas à donner des directions de routes très-utiles aux voyageurs; ses descriptions des beautés de la nature sont animées par un style où la grace et l'énergie figurent successivement. Avec des touches fidelles, elle a peint le caractère et les mœurs des habitans, et dans sa relation, elle a jeté des anecdotes très-intéressantes.

VOYAGE dans la Grande-Bretagne, divisé par journées, et entremêlé d'abréviations utiles, particulièrement pour ceux qui voudroient entreprendre le voyage d'Angleterre et d'Ecosse; par C. *Cruttwell* : (en anglais) *A Tour through the whole island of Great-Britain, divided into journeys, etc... by C. Cruttwell*. Londres, Longman, 1802, 6 vol. in-8°.

Ce Voyage est un guide sûr pour ceux qui veulent visiter la Grande-Bretagne dans toutes ses parties.

OBSERVATIONS faites pendant un voyage dans la plus grande partie de l'Angleterre, et dans une partie considérable de l'Ecosse, en forme de lettres adressées à ses amis, par *Dibdin*, avec planches : (en anglais) *Observations made upon a tour through almost the whole of England and a considerable part of Scotland, by Dibdin.* Londres, Gon. Walker, 1802, 2 vol. in-4°.

On ne doit pas s'attendre à trouver dans cet ouvrage de l'érudition dans les recherches, de la profondeur dans les réflexions, de la nouveauté dans les remarques ; mais il doit plaire aux lecteurs ordinaires, par l'agréable variété des matières, et par l'indépendance des jugemens que l'auteur y porte sur les hommes et sur les choses. Son respect constant pour la vérité, sa haine vigoureuse pour la flatterie, le feront accueillir sur-tout par la classe des lecteurs qui savent apprécier dans le voyageur, comme dans l'historien, ces rares et précieuses qualités. La marche que tient Dibdin dans ses observations, est assujétie d'ailleurs à un plan si régulier, quant à la topographie des lieux qu'il décrit, qu'il peut servir de guide à ceux qui voudroient visiter les mêmes contrées.

VOYAGE d'Edimbourg dans différentes parties septentrionales de la Grande-Bretagne, contenant aussi des remarques sur l'Ecosse, et des observations sur l'économie rurale, l'histoire naturelle, les manufactures, le commerce, etc..... entremêlé d'anecdotes littéraires et historiques, et de notices biographiques relatives aux affaires civiles et ecclésiastiques, depuis le douzième siècle jusqu'à nos jours, par Alexandre *Campbell*, avec planches : (en anglais) *A Journey from Edimburgh through parts of north Britain, containing remarks, etc.... by Alex. Campbell.* Londres, Longman et Ree, 1802, 2 vol. in-4°.

Ce voyageur a souvent copié madame Murray et le Voyage de Stoddart, dont je donnerai plus bas la notice: ce qu'il y a de plus intéressant dans le sien, c'est l'histoire du théâtre de l'Ecosse et du progrès des beaux-arts à Edimbourg. Campbell y a développé une profonde connoissance de cette partie de l'histoire du pays.

VOYAGE dans la partie septentrionale de l'Angleterre et dans une grande partie des montagnes d'Ecosse, par le colonel *Thorton* (texte écossais et texte anglais), orné de vingt-six gravures à l'eau-forte. Londres, 1804, 3 vol. in-4°.

Le quatrième paroîtra incessamment.

EXCURSIONS pittoresques dans le Devonshire et le Cornouaille, avec la description des plus beaux sites, représentés en vingt-huit planches dessinées sur les lieux, par T. H. *Williams:* (en anglais) *Pitturesque Excursions in Devonshire and Cornwal, by T. H. Williams.* Londres, 1803, in-8°.

VOYAGES faits à Paris, à Londres et dans une grande partie de l'Angleterre et de l'Ecosse, pour connoître l'état des hôpitaux, prisons, maisons des pauvres et instituts cliniques, par le docteur *Frank:* (en allemand) *Reise nach Paris, London,* etc.... Vienne en Autriche, Camesina, 1804, 2 vol. in-8°.

Comme la plus grande partie des recherches et des observations du voyageur ont été faites en Angleterre et en Ecosse, j'ai cru devoir placer ici sa relation.

§. IV. *Voyages en Ecosse, aux îles Hébrides, et dans d'autres îles dépendantes de l'Ecosse, et descriptions de ces pays.*

DESCRIPTION des îles occidentales d'Ecosse, en 1549, par *Monros :* (en anglais) *Monros's Description of the western Isle (of Scotland), in 1549.* Edimbourg, 1774, in-12.

Quelque récente que soit la publication de cet ouvrage, je le place en tête de ce paragraphe à cause de la grande ancienneté de la description.

NAVIGATION du roi d'Ecosse (Jacques Ier) autour de son royaume, îles Hébrides et Orcades, par *Nicolaï d'Orfeuille*, avec planches. Paris, 1582, in-8°.

— La même. Londres, 1700, in-8°.

ANNONCE d'un Atlas de l'Ecosse, ou Description de l'Ecosse ancienne et moderne, par Robert *Sibald :* (en anglais) *Nuntius de Atlante Scotiae, seu Descriptio Scotiae antiquae et modernae.* Edimbourg, 1683, in-fol.

RELATION des îles d'Orkney, par Jacques *Wallace :* (en anglais) *Account of the islands Orkney, by James Wallace.* Edimbourg, 1693, in-8°.

HISTOIRE de Rutberglen et de l'orient de Kilbrides (en Ecosse), par David *Ura*, avec planches : (en anglais) *A Description of Rutberglen and East-Kilbride, by David Ura.* Glasgow, 1693, in-fol.

L'ECOSSE illustrée, ou Abrégé de son Histoire naturelle, par Robert *Sebald :* (en latin) *Scotia illustrata, sive Prodromus Historiae naturalis, autore Roberto Sibaldo*. Edimbourg, 1696, in-fol.

VOYAGE à Saint-Kilde, la plus éloignée des îles Hébrides, par M. *Martin*, avec cartes : (en anglais) *Late Voyage of St.-Kilde, the remotest of all the Hebrides*. Londres, 1698, 2 vol. in-8°.

DESCRIPTION des îles occidentales de l'Ecosse, et description concise de leur situation, etc.... avec celle des îles d'Orkney et de Setland, par M. *Martin* : (en anglais) *Description of the western-islands of Scotland, a full account of their situation, etc.... to which is added a brief description of the isles of Orkney and Shetland, by M. Martin*. Londres, 1704; *ibid.* 1716, in-8°.

HISTOIRE ancienne et moderne des comtés de Fife et de Kinross ; description de l'un et de l'autre, avec les produits de *Fot* et de *Tay*, et des îles qui s'y trouvent, par Robert *Sebald* : (en anglais) *History ancient and modern of the sherisdom of Fife and Kinross ; with the description of both, and of firths of Fot and Tay, and the islands in them*. Londres, 1710, in-fol.

HISTOIRE ancienne et moderne des comtés de Linlithgow et de Sterling, avec un détail du produit des terres et de l'eau dans ces contrées, par Robert *Sebald* : (en anglais) *Ancient and modern history of the sherisdom of Linlithgow and Sterling, with account of the natural products of the land and water, by Robert Sebald*. Londres, 1710, in-fol.

HISTOIRE des Orcades, par *Torphaeus* : (en

latin). *Torphaei rerum Orcadarum, libri III.* 1715, in-fol.

VOYAGE dans les îles Shetland, Orkney et autres îles occidentales de l'Ecosse : (en anglais) *A Voyage to Shetland, Orkney and other western isles of Scotland.* Londres, 1751, in-8°.

DESCRIPTION des îles Orcades, Orkney et Shetland, par Robert *Sebald*: (en anglais) *The Description of the isles Orcades, Orkney and Shetland, by R. Sebald.* Edimbourg, 1752, in-8°.

RELATION de l'Ecosse septentrionale (en allemand). Leipsic, 1760, in-8°.

VOYAGE de Downing à Alston-Moor, par Thomas *Pennant*, avec planches : (en anglais) *A Tour from Downing to Alston-Moor, by Th. Pennant.* Londres, Harding, 1770, in-4°.

Ce Voyage sert en quelque sorte d'introduction aux deux suivans :

VOYAGE de Thomas *Pennant* en Ecosse, avec des planches : (en anglais) *A Tour to Scotland, by Th. Pennant.* Londres, 1771, in-8°.

VOYAGE de Thomas *Pennant* en Ecosse et aux îles Hébrides, en 1769 et 1772, avec planches : (en anglais) *A Tour in Scotland and islands Hebrides, by Th. Pennant.* Londres, 1776, 2 vol. in-4°.

La face de l'Ecosse a considérablement changé depuis que Pennant l'a visitée ; sa relation a donc un peu vieilli. Cette observation est sur-tout applicable à plusieurs monumens qu'il a décrits, et qui ne subsistent plus ; mais ce qu'il a écrit sur l'histoire naturelle du pays, est toujours précieux.

VOYAGE dans les îles occidentales de l'Ecosse, par *Johnson* : (en anglais) *Journey in the western islands of Scotland, by Johnson.* Londres, 1775, in-8°.

Ce Voyage a donné lieu à deux critiques assez vives, dont voici les titres :

VOYAGE dans les îles d'Ecosse, avec des remarques à l'occasion de celui de *Johnson*, par une Lady : (en anglais) *Journey to the islands of Scotland, with occasional remarks on D. Johnson's Tour, by a Lady.* Londres, 1775 ; *ibid.* 1779, in-8°.

REMARQUES sur le Voyage de *Johnson* aux Hébrides, par D. *Mac-Nicol* : (en anglais) *Remarks on D. Johnson's Journey to the Hebrides, by D. Mac-Nicol.* Londres, 1776, in-8°.

Quoique ces critiques aient relevé plusieurs erreurs dans le Voyage de Johnson, il n'en est pas moins regardé comme une des meilleures relations que nous ayons sur les îles Hébrides. Il a été traduit très-récemment en français sous le titre suivant :

VOYAGE dans les Hébrides, ou îles occidentales d'Ecosse, par le docteur *Johnson*, traduit de l'anglais (par M. de la Bodoyère fils). Paris, Coluet, an XII — 1804, in-8°.

De tout temps, les îles Hébrides ont excité la curiosité des géographes, des naturalistes et des voyageurs. Ptolomée, Pomponius Mela, Pline le naturaliste, nous en ont laissé des descriptions. Dans la navigation qu'entreprit et exécuta autour de son royaume Jacques 1er, roi d'Ecosse, qui avoit plus les goûts d'un savant que les qualités d'un roi, il ne négligea pas, ainsi qu'on l'a vu, de visiter les Hébrides. Ces îles paroissent avoir été cultivées depuis cette époque ; mais dans le cours du dix-huitième siècle, des hommes distingués par leurs connoissances, et sur-tout des naturalistes, ont voulu connoître les Hébrides : le desir d'enrichir l'histoire naturelle y a fait voyager *Pennant*, *Garner*, *Faujas de Saint-Fond*, etc.... Des vues philanthropiques et d'économie civile, y ont retenu long-temps *Knox*.

Dans sa relation, Johnson, en décrivant les Hébrides sous tous les rapports, a su réunir tous les genres d'intérêt. Dans ses observations politiques, économiques et morales, son style est plein de vigueur; il a de la grace et du charme dans les descriptions : son traducteur lui reproche, avec quelque fondement, d'y faire un peu trop sentir l'art, et il a eu le talent de faire disparoître en grande partie ce défaut, sans affoiblir l'original.

Le systême de gouvernement des habitans des îles Hébrides, leurs moeurs, leurs superstitions et leurs préjugés, sont dépeints par Johnson d'une manière également profonde et ingénieuse ; dans sa relation, il y a aussi des apperçus très-piquans sur les secrets de la législation et sur la science du commerce : ces matières, si satisfaisantes pour un esprit philosophique, ne lui ont pas fait négliger la partie descriptive. Il ne laisse presque rien à desirer sur la nature du sol et la diversité des cultures ; enfin la variété des sites, la plupart très-pittoresques, et jusqu'à la forme des habitations, ont exercé avec succès son pinceau.

Le traducteur a cru devoir retrancher quelques détails d'un médiocre intérêt, des digressions très-étendues sur la langue *erse* et sur *Ossian*, qui ne nous offriroient presque rien de neuf, parce qu'on les trouve ailleurs (1); et enfin de pénibles recherches sur les émigrations des *Hébridiens*, qui peuvent intéresser les savans, mais qui auroient fatigué la classe ordinaire des lecteurs.

LETTRES sur Edimbourg, par *Topham* : (en anglais) *Letters from Edimburgh, by Topham*. 1775, in-8°.

---

(1) Particulièrement dans les Variétés littéraires de MM. Arnaud et Suart, en 4 vol. in-12, qui viennent d'être réimprimées in-8°.

ETAT actuel des îles d'Orkney, par Jacques *Fea*: (en anglais) *Present State of the Orkney-islands, by James Fea.* Londres, 1775, in-8°.

VOYAGE dans les îles occidentales de l'Ecosse et dans la vallée de Montmoutshire, par le lord Georges *Wittelow*, avec planches : (en anglais) *A Journey to the Westerislands of Scotland through Monmouthshire vale, by George Wittelow*. Londres, 1781, in-8°.

VOYAGE en Ecosse, avec planches : (en anglais) *Tour in Scotland.* Chester, 1781, in-8°.

HISTOIRE de Saint-Kilde, imprimée en 1764, contenant la description de cette île, les mœurs de ses habitans, les antiquités religieuses et païennes qui s'y trouvent, et plusieurs autres particularités, par *Macaulay*, traduit de l'anglais. Paris, Knapen, 1782, in-12.

Voici le jugement bien motivé qu'ont porté sur cet ouvrage, les éditeurs de la traduction française des Voyages aux montagnes d'Ecosse, aux îles Hébrides et au pays de Galles, dont j'ai donné précédemment la notice.

« Cette relation, disent-ils, remplie de détails fastidieux, » inutiles, puériles même, et d'une érudition pédantesque, » a cependant l'avantage de renfermer divers traits inté- » ressans qui ne se trouvent pas ailleurs, et qu'on n'iroit » chercher qu'avec peine dans le chaos où ils sont noyés. »

Ce sont uniquement aussi ces traits que les éditeurs ont recueillis dans l'extrait qu'ils ont donné de cette relation.

DESCRIPTION générale de la côte orientale d'Ecosse, par *Douglas* : (en anglais) *General Description of the east-coast of Scotland, by Douglas.* Londres, 1782, in-12.

VOYAGE de *Gilpin* au sud de l'Ecosse : (en anglais) *A Tour in Scotland, by Gilpin.* Londres, 2 vol. in-8°.

Ce Voyage est dans le même genre que ceux qu'on a de lui en Angleterre.

RELATION de l'état actuel des Hébrides et de la côte occidentale de l'Ecosse, par Jacques *Anderson :* (en anglais) *An Account of the present state of the Hebrides and western coast of Scotland, by James Anderson.* Edimbourg, 1785, in-4°.

L'Ecosse est redevable à ce voyageur philanthrope, de quelques améliorations qui furent le résultat d'un état des îles Hébrides, qu'il adressa au parlement de la Grande-Bretagne.

VOYAGE fait dans les montagnes d'Ecosse et dans les îles Hébrides, en 1788, par Jean *Knox :* (en anglais) *A Tour in the highlands of Scotland and islands Hebrides, in the year 1788, by John Knox.* Londres, 1786, 2 vol. in-8°.

Ce Voyage a été traduit en français sous le même titre :

VOYAGE, etc.... de Jean *Knox*, traduit de l'anglais. Paris, Defer de Maisonneuve, 1790, 2 vol. in-8°.

Dans un premier voyage qu'avoit fait Knox, par un pur motif de curiosité, n'ayant pu voir sans émotion la misère et l'oisiveté où étoient plongés les habitans des montagnes de l'Ecosse, il employa trois années, et dépensa plusieurs mille livres sterlings à parcourir jusqu'à seize fois l'Ecosse, et particulièrement ses parties montueuses. C'est par cette persévérance qu'il s'est mis en état de les décrire avec exactitude, et d'indiquer d'une manière précise, les améliorations dont elles étoient susceptibles. On conçoit aisément que les détails où il s'est vu forcé d'entrer, sont du plus grand intérêt pour les montagnards écossais, et pour les administrateurs jaloux d'opérer le bien dans ces sauvages contrées, mais qu'ils n'en ont qu'un bien foible pour la classe des lecteurs ordinaires. Les remarques qu'il fait sur les îles Hébrides, sur l'île de Staffa et sur celle de Saint-Kilde, n'ajoutent presque rien d'important aux notions qui se trouvent, sur ces objets, dans les relations antérieures à la sienne, et dans celles dont je vais donner la notice.

JOURNAL du voyage fait par Jacques *Boswel* avec Samuel *Johnson*, aux îles Hébrides, contenant plusieurs pièces poétiques du docteur Johnson relatives à ce voyage, et une suite de ses conversations, d'anecdotes littéraires et d'opinions sur les hommes et sur les livres; de plus, une relation authentique des détresses et de l'évasion du petit-fils du roi Jacques II, en l'année 1746. 2e édition: (en anglais) *Boswel's (James) Journal of a tour to the Hebrides with Samuel Johnson, containing some poëtical pieces by Dr Johnson relative to the tour: a series of his conversation, litterary anecdotes, and opinion of man and books; with an authentik account of the detresse and escape of the grandson of king James II, in the year 1746. The second edition.* Londres, 1786, in-8°.

HISTOIRE d'Edimbourg, par *Arcot:* (en anglais) *History of Edimburgh, by Arcot.* Edimbourg, 1789, in-8°.

ESQUISSE de l'Ecosse: (en anglais) *Scotland delineated.* Edimbourg, 1791, in-8°.

VOYAGE dans les provinces occidentales de l'Ecosse, par Robert *Heyin*: (en anglais) *A Journey through the western countries of Scotland, by Robert Hevin.* Londres, 1793, in-8°.

VOYAGE dans les Hébrides occidentales, de 1782 à 1790, par *Buchanan :* (en anglais) *Travels in the western Hebrides, from 1782-1790.* Londres, 1793, in-8°.

Cette relation est l'une des plus estimées que nous ayons sur les îles Hébrides.

VOYAGE en Ecosse, par Jacques *Lectice*, en 1792 : (en anglais) *A Tour in Scotland in 1792, by James Lectice.* Londres, 1794, in-8°.

Ce voyageur est exact dans ses descriptions, mais superficiel et peu intéressant.

ANTIQUITÉS et Scènes pittoresques du nord de l'Ecosse, contenues dans une suite de lettres de Charles *Cardonnel*, adressées à Thomas Pennant, avec planches : (en anglais) *Ch. Cardonnel's Antiquities and Pittoresque Scenery of the north of Scotland, in a series of letters to Th. Pennant.* Londres, 1795; *ibid.* 1798; in-4°.

Les monumens antiques de l'Ecosse sont figurés dans cet ouvrage sur de petites planches, dont les gravures sont d'un fini rare. L'exécution typographique répond au mérite des gravures.

OBSERVATIONS faites à l'occasion d'un voyage dans les montagnes et dans les îles occidentales d'Ecosse, principalement dans celles de Staffa et d'Icomkil, avec la description de la chute de Clyde, des environs de Moffet, et une analyse de leurs eaux minérales, par Jean *Garnett*, avec planches : (en anglais) *Observations on a tour through the higlands and parts of the western isles of Scotland*, etc.... *by John Garnett*. Londres, 1800, 2 vol. in-4°.

Ce Voyage renferme la description du pays, le tableau des mœurs et des usages des montagnards écossais. On y trouve aussi les notions les plus détaillées sur le sol et les productions des montagnes de l'Ecosse, sur les pêches, le commerce, les manufactures. Pour ces derniers objets, il a consulté Pennant et les Rapports statistiques de Jean Sinclair, les meilleurs qu'on ait sur l'Ecosse : il n'a pas négligé non plus les antiquités et la botanique du pays.

Le Voyage de Garnett a été traduit en allemand par Th. Kosegarten, sous le titre suivant, avec planches :

Reise durch die Schottischen Hochlande, etc.... Lubec, Bohn, 1803, 2 vol. in-8°.

Cette traduction, faite par un des meilleurs écrivains de l'Allemagne, a été augmentée de deux Mémoires d'Alexandre *Campbell*, l'un sur la poésie et la musique des montagnards d'Ecosse, et l'autre sur l'authenticité des poésies attribuées à Ossian.

Observations sur les scènes pittoresques et sur les mœurs de l'Ecosse, faites pendant un voyage en 1799 et 1800, par Jean *Stoddart*, avec planches coloriées : (en anglais) *Remarks on the local scenery and manners of Scotland, made during a voyage in the years 1799 and 1800, by John Stoddart*. Londres, Miller, 1801, 2 vol. in-8°.

Ces observations forment, à proprement parler, un voyage pittoresque : mais, assez inconsidérément, l'auteur y a jeté des jugemens infectés de la plus aveugle partialité, sur plusieurs hommes de l'Angleterre.

Minéralogie des îles environnantes de l'Ecosse, et Observations minéralogiques faites dans différentes parties du continent de l'Ecosse, avec des dissertations sur la pêche et la soude, par Robert *Jameson:* (en anglais) *Mineralogy of the Scotish isles, with mineralogical observations made in different parts of the mainland of Scotland, and Dissertations upon peat and kelp, by Robert Jameson.* Londres, 1800, 2 vol. in-8°.

Cet ouvrage a été traduit en allemand avec plusieurs changemens, sous le titre suivant :

VOYAGES minéralogiques en Ecosse et dans les îles écossaises, par Robert *Jameson*, traduits de l'anglais, et accompagnés d'un abrégé de la Géographie de Werner, par G. H. Mender, avec cartes et planches : (en allemand) *Mineralogische Reisen durch Skotland und die Skottischen Inseln*, etc. Leipsic, Crusius, 1804, in-4°.

L'auteur original avoit rassemblé dans sa relation les observations qu'il avoit eu occasion de faire dans ses Voyages, sans y mêler ni hypothèses, ni descriptions, ni sites, ni épisodes, ni aventures, etc. mais telles seulement qu'il les avoit insérées dans son journal, et accompagnées de la description de plusieurs fossiles. Ces dernières étant la plupart connues, le traducteur en a supprimé une partie, et a abrégé les autres de manière à réduire en un seul volume, ce que les deux de l'original offrent d'essentiel.

RELATION des incidens extraordinaires observés pendant un voyage à pied dans une partie du haut pays de l'Ecosse, par Jean *Bristed* et *Cowan*, en l'année 1801 : (en anglais) *Andro planomeros being an account of some very extraordinary incidents, which occurred in a pedestrian tour through parts of the highlands of Scotland, by John Bristed and Cowan, in the year 1801.* Londres, 1804, in-8°.

Ces deux Voyageurs sont des étudians d'Edimbourg qui n'étoient pas encore en état de faire de bonnes observations, et qui n'avoient pas non plus acquis le talent de bien décrire ce qu'ils avoient vu. On ne peut retirer aucun fruit de leur Voyage.

GUIDE des beautés des Hauts Pays occidentaux de l'Ecosse et des Hébrides, avec la description d'une partie du continent de l'Ecosse, et des îles de Mull, Ulva, Staffa, Icolmkil, Tirey, Coll, Ligg, Skye, Raza et Scalpa, par mistriss *Murray de Kensington :* (en anglais) *A Companion and useful Guide in the beauties in the western Highlands of Scotland*, etc... Londres, Nicol, 1804, 1 vol. in-8°.

VOYAGE d'Alston-Moor à Harrowgate et Brinham, par Thomas *Pennant*, avec cinq planches sur les dessins de Griffith : (en anglais) *A Tour from Alston-Moor to Harrowgate and Brinham, by Th. Pennant.* Londres, Scotte, 1804, in-4°.

C'est un ouvrage posthume du célèbre voyageur-naturaliste dont il porte le nom.

LE GAZETTIER de l'Ecosse, etc.... avec une carte : (en anglais) *The Gazetter of Scotland, etc....* Londres, 1804, in-8°.

Sous ce titre, qui ne semble annoncer que des nouvelles du jour, on trouve une description de l'Ecosse, un précis de sa constitution politique, de l'état de son agriculture, de ses productions, de sa population.

HISTOIRE des îles Orcades, contenant la description de leur état présent comme du passé, les avantages qu'elles tirent de leurs différentes branches d'industrie, et les moyens de la perfectionner, par le docteur *Barry*, enrichie d'une carte très-soignée de toutes les Orcades, et de plusieurs gravures : (en anglais) *The History of the Orkney-Islands, by Dr Barry*. Edimbourg, Constable; Londres, Murray, 1805, 1 vol. in-4°.

§. V. *Voyages communs à quelques parties de l'Angleterre, à l'Ecosse et à l'Irlande.*

VOYAGE d'un mois dans le nord du pays de Galles, à Dublin et dans ses environs : (en anglais) *The Months-Tour in North-Wales to Dublin and its environs*. Londres, 1781, 2e édit.—*ibid.* 1793, in-8°.

J'ai placé ce Voyage à la tête de ce paragraphe, malgré sa date plus récente, parce qu'il y est question d'une province de l'Angleterre, tandis que les suivans ne roulent que sur l'Ecosse et l'Irlande.

LA RÉPUBLIQUE, ou Etat de l'Ecosse et de l'Irlande, tiré de divers auteurs : (en latin) *Respublica, sive Status regni Scotiae et Hiberniae, diversorum auctorum*. Leyde, 1627, in-16.

VOYAGE en Ecosse et en Irlande, en 1769 et 1772, avec planches : (en anglais) *A Voyage in Scotland and Irland, in the years 1769 and 1772*. Chester, 1774, 2 vol. in-4°.

EXCURSION en Ecosse et en Irlande : (en anglais) *A Tour in Scotland and Ireland*. 1775, in-8°.

NOUVEAUX VOYAGES en Ecosse et en Irlande, sous les rapports de l'économie, des manufactures, de l'histoire naturelle, par Jean-Joseph *Volkmann* :

(en allemand) *Neueste Reisen durch Schottland und Irland, vorzüglich in absicht auf die naturgeschichte, œkonomie, manufacturen,* etc.... Leipsic, 1784; in-8°.

§. VI. *Descriptions de l'Irlande et des îles qui en dépendent. Voyages faits dans ce royaume et dans ces îles.*

NOUVELLE DESCRIPTION de l'Irlande, où l'on peut voir quels sont le caractère et les dispositions politiques des Irlandais, par Barnabé *Rich* : (en anglais) *A new Description of Ireland, wherein is described the disposition of the Irish and to what the are inclined, by Barnabas Rich.* Londres, 1620, in-4°.

HISTOIRE naturelle d'Irlande, par Samuel *Hartlieb*: (en anglais) *Samuel Hartlieb's Ireland's Natural History.* Londres, 1652, in-8°.

HISTOIRE naturelle de l'Irlande, par Gérard *Boate* : (en anglais) *Gerard Boate's Natural History of Ireland.* Dublin, in-4°.

Cet ouvrage a été réimprimé long-temps après la première édition, et on y a joint une histoire naturelle de l'Irlande, d'un autre écrivain : en voici le titre :

HISTOIRE naturelle de l'Irlande, par Gérard *Boate*, avec une autre Histoire naturelle de ce pays, par Thomas *Moulineux* : (en anglais) *Boate's (Ger.) and an other (Molyneux's Thomas) Natural History of Ireland.* Dublin, 1724-1726, in-4°.

L'ouvrage de Boate, de la première édition, a été traduit en français sous le titre suivant :

HISTOIRE naturelle de l'Irlande, contenant une description très-exacte de sa situation, de sa grandeur, de sa figure, de la nature de ses montagnes, de ses forêts, de ses bruyères, de ses marais et de ses terres labourables ; avec le dénombrement de ses caps, de ses havres, de ses rades et de ses baies, de ses fontaines, de ses ruisseaux, de ses rivières et de ses lacs, des métaux, des minéraux, etc... ; et enfin de la nature et de la température de son air et de ses saisons, des maladies dont elle est exempte, et de celles auxquelles elle est sujette, le tout donnant de grandes lumières à la navigation et à l'agriculture : traduite de l'anglais de Gérard *Boate*, médecin des derniers Etats d'Irlande. Paris, Robert de Neuville, 1666, 1 vol. in-12.

Les notions de cet auteur sur les différentes branches de l'histoire naturelle, sont plus saines qu'on ne devoit l'attendre du temps où il a écrit : ses descriptions d'ailleurs, sont claires et exactes.

DE L'ORIGINE, des mœurs, des coutumes de la Nation Irlandaise, avec les Annales d'Irlande, par Thomas *Cave* : (en latin) *Thom. Cave De origine, moribus, ritibusque Gentis Hybernicae, accedunt Annales Hybernici.* Sultzbach, 1666, in-4°.

OBSERVATIONS sur les antiquités et l'histoire naturelle d'Irlande, faites par Edouard *Lloyd*, lors de ses voyages dans l'intérieur de ce royaume : (en anglais) *Observations relating to the antiquities and natural history of Ireland, made in his travels through that kingdom.* (Insérées dans les Transactions philosophiques, XXVIIe volume, n°s 333 et 336.)

VOYAGE en Irlande, en 1715 : (en anglais) *A Tour in Ireland, in 1715*. Londres, 1716, in-8°.

ESSAI servant d'introduction à l'histoire naturelle de l'Irlande, par Jean *Rutty* : (en anglais) *Essay towards a natural history of Ireland, by John Rutty*. Dublin, 1722, in-8°.

HISTOIRE naturelle d'Irlande, en trois parties : (en anglais) *The Natural History of Ireland, in three parts*. Dublin, 1726, in-4°.

VOYAGES en Irlande, contenus dans plusieurs lettres amusantes : (en anglais) *A Tour through Ireland, in several entertaining letters*. Londres, 1744, in-8°.

ETAT ancien et présent du comté de Down, par Charles *Smith* : (en anglais) *Ancient and present State of the county of Down, by Ch. Smith*. Dublin, 1744, in-8°.

ETAT ancien et présent du comté et de la ville de Waterford, par Charles *Smith* : (en anglais) *Ancient and present State of the county and city of Waterford, by Ch. Smith*. Dublin, 1746; *ibid.* 1772, in-8°.

ETAT ancien et présent du comté de Cork, par Charles *Smith* : (en anglais) *Ancient and present State of the county of Cork, by Ch. Smith*. Dublin, 1750, in-8°.

DIALOGUES concernant des points d'importance en Irlande, et une partie de dessins gravés sur l'histoire naturelle de cette contrée, par Richard *Barton* : (en anglais) *Dialogues concernant points of importance in Ireland, being part of a dessin to write the natural history of that country, by Richard Barton.* Dublin, 1750, in-4°.

ETAT ancien et présent du comté de Kerry, par Charles *Smith*: (en anglais) *Ancient and present State of the county of Kerry, by Ch. Smith.* Dublin, 1756, in-8°.

HISTOIRE de l'Irlande ancienne et moderne, tirée des manuscrits les plus authentiques, par M. l'abbé *Ma-Serhegen.* Paris, Boudet, 1758, in-4°.

L'auteur de cet ouvrage ne s'est pas borné aux événemens historiques : il a tracé le tableau de l'Irlande sous les rapports physiques et moraux.

LES CURIOSITÉS de l'Irlande, présentant un tableau général des usages, ensemble des observations sur l'état du commerce, de l'agriculture, et les curiosités naturelles du pays, etc.... le tout recueilli dans un voyage fait en Irlande, dans les années 1764 et 1769, par Jean *Bush*: (en anglais) *Hibernia Curiosa: giving a general view of the manners, observations on the state of trade and agriculture, its natural curiosities, etc.... collected in a tour through Ireland in 1764-1769.* Dublin, in-4°.

LETTRES d'*Hamilton* sur la côte du nord de l'Irlande: (en anglais) *Hamilton's Letters of the northern coast of Ireland.* Londres, 1764, in-8°.

Cet ouvrage a été traduit en français sous le titre suivant :

VOYAGE à la côte septentrionale du comté d'Antrim et à l'île de Roghery, contenant l'histoire naturelle de ses productions volcaniques, et plusieurs observations sur les antiquités et les mœurs du pays, par M. *Hamilton;* ouvrage traduit de l'anglais, auquel on a ajouté un essai sur l'Oryctologie du Derbyshire, par M. *Ferber*, traduit de l'allemand, avec une planche minéralogique. Paris, Fauchet, 1765; *ibid.* 1790, in-8°.

Dans cette relation, en forme de lettres, le voyageur s'occupe d'abord de l'île de Rogghery, qu'il croit avoir fait originairement partie de l'Irlande, et être le seul reste d'un assez grand continent, dont une partie considérable a été engloutie dans la mer.

Dans sa description de la côte du comté d'Antrim, Hamilton s'attache sur-tout à la minéralogie du pays, singulièrement riche en basaltes : je détache seulement ici quelques traits du détail curieux où il est entré sur la fameuse chaussée des Géans.

Dans l'opinion du peuple, cette chaussée est un môle construit par la main des hommes; et son étendue, sa solidité sont telles, qu'il n'y a que des géans qui aient pu l'élever. Fin-Macol, célèbre héros des anciens Irlandais, est généralement regardé comme le géant qui a présidé à cette merveilleuse construction. L'esprit de recherches excité par la Société royale de Londres, a ramené la classe du peuple un peu éclairée à des notions plus saines sur la nature et l'origine de cette chaussée : on reconnoît aujourd'hui (et la portion grossière du peuple commence même à se désabuser à cet égard) que, comme la grotte de Fingal, la chaussée des Géans est un composé de basaltes. La nature de cette chaussée bien connue, l'origine n'en est plus douteuse; c'est évidemment l'ouvrage d'une ancienne et grande conflagration.

DESCRIPTION des forêts d'Irlande, par *Carry*: (en anglais) *Review of the woods in Ireland, by Carry.* Londres, in-8°.

VOYAGE de Richard *Twiss* en Irlande : (en anglais) *A Tour in Ireland, by Richard Twiss*. Londres, 1776, in-8°.

Ce Voyage a été traduit en français sous le titre suivant :

VOYAGE en Irlande, contenant des observations sur la situation, l'étendue de ce pays, le climat, le sol, les productions des trois règnes de la nature, les rivières, les baies, les ports, les antiquités, le gouvernement, les troubles, les révolutions, le caractère, les mœurs, les coutumes, le commerce, les manufactures, les sciences, la distance des principales villes, etc.... par *Twiss*, traduit de l'anglais par C. Millon, avec une carte générale de l'Irlande. Paris, Prudhomme, an VII — 1799, in-8°.

Tout ce qu'annonce le titre de ce Voyage, s'y trouve rapidement esquissé : la partie descriptive est la plus satisfaisante.

COUP-D'ŒIL philosophique sur le sud de l'Irlande, dans une suite de lettres adressées par *Campbell* à Watkinson : (en anglais) *A philosophical survey of the south of Ireland, in a series of letters by Campbell to John Watkinson*. Londres, 1777, in-8°.

VOYAGE en Irlande, avec des observations générales sur l'état présent de ce royaume, faites par Arthur *Young*, dans les années 1776, 1777 et 1778, et terminées à la fin de 1779; seconde édition : (en anglais) *A Tour in Ireland, with general observations of the present state of that kingdom, by Arthur Young, made in the years 1776, 1777, 1778, and brought down to the end of 1779; the second edition*. Londres, Godney, 1780, 2 vol. in-8°.

Ce Voyage a été traduit en français sous le titre suivant :

VOYAGE en Irlande, par Arthur *Young*, contenant des observations sur l'étendue de ce pays, le sol, le climat, les productions, les différentes classes d'habitans, les mœurs, la religion, le commerce, les manufactures, la population, les revenus des terres, le gouvernement, etc.... traduit de l'anglais par C. Millon, et suivi de recherches sur l'Irlande, par le traducteur, avec planches. Paris, Moutardier, an VIII—1780, 2 vol. in-8°.

Ce Voyage, rédigé en forme de journal, a eu le plus grand succès en Angleterre. Le parlement s'empressa de profiter des avis de l'auteur, et fit dans le transport des bleds une réforme qui enrichit le trésor public de quarante mille livres sterlings par an. Comme tant d'autres bons écrivains anglais, Young a mis un peu de confusion dans l'ordre et la distribution des matières de son ouvrage : le traducteur l'a ramené à une forme plus méthodique.

Les profondes connoissances d'Young dans toutes les branches de l'économie rurale, singulièrement développées dans ce Voyage, en rendent la lecture très-instructive pour les amateurs de cette science, la plus utile de toutes : il s'y trouve aussi des notions satisfaisantes sur plusieurs objets relatifs à la statistique du pays.

COUP-D'ŒIL sur l'état présent de l'Irlande : (en anglais) *View of the present state of Ireland*. 1780, in-8°.

LETTRES sur l'Irlande, par Charles-Godefroi *Küttner* : (en allemand) *Briefe über Irland, von C. Gotth. Küttner*. Leipsic, 1785, in-8°.

C'est une relation fort détaillée et fort intéressante.

J'ai eu plus d'une fois occasion de rendre justice au génie observateur de ce voyageur saxon.

ESSAI sur la population d'Irlande, par *Howlelt*: (en anglais) *Essay on the population of Ireland, by Howlelt.* Londres, 1785, in-8°.

C'est une des meilleures relations qui aient paru sur l'Irlande.

MÉMOIRE sur une carte d'Irlande, etc.... (en anglais) *Memoir of a map of Ireland, etc....* Londres, 1792, in-4°.

Ce Mémoire n'est pas purement géographique : on y trouve des notions très-utiles sur la statistique de l'Irlande.

VOYAGE dans l'île de Man, par David *Richardson*: (en anglais) *A Tour through the isle of Man, by David Richardson.* Londres, 1794, in-8°.

ESSAIS sur quelques contrées méridionales de l'Irlande, recueillis pendant un voyage dans l'automne de 1797, par G. *Holmes*: (en anglais) *Sketches of some other southern countries of Ireland, etc. by G. Holmes.* Londres, Legman et Rees, 1797, in-8°.

PROMENADES d'un Français (*La Tocnaie*, émigré) en Irlande. Londres, 1797, in-8°.

— Les mêmes, traduites en anglais. Londres, 1799, in-8°.

Les mêmes, traduites en allemand sous le titre suivant :

WANDERUNGEN eines Franzosen durch Irland. Erfort, 1800, 2 vol. in-8°. avec planches.

Ce voyageur n'a rien approfondi.

LETTRES sur la Nation Irlandaise, écrites dans le cours d'une visite dans le royaume d'Irlande, par G. *Cooper*: (en anglais) *Letters on the Ireland Nation written during a visit in that kingdom, by G. Cooper.* Londres, With, 1800, in-8°.

Ces Lettres, au nombre de sept, traitent successivement du caractère moral, du gouvernement, de la religion, de l'agriculture, du commerce des Irlandais, et des causes de la dernière révolution.

COUP-D'ŒIL général sur l'agriculture et la minéralogie, dans l'état actuel et les circonstances où se trouve le comté de Wexford en Irlande, par R. *Fraser*: (en anglais) *General View of the agriculture and mineralogy, present state and circonstances of the county of Wexford, by R. Fraser.* Dublin, 1801, in-8°.

MÉMOIRE sur le langage, les mœurs et les coutumes de la colonie anglo-saxonne établie dans le comté de Wexford en 1167-1169, par Charles *Vallencey*: (en anglais) *Memoire of the language, manners and customs of the anglo-saxon colony, setled in the county of Wexford in 1167-1169, by Ch. Vallencey.* (Inséré dans les Mémoires de l'Académie royale d'Irlande.)

VOYAGE à l'île de Man, fait en 1797 et 1798, contenant des notices sur l'histoire ancienne et moderne de cette île, sa constitution et ses loix, sur l'agriculture, le commerce et la pêche, sur la population de chaque paroisse, avec les inscriptions qu'on y a trouvées, par Jean *Seltham*: (en anglais) *A Tour through the island of Man, in 1797 and 1798, comprising sketches of its ancient and modern history*, etc.... *by John Seltham.* Londres, Dilsy, 1801, in-8°.

L'île de Man a toujours été l'asyle des familles malheureuses que la cherté des vivres ou d'autres événemens ont, de temps à autre, forcées de quitter la Grande-Bretagne. Cette circonstance suffit pour justifier l'idée avantageuse que Robertson nous donne de cette île, au moins sous les rapports moraux, dans la relation suivante :

VOYAGE dans l'île de Man, avec des réflexions sur l'histoire des habitans de cette île, par David *Robertson*, traduit de l'anglais par J. P. Cainard, avec figure. Paris, Chambon, 1804, in-8°.

L'île de Man (Mona ou Monia) est située à quarante milles vers l'est de la côte de Dawn en Irlande. Cette île a vingt-sept milles de longueur sur huit milles de largeur : elle est divisée en deux parties par une montagne. Les habitans de la partie septentrionale parlent écossais. Le langage de ceux qui habitent la partie méridionale se rapproche beaucoup de l'irlandais. On comptoit autrefois trois cents familles dans l'île : elle renferme aujourd'hui cinq bourgs et dix-sept paroisses. L'air y est assez sain, mais froid.

L'île possède une très-belle carrière de marbre noir, d'où l'on tire des chambranles de cheminée et des tombes, et qui a servi à la construction du superbe perron de Saint-Paul de Londres.

Des mines de plomb d'une bonne qualité et très-abondantes, formeroient une branche de commerce considérable pour l'île, si l'on apportoit plus d'intelligence et d'activité à les exploiter. On soupçonne que l'île renferme aussi des mines de cuivre.

La terre est fertile en lin, en chanvre, en pâtures; mais le bois y est rare, et jusques dans les derniers temps, il y croissoit peu de blé. Les habitans, qu'on appelle Manks, ne se nourrissent guère en grains, que d'orge et d'avoine. Mais il y a quelques années que plusieurs fermiers anglais, accablés sous le poids des taxes exorbitantes qu'on exigeoit d'eux, se réfugièrent dans l'île de Man, où l'on ne connoissoit ni contribution foncière, ni droit d'accise, mais seulement quelques légères taxes qui sont appliquées à l'entretien des routes. La bonne culture dont ils ont donné l'exemple, a encouragé plusieurs habitans, malgré leur penchant à l'indolence, à enclôre et marner leurs terres. Du reste, le bœuf, le mouton, le porc, la volaille et plusieurs espèces de gibier, sont très-abondans et d'une excellente qualité dans l'île de Man.

Les objets du commerce d'exportation, sont le produit de la pêche, et sur-tout de celle du hareng, une assez grande quantité de menus grains, du bétail, du beurre, du lait, du plomb, de grosses toiles, du coton filé : mais la grande quantité d'objets que les Manks tirent du continent pour l'habillement, le logement, le luxe de la table, font tourner contre eux la balance du commerce, qu'ils pourroient établir en leur faveur, si, sortant de leur apathie, ils établissoient chez eux des manufactures.

Les Manks sont très-superstitieux, mais leurs mœurs sont douces. Ils se gouvernent par des loix qui leur sont particulières : ces loix ne sont elles-mêmes que de simples usages ou coutumes. Les juges, qu'on appelle *dempsters* (1), décident les affaires contentieuses sur le seul rapport des témoins, et après avoir entendu les parties intéressées. Le bon sens instruit les procès, et l'équité dicte les sentences. Cette simplicité dans l'instruction, cet esprit de justice dans les décisions, sembleroient, au premier coup-d'œil, de nature à corriger les fâcheux effets de l'humeur naturellement litigieuse des insulaires : peut-être l'encouragent-elles.

---

(1) Ce mot vient du danois *dommer* ou *dœmmer*, qui signifie *juge*. L'idiôme des Manks est à moitié danois; il y en a un dictionnaire, publié à Londres. L'île de Man, refuge de tous les pirates du Nord, fut gouvernée par des princes danois jusqu'en 1350.

SECTION XIII.

Voyages en Portugal et en Espagne.

§. I. *Voyages en Portugal, et description de ce royaume.*

DES ANTIQUITÉS du Portugal, en quatre livres commencés jadis par Luc-André *Resendio*, revus et achevés par Jacob-Menezes *de Vasconcellos*, avec l'addition d'un cinquième livre concernant la ville municipale d'Ebora, rédigé par le même *Vasconcello* : (en latin) *De Antiquitatibus Lusitaniae, libri IV, à Lucio Andrea Resendio olim inchoati, et à Jacobo Menaetio Vasconcello recogniti atque absoluti : accessit liber V de antiquitate municipii Eboracensis, ab eodem Vasconcello conscriptus.* Ebora, 1593, in-fol.

Les exemplaires de cet ouvrage savant et fort curieux, sont assez rares.

LA MONARCHIE Portugaise, par les PP. Bernardo *de Brito*, Francesco *Brandaò*, Antonio *Brandaò*, et le P. Raphaël *de Jesus*, imprimée dans l'illustre monastère de Alçobaça à Lisbonne, en 1597 et années suivantes: (en portugais) *Monarquia Lusitana, composta por Frey Bernardo de Brito, Franc. Brandaò, Frey Antonio Brandao, et Frey Raphaël de Jesus, impr. no insigne mosteiro de Alcóbaço em Lisboa 1597 et ann. seq.* 7 vol. in-fol.

Les exemplaires de cet ouvrage, bien complets et bien conservés, sont rares.

DESCRIPTION du royaume de Portugal, par Duarte-Nunez *de Leaò* : (en portugais) *Descripçaò de reyno de Portugal, por Duarte Nunez de Leaò.* Lisbonne, 1610, in-4°.

DE LA SITUATION de Lisbonne ; dialogue de Louis-Mendès *de Vasconcellos* : (en portugais) *Do sitio Lisboa ; dialogo de Luiz Mendès de Vasconcellos.* Lisbonne, 1608, in-8°.

LES DIVERSES antiquités du Portugal, par Gaspard *Estaço* : (en portugais) *Varias antiguidades de Portugal, por Gaspar Estaço.* Lisbonne, 1625, in-fol.

L'EUROPE Portugaise, par Manuel *Faria de Sousa* : (en portugais) *Faria y Sousa, Europa Portuguesa.* 2e édit. Lisbonne, 1678, 3 vol. in-fol.

Cette partie de l'ouvrage de Faria ne traite que du Portugal, dont il donne une description fort étendue. Le surplus de la collection, qui comprend l'Afrique et l'Asie, et dont je donnerai aussi la notice lorsque je serai parvenu à chacune de ces deux parties du monde, forme quatre volumes in-folio, de sorte que la collection entière en a sept. On la trouve rarement complète. Faria devoit publier encore une description de l'Amérique, mais elle n'a point paru.

RELATION de la Cour de Portugal, sous le règne de Pierre II. Paris, 1702, in-12.

HISTOIRE naturelle et politique du Portugal, par *Brokvell* : (en anglais) *Natural and political History of Portugal.* Londres, 1726, in-8°.

DESCRIPTION de la ville de Lisbonne. Paris, 1730, in-12.

Cette Description est précieuse, en ce qu'elle donne

l'état de la ville de Lisbonne avant le tremblement de terre de 1755, qui la détruisit presque entièrement.

GÉOGRAPHIE historique de tous les Etats souverains de l'Europe, par Don Louis *Caëtano de Lima:* (en portugais) *Geografia istorica de todos los Estados soberanos de Europa, por D. Luis Caëtano de Lima.* Lisbonne, 1734-1736, 2 vol. in-4°.

Ce sont ici les deux premiers volumes de la *Géographie historique*, où il est uniquement traité du Portugal, et qui en donnent la description la plus exacte et la plus étendue.

LE PORTUGAL sacré et profane : (en portugais) *Portugal sacro e profano*. Lisbonne, 3 vol. in-12.

C'est une espèce de statistique à laquelle le dernier éditeur Nolasco dos Reys a fait des additions importantes.

CHOROGRAPHIE portugaise, par *Carvalho :* (en portugais) *Corografia portuguesa, por Carvalho.* 3 vol. in-fol.

DESCRIPTION du Portugal, par Don François *Nipho* (en portugais). Lisbonne, 1762, in-12.

DESCRIPTION géographique du royaume de Portugal et de ses routes, par Don Pédro *Campomanès* (en portugais). Lisbonne, 1763, in-8°.

JOURNAL du voyage de Henri *Fielding* à Lisbonne : (en anglais) *Journal of a voyage to Lisbon, by Henri Fielding*. Londres, 1765, in-8°.

ETAT présent du royaume de Portugal, en l'année 1766 (par *Dumouriez*). Lausanne, Grasset et Ce, 1775, in-12.

ETAT présent du royaume de Portugal, nouvelle édition, revue, corrigée et considérablement augmentée, par *Dumouriez*, avec une carte géographique du Portugal. Hambourg, P. Châteauneuf, 1797, in-4°.

Les renseignemens qui furent donnés à Dumouriez par de judicieux critiques, le mirent à portée de faire beaucoup d'additions à son ouvrage, et de faire dans cette nouvelle édition, à laquelle il mit son nom, des observations relatives à des temps bien postérieurs à l'année 1766.

NOUVEL ÉTAT du royaume de Portugal, par *Schmans* (en allemand). Halle, Renger, 1759, in-8°.

DESCRIPTION de la ville de Porto et de son évêché : (en portugais) *Descripçao da cidade da Porto e seu bispado*. Lisbonne, in-8°.

DESCRIPTION de l'évêché d'Elvas, par *Novaes* : (en portugais) *Descripçao de bispado de Elvas, por Novaes*. Lisbonne, petit in-fol.

LETTRES sur le Portugal, ou Etat ancien et actuel de ce royaume : (en anglais) *Letters from Portugal, or the ancient and present state of the kingdom*. Londres, 1777, in-8°.

Elles ont été traduites en français sous le titre suivant :

LETTRES écrites du Portugal, sur l'état ancien et présent de ce royaume, traduites de l'anglais, et suivies d'un Précis historique sur le marquis de Pombal. Paris, 1780, in-8°.

CURIOSITÉS du Portugal, ou Notice abrégée de la constitution physique de ce pays : (en allemand) *Merkwürdigkeiten von Portugal oder kurzgefasste Nachrichten von der Beschaffenheit des Landes*. Francfort et Leipsic, 1779, in-8°.

MÉMOIRES de l'honorable lord vicomte *de Charington*, contenant une description fidelle du gouvernement et des usages des Portugais actuels : (en anglais) *Memoirs of the right honourable lord viscount Charington, containing a genuine description of the government and manners of the present Portughese.* Londres, J. Johnson, 1782, in-8°.

VOYAGE en Portugal et dans les provinces d'Entre-Duero et Minho, de Beiro, d'Estramadure et d'Alenteio, par Jacques *Murphy* : (en anglais) *Travels in Portugal; through the provinces of Entre-Duero y Minho, Beiro, Estramadure and Alenteio, by James Murphy*. Londres, 1791-1798, 2 vol. in-8°.

Il a été en partie traduit en français sous le titre suivant :

VOYAGE en Portugal, à travers les provinces d'Entre-Duero et Minho, de Beiro, d'Estramadure, d'Alentejo, dans les années 1789 et 1790, contenant des observations sur les mœurs, les usages, le commerce, les édifices publics, les arts, les antiquités de ce royaume; traduit de l'anglais de Jacques *Murphy*, avec planches. Paris, Dentu, 1797, in-4°.

— Le même, *ibid.* 1798, 2 vol. in-8°.

Dans la première partie de ce Voyage, la seule qui soit traduite en français, l'auteur, artiste distingué dans la partie de l'architecture, en donnant la description de Lisbonne et des principales villes du Portugal, s'est principalement attaché aux monumens et aux édifices publics, dont il fait saisir les beautés ou les défauts avec beaucoup d'intelligence et de goût.

On lui doit aussi des recherches intéressantes sur plusieurs antiquités du Portugal. Dans la seconde partie de sa relation, dont l'original n'a paru en Angleterre qu'en 1798, le voyageur s'est occupé de l'état physique, de la constitution politique, de l'agriculture, du commerce, de l'industrie, des arts et de la littérature du Portugal. Les extraits qu'en a donnés dans des notes, l'éditeur du Voyage publié sous le nom de du Châtelet, font desirer la traduction de cette seconde partie.

J'esquisse rapidement le tableau que trace Murphy de Lisbonne et de ses environs. Cette ville, bâtie sur le Tage, a un havre étendu et profond; mais à la beauté de la baie ne répond pas l'entrée du port, parce qu'il s'y est formé une barre qu'on ne peut franchir qu'à l'aide des pilotes du pays. Lisbonne, située, comme Rome, sur sept collines, offre, quand on la voit de la mer, un magnifique amphithéâtre, dont l'aspect en impose par les divers édifices de la ville, et d'une chaîne de rochers suspendus, d'un genre vraiment pittoresque. La vue de la mer, pour les habitans de Lisbonne, est également délicieuse.

L'effroyable tremblement de terre de 1755 a produit à Lisbonne le même effet que l'incendie de Londres en 1666 : il a occasionné l'embellissement de la ville. A des rues étroites et à des maisons malsaines, ont succédé, lors de la reconstruction, des rues larges, régulières et bien percées. Deux vastes places se font remarquer à Lisbonne, plus par la solidité des bâtimens qu'on y construit, que par leur décoration.

Le prince n'a pas de palais dans la ville : son habitation est à Belem, situé à cinq milles de Lisbonne; elle est bâtie en bois, et n'a rien de remarquable.

Les promenades publiques sont agréables, les salles de spectacles médiocres. Les églises, et sur-tout la patriarchale, sont très-riches. Murphy n'admira dans celle-ci que le dôme, pour l'artifice de la coupe des pierres dans laquelle les Portugais excellent. Les environs de Lisbonne se distinguent par le magnifique monastère de Belem, et par l'aqueduc, l'un des plus superbes monumens que l'architecture moderne ait élevé en Europe.

TABLEAU de Lisbonne en 1796, suivi de Lettres écrites en Portugal sur l'état ancien et actuel de ce royaume. Paris, Jansen, an V — 1797, in-8°.

Si l'on s'attachoit rigoureusement à l'idée que l'auteur anonyme de ce Tableau donne du Portugal, il faudroit regarder le gouvernement de ce royaume comme le plus foible, son ministère comme le plus despotique, son administration comme la plus corrompue, son peuple comme le plus avili, sa capitale comme le plus détestable séjour de toute l'Europe (1).

Il y a sans doute de l'exagération dans les couleurs que l'auteur anonyme a données à ce tableau : elle se décèle même souvent par un style déclamatoire et passionné ; mais malheureusement les principaux traits sont calqués sur des faits qu'il est difficile de contester. L'éditeur du Voyage publié sous le nom de du Châtelet, très à portée, par ses communications avec le Portugal durant son séjour en Espagne, d'apprécier les jugemens portés sur le premier de ces deux États, s'il ne garantit pas d'une manière absolue les assertions de l'auteur du Tableau de Lisbonne, est fort éloigné du moins de les démentir toutes formellement. Il est un

---

(1) Ce jugement sévère sur Lisbonne étoit en partie basé sur la mauvaise police de cette ville. Voici à cet égard ce que nous apprend un journal français :

« Un nouveau systême de police, qui vient d'être adopté à Lis-
» bonne, a produit un changement complet dans cette capitale.
» Cette réforme est due à un émigré français au service du Portu-
» gal, le comte de Novion, qui commande une légion d'élite com-
» posée de deux cent cinquante cavaliers et de six cents fantas-
» sins. Toutes les nuits, des patrouilles parcourent les rues, et
» arrêtent ceux qui ne peuvent pas rendre un compte satisfaisant
» de leurs personnes. Par ce moyen, les bandes de vagabonds qui
» infestoient Lisbonne, sont fort diminuées; et plusieurs meur-
» triers, en subissant un châtiment exemplaire, ont arrêté le cours
» des assassinats qui se commettoient journellement à Lisbonne ».

(*Journal de Paris*, 3 fructidor an X.)

seul article, fort important à la vérité, sur lequel cet éditeur attaque ouvertement l'auteur du Tableau, qui, lui-même, fournit des armes pour combattre à cet égard ses propres assertions. Cet article est l'ignorance absolue, et approchant même de l'état de barbarie, où l'auteur du Tableau suppose que les Portugais sont encore plongés. Par le dénombrement que l'éditeur du Voyage publié sous le nom de du Châtelet nous donne des ouvrages publiés, soit par l'académie de Lisbonne, soit par d'autres écrivains portugais, et qui se retrouve aussi en partie dans le Tableau de Lisbonne, il est démontré que les lumières commencent à percer en Portugal, et pourront, à la longue, opérer une heureuse révolution dans les parties viciées du corps politique.

COUP-D'ŒIL général sur l'état du Portugal, enrichi d'une carte et de quinze autres gravures, par Jacques *Murphy* : (en anglais) *A general View of the state of Portugal; illustrated with mapp and 15 others plates, by James Murphy*. Londres, 1798, in-4°.

VOYAGE du ci-devant duc *du Châtelet* en Portugal (en 1777), revu, corrigé sur le manuscrit, et augmenté de notes par J. F. Bourgoing, avec une carte du Portugal, et une vue de la baie de Lisbonne. Paris, Buisson, an VI.—1798, 2 vol. in-8°.

On en a donné une seconde édition ; elle n'ajoute rien à la première.

Ce Voyage a été mal à propos attribué au ci-devant duc du Châtelet, ainsi qu'il résulte des pièces suivantes :

Extrait d'une lettre adressée au *Propagateur*, et imprimée dans ce journal, n° 262, 26 fructidor an V.

« J'ai été surpris de voir annoncé dans votre journal,
» un Voyage en Portugal attribué au ci-devant duc du
» Châtelet. Ce Voyage, trouvé dans sa bibliothèque, lui
» avoit été confié par l'auteur ; et je ne sais pourquoi on a

» pensé que c'étoit lui qui l'avoit composé. Le ci-devant duc
» du Châtelet n'a jamais été en Portugal : il est revenu de
» son ambassade d'Angleterre en 1770 ; et l'auteur voya-
» geoit en Portugal, après avoir quitté l'Angleterre, en
» 1777 ou 1778. A cette époque, où le marquis de Pombal
» venoit de quitter le ministère, et dans le temps du cou-
» ronnement de la reine de Portugal, du Châtelet étoit en
» France, soit à Paris, soit dans une terre qu'il habitoit
» dans la ci-devant province de Champagne.

» *Signé* VENATTE. »

Autre lettre insérée dans le n° 33, 1er brumaire an x, page 239 du *Mercure de France*.

« Jamais M. du Châtelet n'a été en Portugal, jamais il
» n'a écrit sur le Portugal : j'ai averti le cit. Buisson, impri-
» meur du Voyage publié sous ce nom. Il m'avoit assuré
» qu'il changeroit l'énoncé de ce Voyage dès sa première
» édition..... On a relevé dernièrement dans une feuille
» périodique, l'erreur qu'avoit commise le cit. Bourgoing,
» en supposant que M. du Châtelet avoit été de Londres
» en Portugal en 1777. A cette époque, M. du Châtelet
» étoit en France, et il y avoit long-temps qu'il avoit ter-
» miné son ambassade. Le respect que le public est accou-
» tumé de rendre à sa mémoire, ne doit rien ajouter à la
» confiance qu'il pourroit prendre dans l'exactitude des
» détails contenus dans cet ouvrage. Je me fais un devoir
» de désavouer encore une fois cet écrit ; et je vous prie
» de vouloir bien insérer cette déclaration dans votre plus
» prochain numéro. *Signé* C. A. DAMAS. »

Il est remarquable que M. Bourgoing a gardé le silence sur ces deux réclamations. Il est reconnu aujourd'hui que le véritable auteur du Voyage publié sous le nom du ci-devant duc du Châtelet, est M. Cormartin, l'un des chefs des royalistes dans la Vendée.

Au moyen des notes dont l'éditeur a enrichi ce Voyage, c'est, à bien des égards, l'une des relations la plus satisfaisante qui ait paru sur le Portugal. Son auteur ne s'y est occupé ni des monumens, ni des édifices publics, sur lesquels, comme je l'ai fait observer, Murphy ne laisse rien à desirer; mais elle procure des notions exactes et très-curieuses sur la géographie et l'état physique du Portugal; sur sa constitution, ses loix, ses tribunaux, sa religion, son administration, son état militaire et sa marine, ses finances, sa population, son agriculture, ses arts mécaniques et libéraux, son commerce, le caractère physique et moral de ses habitans; enfin sur les progrès qu'ils ont faits dans les sciences et dans les divers genres de littérature.

Le voyageur visita le Portugal à l'époque où la princesse du Brésil, montée sur le trône, venoit de disgracier le marquis de Pombal. Dans la relation, se lisent avec beaucoup d'intérêt des anecdotes sur ce célèbre ministre, lequel par des moyens très-violens, mais peut-être indispensables, étoit parvenu à tirer le Portugal de cet état de stupeur et d'inertie qui d'une nation naturellement vive et capable des plus grandes choses, comme le prouvent assez ses expéditions maritimes, et ses conquêtes sur les côtes d'Afrique et dans l'Inde, en avoit fait depuis long-temps le peuple le plus nul de l'Europe.

A l'époque de ce Voyage, le Portugal se ressentoit encore de la vigueur que le marquis de Pombal avoit donnée à toutes les parties de l'administration. Cette observation explique peut-être la différence des notions que le voyageur donne du Portugal, d'avec l'idée qu'on seroit disposé à s'en former d'après l'auteur du tableau de Lisbonne, qui habitoit ce pays dans un temps où une reine foible et malade laissoit le royaume gémir sous le despotisme de ses ministres et sous l'influence des moines.

Six provinces forment le royaume de Portugal. Celle d'*Entre-Duero y Minho*, est ainsi nommée, parce qu'elle est située entre les rivières de Duero et de Minho, les seules de cette contrée qui soient navigables. Cette province est la plus petite des six; mais la fertilité du sol et les travaux agricoles auxquels se livrent avec activité ses habitans généralement d'un beau sang, braves, robustes et plus endurcis à la fatigue qu'aucun autre peuple du midi, procurent à cette province une population plus considérable qu'on ne devroit l'attendre de son peu d'étendue. On y cultive le plus beau lin de l'Europe, et qui dans des mains plus industrieuses donneroit les plus belles toiles. La province de *Tra-los-Montes*, qui a pris ce nom de ce qu'elle est séparée de la précédente par des montagnes, contraste singulièrement avec elle; c'est le pays le plus aride et le plus montueux de tout le Portugal; les chemins y sont affreux, l'agriculture presque nulle, si ce n'est sur les bords de quelques rivières. La troisième province, qu'on nomme Baira, est la plus étendue du royaume: on y trouve plusieurs plaines fertiles. C'est dans l'une de ces plaines qu'on planta les premiers orangers venus de la Chine, qui ont multiplié en Europe cet arbre précieux. La province de l'*Estramadure portugaise*, qui par cette dénomination se distingue de l'Estremadure espagnole, est la plus peuplée et la plus fertile des six provinces : c'est dans l'Estremadure qu'est située Lisbonne. La province d'*Alentejo* n'est remarquable que par les antiquités qui se trouvent auprès d'Evora, la principale de ses villes. La province *des Algarves* a retenu le nom de royaume qui lui fut donné par Alphonse III : c'est une des plus petites provinces du royaume, mais elle est très-fertile.

De ces six provinces, les trois premières sont situees au nord, les trois autres au sud.

L'air du Portugal est en général pur et tempéré : un vent rafraîchissant, qui rend le climat très-sain, fait supporter les plus grandes chaleurs de l'été, pendant lequel il est très-rare qu'il pleuve, sur-tout dans la partie méridionale. Les hivers, au contraire, sont très-pluvieux; mais quoique le froid dans cette saison soit quelquefois assez sensible, on ne connoît l'usage des cheminées que dans les cuisines. Le plus grand fléau du Portugal, ce sont les tremblemens de terre, dont le foyer paroît être immédiatement sous le sol de Lisbonne.

C'est après l'expulsion entière des Maures par Alfonse Ier, et dans une assemblée des états-généraux du royaume, convoquée en 1643, que furent provoquées les loix constitutives du Portugal, dont les unes concernent la succession à la couronne; les autres sont relatives aux prérogatives de la noblesse, d'autres à la création des juges et à l'administration de la justice.

La succession à la couronne est établie de mâle en mâle dans la ligne directe. A défaut de cette ligne, la couronne passe dans la ligne collatérale, pourvu que le dernier roi ne laisse pas de fille; car après sa mort, s'il en a laissé une, elle devient reine; mais sous la condition expresse de ne pouvoir épouser qu'un seigneur portugais : il ne peut porter le nom de roi, que lorsqu'il a d'elle un enfant mâle. Dans ce cas là même, il ne marche dans les cérémonies publiques qu'à la gauche de la reine, et il ne peut pas mettre sur sa tête la couronne exclusivement réservée à la reine, qui seule a toute l'autorité, toutes les prérogatives du souverain. Ce sont ces précautions rigoureusement suivies qui ont conservé si long-temps la couronne dans la maison d'Alfonse 1er, et qui ont empêché que le trône passât à une maison étrangère : on ne s'en est jamais écarté non plus, depuis la nouvelle dynastie formée par la maison de Bragance.

Les loix relatives à la noblesse avoient principalement pour objet d'en assurer les prérogatives à ceux qui s'étoient distingués à la guerre, et de ne concéder dans la suite le titre de noble que pour pareille cause. Dans l'état actuel, il y a en Portugal trois classes de grands titrés : des ducs, des marquis, des comtes. Quoiqu'il y ait beaucoup de duchés en Portugal, il y a néanmoins peu de ducs, parce que plusieurs titres de duchés se trouvent confondus dans la personne du roi, tels que celui de Bragance, et que plusieurs maisons ducales se sont éteintes sans que le titre de duché attaché aux terres ait été anéanti. A chacun de ces titres est attachée une pension suivant leur degré d'importance. Les nobles qui ne sont pas titrés s'appellent *fidalgos*, et l'on ne peut pas prendre le titre de don, qui est proprement celui de la noblesse, sans y être autorisé par le roi.

Les loix criminelles condamnoient originairement à la mort pour crime d'homicide, et à une amende pour les sévices graves. La peine de mort fut commuée dans la suite en celle de la déportation dans les colonies. Cette commutation a souvent le bon effet de transformer les criminels en des membres utiles à la société. La condamnation à mort ne devient irrévocable que dans le cas de récidive; et dans ce cas-là même, il faut, pour que l'exécution s'en suive, un ordre exprès du monarque.

Ce fut en 1315 que fut établi à Lisbonne le premier parlement appelé en portugais *Relaçâm* : il est composé d'un chancelier et de dix juges; il promulgue les ordonnances du prince, et juge en dernier ressort toutes les affaires portées devant lui par appel. Un second parlement, composé de même, et qui a les mêmes attributions, siége à *Oporto*, la seconde ville de Portugal. Outre les membres ordinaires de ces deux tribunaux souverains, les seuls qu'il y ait dans le royaume, on y compte encore deux conseillers qu'on nomme *extravagantas*, parce qu'ils n'ont pas de fonctions réglées. D'autres juges ont dans leur compétence les affaires de la couronne, les finances et les appels en matière criminelle. Les *camarques* sont des justices subalternes pour les affaires civiles de première instance. Les maisons de ville ont toutes leurs juges particuliers pour exercer les fonctions de la police et de la voierie. Pour obtenir une charge de judicature, le stage est fort long, et les examens très-rigoureux : il en est de même pour parvenir à être reçu *litteraders* ou avocat.

La religion catholique est la seule dont l'exercice soit permis en Portugal. Le clergé y est aussi nombreux que puissant, puisque sur une population de deux millions d'ames que renferme le Portugal, on en compte deux cent mille en prêtres, en moines, en religieuses. Le voyageur les peint sous les couleurs les plus désavantageuses : le clergé régulier, suivant lui, est aussi ignorant que débauché. Il est inconcevable, dit-il, que les moines vivent dans le libertinage le plus scandaleux; mais on n'en est pas étonné, en apprenant que chaque couvent de religieuses même est une espèce de sérail cloîtré, où la débauche effrontée trouve facilement à se satisfaire : celui d'Odivelas, sous le roi Jean v, étoit composé de trois cents religieuses *toutes jeunes et belles* (1) ; chacune d'elles avoit un amant connu. Elles étoient rarement vêtues de l'habit de l'ordre : livrées à la galanterie la plus raffinée, elles passoient pour les courtisannes les plus séduisantes du royaume. C'est delà que sont sortis les nombreux bâtards du roi Jean v qui faisoit de ce couvent un véritable harem. Pombal prit prétexte de ce scandale pour réformer un grand nombre de couvens et en incorporer les individus dans d'autres maisons religieuses un peu moins mal famées.

Malgré cette réforme, le voyageur affirme que de son temps on pouvoit encore regarder les monastères des deux sexes en Portugal comme les plus corrompus de la chrétienté. En matière de religion et de morale, ce voyageur ne fait pas un portrait plus flatteur du peuple portugais que de son clergé. Ce peuple, dit-il, porte la superstition plus loin qu'aucune autre nation catholique; il adore les statués de ses saints, et viole les loix les plus saintes de la morale et de la religion; errant sans cesse du crime à la pénitence et de la pénitence au crime, sa stupide crédulité est consacrée par le gouvernement lui-même : le voyageur en cite un exemple remarquable. Lors de la guerre de la succession d'Espagne, les troupes portugaises qui suivirent le parti de l'archiduc n'ayant point de chef, et desirant en avoir un qui fût portugais, imaginèrent d'élire pour général un Saint-Antoine, né à Lisbonne, le patron de cette capitale. Le roi don Pèdre lui en expédia la commission avec trois cent mille reys (375 piastres) d'appoin-

(1) Celle réunion de jeunesse et de beauté dans trois cents individus, est invraisemblable, et peut faire soupçonner d'exagération le surplus de la narration du voyageur.

temens. Ce saint, dit-il, est encore général de l'armée portugaise, et tous les jours, la veille de sa fête, le roi va l'attendre à son église, et porte avec lui la pension du général : au passage du saint tout le monde se prosterne.

Autrefois les processions étoient très-nombreuses et bien plus propres à jeter du ridicule sur la religion qu'à la faire respecter : dans les derniers temps on en a réformé une partie. Celle de la Fête-Dieu, qui subsiste encore, passe pour être la plus pompeuse de la chrétienté catholique. Quoique plusieurs patriarches respectables (1) aient aboli la plupart des momeries que l'ignorance avoit enfantées, le caractère portugais a prévalu ; il comporte, dit le voyageur, l'alliage monstrueux des pratiques les plus superstitieuses avec les désordres les plus criminels.

La séverité de l'inquisition, autrefois si redoutable en Portugal, s'est singulièrement relâchée sous le ministère de Pombal. Au temps où le voyageur visitoit le Portugal, elle ne sévissoit plus que contre quelques Juifs, quelques prêtres scandaleusement débauchés ou professant des hérésies par ignorance et par fanatisme, quelques indiscrets qui médisoient du tribunal ; encore les punitions se réduisoient-elles au fouet et au bannissement. Dans le dernier autodafé, qui fut célébré en 1766, il n'y eut pas un seul *figuron*. (On appelle ainsi ceux qui figurent comme délinquans dans cette cérémonie). Alors la fête, suivant l'observation du voyageur, est sans attrait pour le peuple. Cette indulgence, dit-il, si elle étoit prolongée, finiroit bientôt par dégoûter les Portugais de cette fête odieuse ; mais le tribunal de l'inquisition trembloit devant Pombal, qui en avoit réformé les abus. Du temps du voyageur, ce tribunal

---

(1) La création de cette dignité de patriarche ne remonte qu'à l'année 1716. Lorsque ce prélat officie, il a les mêmes vêtemens que le pape ; les chanoines ont ceux des cardinaux, avec la crosse et la mitre. Il jouit à la Cour des plus grandes distinctions, et y a le pas sur tous les grands. Cette place a presque toujours été remplie par des hommes de mérite.

menaçoit déjà de devenir plus puissant que jamais, et il ne doutoit pas que ce nouveau régne de l'inquisition ne dût se signaler par quelque acte de barbarie.

Des trois ordres religieux qui existent en Portugal, celui du Christ, dont le monarque ne dédaigne pas de porter les marques, est le plus riche et le plus avili. Les rois de Portugal ont singulièrement affoibli le pouvoir de ces ordres, en s'en déclarant les grands-maîtres. L'ordre de Malte, avec vingt-cinq commanderies et sept cent mille livres de rente, n'a point en Portugal la même considération qu'ailleurs ; chacun peut y prendre, quitter et reprendre la croix de l'ordre quand bon lui semble.

Au temps où a été publié le Voyage, son éditeur observe que le Portugal n'avoit que quatre ministres, dont l'un portoit le titre de premier ministre, et dont les trois autres avoient dans leur département la marine, les affaires de l'intérieur, la guerre et les affaires étrangères ; mais ils étoient subordonnés, dit-il, à l'influence d'un homme qui, sous le titre modeste d'intendant de Lisbonne, étoit dans le fait un ministre plus puissant que les quatre autres : son pouvoir, en effet, étoit presque sans limite sur tout ce qui étoit du ressort de la police de Lisbonne et de sa banlieue : il ne l'avoit pas moins étendu sur tout ce qui tenoit au commerce, et sur-tout à la contrebande, dont les délits sont irrémissibles en Portugal, et servent de prétextes à beaucoup d'actes arbitraires à l'égard des navigateurs et des commerçans étrangers.

Les vices d'administration que le voyageur signale au gouvernement portugais, comme ceux qu'il lui importe le plus d'extirper, ce sont d'une part l'empire des prêtres, l'institution exécrable de l'inquisition, la profonde ignorance du peuple, ses pratiques superstitieuses, l'abus des aumônes, causes très-anciennes de la stagnation de l'industrie et de la langueur du commerce : d'un autre côté, la fréquence des guerres où le gouvernement se laisse entraîner dans ses colonies, la création que, par une avidité mal entendue, il a faite de plusieurs compagnies privilégiées, les droits énormes dont il a chargé les marchandises à l'exportation, et qui en font hausser le prix d'une manière préjudiciable à leur débouché; les entraves que le fisc a mises à la liberté même de travailler; tels sont les derniers coups portés récemment au commerce et à l'industrie. Peut être pourroit-on ajouter aux causes de cette décadence, l'entretien, même en temps de paix, d'un corps d'armée trop considérable pour un petit Etat tel que le Portugal. Ce fardeau, qui pèse si fort sur l'agriculture, sur l'industrie et sur le commerce dans les autres Etats de l'Europe, doit avoir des effets bien plus fâcheux dans ce royaume que par-tout ailleurs, par le mode qu'on y emploie pour le recrutement des troupes.

Les nouveaux soldats sont tirés d'une même province, pour être incorporés dans le régiment qui en porte le nom (1). Arrachés dans la force de l'âge aux campagnes, ils sont enlevés sans retour à la culture qui se trouve ainsi abandonnée à des bras débiles : leur engagement est *pour toute la vie*. Cette mesure désastreuse est commune à l'une et à l'autre arme. Ni les fantassins, ni les cavaliers ne peuvent quitter l'armée que pour des motifs impérieux, tels que la vieillesse, les maladies trop prolongées, ou la mort de parens qui laisseroit une famille entière à l'abandon. Dans ces cas-là même, les malheureux soldats sont renvoyés chez eux sans un sol de paie et sans retraite, eussent-ils servi vingt, trente années et même davantage.

Du temps du voyageur, l'armée portugaise, dont on doit la nouvelle organisation à un étranger (le comte de La Lippe), sans y comprendre les troupes de la marine et des colonies, étoit, au complet, composée d'environ cinq mille hommes de cavalerie et de vingt-cinq mille hommes

(1) Jusques-là il n'y a rien à dire dans cette mesure, puisque toutes les parties de l'Etat doivent contribuer à sa défense, dans la proportion équitable de la population du pays; mais l'abus, comme on va le voir, est dans la durée indéfinie de l'engagement.

d'infanterie : il y avoit en outre une milice formée de tous les paysans, qu'on portoit à plus de cent mille hommes, qui ne recevoient pas de paie. Si l'on observoit, dit le voyageur, les ordonnances rédigées par le comte de La Lippe, le Portugal pourroit avoir de bons soldats ; mais on les fatigue en pure perte, sans jamais les exercer aux détails de campement. D'ailleurs l'organisation des bataillons est vicieuse ; l'artillerie est pesante et mal composée ; la fabrique de canons est trop matérielle, les meilleurs viennent d'Angleterre : il n'y a point d'écoles d'artilleurs pour les Portugais, ce sont des étrangers qui leur apprennent en ce genre le peu qu'ils savent. Cependant une artillerie peu nombreuse, mais bien servie, seroit d'un grand avantage dans un pays rempli de défilés comme le Portugal, où elle pourroit arrêter des armées entières. La cavalerie portugaise, mieux soignée et bien conduite, seroit, à raison de la bonté des chevaux, la plupart de race andalouse, une des plus belles de l'Europe ; mais s'il lui manque l'ordre et la solidité, elle a du moins la vîtesse et la force.

Du reste les Portugais ne connoissent ni intendans d'armée, ni commissaires des guerres : ils n'ont presque point de réglemens sur les vivres et les fourrages, et ignorent presque l'usage des magasins. L'abandon auquel est livrée l'agriculture dans la plus grande partie du Portugal, lui rendroit néanmoins les établissemens de cette nature plus nécessaires qu'à aucune autre nation.

La marine des Portugais, après avoir été très-florissante dans le temps de leurs conquêtes aux Indes, étoit presque anéantie à l'avènement de Pombal au ministère. Pour la rétablir, il appela des Suédois, des Danois, des Hollandais, des Français, et sur-tout des Anglais, pour enseigner l'art de construire des vaisseaux et les manœuvres de la navigation à un peuple qui, long-temps, avoit été une des premières puissances maritimes de l'Europe. Par les soins régénérateurs de Pombal, la marine royale se trouvoit portée du temps du voyageur, à dix vaisseaux de ligne et à vingt frégates, les uns et les autres construits avec l'excellent bois du Brésil. Le voyageur observe au surplus que le matelot portugais est excellent, et a une grande aptitude pour la manœuvre, mais qu'il est très-paresseux, qu'il faut l'exciter par un travail commandé, et que plus qu'aucun autre, il a besoin d'être bien conduit. A cet égard, il y a beaucoup à desirer ; car, à en croire le voyageur, il est peu d'officiers de marine plus mal-adroits, moins instruits et moins exercés que les officiers portugais ; les meilleurs pilotes de cette nation sont ceux qui se forment dans les barques de pêcheurs, dont les côtes de Portugal sont couvertes.

La marine marchande est presque nulle en Portugal. A l'époque où le voyageur y séjournoit, on y comptoit à peine cent navires. Cette circonstance, qui tient beaucoup moins à la nonchalance des Portugais qu'à la rareté du bois dans le royaume, où l'on n'en a guère d'autres que des sapins, achève de mettre le Portugal dans la dépendance des Anglais, insensiblement devenus ses facteurs. Le peu de vaisseaux marchands qu'ont les Portugais, ils les achètent de l'étranger. Le voyageur, néanmoins vit dans le port d'Oporto trois ou quatre navires prêts à partir pour les Indes, qui avoient été construits dans ce port suivant la méthode des Anglais.

Les impôts avec lesquels on fait face aux dépenses de la marine royale, à celles des troupes de terre, en un mot à celles de toutes les autres branches d'administration, sont plus mal assis en Portugal, suivant le voyageur, qu'en aucun autre état de l'Europe. On y trouve, dit-il, tous les abus qui sont propres aux gouvernemens les plus mal organisés et beaucoup d'autres qui appartiennent exclusivement au Portugal.

Suivant lui, d'abord la multiplicité des taxes au profit des gens d'église, que le Portugais s'est volontairement imposées lui-même, à la vérité, mais qui n'en sont pas moins exorbitantes, lorsqu'on les rapproche du nombre énorme de fêtes, où sont perdus tant de jours de travail, rend le poids des impositions accablant, sur-tout pour le peuple des campagnes : il observe ensuite, qu'après avoir introduit en Portugal les bleds de l'Angleterre à un prix de beaucoup inférieur à celui qu'avoient les bleds du pays, opération désastreuse pour l'agriculture, on a cru forcer le cultivateur au travail, en augmentant considérablement sa taille. De cette mesure inconsidérée, il est résulté que le fisc, trompé dans son avidité, a moins perçu qu'il ne faisoit auparavant, parce que le cultivateur a laissé une grande quantité de terres en friche, pour échapper à l'impôt.

La nature des impositions en Portugal, est aussi onéreuse pour le peuple que leur quotité, puisqu'elles portent principalement sur les choses les plus nécessaires à la vie : il y a d'ailleurs un vice essentiel dans leur assiette. Les impôts que payent les terres sont égaux pour toutes, sans avoir égard à la différente qualité du sol. De plus, la perception en est confiée à une foule de commis qui tourmentent sans cesse les contribuables. L'établissement d'une imposition nouvelle, devient celui d'une nouvelle régie. Le voyageur auroit voulu que, lorsqu'il devient nécessaire, pour le Portugal, d'augmenter les revenus publics, on haussât l'impôt existant, au lieu d'en créer de nouveaux : l'éditeur du Voyage est d'une opinion contraire ; mais c'est ici un problême qui n'a pas encore été pleinement résolu chez des nations beaucoup plus intelligentes que la Portugaise sur la théorie des impositions.

Pombal a fait dans les finances les mêmes réformes et les mêmes améliorations que dans tant d'autres branches d'administration, soit par la diminution des dépenses, sur-tout celle des gens de plume, soit par la simplification qu'il a introduite dans la rentrée et la sortie des deniers publics.

Le voyageur ne put recueillir que des renseignemens très-vagues sur les revenus de l'Etat et sur la dette publique : on portoit celle-ci, de son temps, à douze millions de cruzades (environ 43 millions tournois). A la même époque, on élevoit à la somme de quatre-vingts millions les revenus qui, en 1706, n'excédoient pas celle de soixante millions. Il ne faut pas croire, dit ce voyageur, que le produit des mines du Brésil, qu'on s'accorde assez unanimement à évaluer jusqu'à la somme de soixante millions, entre pour la totalité dans les revenus de l'Etat; car la plus grande partie de cette somme est employée à solder la balance du Portugal avec les nations étrangères, et sur-tout avec les Anglais.

La population du Portugal ne répond ni à son étendue, ni à la fertilité dont il seroit susceptible. Une infinité de causes expliquent la dépopulation de ce pays. La chaleur du climat, la nature des productions du sol produisent chez les jeunes gens des deux sexes, une précocité dont ils abusent presque tous. Ces anticipations sur l'époque du développement complet des organes, affoiblissent sans retour le tempérament, et tarissent les sources de la vie. Souvent aussi les enfans prennent dans le sein de leurs mères, le germe d'une maladie honteuse; quelquefois même ce vice se produit chez eux par l'usage prématuré du plaisir (1). Il faut ajouter à ces causes, les avortemens fréquens, la précaution que prennent les maris jaloux de ne point co-habiter avec leurs femmes, pour prévenir leur infidélité ou pour en acquérir la preuve; les honteux excès auxquels s'abandonnent les membres des maisons les plus distinguées, avec tant de jeunes pages qui communément y sont attachés.

La fréquence des assassinats, et l'existence du redoutable tribunal de l'inquisition, qui repousse du sol portugais ceux que ses avantages pourroient y fixer; les émigrations des Portugais vers leurs possessions lointaines, où tant de générations vont s'éteindre dans des climats brûlans et mal-sains; enfin les ravages causés à diverses époques par les tremblemens de terre, contribuent encore à la

(1) Le voyageur résout ici une question importante, qui partage encore les physiologistes.

dépopulation du pays; mais le plus puissant des obstacles à la population du Portugal, c'est, sans aucun doute, cette multitude de prêtres et de religieux des deux sexes, qui, comme on l'a vu, forme le dixième de la nation.

Suivant le tableau détaillé de la population donné par le voyageur, elle monte, pour les possessions en Europe, à 2,225,000 individus seulement; et pour les colonies de l'Asie, de l'Afrique et de l'Amérique, à 791,000 ames (1).

La dépopulation de l'espèce humaine n'est pas le seul vice qui afflige le Portugal, il faut y ajouter encore la dégradation bien sensible qu'elle a subie par le mélange des races; le grand nombre de nègres, de métis, de créoles, répandus sur-tout à Lisbonne, abâtardit singulièrement celle des vrais Portugais.

La dépopulation du Portugal a eu sans doute la plus grande influence sur le triste état de l'agriculture dans ce royaume, dont les habitans d'ailleurs, amollis par la chaleur du climat, ne demandoient à la terre que ce qui leur étoit absolument nécessaire pour leur subsistance. Leur découragement n'a pu qu'augmenter encore par l'adresse qu'ont eue les Anglais, comme on l'a déjà vu, de faire passer leurs blés en Portugal à un prix inférieur d'un tiers au prix courant des blés du pays. Dans le cours de son ministère, Pombal s'étoit occupé de ranimer la culture des grains, en diminuant sur-tout celle de la vigne; et il étoit parvenu à procurer aux Portugais la moitié des grains nécessaires à leur subsistance, entièrement tirée d'un sol qui, depuis long-temps, n'en fournissoit tout au plus que le tiers; mais depuis sa disgrace, la culture des grains étoit retombée dans sa première langueur.

L'éditeur du Voyage a puisé dans la partie du Voyage de Murphy qui n'a pas été traduite, le tableau des principaux vices de l'agriculture en Portugal; Murphy y indique

(1) Un académicien de Lisbonne, observe l'éditeur du voyage s'est efforcé de prouver, par des calculs assez plausibles, que le Portugal proprement dit contient à lui seul au moins trois millions et demi d'habitans.

te qu'il y auroit à faire pour la perfectionner (1) : il est bien généreux, dit cet éditeur, de la part d'un écrivain anglais, d'avoir révélé aux Portugais les causes de leur appauvrissement, et les moyens d'y remédier.

Suivant le voyageur, l'industrie est moins avancée encore en Portugal que l'agriculture. Le peuple portugais est plus arriéré qu'aucune autre nation de l'Europe, dans l'exercice des métiers les plus utiles aux premiers besoins de la vie, tandis qu'ils excellent dans le métier futile de faire les cierges, autour desquels ils sont parvenus à figurer avec la cire même, des fleurs très-artistement travaillées. On ne conçoit pas, dit-il, comment des mains qui peuvent produire ces petits et frivoles chefs-d'œuvre, sont si maladroites à d'autres égards. Rien de plus grossier que les outils et les instrumens eux-mêmes, soit en bois, soit en

---

(1) Entre ces vices, Murphy signale sur-tout le peu de profondeur des labours qu'on donne à la terre, la manie de faire les semailles immédiatement après le dernier labour, sans attendre que le sol soit imprégné des particules fécondantes de l'atmosphère; l'emploi de bruyères stériles pour unique engrais; la rareté des bestiaux, qui prend son principe dans le défaut de prairies artificielles, si nécessaires dans un pays montueux, tel que le Portugal; l'ignorance absolue, soit de l'usage de la herse, soit du sarclage; la préférence donnée aux topinambours sur la pomme-de-terre, ce précieux supplément des récoltes en grains; la multiplication excessive des vignes; l'abandon absolu de la culture du chanvre : il insiste aussi sur la mauvaise culture des oliviers et le défaut d'aménagement des bois dans un pays où il en existe si peu. A ces vices particuliers de l'agriculture, il ajoute le tableau de plusieurs causes influentes sur son triste état, telles que l'émigration des cultivateurs dans les villes pour échapper au recrutement, le poids accablant des redevances féodales et des impositions, la multiplicité des fêtes, le défaut de bras enlevés à la terre par le célibat du clergé, les secours prodigués à l'oisiveté, l'attachement aveugle aux vieilles routines de culture, etc... Depuis ce voyageur, il a paru, ainsi que l'observe Linck dans son Voyage, dont je donnerai la notice, d'excellens écrits sur l'économie rurale.

métal; tous ceux de ce genre qui ont une forme un peu élégante, leur viennent des Anglais, qui leur fournissent jusqu'à leurs fusils. Depuis quelques années pourtant, ils ont essayé de fondre eux-mêmes des canons et des mortiers, et y ont assez bien réussi. Un artiste né dans le Portugal, où les arts mécaniques sont encore dans un si grand état d'imperfection, où les beaux-arts sont si peu encouragés, est celui auquel on doit la statue en bronze de Joseph 1er: cette statue, dans toutes ses parties, est d'une belle exécution.

Les monnoies d'or et d'argent sont mal frappées, les diamans, les pierres précieuses grossièrement taillés; les ouvrages d'orfévrerie, si multipliés sur-tout dans les églises, ne sont pas mieux traités : pour l'horlogerie, les Portugais sont absolument à la merci des Anglais. La fabrique de verres de toute espèce et d'une excellente qualité, qu'on trouve à quelques lieues de Lisbonne, a été établie et est dirigée par un homme de cette dernière nation. On ignore absolument en Portugal l'art de couler les glaces : ce sont encore des étrangers qui lui procurent cet objet de luxe. A l'époque où le voyageur visitoit le Portugal, c'étoient les Anglais qui fournissoient presque toutes les laineries pour le vêtement du peuple, et les draps pour l'habillement des troupes. L'éditeur de sa relation observe qu'il s'est établi depuis en Portugal, des fabriques de draps grossiers et d'autres laineries pour l'usage du peuple, et qu'une manufacture considérable fournit tous les draps nécessaires pour habiller les troupes et la maison de la reine. Les teintures, et même celle de couleur écarlate, dont les Portugais n'avoient aucune notion, ont parfaitement réussi.

Du temps du voyageur, il y avoit en Portugal plusieurs manufactures de soie, et une, entre autres, à Lisbonne, où l'on fabriquoit des étoffes d'or et d'argent; mais les ouvrages étoient encore très-imparfaits, et avoient peu de débit. Quant aux velours et aux pannes, les Portugais les recevoient de l'étranger, et la France fournissoit la plus grande partie des tapisseries, dont il n'y avoit chez eux aucune fabrique. Les Portugais devoient à Pombal l'établissement d'une manufacture de chapeaux qui avoit eu un plein succès, parce qu'elle étoit dirigée par les mêmes mains qui l'avoient établie. Quant à la préparation des peaux, le voyageur observe que, de son temps, elle étoit entièrement ignorée en Portugal, et qu'on les tiroit toutes de la côte d'Afrique et du Brésil; mais l'éditeur de sa relation observe que, depuis cette époque, un Français a établi une fabrique où les cuirs sont apprêtés dans une grande perfection, et qu'on y fait même des maroquins rouges qui commencent à se répandre hors du Portugal.

Lors de ce voyage, les Portugais n'avoient qu'une seule papeterie, qui étoit très-mauvaise: c'étoit la Hollande qui leur fournissoit la plus grande partie de leur papier. Ils ont fait d'assez grands progrès dans l'imprimerie, et ont publié plusieurs ouvrages qui ne sont pas inférieurs à ceux qui sont sortis de nos presses du second ordre.

Quant à la peinture, les Portugais sont restés bien au-dessous des Espagnols leurs voisins: vers la fin du dix-septième siècle, ils pouvoient citer quelques peintres habiles, mais qui n'ont pas laissé de successeurs (1). La gravure est demeurée, chez eux, dans l'enfance, et le voyageur observe qu'on ne trouveroit peut-être pas un seul maître de dessin à Lisbonne. En même temps que l'art de la danse est absolument ignoré dans cette ville, la musique, au contraire, y est cultivée avec succès. Les concerts sont le principal amusement des Portugais: il est, parmi eux, des amateurs qui, suivant l'éditeur du Voyage, ne seroient pas déplacés dans une société philarmonique (2). L'art de l'escrime est inconnu en Portugal, et l'équitation, au contraire, y est portée à un certain degré de perfection,

(1) Ce voyageur ne dit rien des progrès que les Portugais ont pu faire dans la sculpture : on a vu que le Portugal avoit produit un artiste habile dans l'art de couler les statues en bronze.

(2) On peut apprécier, par la description que fait Murphy des édifices modernes du Portugal, le peu d'habileté des Portugais pour l'architecture, dont le voyageur n'a point parlé.

non qu'il y ait dans ce genre des professeurs, mais parce que chaque seigneur a chez lui un manége particulier, où le père, les enfans, et jusqu'aux domestiques même, s'exercent à monter à cheval. Quoique l'agriculture, ainsi qu'on l'a vu, soit si négligée en Portugal, l'art des jardins y est porté assez loin, sur-tout aux environs de Lisbonne : cela tient à la passion des Portugais pour la campagne et ses agrémens : elle a singulièrement multiplié les maisons de plaisance, et y a introduit dans les jardins qui en dépendent, et même dans les champs qui les environnent, une culture très-soignée.

La décadence de l'agriculture et de l'industrie en Portugal (1), a eu la plus funeste influence sur le commerce, dont le fâcheux état, extrêmement empiré par les transactions les plus désavantageuses avec l'Angleterre, a réagi vivement sur l'industrie et l'agriculture.

On avoit établi en Portugal une manufacture de draps qui promettoit de devenir florissante par la précaution que le gouvernement avoit prise de prohiber l'importation des laines étrangères. Cette sage mesure fut déjouée par l'ambassadeur de la cour de Londres, en 1703 : il négocia avec celle de Lisbonne un traité dont l'article premier permet l'introduction en Portugal des draps de laine et des autres laineries de la Grande-Bretagne, et dont l'article second renferme de la part de l'Angleterre, l'obligation d'admettre pour toujours dans ses ports les vins du cru du Portugal, en ne les assujétissant qu'à un droit d'un tiers moins fort que celui dont étoient grevés les vins de France.

De cette double convention, il résulta d'abord que les

---

(1) L'une et l'autre avoient fleuri sous la domination des Maures ; elles se soutinrent encore long-temps sous les premiers rois du Portugal et même pendant toute la durée des succès brillans des Portugais sur les côtes de l'Afrique et dans les Indes : elles ne déclinèrent sensiblement que lorsque Philippe II se fut emparé du Portugal. Les efforts de la maison de Bragance pour se soutenir sur le trône, achevèrent de les anéantir.

Anglais firent tomber toutes les manufactures de laine du Portugal, et l'accoutumèrent même bientôt à recevoir d'eux beaucoup d'autres objets d'industrie qui ruinèrent ses autres fabriques, et même épuisèrent son numéraire, parce que le prix de ses vins ne pouvoit pas suffire à payer la solde des échanges. La facilité du débouché de ses vins dans la Grande-Bretagne, engagea les cultivateurs portugais à convertir en vignobles une grande quantité de terres labourables : ainsi l'agriculture et l'industrie furent tout-à-la-fois frappées par le traité de 1703, et la balance du commerce devint monstrueusement défavorable au Portugal (1).

Pour la ramener à des termes plus favorables à ce royaume, par le ravivement sur-tout de l'agriculture, Pombal employa le moyen violent de faire arracher une grande quantité de vignes. Toutes les campagnes de Santaren, qui formoient un vignoble immense sur une étendue peut-être de huit lieues, furent converties en terres à labour, et les prisons se remplirent de propriétaires qui résistoient à cette mesure; mais ce ministre, dit le voyageur, ne tarda pas à s'appercevoir de l'impuissance de ses efforts pour faire fleurir l'agriculture chez un peuple devenu essentiellement fainéant par la force de l'habitude (2). Il avoit établi à grands frais des manufactures de

(1) Je me suis permis de donner ici un peu plus de développement que ne l'a fait le voyageur, aux fâcheuses conséquences du traité de 1703.

(2) Il est difficile d'admettre, avec ce voyageur, que ce soit la fainéantise qui ait opéré la résistance du cultivateur portugais à la conversion de ses vignes en terres à labour : car il est incontestable que la culture de la vigne est beaucoup plus pénible que celle des terres labourables; c'est plutôt, ce semble, l'assurance qu'il avoit de vendre avantageusement ses vins à l'Angleterre, avec laquelle le traité de 1703 subsistoit toujours, tandis que l'introduction des blés de la Grande-Bretagne en Portugal, stipulée par ce même traité, continuoit de jeter la plus grande défaveur sur les grains indigènes.

draps, d'étoffes de soie, de cuirs, de savons, de chapeaux et de verres : il avoit fait rendre des ordonnances sévères pour empêcher toute introduction d'étoffes étrangères, et les avoit fait exécuter sans pitié ; mais l'imperfection des nouvelles manufactures, la cherté de la main-d'œuvre, et sur-tout la lenteur des ouvriers, firent toujours donner la préférence aux marchandises anglaises et françaises. Toutes ces tentatives, pour être couronnées par quelques succès, auroient exigé, comme l'observe très-bien le voyageur, une succession de ministres tels que Pombal.

Le même vice qui tient le commerce du Portugal dans un état presque absolu d'inertie, frappe sur ses relations commerciales avec l'Asie, l'Afrique et l'Amérique. Les Anglais se sont constitués ses facteurs pour toutes les possessions qu'il a dans ces trois parties du monde : ils lui fournissent toutes les marchandises et jusqu'aux vaisseaux, en appliquant ainsi à leur profit presque tout le produit de ces possessions, lesquelles, en ce qui concerne sur-tout les établissemens en Asie, ne sont plus que l'ombre de ce qu'elles étoient dans l'origine.

A peine le Portugal expédie-t-il dix vaisseaux par an pour Goa et Diu, les deux seules places considérables qui lui restent de ses grandes conquêtes dans les Indes orientales. Ses établissemens sont plus considérables en Afrique, mais il n'en retire pas tous les avantages qu'ils procureroient à une nation plus industrieuse et plus éclairée. Les Anglais se sont insensiblement emparés du commerce de l'île de Madère, l'un des plus beaux établissemens du Portugal, par la grande quantité d'excellens vins qu'on y recueille, par la cire, les fruits et la gomme qu'elle fournit en abondance : les Anglais y ont des comptoirs, comme dans leurs propres colonies. Ils ont également envahi la meilleure branche de commerce que présentent les îles du Cap-Verd, si propres à toutes sortes de culture, et dont le Portugal auroit pu tirer un si grand parti. Cette branche de commerce est celle du sel, qu'ils vont prendre à l'île de Maï, et dont ils font des exportations considérables. En se rendant maîtres de la rivière du Sénégal, les Anglais ont nécessairement troublé les établissemens que les Portugais avoient formés jusqu'au royaume de Galam, où ceux-ci recueilloient de la poudre d'or : tel est le préjudice qu'a porté au commerce du Portugal dans ses possessions d'Afrique, l'inquiète activité des Anglais : mais ce sont l'inintelligence, l'inactivité des Portugais eux-mêmes qui les ont empêchés de s'étendre jusqu'au royaume de Tombut, pays riche en or de son propre fonds, et où il en afflue encore de l'intérieur de l'Afrique, avec diverses marchandises précieuses que les Maures y apportent, et qui grossissent les richesses naturelles du pays, consistant en dattes, séné, plumes d'autruche et esclaves.

Avec tant de désavantages pour leur comnerce dans ces contrées de l'Afrique, les Portugais ont conservé sur d'autres points de cette partie du monde des possessions dont ils tirent une grande quantité de cire, d'ivoire, de gomme élastique et beaucoup d'esclaves : mais c'est principalement au royaume de Congo et sur la côte d'Angola, qu'il leur reste des établissemens superbes, dont la jolie ville de Loando, chef-lieu du riche pays de ce nom, peut être considérée comme la capitale. Dans toute cette partie de l'Afrique, la traite des nègres s'élève annuellement à plus de soixante mille esclaves. Les Portugais, beaucoup mieux établis dans cette contrée qu'aucune autre nation de l'Europe, y trafiquent avec plus de profit, et y sont exposés à moins de pertes : ils reçoivent aussi des tributs considérables des pays qu'ils ont soumis dans l'intérieur, et perçoivent des droits considérables sur les marchandises et les esclaves qui s'y vendent. Leurs établissemens dans les îles africaines d'Amobon, de l'Ascension et de Saint-Thomas, leur procurent beaucoup de sucre et de gingembre.

A ces sources de richesses, il faut ajouter les établissemens que les Portugais seuls ont formés dans le royaume de Monomotapa, d'où ils tirent une grande quantité d'or. Toutes les côtes de Mélinde et de Sophala, et l'île de Mozambique leur appartienneut. Indépendamment des richesses que leur procurent ces possessions, et des avantages qu'ils en retirent relativement à ce qui leur reste d'établissemens dans l'Inde, elles offrent des mouillages sûrs à leurs bâtimens et à ceux des autres nations qui viennent y compléter leurs cargaisons, soit qu'ils arrivent de l'Europe ou qu'ils y retournent.

Suivant le voyageur, le Portugal ne retire pas des avantages aussi marqués du Brésil, la plus importante de ses possessions lointaines; faute d'y avoir rendu le commerce libre. Les communications commerciales de la métropole avec cette colonie, n'ont lieu que par une flotte qui part tous les ans du Portugal sous l'escorte de trois ou quatre vaisseaux de guerre, et qui met une année entière à ce voyage. Les Anglais fournissent une partie du chargement, et partagent le profit des retours : ils s'en appliquent encore une autre partie par la voie d'un paquebot qu'ils expédient de Falmouth à Lisbonne. Il est sensible que la restriction des envois sur une flotte unique, enlève au commerce toute l'activité qu'il pourroit recevoir de la liberté des spéculations des négocians particuliers. Cette même restriction prive la marine marchande de tous les avantages qu'elle auroît pu recueillir des constructions qui se seroient faites sur les chantiers du pays, et de la multitude de matelots qui se seroient formés.

La découverte que vers la fin du dix-septième siècle, le Portugal fit des riches mines d'argent, d'or et de diamans, paroissoit devoir être pour ce royaume une source abondante de richesses; et dans les premiers temps, en effet, il en retira par an plus de quarante-cinq millions de livres tournois; mais malgré les avantages apparens que ces matières précieuses et toutes les autres productions du Brésil procurent aux Portugais, le voyageur ne balance pas à prononcer que cette possession est plus pernicieuse que profitable à ce royaume, en ce qu'elle ne fait qu'encourager la fainéantise et que retarder les progrès de l'industrie dans la métropole. Il convient néanmoins que l'exécution du projet qu'on a plusieurs fois présenté à cette puissance de fermer les mines du Brésil pour ramener par-là le peuple portugais aux véritables sources des richesses, à l'agriculture et à l'industrie, seroit insuffisante et peut-être même désastreuse. C'est moins à l'abondance du numéraire, dit-il, qu'aux vices de l'administration, qu'il faut imputer la langueur de l'agriculture et la stagnation de l'industrie en Portugal. L'expérience du passé donne à cet égard une grande leçon. A la suite de la révolution qui plaça le duc de Bragance sur le trône, on prohiba l'entrée du tabac et des sucres du Brésil, et l'introduction de toutes les étoffes de France. Par cette mesure on prétendoit ranimer l'industrie nationale et relever les manufactures portugaises; mais ces manufactures ne suffirent pas aux besoins du royaume : celles d'Angleterre vinrent à leur aide, et parvinrent à les anéantir.

En traçant le caractère physique et moral des Portugais, le voyageur s'attache d'abord à l'extérieur. Suivant lui, il est peu de peuples aussi laids que celui du Portugal, auquel il accorde d'ailleurs beaucoup de vivacité et un grand penchant à la gaîté. Il le peint petit, bazané, mal conformé; il ajoute que l'intérieur répond à cette enveloppe. Les Portugais, en général, lui ont paru vindicatifs, bas, vains, railleurs, présomptueux, jaloux, ignorans (1). Il reconnoît néanmoins que sous ce double rapport l'habitant de la capitale et des provinces du sud, auquel il applique plus particulièrement ces inculpations, diffère considérablement d'avec le peuple des provinces du nord, qui est moins bazané et moins laid, plus liant dans la société, plus laborieux et plus brave, quoique plus asservi encore, s'il est possible, aux préjugés nationaux et religieux. Il convient aussi que les vices moraux qu'il reproche aux premiers sont mêlés de plusieurs bonnes qualités, qu'ils sont

(1) L'éditeur du Voyage observe judicieusement, qu'il faut avoir vu une nation de près, et pendant long-temps, pour prononcer en connoissance de cause, qu'elle mérite ces qualifications.

amis généreux, qu'ils sont fidèles, sobres, charitables et attachés à leur patrie.

Ces divers jugemens du voyageur frappent sur le peuple portugais en général. Quant aux *fidalgos* et aux grands du royaume, il leur applique des couleurs particulières : ils sont, suivant lui, orgueilleux et insolens, très-bornés dans leur éducation, vivant dans la plus profonde ignorance, et ne sortant presque pas de leurs pays pour aller visiter les autres peuples. Il traite beaucoup plus favorablement les femmes portugaises sous les rapports extérieurs, qu'il ne l'a fait à l'égard des hommes : elles ont, dit-il, une belle carnation, les dents blanches, des yeux noirs pleins d'expression, les cheveux très beaux et bien fournis ; mais elles ont de vilaines jambes et le pied fort large (1). Leur démarche est lente et sans grace, et elles s'habillent d'une manière peu avantageuse. Avec beaucoup d'esprit, elles ont peut-être plus de vivacité encore que les hommes. Quant à la galanterie, elles l'emportent sur toutes les femmes de l'Europe. Elles ont dans l'expression cette tendresse séduisante qui appelle et promet le plaisir. Le tête-à-tête conduit presque infailliblement au succès, mais on n'obtient pas ce tête-à-tête sans peine, et sur-tout sans un grand danger. Le Portugais, excessivement jaloux, attache toujours à la suite de sa femme, une surveillante qui l'accompagne aux églises, aux spectacles, à la promenade, et qu'il faut gagner à prix d'argent ; mais pour peu qu'on soit soupçonné par le mari ou par l'amant en titre, on succombe tôt ou tard sous le poignard de l'un ou de l'autre. Comme les maris savent que c'est principalement aux églises que se donnent les rendez-vous (2), il y a peu de maisons opulentes où il n'y ait une chapelle, afin

---

(1) C'est peut-être pour dérober ce vice de conformation qu'elles ont adopté l'usage observé par le voyageur, de s'asseoir sur leurs talons comme les femmes turques.

(2) Murphy, qui peint les femmes portugaises comme généralement très-attachées à leurs maris, ne dissimule pas néanmoins

de retrancher aux femmes l'occasion de sortir. Les dames d'un certain rang s'habillent à la française, mais leurs cheveux, qui descendent sur leurs talons, sont relevés en un énorme catogan, souvent plus large que la tête, où elles placent des diamans, des fleurs disposées avec beaucoup de coquetterie et d'art. Les hommes sont vêtus à la française, ou au moins à l'européenne; mais ils s'enveloppent d'un grand manteau, et portent une épée d'une longueur démesurée: leur mal-propreté excessive contraste avec la couleur tendre de leurs habits et avec les riches galons dont ils les chargent.

Le Portugais, avide de tout ce qui peut flatter les sens, se livre sur-tout avec un vif emportement aux plaisirs de l'amour, qui influent sur ses mœurs, sur ses habitudes, et principalement sur sa santé. Si l'on en excepte les Espagnols, il n'est point de peuple qui soit aussi maltraité de la maladie vénérienne que la nation portugaise : elle a même en Portugal des effets inconnus par-tout ailleurs. On a vu, dit le voyageur, des femmes prostituées donner la mort, en quelques minutes, à tous ceux qui les approchoient: le venin est si subtil, qu'on peut le comparer à la peste de la plus mauvaise espèce. Le Portugais ignore les moyens de se guérir. Une fois que son sang est gâté, c'est pour toute la vie; il végète avec ce fléau, comme on vit avec la goutte: les chaleurs excessives et la transpiration continuelle en atténuent les résultats.

---

les intelligences que la plupart d'elles se ménagent avec leurs amans, par l'intermède des enfans qui servent la messe, et qui font l'office de petits Mercures en glissant des lettres d'amour. mais il paroît croire que cette espèce de galanterie s'accorde souvent avec la fidélité conjugale. L'auteur du Tableau de Lisbonne, est d'accord avec Murphy et l'auteur du Voyage que j'analyse, dans la peinture qu'ils font des femmes portugaises; mais il leur prête la dissimulation la plus profonde, adroitement déguisée sous les apparences de la candeur : cet art porté chez elles au dernier degré; elles ne l'emploient, dit-il, que dans le cours de leurs intrigues galantes: elles sont d'ailleurs bonnes, obligeantes, affectueuses,

La licence des chansons des Portugais, celle de leurs danses répondent à la corruption de leurs mœurs. En chantant, ils s'accompagnent de la guitarre, qu'ils pincent avec grace. Leur musique est vive et gaie : elle ne seroit pas sans attraits, même pour les ames honnêtes, si l'indécence des paroles n'étoit pas révoltante. C'est sur-tout dans la danse appelée la *fossa* que se peint la corruption du peuple portugais. Non-seulement on l'exécute dans les rues des villes et dans les campagnes, mais même sur le théâtre de la nation, avec une lubricité repoussante pour les étrangers ; et ces excès grossiers, les Portugais savent les concilier avec leur prétendue dévotion, puisqu'on laisse danser la *fossa* par les nègres devant les reliques des saints et les images de Jésus-Christ.

Le voyageur confirme tout le mal que dit Murphy des spectacles de Lisbonne : il n'y trouve de supportable que les petites pièces connues sous le nom d'intermèdes, dont la composition est assez bonne, la musique pleine de goût, mais dont les acteurs sont détestables.

Le voyageur s'est beaucoup étendu sur l'état des sciences et des lettres en Portugal : le tableau qu'il en trace et que j'abrégerai beaucoup, n'en donne pas une idée fort avantageuse.

Aucune branche des connoissances humaines n'est plus négligée, dit-il, à présent en Portugal, que celle des mathématiques, qui, dans les beaux siècles de la monarchie, y fut singulièrement en honneur, et qui produisit des navigateurs célèbres, tels que Magellan et plusieurs autres. Malgré l'établissement de deux observatoires, l'un à Coïmbre, et l'autre à Lisbonne, il a cru pouvoir assurer qu'il n'y avoit pas en Portugal, un seul astronome-pratique. Quoiqu'il y eût en Portugal des écoles de médecine et d'anatomie, ces sciences y étoient encore dans l'enfance, et la botanique n'y étoit pas même connue (1).

(1) L'éditeur du Voyage établit dans un supplément, que cette assertion est exagérée, sur-tout pour la botanique. J'observe, à la

Les ouvrages de jurisprudence estimés par les Portugais, étoient inconnus par-tout ailleurs.

L'étude de la langue du pays n'avoit produit que quelques grammaires imparfaites, et deux dictionnaires qui n'avoient d'autre mérite que d'être de quelque ressource pour les étrangers. Les PP. Trieira et Vieira s'étoient fait un nom dans la chaire, et l'avoient mérité par un style coulant, facile, et moins surchargé de citations et de figures ampoulées que ne l'est ordinairement celui des orateurs des pays méridionaux : une sorte de philosophie se faisoit même remarquer dans les compositions du premier, qui fut cité deux fois au tribunal de l'inquisition.

De tous les genres de littérature, celui où les Portugais avoient le mieux réussi, c'étoit l'histoire : on pouvoit citer avec éloge sept de leurs historiens, Jean *de Baros*, Louis *de Souha*, Bernardo *Brito*, *Mascarenhas*, le comte *d'Ericeira*, Manuel *de Faria y Sousa*, et sur-tout Jérôme *Osorio*.

Dans la poésie épique, la réputation du Camoens avoit franchi les bornes du Portugal. Outre la Lusiade, les Portugais citoient six autres poëmes épiques fort peu connus hors de leur pays, entre lesquels une *Henriade*, du comte d'Ericeira, étoit le plus remarquable : ils avoient eu aussi quelques poètes dans le genre de la pastorale et de la satire, dont les ouvrages n'avoient pas franchi non plus les bornes du Portugal.

Vers 1720, il s'étoit formé dans ce pays, sous des noms pompeux, plusieurs académies qui ne s'occupoient que d'objets futiles. Le roi Jean v en établit une organisée

---

décharge du voyageur, que ce supplément est un extrait des Mémoires de l'académie de Lisbonne, qui n'ont été publiés que long-temps après le Voyage dont il s'agit ici. Il en est de même d'une Flore cochinchinoise et d'un Mémoire sur les jardins de botanique, qui n'ont paru que bien postérieurement à ce Voyage. On verra dans celui de Linck, dont je donnerai la notice, que la botanique a continué de se perfectionner en Portugal.

à-peu-près sur le modèle des autres académies de l'Europe, et dont les travaux avoient exclusivement pour objet l'histoire ecclésiastique, civile et politique du pays ; elle a publié plusieurs Mémoires qui, suivant le voyageur, n'ont rien ajouté ni aux lumières, ni aux progrès du goût. Il n'en est pas de même de l'académie royale des sciences, qui, depuis le séjour du voyageur, s'est établie à Lisbonne sous la protection de la reine : elle avoit déjà publié en 1771 plusieurs volumes de mémoires, dont l'éditeur de la relation donne une nomenclature abrégée : ils contiennent des traités également curieux et utiles sur plusieurs branches de l'histoire naturelle, sur la physique, la chimie, l'astronomie, l'art de la navigation, l'économie rurale et politique, la langue, la jurisprudence et l'histoire. Ces Mémoires, ainsi que les programmes des sujets qu'a proposés l'académie, pour les prix qu'elle a fondés, prouvent que cette académie, beaucoup moins connue, dit l'éditeur du Voyage, qu'elle ne mérite de l'être, ne néglige aucun moyen pour tirer ses compatriotes de leur engourdissement. Mais la lumière ne commence à éclairer qu'une certaine classe, le reste de la nation est encore dans les ténèbres ; pour les dissiper, il faut qu'elle secoue le joug politique des Anglais, et le joug plus redoutable encore de l'inquisition et du clergé.

VOYAGE en Portugal, particulièrement à Lisbonne, en l'année 1794. Paris, Déterville, 1798, in-8°.

A quelques particularités près, qui peuvent rendre assez intéressante la lecture de ce Voyage, il ne renferme rien sur les objets véritablement importans, qui ne se trouve plus détaillé dans les relations précédentes.

JOURNAL d'un Voyage en forme de lettres par l'Alentejo, province de Portugal, en l'année 1797, avec une description du combat de taureaux (en allemand). Hildesheim, Gerstenberg, 1799, in-8°.

L'auteur de ce Journal est un Hollandais qui a fait ce voyage à l'occasion de l'entrevue du roi d'Espagne et du prince du Brésil. Il n'y a de curieux dans sa relation, que le détail des fêtes qui eurent lieu lors de cette entrevue : le voyageur paroît fort peu instruit sur tout le reste.

OBSERVATIONS faites pendant un Voyage par la France et l'Espagne en Portugal, par le docteur H. F. *Linck* : (en allemand) *Bemerkungen auf einer Reise durch Frankreich, Spanien und vorzüglich Portugal, von Dr H. F. Linck.* Kiel, 1800, 2 vol. in-8°.

Ces Observations ont été traduites en français sous le titre suivant :

VOYAGE en Portugal, depuis 1797 jusqu'en 1799, par M. *Linck*, membre de plusieurs sociétés savantes ; suivi d'un Essai sur le commerce du Portugal, traduit de l'allemand. Paris, Levrault, an XII — 1803, 2 vol. in-8°.

Comme ce Voyage avoit sur-tout pour objet le Portugal, j'ai cru devoir le placer dans le paragraphe particulier à ce pays.

Les études de M. Linck s'étant singulièrement dirigées vers la géologie, la minéralogie et la botanique, le comte *de Hoffmansegg*, qui étoit lui-même initié dans la connoissance de ces trois branches de l'histoire naturelle, et qui, dans la vue d'y faire de nouvelles découvertes, desiroit de visiter le midi de l'Europe, engagea M. Linck, avec lequel il se rencontroit en Angleterre, à voyager avec lui dans les mêmes vues.

C'étoit principalement le Portugal, contrée presque neuve à décrire pour des géologistes, des minéralogistes et des botanistes, qui devoit être l'objet de leurs savantes excursions ; mais obligés, en quittant l'Angleterre, de traverser une partie de la France et de l'Espagne, il étoit bien difficile, quelque rapidité qu'ils missent dans leur course, qu'avec l'avidité de tout voir et de tout connoître, ils ne jetassent pas au moins un coup-d'œil sur les richesses naturelles, qui dans la traversée de ces deux Etats, s'offroient de tous côtés à leurs regards. L'agriculture, qui reçoit tant de secours de la botanique, lorsque celle-ci ne se borne pas à une aride nomenclature, devint aussi la matière des observations des deux voyageurs. Le Calésis, le Boulonais, la Picardie, avec un sol tantôt calcaire et tantôt crayeux, mais recouvert presque partout d'une couche de terre végétale, firent présumer à Linck que la culture étoit bonne en général; mais ses regards furent souvent affectés, sur-tout dans la Picardie, du triste spectacle d'une foule de mendians que la décadence des manufactures avoit réduits à cet état de misère.

Paris lui parut inférieur à Londres pour la beauté des rues, la commodité des trottoirs, la propreté de l'intérieur des maisons; mais bien supérieur par la magnificence des édifices publics, des palais, des quais, et surtout par les agrémens des environs qui firent sur lui une impression ravissante.

C'étoit à la suite du 18 fructidor que M. Linck traversoit une partie de la France: il y apperçut les traces d'un mécontentement général. La marche du gouvernement directorial lui parut très-mal-adroite, principalement par les fausses mesures sur le culte; et avec beaucoup de sagacité, il prédit que cette forme de gouvernement ne subsisteroit pas long-temps. La partie méditerranée de la France qu'il parcourut jusqu'à la Gascogne, ne fut pour lui la matière que de quelques observations minéralogiques et agricoles. Dans cette contrée, cultivée jusques sur le sommet des montagnes, et qui, à l'approche des monts Pyrénées, présente des points de vue pittoresques et enchanteurs, il trouva, au milieu d'une grande activité, cette gaieté, cette franchise, ces mœurs hospitalières qui, avec beaucoup de loquacité et de vanité, ont toujours formé le caractère dominant des Gascons.

Dans toute la Gascogne, mais sur-tout dans le pays

des Basques et à Bayonne, M. Linck observa que le sexe en général étoit de la taille la plus élégante et de la beauté la plus rare. Une foule de mots heureux, qui parurent à M. Linck prendre leur source dans une langue douce et harmonieuse, recevoient un nouvel agrément, lorsqu'ils étoient employés par de belles femmes.

M. Linck confirme tout ce que d'autres voyageurs ont dit de l'industrieuse activité; de l'état d'aisance des habitans de la Biscaye : la franchise et l'espèce d'indépendance dont ils jouissent en font un peuple bien intéressant, et qui n'a rien de commun avec les autres habitans de l'Espagne.

La Vieille-Castille, avec ses champs déserts, rendus tels par la stérilité assez générale du sol et l'inactivité de ses habitans peu nombreux, offrit au voyageur botaniste une grande variété de plantes curieuses : les montagnes, par la diversité des minéraux qui les composent, n'étoient pas moins intéressantes pour un minéralogiste; mais l'amateur de l'agriculture ne pouvoit qu'être affligé du spectacle de l'extrême aridité, et de la défectueuse culture de la terre.

A Madrid, M. Linck s'arrêta principalement au cabinet d'histoire naturelle, qui a pour inspecteur D. *Clavijo*, savant distingué, né aux Canaries, et auquel l'Espagne doit la traduction de l'histoire naturelle de Buffon, où il a presque atteint la richesse et l'élan de l'original, en se garantissant de ce style ampoulé qu'on reproche aux auteurs de sa nation. Les notes dont il a enrichi cette traduction sont précieuses, elles annoncent l'esprit d'observation et les connoissances littéraires du traducteur. Le cabinet qui sera placé dans un superbe bâtiment que l'on a construit exprès au *Prado*, renferme, sur-tout quant à la minéralogie, des pièces du plus grand prix. En général, sous le rapport de pièces de luxe, tels que des échantillons de mines et des pierres précieuses, ce cabinet forme une collection recommandable; mais on n'y trouve pas d'assortiment bien complet, et il pèche même du côté de l'ordonnance et de la détermination des objets. En un mot, beaucoup plus intéressant que le Musée britannique, il est, à quelques morceaux près, d'un très-grand prix, bien inférieur au cabinet de Paris.

Quant au jardin botanique de Madrid, il est assez vaste, mais dans un grand désordre: le climat d'ailleurs n'est pas favorable, il est trop froid en hiver, trop chaud et trop sec en été. L'Espagne possède en M. Cavanilles (1), l'auteur de la description du royaume de Valence, un habile botaniste, mais qui n'est pas suffisamment encouragé. Le gouvernement espagnol, suivant M. Linck, fait de grandes dépenses en faveur des sciences et des arts, mais ne récompense pas assez les hommes distingués qui sont l'ame des institutions.

La plaine de Madrid s'étend sur une partie considérable de la Nouvelle-Castille: le sol y est un peu meilleur que dans l'Ancienne; on y voit des champs de blé très-vastes, mais qui ne paroissent pas bien cultivés. Les parties où coule le Tage sont assez riantes, les plaines qui l'avoisinent produisent beaucoup de blé. On remarque même une certaine aisance dans les villages; mais les montagnes sauvages qui traversent cette province, les collines même moins élevées, les forêts dont elles sont ombragées, sont uniquement consacrées à la pâture des brebis. Le peuple de la Nouvelle-Castille est communément assez fainéant, et ce qui en est la conséquence ordinaire, grand parleur et très-curieux.

L'Estramadure qui, du côté de l'Espagne, forme ses frontières avec le Portugal, est très-boisée, sur-tout en cette espèce de chênes qui ne perdent point leurs feuilles, et qui en ont pris le nom de chênes verds. Le défaut de culture en a fait comme un pâturage immense pour les brebis, qui y descendent des montagnes de la Castille.

Badajoz, la capitale de l'Estramadure, et où aboutit

---

(1) Ce savant distingué dans plusieurs genres, est mort depuis la publication du Voyage de M. Linck.

de Madrid une route plus belle, au jugement du voyageur, que les chaussées d'Angleterre, et meilleure que la plupart de celles de France, est une ville considérable, propre et bien percée, embellie par quelques jolies églises ornées de tours élégantes.

En entrant dans le Portugal, M. Linck observa d'abord que la langue portugaise écrite, diffère fort peu de la langue espagnole, mais qu'elle ne conserve avec celle-ci aucune ressemblance dans la manière de prononcer.

Elvas, place forte, et la première ville du Portugal en venant d'Espagne, n'est pas comparable à Badajoz; mais la campagne où elle est située, annonce une culture plus soignée: on y est mieux vêtu qu'en Espagne; les femmes y sont plus affables, les manières aisées et polies du bas peuple et sa gaieté, préviennent plus l'étranger qu'en Espagne; mais dès qu'on fréquente les personnes de distinction, on juge les Portugais bien différemment (1). De la belle contrée d'Elvas, on parvient par un pays de montagnes à la province d'Alentejo, couverte de landes qui, dans le printemps, où M. Linck la traversa, lui fournit une riche moisson lors de ses excursions botaniques.

Dans le coup-d'œil rapide qu'il jette sur Lisbonne, il n'ajoute rien de bien neuf, quant au matériel de cette ville, à ce qu'en ont dit les autres voyageurs, et particulièrement Murphy. En taxant d'exagération l'auteur du *Nouveau Tableau* de cette ville, relativement à la corruption de ses habitans, il confirme d'ailleurs ce que cet écrivain et tous les autres ont observé sur le défaut de police et sur l'extrême mal-propreté de ses habitans. Les rues, dit-il, y sont infestées, pendant le jour, de chiens affamés qui inquiètent les passans, et la nuit, elles le sont de bandits qui commettent leurs brigandages avec d'autant plus d'impunité, que les rues ne sont pas éclairées (2).

(1) L'auteur du Voyage publié sous le nom de du Châtelet avoit fait la même observation.

(2) On a vu que depuis les Voyages de M. Linck, une meilleure police s'est établie à Lisbonne.

Le Portugais n'aime point la promenade, quoique le pays offre des sites charmans sur les bords du Tage. A Lisbonne, le luxe consiste sur-tout dans le grand nombre de domestiques, parmi lesquels on remarque beaucoup de nègres. La danse n'est un plaisir pour aucune classe du peuple. L'opéra italien est le seul spectacle qui mérite quelque attention. Aucune personne du sexe ne se montre sur ce théâtre; les femmes y sont remplacées par des castrats ou des jeunes gens. Les Portugais se plaisent, autant que les Espagnols, au spectacle des combats de taureaux. Les plus distingués d'entre eux vivent beaucoup à Lisbonne, ainsi qu'à Porto, avec les Anglais, et dans cette société, ils trouvent quelque distraction à la monotonie de leur existence. En général, ils sont moins fanatiques que les Espagnols, quoique tout étranger soit hérétique aux yeux des Portugais : ils refusent en effet leur estime à cet étranger, lorsqu'ils le voyent changer de religion pour embrasser le catholicisme. Le comte *d'Ohea-Penhausen*, Envoyé de Hesse à Lisbonne, en fit la triste expérience, lorsqu'il abjura le protestantisme pour épouser une Portugaise.

Entre les établissemens publics que renferme Lisbonne, M. Linck s'est particulièrement attaché à décrire ceux qui ont été faits en faveur des sciences. Le plus important sans doute est l'académie des sciences, fondée par la reine. Ce qu'il en rapporte est parfaitement conforme à ce que l'auteur du Voyage publié sous le nom de du Châtelet en a dit. Une académie de géographie, instituée en 1799, une académie des fortifications fondée en 1790, les établissemens plus anciens du collège des nobles, de l'académie des gardes-marines, et de l'académie royale de marine, ont tous leurs professeurs : mais ces établissemens et d'autres formés pour l'instruction de la jeunesse, sont presque sans activité; ce ne sont pas les moyens qui manquent, mais le bon choix de ces moyens. On n'a pas encore acquis le goût des sciences, on ignore l'art de l'inspirer. C'est par-là que sont à-peu-près inutiles plusieurs bibliothèques qu'on trouve à Lisbonne et qui ne sont pas méprisables, et différentes librairies où l'on peut se procurer tous les nouveaux ouvrages portugais.

L'histoire naturelle est plus encouragée à Lisbonne que les autres sciences, ou du moins on s'en occupe un peu davantage. Le cabinet royal d'histoire naturelle, sans pouvoir soutenir de comparaison avec celui même de Madrid, renferme plusieurs pièces importantes, telles qu'un morceau de cuivre vierge du poids de deux mille six cent seize livres. Près de ce cabinet sont un laboratoire chimique et le jardin botanique. Ce jardin est supérieurement bien situé. La vue porte à-la-fois sur la rivière, la mer et la ville ; mais il n'est pas vaste ; les serres en sont peu spacieuses : il s'y trouve néanmoins, comme dans le Jardin des Plantes de Paris, un excellent bassin pour les plantes aquatiques, et sa distribution extérieure est en général assez élégante. On plante dans ce jardin les végétaux qu'offre le hasard, et l'on en abandonne en quelque sorte la culture et le soin au climat, très-favorable aux plantes : on y cultivoit, lorsqu'il fut visité par M. Linck, plusieurs arbres à épices, afin de les envoyer au Brésil pour les naturaliser.

Je vais esquisser ici le tableau que, dans une autre partie de son Voyage, M. Linck a tracé de l'université de Coïmbre, la plus célèbre école d'enseignement du Portugal, afin que d'un seul coup-d'œil, on puisse se faire une juste idée de l'état des sciences dans ce pays. L'organisation de cette université a éprouvé, sous le ministère de Pombal, des changemens très-avantageux ; mais, comme l'observe M. Linck, les réglemens seuls ne suffisent point. Les sciences ne peuvent pas prospérer sans le bon esprit qui sait les encourager, soit par des dépenses utiles, soit par une juste appréciation du mérite de ceux qui s'y livrent : or c'est ce qui leur manque en Portugal. L'université renferme trente-neuf chaires et autant de professeurs ; et ce que n'a pas observé M. Linck, le nombre de ces chaires pour chaque science, est en raison inverse de leur utilité réelle ; car la théologie et l'étude du droit canon, ont chacune huit chaires, tandis que si le droit civil en a huit aussi, la médecine n'en a que six, et les mathématiques, la philosophie, quatre seulement chacune. L'instruction se donne par la voie des cours, auxquels succèdent des examens si rigoureux, qu'il arrive souvent que les étudians s'esquivent pour y échapper. Il ne paroît pas qu'aucune de ces sciences prospère beaucoup, malgré l'avantage d'une bibliothèque publique asssez considérable.

L'histoire naturelle et la physique, dans leurs différentes branches, sont cultivées avec plus de succès. Le cabinet d'histoire naturelle, où tout est classé suivant la méthode de Linné, ne renferme pas beaucoup d'objets remarquables; mais la collection des instrumens de physique, dont plusieurs ont été travaillés en Angleterre, d'autres en Portugal, avec du bois du Brésil, et qui sont tous dorés, est très-précieuse.

Le jardin des plantes n'est pas vaste, les serres sont petites; mais, graces aux soins éclairés de l'inspecteur du jardin, qui est en même temps professeur, tout y est supérieurement classé et arrangé. Outre plusieurs plantes exotiques, il s'y trouve une collection remarquable de presque toutes celles du Portugal. On peut dire que de toutes les sciences, c'est la botanique qui a fait le plus de progrès dans ce pays.

Tous les livres qui traitent d'objets scientifiques, sont imprimés aux frais du gouvernement. Le nombre des amateurs, comme l'observe M. Linck, est trop petit pour qu'un éditeur ose avancer les frais d'impression. Aussi la littérature proprement dite, est encore dans l'enfance en Portugal : il paroît fort peu d'écrits en ce genre, et aucune réputation littéraire n'est bien établie.

Vers le nord-ouest de Lisbonne, s'élève la chaîne des montagnes de *Cintra*. Au pied de ces montagnes, est une contrée renommée par ses bois de châtaigniers, son excellent vin et ses vergers, qui fournissent une partie des fruits qui se consomment à Lisbonne, une autre partie se tire de la contrée de *Sétuval*, où il se faisoit autrefois une pêche importante, aujourd'hui fort diminuée, mais qui a réparé cette perte par un commerce considérable de sel. C'est peut-être le seul qui se fasse avec une certaine activité d'une province à l'autre ; car, en général, le commerce intérieur, qui seul anime et vivifie un pays, manque absolument en Portugal. Chaque ville se livre uniquement au commerce extérieur qui, suivant M. Linck, n'est point exclusivement dans les mains des étrangers, comme l'ont assuré plusieurs écrivains. Le commerce d'Europe se fait à la vérité, en grande partie, par des vaisseaux étrangers, mais celui du Brésil, par les seuls vaissseaux portugais : aussi les négocians opulens se trouvent plutôt chez les Portugais que parmi les étrangers (1).

C'est sur la route de Lisbonne à Coïmbre que se trouvent les bains de *Caldas*, très-fréquentés, mais dont les effets salutaires sont fort équivoques, par la vicieuse méthode qu'on apporte dans l'usage des eaux chaudes et des bains chauds. Aux environs de Coïmbre, la terre est mieux cultivée qu'ailleurs, si l'on en excepte la province d'Entre-Duero-y-Minho. On y recueille beaucoup d'olives, dont l'huile est meilleure que celle d'Espagne, et dont l'usage, à defaut de beurre, est général pour l'apprêt des alimens. M. Linck a décrit la culture des oliviers qui la donnent : c'est dans cette même contrée que se trouvent les meilleures oranges.

M. Linck a observé, comme on l'avoit fait avant lui, que de toutes les provinces du Portugal, celle d'Entre-Duero-y-Minho étoit la plus peuplée ; il estime qu'elle renferme jusqu'à neuf cent mille ames. Cette province néanmoins

(1) Si ce commerce enrichit quelques particuliers, l'Etat n'en retire pas, à beaucoup près, tous les avantages qu'il devroit lui procurer, parce que, comme l'a observé l'auteur du Voyage publié sous le nom de du Châtelet, ce sont les étrangers qui fournissent la plus grande partie des marchandises que la flotte du Brésil transporte, et qu'en conséquence ce sont eux qui profitent, pour la plus grande partie aussi, des gains que procurent les retours.

est couverte de montagnes dont le sol est rocailleux; mais la fertilité des vallées, entre lesquelles on distingue celle de Minho, et qui toutes sont arrosées de ruisseaux; mais surtout l'activité du peuple, encouragée par ces avantages naturels, ont élevé cette province à un grand degré de prospérité, qui tient aussi au morcellement des propriétés. M. Linck a remarqué néanmoins que l'augmentation de ce peuple, tout-à-la-fois industrieux et gai, est trop forte pour un pays naturellement stérile dans la plus grande partie, et qui ne doit sa fécondité qu'à un travail opiniâtre. Un grand nombre des habitans s'expatrie pour aller s'établir ailleurs: cette émigration ne pourroit être arrêtée que par l'établissement de quelques manufactures, qui emploieroient des bras bien disposés au travail.

Entre les délicieuses vallées que renferme cette province, M. Linck en a signalé une à la descente du *Gerez*, qui, arrosée par le Lima, réunit aux beautés d'un climat chaud, toute la fraîcheur qu'offre celui du Nord. C'est dans ce lieu que les soldats romains refusèrent de suivre leur capitaine: de-là les Romains appelèrent la rivière de Lima, le *fleuve de l'Oubli.*

Les montagnes du *Douro* nourrissent la chèvre sauvage, très-rare dans les autres montagnes de l'Europe. Le bouc de cette espèce est plus grand, plus musculeux, plus robuste que le bouc domestique. M. Linck est plus porté à croire que la chèvre domestique est provenue de cette chèvre sauvage, qu'il ne l'est à regarder celle-ci comme issue de l'autre. Dans la plaine qui, de ces montagnes, s'étend jusqu'à la *Galicie*, le voyageur trouva chez un paysan de très-bons lits, une nourriture abondante et propre, le tout assaisonné de manières polies, franches, pleines de bienveillance, et d'attentions même recherchées. A ces qualités, le peuple en ce lieu, joint beaucoup de vivacité, de gaieté. Ses danses, mêlées de chant, forment des espèces de drames: par-tout ailleurs, les chansons du peuple portugais, accompagnées de la guitare, sont élégiaques et plaintives.

M. Linck a consacré un chapitre entier à décrire la culture de la vigne, et à tracer l'histoire du commerce du vin d'*Oporto*, dont les Anglais font une si grande consommation : il faut lire ces détails dans le Voyage même. Dans le récit de son excursion aux Algarves par la province d'*Alentejo*, il observe, qu'outre l'emploi ordinaire de l'écorce du liège, on s'en sert encore pour la confection de plusieurs meubles, pour former des ruches, pour couvrir les étables. Le calice du fruit s'emploie dans les tanneries, et le fruit même est excellent pour engraisser les bestiaux.

Au débouché des montagnes de *Monchique*, dans la provinces d'*Alentejo*, à la suite d'un désert aride, on se trouve comme magiquement transporté dans des vallées qui forment les sites les plus pittoresques. Les orangers s'y unissent avec les châtaigniers sur un sol couvert de violettes; et le *Rhododendron*, le plus charmant arbuste de l'Europe, ombrage de toutes parts les ruisseaux.

En dirigeant sa marche dans les *Algarves*, vers le cap Saint-Vincent, M. Linck trouva la terre couverte d'une quantité de plantes qu'on ne rencontre que rarement dans les autres parties du Portugal; les jonquilles et les jacinthes, très-multipliées, jettent un éclat singulier sur les prairies aux approches du cap Saint-Vincent; comme auprès de ce cap, se trouve dans le voisinage des montagnes calcaires, du basalte, mais plus noir, plus solide et plus sonore que celui de Lisbonne. Ce minéral, observe M. Linck, est très-rare dans la péninsule; il n'a rencontré en Espagne d'autres traces de basalte, que la colonne qu'on voit dans le cabinet de Madrid, et qui a été trouvée, dit-on, en Catalogne.

M. Linck termine sa relation par un chapitre très-curieux sur la langue et la littérature portugaises, que les bornes de mon ouvrage ne me permettent pas d'analyser. Je me réduirai à observer, 1°. que Pombal a détruit la plus grande partie des entraves qu'on avoit mises à la publication des écrits en tout genre; 2°. qu'il ne paroît néanmoins dans le Portugal qu'une seule gazette politique, tous les papiers publics étrangers et nationaux y étant sévèrement défendus, mais qu'on peut compter au moins sur l'authenticité des faits annoncés dans cette gazette, dont le rédacteur semble s'embarrasser assez peu s'ils sont favorables ou non à l'Etat; 3°. qu'il n'y a en Portugal d'autres journaux littéraires, qu'une feuille hebdomadaire, qui renferme des anecdotes, des bons-mots, de petites pièces de vers, etc.; 4°. que le goût pour la poésie, où les Portugais se sont principalement distingués, n'est pas encore tout-à-fait éteint chez eux; que dans les odes, les chansons, et sur-tout dans les pièces légères et sentimentales, il se trouve d'excellens morceaux; 5°. que les meilleures histoires portugaises sont toutes défectueuses quant au style, mais que celui des écrivains en prose actuels se perfectionne sensiblement par la lecture des bons ouvrages français; 6°. enfin que de toutes les sciences, ce sont la botanique et l'économie rurale qui sont cultivées avec le plus de succès en Portugal.

Les excellentes descriptions géologiques que M. Linck a répandues dans son Voyage, le plus complet que nous ayons sur toutes les parties du Portugal quant à son état physique, ne sont pas susceptibles d'être présentées ici, même en simple apperçu, non plus que ses judicieuses observations sur la minéralogie et la botanique du pays; il faut recourir à l'ouvrage même: on y lira aussi avec autant d'intérêt que de fruit, l'Essai politique sur le commerce du Portugal et sur celui de ses colonies: cet Essai est l'ouvrage d'un Portugais, M. *Conthur*, évêque de Fernanbuc et membre de la société royale des sciences de Lisbonne.

LETTRES sur le Portugal, écrites à l'occasion de la guerre actuelle, par un Français établi à Lisbonne, avec des observations sur le Voyage de du Châtelet, et des détails sur les finances de ce royaume, publiés par H. *Rangue*. Paris, Desenne, an x—1802, in-8°.

L'auteur de ces Lettres, qui paroît avoir fait un long séjour à Lisbonne, traite les mêmes sujets que ses devanciers, mais il enrichit de plusieurs détails d'un grand intérêt chaque matière. Dans une lettre en réponse à son éditeur, il relève plusieurs erreurs échappées à Murphy, à l'auteur du Voyage publié sous le nom de du Châtelet et à l'éditeur de ce Voyage. Le ton de modération et d'honnêteté qu'il garde dans ses observations, semble en quelque sorte en garantir la justesse.

VOYAGE de *Costigan* en Portugal, avec des observations et additions importantes tirées des ouvrages de *Twis*, *Murphy*, *Linck*, *Dalrymple*, *du Châtelet*, et autres voyageurs, formant le tome 1er, 3e année de la Bibliothèque géographique et instructive des Jeunes Gens, ou Recueil de Voyages intéressans pour l'instruction et l'amusement de la Jeunesse. Paris, Dufour, 1804, in-18.

Si l'on en excepte quelques aventures particulières au voyageur, et qui fournissent de nouvelles lumières sur les usages et les moeurs des Portugais, on ne trouve dans ce Voyage, dont le traducteur ne nous a pas indiqué l'époque, rien qui ne nous fût bien connu par les autres relations publiées sur le Portugal.

VOYAGE en Portugal, par M. le comte *de Hoffmansegg*, rédigé par M. *Linck*, et faisant suite à son Voyage dans le même pays. Paris et Strasbourg, Levrault, Schoell et Ce, 1805, 1 vol. in-8°.

Le comte de Hoffmansegg ayant permis à M. Linck de faire usage des observations qu'il avoit faites en Portugal, après le départ de ce dernier, M. Linck, en les publiant, y a joint les siennes propres sur plusieurs points de politique et sur le caractère des Portugais.

En donnant l'extrait de ce troisième volume du Voyage de M. Linck en Portugal, je ne m'arrêterai pas sur les rectifications qu'il a faites de plusieurs noms de villes et d'hommes, non plus que sur d'autres objets d'une assez petite importance; mais après avoir rapidement suivi le voyageur dans les excursions qu'il a faites dans les provinces de *Trazos-Montes*, d'*Entre-Minho-e-Duero*, de *Beira*, de l'*Estramadure*, d'*Alentejo* et des *Algarves*, je réunirai sous plusieurs chefs les notions nouvelles qu'il a répandues, sous une forme purement itinéraire, dans sa relation, sur l'état physique du Portugal, son agriculture, ses mines, ses manufactures, ses routes et ses canaux, sa police, l'administration de sa justice, le caractère physique et moral de ses habitans.

Dans la province de *Trazos-Montes*, ainsi nommée de ce qu'à partir d'Oporto, elle est située au-delà des monts, et dont l'aspect est remarquable par de nombreux amas de rochers, le voyageur observa que *Bragance* ne méritoit quelque attention, que parce qu'elle avoit donné son nom à la maison actuellement régnante. Cette ville a peu d'apparence, et elle est dominée par un vieux château. Quoiqu'elle soit fortifiée, ses portes ne sont point gardées: on peut y entrer et en sortir librement; ce n'est que lorsqu'on vient d'Espagne qu'on est soumis à la visite des préposés de la douane. La vallée qui l'avoisine est très-fertile; et la montagne de *Nogueira*, qui en est distante de trois lieues, produit des plantes rares. *Mirandella*, autre ville de cette province, est située dans une belle vallée, renommée par la douceur du climat et la fertilité du sol. *Villareal* réunit tous ces avantages, et, de plus, elle est le centre d'un commerce considérable: on y compte cinq cents feux. *Miranda* est l'une des principales villes de la province: c'est une place forte située sur les frontières de l'Espagne. La province de Trazos-Montes est en général très-dépourvue d'arbres.

Dans la province d'*Entre-Minho e-Duero*, la ville de *Guimaroens* peut être considérée comme l'une des plus considérables du royaume. Elle est située dans une plaine fertile: les rues en sont larges, et plus propres que dans la plupart des villes du Portugal. Les maisons, bien construites, sont enduites de plâtre et percées de fenêtres, chose, dit le voyageur, assez rare dans la plupart des petites villes d'Espagne et de Portugal, où l'on n'en voit presque jamais dans les villages. Guimaroens fut la première résidence des rois de Portugal. Dans les environs de la ville, sont des bains d'eaux chaudes, dont les uns ont emprunté de cette ville leur nom : les autres s'appellent les bains de *Gerez*. Dans ces bains, les bâtimens sont mal distribués, mais il y règne un bon ton de société. Ils sont beaucoup moins fréquentés pour la salubrité bien reconnue des eaux, que pour les amusemens qu'on s'y procure.

Le *Minho*, comparé aux autres provinces de Portugal, renferme un nombre considérable de villes et de bourgs. Une partie de la population néanmoins est dispersée dans des maisons isolées : c'est ce qui fait l'un des principaux agrémens de cette province. Lorsqu'on a atteint l'une des belles vallées qui se trouvent entre les chaînes très-répétées des montagues, on voyage toujours parmi les hommes : les habitations se succèdent sans interruption ; une ombre continuelle y garantit le voyageur des ardeurs du soleil ; des ruisseaux limpides y répandent une agréable fraîcheur.

La province de *Beira* a peu d'étendue, mais ses vallées sont fertiles en grains, en fruits, en légumes. Sur les montagnes qui surmontent ces vallées riantes, la nature d'un côté, la pénitence de l'autre, ont déployé toutes leurs rigueurs.

La chaîne de l'*Estrella*, par ses amas de neiges éternelles, ses cascades rapides, ses précipices profonds, rassemble toutes les belles horreurs des Alpes Helvétiennes et une partie de celles des Andes : le comte de Hoffmansegg, qui s'y trouva engagé par son zèle ardent pour la botanique, faillit plus d'une fois d'y perdre la vie. Le récit de cette périlleuse excursion, que M. Linck a tiré du journal de ce voyageur, est du plus grand intérêt.

Le couvent de *Bassano*, situé sur le revers de l'une des montagnes les plus élevées du Minho, est habité par des carmes de l'ordre des *Marianos*. Plusieurs croix annoncent le voisinage du couvent. La porte du mur d'enceinte est décorée des images funèbres de la mort. Des crânes et d'autres ossemens figurés par des pierres noires et blanches incrustées, l'entourent. L'étranger, préparé par cet aspect sinistre à de sombres tableaux, est agréablement surpris de se trouver à l'ombre d'une forêt épaisse qui environne le couvent. De beaux arbres ombragent les chemins qui serpentent dans toutes les directions, et qui aboutissent tantôt à une chapelle ou à un crucifix, tantôt à un autel caché par des buissons. Une mousse verdoyante couvre le sol et le tronc des arbres. Des ruisseaux sortant des rochers, disparoissent sous des touffes de broussailles. De majestueux cyprès, dont les troncs existent depuis deux siècles, et qui sont groupés pittoresquement; des pins maritimes d'une grande hauteur, d'antiques chênes couronnés de lierre, forment cette forêt sacrée.

Le genre de vie des moines est très-rigoureux. Plusieurs heures du jour et de la nuit sont consacrées à la prière dans les cellules, au chant dans le chœur. Jamais ils ne mangent de viande. Il ne leur est permis de parler que tous les quinze jours le soir, en se promenant. Le prieur, obligé d'entretenir les étrangers, est exempt alors de cette règle. Celui qui reçut les deux voyageurs, et qui depuis long-temps ne voyoit plus d'étrangers, se dédommagea amplement de son long silence. M. Linck ajoute que les terreurs de la religion disparoissent bientôt dans ces couvens austères, par la conversation animée de celui qui reçoit les étrangers.

La province de l'*Estramadure* portugaise est principalement recommandable par la ville de Lisbonne, qui y est située. Ce que les observations de M. Linck sur cette ville offrent de plus neuf, c'est sur-tout son opinion sur la cause des tremblemens de terre dont elle a été de tout temps affligée. Il ne remarqua aucune trace de basalte et de véritables volcans sur l'emplacement de Lisbonne. Le basalte ne se montre qu'aux environs de la ville, où il forme une assez étroite lisière. L'endroit de Lisbonne où le tremblement de terre de 1755 fit les plus grands ravages, repose sur un fond de terres calcaires. La cause de ces subversions, quelle qu'elle soit, ne peut exister qu'au-dessous de ces terres. Or, il est remarquable que la plupart des sources thermales, que cette contrée renferme dans une plus grande profusion qu'aucun autre pays de l'Europe de la même étendue, sortent du granit qui, comme on le sait, compose les montagnes primitives. Le foyer qui échauffe ces sources réside donc dans le granit, ou même au-dessous de ce minéral. Ce n'est pas, dit M. Linck, une observation rassurante pour les habitans du pays, que le foyer des sources thermales, des volcans et des tremblemens de terre soit si profond; car il en résulte que les explosions doivent produire des effets violens et dévastateurs.

La province d'*Alentejo* est principalement remarquable par la ville d'*Elvas*, la meilleure forteresse du royaume: on y entretient une garnison de cinq régimens. Dans toutes les guerres avec l'Espagne, cette ville n'a jamais été prise, elle n'a été que bloquée.

Sur la province des *Algarves*, pompeusement décorée du nom de royaume, M. Linck nous a transmis quelques détails assez intéressans relativement à la pêche du thon et à la caprification des figuiers.

La configuration physique du Portugal est généralement très-montueuse; mais si l'on en excepte l'Estrella, dont le voyageur estime l'élévation de sept à huit mille pieds au-dessus du niveau de la mer, les montagnes ne paroissent hautes en Portugal, comme dans l'Espagne, que parce que le pays d'alentour est plat, et qu'elles forment des aiguilles qui présentent un aspect sauvage.

La culture des terres en Portugal n'est point mauvaise en général; et si les bonnes méthodes manquent à l'agriculteur, on ne peut pas le taxer de paresse ou de négligence. Ce royaume fournit assez de blé pour nourrir ses habitans. Il n'y a que les environs peuplés de Lisbonne, où les jardins occupent le sol fertile, où les landes et les montagnes sont voisines, et où la communication avec l'intérieur du pays est difficile, qui aient besoin d'être approvisionnés par les pays étrangers. Les vallées d'Entre-Minho et Duero sont parfaitement bien cultivées; le Trazos-Montes est couvert de champs de blé jusques sur le sommet des montagnes; la culture du maïs et des légumes est considérable dans la province de Beira, autour de Coïmbre. Dans d'autres contrées, c'est la nature qui s'oppose à une meilleure culture. Là où le paysan est propriétaire, il est aisé; mais, comme dans les grandes possessions de la noblesse et des couvens, les terres sont affermées à très-haut prix, et comme le commerce intérieur a peu d'étendue, ce n'est que difficilement que le tenancier peut acquitter ses fermages. A cette considération, il faut ajouter celle des impôts onéreux sur les premiers besoins de la vie, et la cherté des comestibles et du vestiaire dans un pays où arrive presque tout l'or qui se répand en Europe. Ce n'est pas le seul inconvénient qui résulte de ses colonies pour le Portugal, elles enlèvent encore des bras aux contrées de la métropole qui en ont le plus de besoin.

La population n'étant pas considérable, les paysans s'assistent mutuellement pour récolter le blé. Il arrive souvent que, dans les lieux où il y a de l'eau, on inonde les champs, pour les laisser ensuite quatre ou cinq ans en friche. Le pays le plus aride est forcé de donner des productions par une pareille méthode. Quelques mauvaises pratiques de culture préjudicient assez généralement au bon état de l'agriculture en Portugal. C'est ainsi, par exemple, que dans plusieurs provinces du royaume, on fait usage d'une charrue particulière dont le soc est courbé, et qui ne trace que des sillons peu profonds, éloignés de seize pouces. Comme le soc de la charrue n'a que quatre pouces de largeur, il reste entre chaque sillon un espace de dix à douze pouces en friche. C'est, dans ces provinces, une des causes du peu de rapport des terres: il faut y ajouter l'usage où l'on est de ne pas fumer, dans la persuasion que cela est inutile. On se contente de donner quatre labours, et de herser autant de fois avec des herses dont les pointes ne sont qu'en bois. Au reste, l'emploi de la charrue n'a lieu que dans les terres fortes : c'est avec la houe qu'on travaille les terres légères.

Au nord du Portugal, c'est le froment qu'on cultive, et dans le midi, c'est le maïs. Par les spécieux avantages de son grand produit; cette dernière culture a séduit le cultivateur, et porté beaucoup de préjudice à l'agriculture. Autrefois, les Portugais semoient du blé sur les coteaux, et réservoient les plaines pour les pâturages. A cette époque, le Portugal exportoit du blé, les villages étoient peuplés et les bestiaux nombreux. Aujourd'hui, les coteaux restent en friche, et le maïs occupant les plaines, la disette de fourrage a causé une diminution sensible dans les bestiaux. Cette préférence donnée au maïs, dont la culture est néanmoins plus pénible que celle du blé, puisqu'il faut amonceler la terre autour de chaque épi, a éloigné la culture de plusieurs autres espèces de grains. Les différentes variétés du millet sont devenues très-rares. On cultive même peu d'orge. La culture de l'avoine est devenue tout-à-fait nulle, parce qu'à la vérité l'on prétend que l'usage en est nuisible aux chevaux de ces contrées. Quant au seigle, on ne s'en sert, au moins dans le midi du Portugal, que pour la nourriture des bestiaux. L'abandon de ces diverses cultures de grains sera en quelque sorte réparé par celle de la pomme-de-terre, qui commence à être en faveur. On a observé au reste qu'en Portugal, un printemps pluvieux annonçoit une bonne récolte, et que la sécheresse de cette saison étoit très-nuisible. Le chanvre ne se cultive guère que dans les champs inondés par le *Sabor*. On compte que cette plaine en produit de deux cent à deux cent soixante et quatre milliers.

La mine de fer est fort rare en Portugal, ou du moins les recherches qu'on en a faites se sont bornées jusqu'ici au minerai que renferme la province de Trazos-Montes. Il alimente la seule usine qu'il y ait en Portugal. En 1741, on avoit découvert dans la province de Beira, un minerai qui donnoit pour un quintal 92 livres de plomb, et 2 onces 2 grains d'argent; mais la mauvaise administration de cette mine en a fait abandonner l'exploitation. La mine de houille ou charbon-de-terre, que l'on a ouverte dans cette même province, promettoit, dans l'origine, de donner un grand produit. Les courans d'air étoient bien établis, les galeries artistement pratiquées : on étoit parvenu à une profondeur de soixante et quinze brasses; dont soixante et cinq au-dessous du niveau de la mer; mais on n'a pas pu se rendre maître de l'eau, deux puits ont été submergés, et l'établissement a beaucoup de peine à se soutenir. Les marais salans, entre lesquels la petite île de *Maracoira* est presqu'entièrement divisée, fournissent une grande quantité de sel.

A ces observations nouvelles sur les productions naturelles du Portugal, M. Linck en fait succéder un petit nombre d'autres sur ses productions industrielles. L'une des plus remarquables par son exiguïté apparente et son importance réelle, c'est celle des pierres à fusil qu'on trouve déposées par fragmens d'un pied à un pied et demi d'épaisseur, dans un sable rougeâtre servant aux habitans d'*Azenheira* dans l'Estramadure, à reconnoître les endroits où se trouve le silex, qui probablement a été détaché des montagnes voisines et déposé dans ce sable. Il faut beaucoup d'exercice pour façonner ces pierres. Tout dépend de la justesse qu'on apporte à appliquer l'instrument de fer avec lequel on les équarrit; c'est pour chaque pierre l'affaire d'une minute. Un homme ne peut en façonner que deux cents par jour, qui lui donnent un gain de 3 liv. 4 sols tournois. Autrefois le gouvernement achetoit toutes ces pierres, et les ouvriers n'osoient en vendre que cent à-la-fois : aujourd'hui ils en vendent autant qu'il leur plaît, à moins que des besoins extraordinaires du gouvernement n'en suspendent la vente, à l'effet de quoi il tient un inspecteur sur les lieux qui, hors de ce cas, se borne à acheter les pierres confectionnées pour son compte. Le gouvernement ne leur paye le millier que deux mille *reis*, tandis qu'on les vend aux étrangers de trois à quatre mille *reis*; elles sont chargées, comme les autres marchandises, sur des mulets, et envoyées jusqu'en Espagne. On prétend que toutes les pierres à fusil dont on se sert en Portugal, proviennent de ce lieu.

Dans la province de Beira, un Anglais nommé *Stephens*, favorisé par la reine plus qu'aucun autre entrepreneur de fabriques en Portugal, a établi à *Mariaha* une verrerie dont il est propriétaire. Avant cet établissement, qui a eu jusqu'ici le plus grand succès, tout le verre venoit de l'étranger. Les habitans de la Bohême sur-tout, faisoient en Portugal un commerce de verrerie très-considérable; et comme à ce commerce ils réunirent d'autres branches de négoce, ils gagnèrent des sommes considérables par la contrebande. On trouve encore aujourd'hui dans le royaume, les restes de beaucoup de familles bohémiennes qui, à cette occasion, s'établirent dans le pays. Le sable pour la préparation du verre dans cette fabrique, se trouve en partie dans le voisinage. On en fait venir aussi d'Angleterre une grande quantité, et celui-ci est d'une blancheur et d'une finesse particulières. La soude se tire d'Alicante, fort peu des environs de Setuval. La potasse vient de l'Amérique septentrionale. Oporto fournit du tartre. Le propriétaire reçoit gratuitement le bois de la grande forêt de sapins, qui est dans le voisinage; il n'est obligé que de le faire couper et voiturer à ses frais. La verrerie ne doit employer que le bois mort; mais comme la forêt est mal entretenue, elle en donne plus que le besoin ne l'exige. Malgré tous ces avantages, le verre est de mauvaise qualité : il n'a ni la dureté, ni l'éclat du verre étranger, et il est très-fragile. Il faut, dit M. Linck, que cela tienne à la manière de le préparer; car les matériaux, et particulièrement le sable d'Angleterre et la soude d'Alicante sont de très-bonne qualité.

Plusieurs autres manufactures sont dans un état très-florissant; mais la plupart de celles qui ont été établies par le marquis de Pombal, et notamment la verrerie qu'il avoit formée près de Lisbonne, où ce que les forêts voisines donnent de bois est plus utilement employé pour la construction, sont tombées en décadence.

Les chemins, si essentiels aux transports des produits de la terre et des arts, sont très-négligés en Portugal. Dans beaucoup de parties du royaume, on voit de grandes routes nouvellement commencées, mais elles n'ont guère que deux lieues de long; et ce n'est que dans un endroit près de *Lamego*, que M. Linck a vu continuer d'y travailler. Il y avoit autrefois beaucoup de routes pavées près de Lisbonne, leurs vestiges forment des chemins affreux. La plupart des routes du pays sont des chemins de traverse pour les petites charrettes; les marchandises sont transportées à dos de mulets: les hommes voyagent sur des mules, et les femmes dans des chaises à porteur suspendues sur des chevaux. On ne voit que rarement, et seulement autour de Lisbonne, des voitures de voyages. Il y a néanmoins une bonne diligence de Lisbonne à Coïmbre, et des chevaux de poste.

Le canal près de Oeyras, que le marquis de Pombal fit creuser, est le seul qui existe en Portugal. Les mesures pour rendre sûres les rivières navigables et les ports, sont peu efficaces.

La police des routes est aussi vigilante que leur entretien est négligé. On est sur-tout redevable de leur sûreté aux *juizes de fora* (juges étrangers), qui mettent la plus grande sévérité dans l'exhibition des passe-ports. Quelque fatigante que soit pour les étrangers cette rigueur, on ne peut pas néanmoins en méconnoître l'utilité. C'est par-là que le Portugal est presque par-tout si purgé de brigands, qu'on n'en entend parler qu'à Lisbonne et sur les frontières d'Espagne, et que dans tout le reste du royaume, on voyage avec plus de sûreté qu'en aucune autre contrée de l'Europe.

Ces observations sur la police ont conduit M. Linck à nous donner des détails très-intéressans sur l'administration de la justice en Portugal.

Ce sont les *juizes de fora*, dont il a été parlé ci-dessus, qui, dans toutes les villes un peu considérables, prononcent en première instance sur les affaires civiles et criminelles. On les appelle ainsi, parce qu'ils n'exercent jamais leurs fonctions que dans les lieux étrangers à leur domicile et à leur famille : ils ne les remplissent dans le même endroit que pendant l'espace de trois années, à l'expiration desquelles on les transfère assez communément dans des villes plus considérables. Par cette sage institution, on a cherché à empêcher les liaisons avec les habitans du lieu, l'influence de la famille, la partialité.

Dans les petites villes éloignées, ou dans les villages, on trouve des *juizes de terra* (juges du pays), qui jugent également en première instance. Ils sont élus par les habitans, et confirmés par le gouvernement. Ce sont, pour l'ordinaire, des habitans du lieu ou des gens de la campagne. Ils sont la plupart assez ignorans, et néanmoins fiers de leur emploi. On trouve, au contraire, des hommes aimables et instruits parmi les *juizes de fora*, et sur-tout parmi les *corregidors*. Ceux-ci, juges suprêmes de chaque district, prononcent en seconde instance. Non-seulement ils peuvent suspendre de leurs fonctions les *juizes de fora*, mais même les faire emprisonner. Chaque année, ils sont tenus de faire une tournée dans leur *corregemente*. Presque toujours étrangers, comme les *juizes de fora*, à la ville où ils sont placés, ils n'ont d'autre vue, d'autre intérêt que de captiver la faveur de leurs supérieurs. Protégés les uns et les autres par le gouvernement, ils ont su réunir toutes les branches de l'autorité, et sont devenus par-là d'excellens instrumens du despotisme.

On peut appeler des jugemens des corregidors, aux tribunaux supérieurs du royaume ; mais, chose singulière ! cette faculté n'a lieu que dans les affaires de peu de conséquence. M. Linck ne nous a pas donné les motifs d'une institution si bizarre, et si contraire sur-tout à ce qui se pratique à cet égard dans tous les autres pays. Peut-être peut-elle s'expliquer par l'observation qu'il a faite ailleurs, sur l'irrésistible penchant qu'ont les Portugais à plaider. Pour donner quelque pâture à ce goût pour la chicane, on aura toléré l'appel dans les affaires d'un léger intérêt; mais en même temps, on aura voulu que celles qui sont d'un plus grand intérêt, et dont la prompte expédition importe à la tranquillité des familles, reçussent une décision définitive dans le second degré de juridiction. Il y a dans le Portugal deux tribunaux d'appel; l'un, pour les provinces septentrionales, l'autre, pour les provinces méridionales: les colonies en ont trois. Outre ces tribunaux suprêmes, il en est un autre d'une grande importance par ses attributions; c'est la *meza desembargo do paço*, littéralement (table des affaires du palais). Sous les auspices du régent, ce tribunal nomme aux places de juges dans tous les anciens districts royaux, dans les colonies, et les assesseurs des deux tribunaux suprêmes. Il règle entre eux les différends, ainsi que les conflits des juridictions laïque et ecclésiastique: il explique les anciennes loix, et promulgue les nouvelles: en un mot, il est chargé des affaires les plus importantes du royaume. M. Linck n'hésite pas à prononcer que la meza, son assesseur, l'intendant de la police et les ministres sont les vrais souverains du pays. Une autre singularité encore, toute particulière à l'administration de la justice en Portugal, c'est que non-seulement le droit romain y a été aboli sous l'administration du marquis de Pombal, mais qu'il y a même une peine infligée contre ceux qui le citent. Ce sont les anciennes loix du pays, réunies en un code par différens rois, et en dernier lieu par Don Joan, vers 1747, qui sont en vigueur. Deux *juntes* ont été établies dans le commencement du règne actuel, pour la révision d'un nouveau code civil, mais elles n'ont encore rien publié.

Le nombre des avocats est très-multiplié en Portugal; et l'on peut juger par-là, dit M. Linck, que la justice est mal administrée. Un des abus les plus remarquables de cette administration, c'est le trop de liberté que, soit par paresse, soit pour toute autre cause, les magistrats laissent à des employés de la justice qu'on nomme *escrivares* (écrivains). Ces gens n'ont fait aucune étude du droit, mais ils sont versés dans la connoissance des formes judiciaires, et ils en abusent sur-tout envers les étrangers. Ce sont eux qui les questionnent : on les rencontre toujours au nombre de deux dans le service. L'un fait les questions, l'autre l'accompagne portant une épée nue sous son manteau. Ils tombent sur les étrangers, comme sur une proie qui leur appartient.

M. Linck dépeint les Portugais comme étant en général d'une petite taille, ayant la peau moins blanche que les habitans du Nord, et les yeux noirs. Il a remarqué que les personnes de distinction avoient communément de l'embonpoint. Il nie formellement que leur configuration tienne de celle des nègres ; et il trouve plus d'agrémens chez les femmes portugaises, que ne leur en accordent plusieurs voyageurs.

Sur ce que les Anglais reprochent aux Portugais d'être des hommes perfides, qui n'acceptent pas de cartels, et se vengent comme des assassins, M. Linck se contente d'observer que c'est là sans doute un grand reproche, mais qu'*un défaut ne décide de rien.* Il ajoute qu'en Italie, la culture, le commerce, les sciences et les arts fleurissoient plus que dans aucune partie de l'Europe, et qu'il étoit très-commun néanmoins de s'y venger à la manière des brigands. Si véritablement on pouvoit imputer aux Portugais l'usage de se venger par la voie de l'assassinat, certes ce ne seroit pas un simple *défaut*, comme le qualifie M. Linck, mais un usage atroce qui ne seroit rien moins que justifié par l'exemple des Italiens des siècles passés.

Avec plus de succès, M. Linck venge la nation portugaise de l'inculpation que plusieurs voyageurs lui ont faite, d'être naturellement indolente. Un peuple paresseux, dit-il, ne pénètre pas dans les contrées éloignées, comme les Portugais le font encore aujourd'hui dans l'intérieur de l'Afrique, des Indes orientales et du Brésil. Pour juger de l'activité de ce peuple, quand il est aiguillonné par l'appas du gain, qu'on loue un mulet par jour, et qu'on considère le conducteur qui court à côté. Lorsqu'il n'y a rien à gagner, la paresse ne peut pas être un reproche. M. Linck achève le portrait des Portugais, en leur attribuant de la légèreté, de la vivacité, de la loquacité, de la politesse.

M. Linck n'est pas seulement en partie rédacteur du Voyage du comte de Hoffmansegg, c'est lui qui l'a traduit tout entier. On ne doit donc pas s'étonner de trouver beaucoup de germanismes dans sa traduction.

VOYAGE en Portúgal, écrit en forme de lettres par C. J. *Ruders :* (en suédois) *Portugisisk Resa*, etc. Stockholm, 1805, tome 1er, in-8°.

Les quinze lettres qui composent ce premier volume, offrent la relation d'un voyage par mer de la Suède à Lisbonne, la description de cette capitale, et quelques excursions dans les environs, à Setuval, Cintra, etc....

§. II. *Voyages communs au Portugal et à l'Espagne.*

DÉLICES du Portugal et de l'Espagne, où est contenue une relation de la grandeur de l'Espagne : elles se trouvent dans les Œuvres de Louis-André *Resandius :* (en latin) *Deliciae Lusitaniae et Hispaniae, in quibus continetur de magnitudine Hispaniae Relatio : reperiuntur in Operibus Lud. Andreae Resandii.* Cologne, 1613, in-8°.

VOYAGE en Espagne, ou Description de l'Espagne et du Portugal, par Martin *Zeiller :* (en allemand) *Zeiller's (Mart.) Itinerarium Hispaniae oder Reise - Beschreibung durch Spanien und Portugal.* Ulm, 1631, in-8°.

—Le même, Amsterdam, 1650, in-12.

— Le même, traduit en latin. Amsterdam, 1656, in-12.

DESCRIPTION de l'Espagne et du Portugal, par Emmanuel *Simerus*, avec planches : (en allemand) *Simeri's (Emmanuel.) Beschreibung von Spanien und Portugal.* Nuremberg, 1700, in-8°.

NOUVEAU VOYAGE historique et géographique en Espagne et en Portugal, par Guillaume *Van den Burge* : (en hollandais) *Nieuve historikal en geographische Reisbeschryving van Spanien en Portugal, door Will. Van den Burge.* La Haye, 1705, 2 vol. in-4°.

LES DÉLICES de l'Espagne et du Portugal, où l'on voit une description exacte des provinces, des montagnes, des villes, des rivières, des ports de mer, des forteresses, églises, académies, bains, etc. de la religion, des mœurs des habitans, et généralement de tout ce qu'il y a de plus remarquable : le tout enrichi de cartes géographiques très-exactes, et de figures en taille-douce dessinées sur les lieux même, par Don Juan-Alvarès *de Coldenar.* Leyde, Pierre Van der Aa, 1707, 5 vol. in-12.

— Les mêmes, nouvelle édition, revue, corrigée et de beaucoup augmentée. *Ibid.* 1715, 6 vol. in-12.

C'est à cette dernière édition qu'il faut s'attacher.

Cette description, comme celles de l'Angleterre et de la Suisse, doit être distinguée de la plupart des autres qui portent le titre de Délices. A quelques exagérations près, qu'il faut pardonner au caractère castillan, elle est en général fort exacte : on y trouve même plusieurs recherches curieuses.

TABLEAU des lieux et des curiosités les plus remarquables de l'Espagne et de Portugal, par *Udal-ap-Rhys (Price)* : (en anglais) *Account of the most remarkable places and curiosities in Spain and Portugal, by Udal-ap-Rhys (Price)*. Londres, 1749, in-8°.

LETTRES sur le Portugal et l'Espagne, par *Hervey*, écrites en 1759, 1760, 1761 : (en anglais) *Letters from Portugal and Spanish, written in the years 1759, 1760, 1761, by Hervey*. Londres, 3 vol. in-12.

VOYAGE en Portugal et en Espagne, dans les années 1772 et 1773, par Richard *Twis*, avec planches : (en anglais) *Travels through Portugal and Spain, in 1772 and 1773*. Londres, in-4°.

On en a donné une seconde édition sous le titre suivant :

VOYAGE de Richard *Twis* en Portugal et en Espagne, etc... avec un appendice contenant le sommaire de l'histoire d'Espagne et de Portugal, le catalogue des livres où se trouve la description de ces deux Etats, et un tableau de la littérature du Portugal : (en anglais) *Richard Twis's Travels through Portugal and Spain, etc... with an appendix containing a sommary of the history of Spain and Portugal; a catalogue of books, of which described Portugal's litterature*. Londres, 1775, in-4°.

Cette édition est enrichie d'une carte itinéraire d'Espagne, de l'estampe originale gravée par le célébre Bartholozzi, du tableau d'une sainte famille de Raphaël; d'une vue de quelques châteaux maures, des plans de l'aqueduc de Ségovie, et de la vue de la place ; de l'air noté du *fandango*, la danse favorite des Espagnols ; de l'extérieur de l'ancien palais ou allambra des rois maures à Grenade, et du combat de taureaux dans l'amphithéâtre du port Sainte-Marie.

Le Voyage de Twis a été traduit en français sous le titre suivant:

VOYAGE en Portugal et en Espagne, fait en 1772 et 1773, par Richard *Twis*, traduit de l'anglais, et orné d'une carte des trois royaumes. Berne, de la Société typographique, 1776, in-8°.

VOYAGE d'Espagne et de Portugal, en 1774; plus, une relation succincte de l'expédition contre Alger, en 1775; par le major Guillaume *Dalrymple*: (en anglais) *Travels through Spain and Portugal, in 1774, with a short account of the spanish expedition against Algiers, in 1775, by major William Dalrymple*. Dublin, 1777, in-12.

Ce Voyage a été traduit en français par Romance de Mesmont, sous le titre suivant:

VOYAGE en Espagne et en Portugal, fait dans l'année 1774, contenant une relation de l'expédition des Espagnols contre les Algériens en 1775, par le major W. *Dalrymple*; avec une carte de la route du voyageur, et une planche représentant une femme dans le costume Mauregate. Paris, 1783, in-8°.

LETTRES écrites pendant un séjour en Espagne et en Portugal, par Robert *Southey*: (en anglais) *Letters written forth, residence in Spain, and Portugal, by Robert Southey*. Londres, 1797, in-8°.

VOYAGES dans plusieurs provinces de l'Espagne et du Portugal, par Richard *Cookes*: (en anglais) *Travels through several provinces of Spain and Portugal, by Richard Cookes*. Londres, Cadel et Davier, 1799, in-8°.

§. III. *Voyages en Espagne, et descriptions de ce royaume.*

POUR cette contrée, il faut recourir d'abord, mais avec beaucoup de précaution, aux Voyages de madame d'Aulnoi et du P. Labat (seconde Partie, section II); avec plus de confiance, à ceux de Silhouette et de Baretti (*ibid.*). Aucun des Voyages dont je vais donner la notice, n'embrasse l'Espagne toute entière (1), mais chacun en fait connoître des parties considérables.

DESCRIPTION de l'Espagne, par Xarif-Aledris *Coneïdo* (connu sous le nom du géographe de Nubie), avec la traduction et les notes de Don Joseph Conde; imprimée par ordre impérial, à l'imprimerie royale, par Pierre Pereyra, aux dépens de la chambre de Sa Majesté : (en espagnol). *Descripcion de España, de Xarif Aledris Coneïdo, con traducione y notes de D. Joseph Antonio Conde; de orden superior en la imprinta real per Pedro Pereyra impensis D. Camera S. M.* Madrid, 1799, in-4°.

Sans avoir égard à la date de la publication de cette Description, je la place, à cause de sa grande ancienneté, à la tête des descriptions de l'Espagne.

Dans cet ouvrage, vraiment précieux, se trouve décrite l'Espagne sous la domination des Maures. Les notes offrent le rapprochement de l'état de l'Espagne à cette époque, avec sa situation actuelle.

DESCRIPTION du royaume de Galice et des choses remarquables qui s'y trouvent, par *Molina* :

---

(1) Il faut en excepter le Voyage de *Pons*, qui n'est pas susceptible d'un simple apperçu.

(en espagnol) *Descripcion del reyno de Galicia, y de las cosas notabiles del.* Valladolid, 1550, in-4°.

DÉLICES de l'Espagne, ou Guide des Voyageurs indiquant les routes à partir de la ville de Tolède vers toutes les villes de l'Espagne, par Cyprien *Echhofius*, avec cartes: (en latin) *Cypriani Echhofii Deliciae Hispaniae, seu Index Viatorius ab urbe Toledo ad omnes in Hispaniâ civitates et oppida.* Versel, 1604, in-4°.

HISTOIRE des antiquités de la ville de Salamanque, etc.... par G. E. *Gonzales d'Avila*: (en espagnol) *Historia de las antiquidades de ciutad de Salamanca, por G. E. Gonzales de Avila.* Salamanque, Artus Tubernial. 1606, in-4°.

ANTIQUITÉS et Beautés du royaume de Grenade, par François *Bernandez de Padenza*: (en espagnol) *Antiquitades y Excellencia di Grenada, por Francisco Bernandez da Padenza.* Madrid, 1608, in-4°.

DÉLICES de l'Espagne, ou Guide des Voyageurs, à partir de la ville de Tolède, par Gaspard *Ens*: (en latin) *Deliciae apodemicae, seu Index Viatorius Hispanicus ab urbe Toledo, per Casparum Ens.* Cologne, 1609, in-8°.

INVENTAIRE des plus curieuses recherches du royaume d'Espagne, par *Salazar*, traduit de l'espagnol par lui-même, Paris, 1609; *ibid.* 1612; *ibid.* 1615, in-8°.

DESCRIPTION du royaume de Galice, etc.... composée par le licencié *Molina*: (en espagnol)

Descripcion del reyno di Galicia, etc.... por licenciado Molina. 1609, in-4°.

Beautés et Antiquités de l'île et cité de Cadix, où sont décrits avec étendue ses cérémonies anciennes, rites, funérailles, monnoies, pierres et sépulcres antiques, par J. B. *Suarez de Salazar:* (en espagnol) *Grandesas y Antiquitades de la isla y ciudad de Cadix, an que se escrivan nuchas, y ceremonias antiquas, ritos funerales, monadas, piedras y sepulcros antiquos, por J. B. Suarez de Salazar.* Cadix, 1610, in-4°.

Traité, Relation et Discours historiques touchant l'Arragon: (en espagnol) *Tratado, Relacion y Discurso historico de Arragon.* Madrid, de l'imprimerie royale, 1612, in-4°.

Description de la ville impériale de Tolède, et histoire de ses antiquités et de ses beautés, etc... composée par Don François *de Pisa*, publiée de nouveau par le docteur Thomas-François *de Vergas:* (en espagnol) *Descripcion de las imperial ciudad de Toleda; y historia de sus antiquidades y grandezza, etc.... compuesta, por don Francisco de Pisa, publicada de nuevo por doctor Thomas Francisco de Vergas.* Tolède, Diego Rodriguez, 1617, in-4°.

Théatre des beautés de la ville de Madrid et de la Cour des rois catholiques d'Espagne, par *Gonzales Davila:* (en espagnol) *Teatro de las grandezas de las villa de Madrid, y Corte de los Reyes catholicos, por Gonzales Davila.* Madrid, 1623, in-4°.

Du gouvernement et des richesses du Roi d'Espagne, par Jean *de Laet* : (en latin) *Joannis de Laet de Regis Hispaniae regnis et opibus*. Elzevir, 1638, in-24.

Ce petit ouvrage n'est recherché que pour la beauté de l'impression.

Relation d'un voyage d'Espagne, où sont décrits la Cour et le Gouvernement. Paris, Bilaine, 1664 ; Cologne, 1667, in-12.

Voyage fait en Espagne dans l'année 1665, par *Deserre*. Paris, 1665, in-12.

Voyage d'Espagne historique et politique. Paris, 1665, in-12.

Relation de l'Espagne, traduite de l'italien de Thomas *Contarini*. Montbelliard, 1665, in-8°.

Relation de Madrid, ou Remarques sur les mœurs de ses habitans. Cologne, 1665 ; *ibid*. 1667, in-12.

Relation d'un voyage fait en Espagne dans l'année 1659, par *Brisel*. Paris, 1665 ; *ibid*. 1669 ; *ibid*. 1722, in-12.

Voyage d'Espagne, par *Saint-Maurice*. Cologne, 1666, in-12.

Voyage d'Espagne curieux, historique et politique, fait en 1658. Paris, 1666, in-12.

Voyage d'Espagne, contenant plusieurs particularités de ce royaume très-curieuses sur les affaires des protestans d'Angleterre, de la reine de Suède, du duc de Lorraine, avec une relation particulière de Madrid. Cologne, 1666 ; *ibid*. 1667, in-12.

VOYAGE du roi notre seigneur Don *Philippe IV* à la frontière de France, pour le mariage de la sérénissime Infante d'Espagne, et la signature solemnelle du traité de paix, par Pierre *Fernandez del Campo*, avec figures : (en espagnol) *Viage del rey N. S. D. Philippo IV de frontera de Francia desposorio delle serenissima Infanta de España, solenne juramento de la paze, del Pedro Fernandez del Campo*. Madrid, 1667 ; *ibid.* 1670, in-8°.

JOURNAL d'un voyage d'Espagne fait en 1650, contenant une description de ce royaume et de ses principales villes, avec l'état du gouvernement, et plusieurs traités touchant la régence, l'assemblée des Etats, l'histoire de la noblesse, par le sieur *Bertaut*. Paris, 1669, in-4°.

Cette relation renferme beaucoup de remarques curieuses sur les antiquités.

VOYAGE en Espagne : (en allemand) *Reise-Beschreibung nach Spanien*. Francfort, 1676, in-8°.

LA CATALOGNE illustrée ; contenant sa description, etc.... par Estevan *de Cubero* : (en espagnol) *Catalonna illustrada, contiene su description, etc.... por Estevan de Cubero*. Naples, 1678, in-fol.

RELATION d'un Voyage d'Espagne. Paris, Barbin, 1691, 3 vol. in-12.

RELATION d'un voyage fait en Espagne : (en anglais) *A Relation of voyage to Spain*. Londres, 1692, in-12.

SECONDE et troisième partie des Lettres ingénieuses et divertissantes, contenant le Voyage d'une Dame de qualité en Espagne, où elle rend compte des dévotions, couvens, caractère, mœurs, loix, milice, commerce, nourriture et amusemens de ses habitans, avec une grande variété d'aventures récentes et d'événemens surprenans, et les meilleures et les plus véritables observations qui existent jusqu'à présent sur cette contrée et sur cette Cour: (en anglais) *The second and third part of the ingenious and diverting Letters and the Lady, Travels into Spain, describing the devotions, nonneries, humours, customs, laws, militia, trade, diet and recreations of people, intermixed with great variety of modern adventures and surprising accidents, being the truest and best remarks extant of the Court and country*. Londres, 1692, 2 vol. in-12.

RELATION d'un voyage en Espagne. La Haye, Brelderen, 1693; *ibid.* 1695, in-12.

RELATION d'un voyage d'Espagne, contenant une description exacte du pays, des mœurs et des coutumes des habitans, etc.... La Haye, Jacob van Ellim Kugren, 1715, in-12.

ETAT présent de l'Espagne, l'origine des Grands, avec un Voyage en Angleterre. Villefranche, 1717, in-12.

ETAT présent de l'Espagne, par l'abbé *de Vey-rac*. Amsterdam, 1717, 4 vol. in-12.

L'auteur de cette relation s'est attaché sur-tout à établir que madame d'Aulnoi, dans ses relations, a mêlé avec la vérité beaucoup de fables, et qu'elle a très-injustement maltraité les Espagnols; mais ce qu'il dit lui-même de cette nation, ne lui est presque plus applicable, depuis l'avénement de la maison de Bourbon au trône d'Espagne. Il en faut dire autant de toutes les relations précédentes.

Voyage d'Espagne historique et politique, fait en l'an 1655 (par *Arsens de Sommerdyk*), publié par M. de Sarcy. Paris, Coignard, 1720, in-12.

L'auteur se plaint, dans le manuscrit de ce Voyage, déposé à la Bibliothèque de l'Arsenal, qu'on ait donné de la publicité à un ouvrage, qu'il ne destinoit pas à l'impression. Il s'y est peut-être trop étendu sur les courtisanes espagnoles; mais le chapitre où il parle de la grandesse, est curieux.

Lettres écrites de Madrid en 1727, sur l'état présent de la monarchie d'Espagne. Béziers, Et. Barbot, in-12.

Description de Valence, par Pascal *de Gillo*, avec un plan de cette ville : (en espagnol) *Descripcion de Valencia, por Pascal de Gillo.* Madrid, 1738, in-8°.

Fidèle Conducteur pour le voyage d'Espagne, par Louis *Coulon*. Paris, 1750, in-8°.

Description de l'Escurial, par le P. André *Ximenès :* (en espagnol) *Descripcion de Escurial, por Padre Andrea Ximenès.* Madrid, 1750; *ibid.* 1764, in-fol.

Introduction à l'Histoire naturelle d'Espagne, par Joseph *Torrubia :* (en espagnol) *Josef Torrubia apparato para la natural Historia*, etc.... Madrid, 1754, 2 vol. in-fol.

Lettres sur le voyage d'Espagne, par le comte *d'Arnebat*. Paris, 1756, in-12.

Lettres sur le voyage d'Espagne, ou Lettres sur les mœurs, coutumes, etc.... des Espagnols, écrites par un Voyageur (M. *Coste*) (en espagnol). Pampelune, 1756, in-12.

LETTRES de madame *de Villars*, ambassadrice en Espagne. Amsterdam (Paris, Lambert), 1759, 1 vol. in-18.

—Le même. Amsterdam, 1760, in-8°.

« Ces Lettres, dit l'éditeur des Lettres de madame de » Sévigné, ont été écrites à madame de Coulanges, pen- » dant le dernier séjour que fit madame de Villars à Ma- » drid. Celles qui se sont conservées, au nombre de trente- » sept, commencent au 2 novembre 1677, et finissent au » 15 mai 1681. Elles sont non-seulement très-agréables à » lire, mais encore très-curieuses, soit par les anecdotes » qu'on y trouve au sujet du mariage de Charles II (roi » d'Espagne) avec Marie-Louise d'Orléans, soit par le » tableau que madame de Villars y fait des mœurs du pays » et des usages de la cour d'Espagne ».

Outre ce mérite, elles ont celui d'être écrites de ce style facile et attachant qui caractérise la plume de la plupart des femmes célèbres du siècle de Louis XIV : on y trouve ce mot si heureux qui réunit la finesse de l'épigramme avec l'exactitude du trait : *Il n'y a qu'à être en Espagne, pour n'avoir plus envie d'y bâtir des châteaux.*

DESCRIPTION du palais royal et du monastère de Saint-Laurent, nommé l'Escurial, et de la chapelle royale du Panthéon, traduite de l'espagnol de François *de los Santos*, chapelain de sa majesté Philippe, par George Thompson, enrichie de planches : (en anglais) *Description of the royal palace and monastery of St. Laurent, called the Escurial, and of the chapel royal of the Pantheon, translated from the spanish of Francisco de los Santos, chapelain to his majesty Philipp, by Georges Thompson, illustrated with copper plates.* Londres, Dryden Schach, 1760, in-4°.

HISTOIRE naturelle et médicale de la principauté des Asturies, œuvre posthume des docteurs Don Gaspar *Casal* et Don Juan Joseph *Garcias* : (en espagnol) *Historia natural y medica de il principade de Asturias, obra posthuma que exorbio el dact. D. Gaspar Casal e D. Juan Garcias.* Madrid, Manuel Martin, 1762, in-4°.

DESCRIPTION de l'île et ville de Cadix et de la forteresse, de la ville et du détroit de Gibraltar, avec une carte gravée d'après Petit, par S. L. A. *Hoerschelmann* (en allemand). Francfort, 1763, in-4°.

LETTRES sur l'Espagne, par Edouard *Clarke*, chapelain de milord Bristol : (en anglais) *Letters upon Spanish, by Edward Clarke, chapelain by lord Bristol.* Londres, Becket, 1763, in-4°.

Ces Lettres ont été traduites en français sous le titre suivant :

ETAT présent de l'Espagne et de la Nation espagnole, ou Lettres écrites à Madrid pendant les années 1760 et 1761, par le docteur *Clarke*, membre de l'université de Cambridge, traduit de l'anglais. Paris, Desenne, 1770, 2 vol. in-12.

La distribution en France de la traduction de ce Voyage fut arrêtée pendant quelque temps par des ordres supérieurs du gouvernement. Cette mesure de rigueur eut l'effet ordinaire de faire renchérir ce Voyage, parce qu'elle excita la curiosité du public, et fit rechercher l'ouvrage avec plus d'empressement. La défense de le distribuer m'a paru ne pouvoir être motivée que par le passage suivant :

« Quoique le roi d'Espagne, dit le voyageur, soit dans
» sa quarante-sixième année, la chasse est sa passion
» dominante. C'est le plus grand *Nemrod* de son siècle,
» et il sacrifie tout à ce plaisir. Son entrée publique, lors-
» qu'il quitta Naples pour prendre possession du royaume
» d'Espagne, lui donna beaucoup de peine et de dégoût,
» parce qu'elle l'empêcha, durant quatre jours, de prendre
» le divertissement de la chasse. Pendant les trois jours
» qu'il séjourna à Tolède, il ne put tirer que six chats
» sauvages, qui lui coûtèrent plus de six mille livres ster-
» ling pièce (144 mille livres tournois environ), suivant le
» calcul de ceux qui savent à quoi s'est montée la dépense
» de ce voyage. Quelquefois, pour varier ses plaisirs, il
» prend celui de la pêche; d'autres fois, il fait faire une
» battue par cinq à six cents hommes, qui chassent le
» gibier devant eux à trois lieues à la ronde ».

Sans doute le voyageur ne peignoit pas ici Don Carlos sous des couleurs bien avantageuses; mais il lui rendoit ailleurs une éclatante justice.

« Ce prince, dit-il, a de l'esprit et de la fermeté; il est
» en outre d'une réserve et d'un secret impénétrables, et
» l'on ne sait ce qu'il a résolu qu'au moment où il donne
» ses ordres: il n'est mené par personne, et tout ce qu'il
» fait vient de lui-même; il possède parfaitement toutes les
» choses auxquelles il s'est appliqué, et parle très-bien
» français, italien, espagnol ».

Vraisemblablement ce ne fut pas le gouvernement espagnol qui porta des plaintes contre la traduction de l'ouvrage anglais, qu'on ne pouvoit guère connoître si promptement en Espagne, où les ouvrages étrangers ne pénètrent que long-temps après leur publication. Il y a tout lieu de croire que les ministres de France crurent ou feignirent de croire que le passage en question pouvoit donner lieu à des applications sur le goût effréné de Louis XV pour la chasse, et inspirèrent aisément cette prévention à un prince très-sensible, comme on sait, aux censures les plus indirectes de sa passion pour ce genre d'amusement. Son successeur ne l'étoit pas autant ; car *Swinburne*, dans son Voyage en Espagne, dont je donnerai tout-à-l'heure la notice, s'exprime avec la même liberté sur la fureur de Don Carlos pour la chasse ; et la traduction de son Voyage, qui ne parut qu'en 1778, n'éprouva aucune entrave de la part de Louis XVI et de ses ministres.

« Je crois, dit ce voyageur, qu'il n'y a que trois jours » dans l'année où Don Carlos n'aille pas à la chasse, et ces » trois jours sont marqués en noir sur son calendrier, etc... » Ni tempêtes, ni vent, ni froid, ne peuvent l'empêcher » de sortir ; et lorsqu'il apprend qu'on a vu un loup, il » n'y a aucune distance qui puisse l'arrêter ».

A cette peinture si franche de l'ardeur de Don Carlos pour la chasse, Swinburne, aussi impartial que Clarke son compatriote, ajoute une particularité qui fait le plus grand honneur à l'humanité de ce prince.

« On distribue tous les ans, dit-il, une grosse somme » d'argent aux propriétaires qui sont à l'entrée de la capi- » tale et près des maisons royales de plaisance, afin de les » dédommager du dégât qu'on fait dans les blés. On m'a » assuré, poursuit-il, que ces sommes montent à plus de » soixante et dix mille livres sterlings (environ dix-sept » cent vingt mille livres tournois) pour les environs de » Madrid, et à trente mille livres sterlings (environ sept » cent vingt mille livres tournois) pour ceux de Saint- » Ildephonse. Les fermiers, pour se donner le droit de » participer à ces sommes, sèment justement assez de blé » sur leurs terreins, pour qu'ils produisent quelque chose » qui ressemble à une moisson ».

Je ne sache pas qu'en France, dans aucune des capitaineries du roi et des princes, on se soit jamais livré à une pareille munificence, qui au fond n'auroit été qu'une stricte justice. Quand on accordoit des indemnités, elles étoient fort mesquines, et n'avoient aucune proportion avec les affreux dégâts qu'entraînoit le funeste régime des capitaineries.

Dans sa relation, Clarke s'est principalement attaché

aux antiquités et à la littérature espagnoles. A la tête de son Voyage est une introduction historique extraite de l'ouvrage d'un Espagnol sur les historiens de sa nation. A la suite du Voyage, est un catalogue fort curieux des manuscrits de la bibliothèque de l'Escurial. Quoique le goût de l'auteur le portât plus particulièrement vers ce genre d'observations et de recherches, il n'a point négligé les autres objets dignes de l'attention d'un voyageur ; mais dans sa relation, ils n'ont point les développemens qu'on y a donnés dans les Voyages publiés depuis le sien.

DESCRIPTION des environs de Madrid, par Thomas *Lopez* : (en espagnol) *Descripcion de Madrid, por Thomas Lopez*. Madrid, 1763, in-8°.

LETTRES d'un Voyageur italien à son ami (concernant l'Espagne), par le P. Norbert *Caymo* : (en italien) *Lettere d' un Viaggiatore italiano al suo amico*. Pétersbourg, 1765, 4 vol. in-8°.

Cet ouvrage a été traduit sous le titre suivant :

VOYAGE d'Espagne, fait en 1755, avec des notes historiques, géographiques et critiques, et une table raisonnée des tableaux et autres peintures de Madrid, de l'Escurial, de Saint-Ildephonse, etc... traduit de l'italien par le P. Livoy. Paris, Costard, 1772, 2 vol. in-12.

Il y avoit dans le Voyage original, des longueurs, des inutilités que le traducteur a judicieusement retranchées : il a beaucoup abrégé aussi les descriptions des tableaux. Il est fâcheux que son style ne soit pas aussi élégant que son jugement paroît sain. Le voyage, au surplus, n'embrasse que quelques provinces d'Espagne, beaucoup mieux décrites par les voyageurs venus après le P. Caymo.

HISTOIRE du détroit d'Hercule, appelé depuis le détroit de Gibraltar, avec la description des ports d'Espagne et de Barbarie, et leurs plans, par Thomas *James :* (en anglais) *The History of the Herculean straits,* etc.... Londres, 1776, in-4°.

INTRODUCTION à l'Histoire naturelle et à la géographie-physique du royaume d'Espagne, par Don Guillaume *Bowles :* (en espagnol) *Introduccion á la Historia natural y geografia-fisico del reyno de España, por D. Guill. Bowles.* Madrid, 1775, in-8°.

Il y en a eu, comme on va le voir, une seconde édition, dont je n'ai pas pu me procurer la date.

Cet ouvrage a été traduit en français sous le titre suivant :

INTRODUCTION à l'Histoire naturelle et à la Géographie-physique de l'Espagne, par *Bowles*, traduite de l'original espagnol par le vicomte de Flavigny. Paris, Cellot, 1776, in-8°.

Il a été traduit aussi en italien sous le titre suivant :

INTRODUCTION à l'Histoire naturelle et à la Géographie-physique de l'Espagne, par Guillaume *Bowles,* publiée et commentée par le chevalier Don Joseph-Michel d'Azara, et depuis la seconde édition espagnole, enrichie de notes et traduite par François Milizia : (en italien). *Guillelmi Bowles Introduzione alla Istoria naturale e alla Geografia fisica di Spagna, pubblicata e commentata dal Cavaliere D. Gius. Mich. d' Azara, e dopo la II edizione spagnuola più arrichita di note, tradotta di Francisco Milizia.* Parme, 1783, in-8°.

Cet ouvrage est très-précieux pour les physiciens-naturalistes. Le commentaire du chevalier Azara, et les notes insérées dans la traduction italienne, y ajoutent beaucoup de prix.

VOYAGE d'Espagne, contenant la notice des choses les plus remarquables et les plus dignes d'être connues qui se trouvent dans ce pays, par Don Antoine *Ponz*, avec figures : (en espagnol) *D. Anton. Ponz Viage de España, en que se da noticia de las cosas mas appreciables y dignas da saberse, que hay en ella.* Madrid, 1776 et années suiv. 18 vol. pet. in-8°.

Ce Voyage contient, dans un grand détail, la description du pays, des villes, des routes, et sur-tout, comme l'a observé Bowles, des objets appartenant aux arts. Voici le jugement qu'en a porté Swinburne dans son Voyage, dont je donnerai tout-à-l'heure la notice.

« Dans cette relation, dit-il, il y a trop de détails longs » et ennuyeux; mais comme l'auteur a écrit pour l'instruc- » tion de ses compatriotes, et que l'objet qu'il traite est » fait pour les intéresser particulièrement, sa prolixité ne » doit point lui être reprochée. Ses observations ont déjà » produit de bons effets, en corrigeant des abus, en don- » nant l'idée de plusieurs travaux utiles, en réformant le » goût vicieux des Espagnols en fait d'architecture ».

VOYAGE en Espagne, par Charles-Christophe *Pluer*, publié d'après le manuscrit de l'auteur par Christophe-Daniel Ebeling, avec planches : (en allemand) *Carl. Christ. Pluer's Reisen durch Spanien, aus dessen Handschrifften herausgegeben von Christ. Dan. Ebeling.* Leipsic, 1777, in-8°.

VOYAGE de Henri *Swinburne* en Espagne, dans les années 1775 et 1776, enrichi de plusieurs monumens des Romains et d'architectures mauresques : (en anglais) *Travels through Spain, in the years 1775 and 1776, in which several monuments of Roman and Morish architecture are illustrated.* Londres, 1779, in-4°.

Ce Voyage a été traduit en français sous le titre suivant :

VOYAGE de Henri *Swinburne* en Espagne, en 1775 et 1776, traduit de l'anglais (par Laborde). Paris, Didot, 1778, in-8°.

Il y a eu une contrefaçon de cette belle édition.

Ce Voyage est le seul où l'on trouve des notions étendues sur la Catalogne, celle de toutes les provinces de l'Espagne où le commerce a le plus d'activité. Aucun voyageur aussi n'a décrit d'une manière aussi attachante le royaume de Grenade (1).

Les autres parties de l'Espagne ont été décrites avec plus de développement dans les Voyages qui ont paru depuis celui-ci. Les remarques du voyageur, en général, sont aussi judicieuses que fines ; et dans cette relation, il se montre un meilleur observateur encore que dans son Voyage de Naples et de Sicile. Je me borne à donner un apperçu de ses remarques sur la Catalogne et le royaume de Grenade.

La pureté de l'air qu'on respire à Barcelone, une température telle qu'on y mange des petits pois toute l'année, excepté dans le temps de la canicule, la situation de cette ville qui lui procure de toutes parts les points de vue les

---

(1) Dans son Voyage en Espagne, dont je donnerai la notice, *Peyron* a décrit aussi la province de Grenade; mais il a donné peut-être trop d'étendue à ses descriptions : il a eu le courage de copier toutes les inscriptions de l'ancien palais des rois maures, qu'on appelle *l'Alhembra.* Dans un cadre plus étroit, Swinburne a décrit à-peu-près tout ce que cette contrée renferme de plus intéressant : mais ceux qui veulent la connoître dans tous ses détails, doivent avoir recours à la relation de Peyron. L'auteur du Tableau de l'Espagne, dont je donnerai la notice, n'a fait qu'esquisser le tableau de la Catalogne.

plus pittoresques, en rendent le séjour très-agréable. Du côté du nord, les terres, en s'avançant dans la mer, forment une superbe baie. La vue s'étend, du côté de l'est, sur la Méditerranée. Les environs sont couverts de villages, de maisons de campagne et de jardins, qui présentent la plus riche culture.

La forme de Barcelone est presque circulaire. Les murs de l'ancienne ville romaine sont encore visibles en plusieurs endroits. La mer s'est beaucoup retirée du port. Le môle de ce port, bâti en pierres de taille, est aussi commode qu'il est solide. Au-dessus, est une plate-forme où les voitures circulent : au-dessous, sont de vastes magasins et un large quai qui s'étend depuis les portes de la ville jusqu'au fanal. Ces belles constructions sont dues au dernier capitaine-général de la Catalogne, le marquis de la Mina, qui, sans ajouter de grands frais aux dépenses ordinaires de la ville, et par les seules ressources de son génie et d'une économie bien entendue, a singulièrement embelli Barcelone par l'alignement des nouvelles rues, le nettoyage des anciennes, et la construction de plusieurs édifices utiles. En même temps qu'il l'enrichissoit aussi par l'encouragement qu'il donnoit à ses manufactures et à son commerce, il bâtit sur la langue de terre qui s'avance dans la mer et forme le port, une ville nouvelle qu'on appelle Barcelonette, où, du temps de Swinburne, on comptoit déjà deux mille maisons.

Dans la belle saison, le rempart forme une très-agréable promenade : il en est une autre où les dames se montrent pompeusement dans de brillantes voitures.

Les principaux édifices sont la cathédrale, d'une architecture gothique de la plus grande légèreté; la Bourse, édifice, au contraire, fort lourd, et le palais du capitaine-général, qui n'a rien de recommandable qu'une superbe salle de bal. La salle de la comédie est fort belle et bien éclairée. Swinburne, avec surprise, y vit exécuter par des femmes habillées en hommes, une tragédie où, parmi les personnages dramatiques, il n'y avoit aucuns rôles de femmes. La déclamation des acteurs lui parut aussi ridicule que leur travestissement.

Une police sévère, et la vigilance des alguazils, qui, bien différens ici de ce qu'ils sont ailleurs, sont des gens de confiance, de probité et d'un courage reconnu, suppléent, pour les habitans de Barcelone, aux secours qu'ils pourroient tirer d'armes défensives contre les attaques des brigands, si ces armes n'étoient pas prohibées. Cette prohibition s'étendoit même aux couteaux : il n'y a pas bien long-temps, dit Swinburne, qu'on n'osoit en porter sur soi d'aucune espèce. Dans chaque cabaret, il y en avoit un attaché à une chaîne, pour l'utilité commune. Quoiqu'on se soit un peu relâché de ces mesures sévères, on peut se promener à toute heure de nuit dans la ville, sans avoir le moindre risque à courir; mais il faut être muni d'une lumière, sans quoi l'on s'exposeroit à être arrêté par les patrouilles.

Les loyers sont fort chers à Barcelone; la viande y est sans saveur, le poisson mollasse, insipide : mais les légumes excellens. On porte communément à cent cinquante mille ames la population de cette ville, sans y comprendre même les dix mille habitans de Barcelonette. Swinburne paroît croire que ce calcul est un peu exagéré.

Les antiquités romaines de Barcelone sont remarquables, mais assez peu prisées dans une ville presque entièrement vouée au commerce. Swinburne y vit avec douleur un sarcophage servant d'abreuvoir. Ce superbe morceau étoit décoré d'un bas-relief du plus beau style, où étoient représentés des chasseurs, des chiens, des bêtes fauves. Le principal personnage étoit à cheval et en habit militaire.

La destination de ce sarcophage vient bien à l'appui des vifs reproches qu'en 1722, un prêtre espagnol (Don Monté, doyen d'Alicante), dans une lettre adressée au comte Maffei de Vérone, faisoit aux Espagnols de leur insouciance pour la conservation des anciens monumens. « Il » n'y a aucun pays, lui écrivoit-il, excepté peut-être

» l'Italie, qui possède autant de monumens anciens que
» l'Espagne. Dans chaque province l'on trouve des restes
» de ponts, d'aqueducs, de temples, de théâtres, de cir-
» ques, d'amphithéâtres et d'autres édifices publics, mais
» plus dégradés par les outrages des habitans que par l'in-
» jure du temps. Telle est l'opinion des Espagnols, si
» aveuglément dirigés par une race de moines stupide,
» oisive et bouffie d'orgueil, qu'ils regardent la destruc-
» tion des monumens de l'antiquité, comme un acte des
» plus méritoires et des plus capables d'attirer la bénédic-
» tion du ciel ».

Dans la suite de sa lettre, cet ecclésiastique éclairé dé-plore en particulier la perte d'un prodigieux nombre d'in-scriptions, opérée par la superstition du peuple.

Avant de quitter Barcelone, Swinburne fait quelques observations sur le caractère des Catalans, leur agricul-ture, leur commerce, leurs manufactures.

La nature du pays, qui, presque dans toute son éten-due, est montueux, lui paroît avoir une grande influence sur le caractère physique et moral des habitans. Avec une peau brune, des traits prononcés, une taille moyenne et rarement difforme, ils sont robustes, actifs et industrieux. La perte de toutes leurs immunités, la honteuse prohibi-tion du port-d'armes, les taxes énormes auxquelles ils avoient été condamnés, rien de tout cela, dit Swinburne, n'avoit pu abattre leur esprit d'indépendance, qui se manifeste sur-tout à la moindre vexation que leur fait éprouver l'autorité arbitraire : mais depuis peu d'années, ajoute-t-il, plusieurs de leurs anciens privilèges leur avoient été rendus, et cette province étoit actuellement dans l'état le plus florissant. Ce n'est pas que les taxes ne soient encore très-pesantes, soit par leur quotité, soit par le mode de perception ; mais les progrès de l'agriculture, de l'industrie et du commerce, mettoient le peuple en état de supporter ces taxes.

Quoique les Catalans soient robustes et infatigables, ils se soumettent difficilement à la sévérité de la discipline militaire, à moins qu'ils ne soient placés dans leurs propres régimens nationaux : mais ils sont excellens dans la cavalerie légère. Ils répugnent à la seule pensée d'être domestiques dans leur propre pays, et préfèrent de le parcourir avec une balle de mercerie sur les épaules, au service domestique le plus doux chez une famille catalane. Sont-ils éloignés de chez eux, ils deviennent des serviteurs vraïment précieux ; la plupart des grandes maisons de Madrid ont des Catalans à la tête de leurs affaires. La plupart des muletiers et des conducteurs de calèches en Espagne, sont des Catalans : les voyageurs peuvent se reposer avec confiance sur leur probité, leur exactitude, leur sobriété. Tant qu'on leur parle honnêtement, on les trouve toujours dociles, mais ils ne peuvent pas supporter d'être maltraités.

La dévotion du peuple de la Catalogne a beaucoup d'analogie avec celle de leurs voisins qui habitent les provinces méridionales de la France. Quoiqu'ils aient des pratiques de religion assez étranges, et une espèce de culte local, ils sont moins superstitieux que les autres Espagnols. L'affluence des étrangers, l'accroissement du commerce, la protection accordée aux beaux-arts, commençoient, du temps de Swinburne, à étendre les connoissances du peuple catalan ; et le bon sens, la philosophie y faisoient de grands progrès. Une ou deux églises seulement, dans Barcelone, continuoient d'être consacrées à l'absurde droit d'asyle, l'inquisition même y étoit fort douce à l'époque où il voyageoit ; mais il ajoute que depuis son retour, on avoit rendu à ce tribunal une partie des forces dont il s'étoit servi pour écraser Olivadès (1) et plusieurs autres.

Le caractère et les mœurs des Catalans ne ressemblent en rien à ceux des habitans des autres parties de l'Espagne, avec lesquels ils ont si peu de communication, qu'il est

(1) Le Voyage de M. Bourgoing, dont je donnerai la notice, fournira des anecdotes très-intéressantes sur ce personnage.

assez ordinaire en Catalogne, d'entendre parler d'un voyage en Espagne, comme on parleroit d'un voyage en France. Le langage même des Catalans n'est pas compris par les Espagnols, parce que c'est un dialecte de l'ancienne langue limousine, qui a beaucoup d'affinité avec le gascon.

Les cultivateurs catalans sont aussi industrieux qu'infatigables. La moisson se fait dès la fin de mai, ou tout au commencement de juin; mais comme le pays est très-montueux, et que les blés y sont sujets à la rouille et à la nielle, on s'est particulièrement adonné, dans la Catalogne, à la culture de la vigne, qu'on plante jusque sur les sommets des montagnes les plus raboteuses. Dans plusieurs endroits, les Catalans ont employé des cordes pour porter des terres et placer des plants dans les parties les plus escarpées, lorsque le grain de terre a paru favorable à cette culture (1). Ces rudes travaux sont quelquefois récompensés par d'abondantes récoltes. Dans l'automne où Swinburne se trouvoit en Catalogne, il y eut une si prodigieuse quantité de raisins dans une certaine vallée, que des vignobles entiers ne purent pas être vendangés, faute de vaisseaux propres à faire le vin et à le contenir : on afficha la permission de venir le recueillir, moyennant une petite redevance pour le propriétaire. Entre les vins blancs et rouges qu'on fait en Catalogne, il en est plusieurs d'une excellente qualité.

Les principaux objets d'exportation dans cette province, consistent en vins, en eaux-de-vie, en sel et en huile : celui d'importation roule d'abord sur les grains qu'on tire du nord de l'Europe et de la Sicile : cette branche de commerce est de la plus grande importance pour la Catalogne, qui ne récolte pas en bled de quoi se nourrir pour plus de cinq mois. Cette pénurie a fait établir à Barcelone des fours publics, où les boulangers sont obligés de cuire

(1) Ces efforts de l'industrie humaine se retrouvent dans d'autres pays de montagne, comme dans la Suisse, à Malte et dans la Palestine.

chaque jour mille boisseaux de fleur de farine à un prix fixe, et dans le cas où les autres boulangers refuseroient de travailler, ils seroient obligés de fournir de pain toute la ville. Les autres objets d'importation sont huit mille quintaux de morue de Terre-Neuve, des fèves de Hollande pour le peuple, des fèves d'Afrique d'une qualité inférieure pour les mules, des congres salés de Cornouaille et de Bretagne, qui donnent une nourriture malsaine et échauffante, des marchandises anglaises, et d'autres articles de luxe et de nécessité, qu'on tire aussi de l'étranger.

Les manufactures de Barcelone, qui sont dans une grande activité pour certains objets, donnent beaucoup d'aliment au commerce : ce sont elles qui fournissent à l'Espagne la plus grande partie de l'habillement et de l'armement des troupes : elles fabriquent aussi une grande quantité d'étoffes de laine de toute qualité, de mouchoirs de soie, de dentelles de fil et de soie, dont il se fait un commerce d'exportation considérable. Il y a encore dans la Catalogne, plusieurs manufactures de toiles peintes, mais qui ne sont pas parvenues à un grand degré de perfection, soit pour l'élégance des dessins, soit pour la beauté des couleurs. Les mines de plomb, de fer et de charbon-de-terre, que récèlent les montagnes de la Catalogne, pourroient former des branches importantes d'industrie et de commerce, mais elles sont mal exploitées et rendent fort peu.

Près de Villa-Franca, dans cette province, est un arc-de-triomphe dont Licinius, sous le règne de Trajan, avoit ordonné la construction par son testament. Tarragone, ville fort médiocre, qui ne couvre qu'une très-petite partie de l'emplacement de l'ancienne ville, n'est remarquable que par quelques restes d'antiquité, tels que des vestiges du palais d'Auguste, d'un grand cirque, d'un amphithéâtre.

Auprès de cette ville, est une plaine qu'on appelle *Campo-Terragone*, et qui, à juste titre, fixa singulièrement l'attention de Swinburne. Elle a environ neuf milles anglais de diamètre, et c'est un des pays les plus fertiles de l'Europe. La plus petite partie de terre, dans toute l'étendue de cette plaine, est soigneusement cultivée. L'excellence et l'abondance de ses productions ont porté toutes les maisons étrangères fixées à Barcelone, à entretenir des agens et des facteurs dans la ville de *Reus*, située à-peu-près au centre de la plaine. Le nombre des habitans de cette ville, du temps de Swinburne, s'étoit augmenté de plus des deux tiers depuis vingt ans : il s'élevoit déjà à deux mille ames; et il s'accroissoit journellement. Il en étoit de même pour l'étendue de la ville, dont les seuls faubourgs étoient dix fois plus grands que l'ancienne ville : on avoit commencé à y bâtir un amphithéâtre. La branche de commerce la plus importante de Reus, est celle du vin et des eaux-de-vie. Les noisettes de l'espèce des avelines, en forment une assez considérable. La précédente récolte de ce petit fruit avoit donné plus de soixante mille boisseaux (1).

Je passe à la description que Swinburne nous a donnée de la province (2) de *Grenade*.

Il commence par faire un rapprochement de l'ancien royaume de ce nom et de sa capitale, avec ce qu'ils sont dans leur état actuel. Il en a puisé les élémens dans les ren-

---

(1) On a vu, dans le Voyage de Sestini en Sicile (seconde Partie, section II), que dans cette île, on exporte aussi une quantité prodigieuse de noisettes de la même espece.

(2) Je substitue par-tout la qualification de *province* à celle de *royaume*, que les voyageurs continuent de donner à la contrée de Grenade, qui véritablement, quoiqu'elle ait formé un royaume particulier sous la domination des Maures, n'est plus aujourd'hui, comme tant d'autres pays qui, sous cette domination, formoient aussi autant de royaumes, qu'une des provinces du royaume d'Espagne. J'en userai de même pour toutes les autres provinces d'Espagne, soit chrétiennes, soit mahométanes, qui, du temps des Maures, avoient aussi le titre de royaumes.

seignemens que lui ont fournis quelques personnes éclairées du pays, et dans un manuscrit arabe de l'an 778 de l'hégyre, qui répond à l'année 1378 de l'ère chrétienne : en voici l'apperçu.

Avant la conquête, l'agriculture, dans le royaume de Grenade, étoit parvenue au plus haut point de perfection. Les nombreuses ruines qui sont éparses sur les montagnes, attestent que ces parties froides, et aujourd'hui stériles, qui occupent plus des deux tiers de la province de Grenade, étoient anciennement couvertes de plantations d'arbres fruitiers, de moissons abondantes et de belles forêts. La plaine, plantée en mûriers, donnoit une grande abondance de soie ; et la partie des montagnes situées derrière la ville, fournissoit assez de blé pour sa consommation. Les riches mines de ces montagnes étoient ouvertes, et quoiqu'imparfaitement exploitées, elles donnoient une si grande quantité d'or et d'argent, que ces deux métaux étoient plus communs à Grenade que dans aucun autre pays de l'Europe. Jamais peuple policé n'entendit mieux que les Maures, la méthode des irrigations pour fertiliser les campagnes. Dans la ville, il n'y avoit pas une maison qui n'eût sa conduite d'eau, et toutes les rues étoient arrosées par des fontaines.

La population répondoit à la richesse du pays. Chaque Maure avoit une portion de terre qui lui étoit assignée, et qui suffisoit pour son habitation, sa subsistance, son entretien, et pour la nourriture même de son cheval; car chaque homme étoit obligé d'en entretenir un. Plus d'une fois les rois de Grenade ont fait passer en revue jusqu'à deux cent mille hommes; et la seule ville de Grenade, contenant quatre-vingt mille ames, pouvoit mettre sur pied trente mille fantassins et dix mille cavaliers.

Aux détails intéressans où entre l'auteur arabe sur la richesse extraordinaire des cultures dans toute l'étendue du royaume de Grenade, il en ajoute d'autres qui le sont autant sur la manière de vivre des Maures. Outre les grains de toute espèce qu'on recueilloit dans ce pays fortuné, il produisoit une quantité prodigieuse de fruits, et il s'en faisoit, en verd et en sec, une consommation presque incroyable. Les fêtes, les danses, les chants annonçoient de toutes parts la prospérité des habitans : l'élégance, la profusion, la magnificence dans la parure des femmes, ajoutoient à leur charme naturel. L'auteur arabe les dépeint d'une petite taille, mais bien prise, faisant un très-grand usage des parfums les plus exquis, et portant les délicatesses du luxe au dernier excès.

Quant à la magnificence des édifices, on peut en juger par les restes de l'ancien palais des rois de Grenade, l'*Alhambra;* quoique Charles-Quint ait fait commencer un magnifique édifice sur les ruines d'une partie de cet ancien palais, qui tire son nom de la couleur des matériaux, le mot *alhambra* signifiant en arabe une maison rouge. Situé sur une haute montagne qui domine Grenade, ce palais forme, par son étendue, une véritable ville. L'architecture extérieure n'a rien de comparable à celle du palais commencé par Charles-Quint, laquelle, pour la pureté du dessin, l'élégance des ornemens, la grandeur du style, surpasse infiniment tout ce qu'en ce genre on a fait depuis en Espagne. Mais lorsqu'on tourne ce nouveau palais, et que l'on pénètre dans l'intérieur de l'ancien par une porte dénuée de tout ornement, et qui est placée dans un angle, on se croit transporté tout-à-coup, dit Swinburne, dans un pays de féerie : il faut recourir à la description qu'il en a faite, pour en prendre une juste idée, je n'en donne ici qu'une foible esquisse. C'est un assemblage immense de colonnes, d'arcades, de galeries, de voûtes, la plupart de marbre ou de stuc, chargés d'ornemens de la plus grande délicatesse. Les plus belles mosaïques, de riches dorures, des peintures qui ont conservé toute leur fraîcheur, décorent une multitude de salles destinées à divers usages. Une profusion d'eaux, distribuées avec la plus grande intelligence, des plantations d'orangers, des groupes de fleurs, des points de vue enchanteurs ménagés avec le plus grand art, achèvent de faire de ce palais un lieu d'enchantement : c'est à-peu-près tout ce qui, à Grenade, reste de son ancienne magnificence. La gloire de ce royaume, dit Swinburne avec une expression amère, s'est évanouie avec ses anciens habitans.

Les rues de la capitale sont engorgées par la boue ; les aqueducs sont presque réduits en poussière ; toutes les forêts sont détruites ; le territoire est totalement dépeuplé, le commerce entièrement perdu.

Lors de l'expulsion des Maures, qui porta un coup si funeste à la monarchie espagnole, ceux d'entre eux qui excelloient dans l'art de travailler la soie, de conduire les eaux, de les distribuer, avoient eu la permission de rester dans le pays : de puissans protecteurs l'avoient procurée à d'autres. Cette tolérance avoit conservé à la province de Grenade quelques hommes industrieux. En 1726, l'inquisition, du consentement du gouvernement, s'empara de trois cent soixante familles accusées de professer en secret le mahométisme, et confisqua leurs biens, estimés douze millions de piastres (plus de 60 millions tournois), dont elle n'a jamais rendu compte. Cette tyrannique exécution a fait tomber à cent mille livres pesant le produit de la soie, qui, auparavant, s'élevoit à dix millions six cent mille livres de poids. D'une autre part, la côte de Grenade, qui produisoit autrefois une énorme quantité de sucre qu'on exportoit à Madrid, n'en donne plus que ce qu'il en faut pour le pays et ses environs : trois moulins seulement travaillent, encore sont-ils en mauvais état. Cette diminution est l'ouvrage des droits trop considérables qu'on a mal-adroitement mis sur cette branche de commerce (1). Le gouvernement, dit Swinburne, doit

(1) Ce que Swinburne dit ici de l'abandon presque total de la culture de la canne à sucre, ne doit s'appliquer qu'à cette partie de la province de Grenade : car il nous apprend lui-même ailleurs, qu'à l'extrémité de cette province, entre Malaga et Gibraltar, il y a onze moulins à sucre qui travaillent de temps immémorial ; il ajoute que suivant la tradition, ce sont les Arabes qui ont apporté la canne à sucre en Espagne.

d'autant plus gémir de l'erreur qu'il a commise, que dans certains endroits, les cannes à sucre s'élevoient à la hauteur de neuf pieds, et acquéroient une grosseur proportionnée : on assure même que c'est de Grenade que les premiers plants de cannes furent portés aux Indes orientales, et le peu de sucre qui se fait encore dans ce royaume, égale pour le grain et la qualité, le sucre des îles Antilles.

Quelque dégradation qu'ait éprouvée la ville de Grenade, la pureté de l'air, la douceur de la température, l'abondance de l'eau, qui, dans plusieurs maisons, passe par de petits canaux jusques dans les chambres à coucher, rendent encore le séjour de cette ville extrêmement agréable. Ses environs sont rafraîchis par une infinité de petits ruisseaux, et sont parfumés par les délicieuses odeurs que des vents frais y apportent de tous les jardins disposés sur la pente des montagnes voisines. Des promenades formées sur les bords enchanteurs du *Xenil*, ajoutent leurs frais ombrages aux charmes naturels du pays : tous les points de vue sont frappans. Les femmes de Grenade ont encore tous les agrémens que leur prête l'auteur arabe : elles ont la carnation plus belle, la peau plus fine, les joues colorées par une teinte plus brillante, qu'en aucun endroit de l'Espagne, et leur manière de s'habiller concourt encore à les rendre infiniment piquantes.

En quittant Grenade, Swinburne dirigea sa marche vers *Antequerro*, assez grande ville située dans une plaine très-fertile ; et il arriva par un pays entièrement dépouillée de bois à Malaga, dont le séjour, à cause de sa situation au pied de montagnes nues et raboteuses, devient presque insupportable, par l'excessive chaleur qu'on y éprouve : elle est telle, qu'on assura à ce voyageur qu'il étoit presque impossible d'y respirer en été. La rade et le port de cette ville sont assez sûrs, et le seront encore davantage, lorsque le môle neuf aura été prolongé dans la mer jusqu'à l'endroit projeté. La cathédrale de Malaga est un édifice imposant. Les deux tours, qui n'étoient pas terminées lorsque Swinburne s'arrêta à Malaga, étoient déjà d'une hauteur prodigieuse, et l'on se proposoit d'y ajouter un ordre. L'intérieur de l'église est tout-à-la-fois agréable et majestueux.

On comptoit alors environ quatorze maisons de commerce établies à Malaga, qui exportoient cinq mille pipes de vin par an. Ce n'est que la moitié de la quantité qu'on en exportoit autrefois. Comme les droits en Angleterre, où sont les plus grands consommateurs, sont les mêmes pour les vins vieux et les vins nouveaux, ceux qui les exportent ont mis moins de choix dans la qualité des vins qu'ils envoyent, et il en a résulté la moitié moins de demandes. Les grappes dont on fait les raisins destinés à être mis en caisse (c'est une branche capitale du commerce de Malaga), sont coupées vers le milieu de la tige : on les laisse quinze jours au soleil pour les sécher et cuire, puis on les encaisse : c'est de ces mêmes grappes ainsi préparées et qu'on presse, que se fait ce vin ambré si renommé dans toute l'Europe.

Pour ne rien laisser à desirer d'important sur la province de Grenade, j'ai cru devoir rapporter ici, mais dans la forme d'un simple apperçu, ce que Peyron a ajouté de plus remarquable à la relation de Swinburne : je le détache de l'ouvrage de Peyron, pour n'y plus revenir dans l'extrait que je donnerai de cet ouvrage.

La province de Grenade, dit-il, a soixante et dix lieues de long, sur trente de large: ses quatre principales rivières, dont deux sont des fleuves, puisqu'elles ont leur embouchure dans la mer, ne sont pas fort considérables; mais on trouve presque à chaque pas des sources d'eaux vives qui arrosent la campagne, la couvrent de fleurs et de verdure, et tempèrent l'excessive chaleur du climat. Ces ruisseaux ont leurs sources dans des montagnes fort élevées, dont la province de Grenade est entrecoupée, et qui forment des vallées délicieuses. Parmi ces montagnes, celles qu'on nomme les *Alpaxares* sont si hautes, que de leur sommet on découvre la côte de Barbarie et les villes de Tanger et de Ceuta. La chaîne de montagnes a dix-sept lieues de long, et nourrit des arbres fruitiers d'une grande beauté et d'une prodigieuse grosseur. C'est dans le sein de ces montagnes que se réfugièrent les malheureux restes du peuple maure : elles sont encore couvertes de villages et très-peuplées. Ils cultivent avec succès la vigne, qui donne un vin excellent, et ils font un grand commerce de fruits. Quoique l'agriculture ait singulièrement décliné dans la province de Grenade, par suite de sa dépopulation et de l'altération des mœurs, c'est encore une des provinces les plus fertiles de l'Espagne, si ce n'est en grains, au moins en vins de toutes espèces, en huiles, chanvre, lin, sucre, oranges, citrons, figues, amandes, etc.... Le mûrier s'y cultive avec soin, et donne une soie plus belle que celle de Valence. Les montagnes renferment plusieurs carrières d'un jaspe varié de plusieurs couleurs, et transparent comme l'albâtre, du marbre noir, vert et sanguin, des mines de grenats, améthystes et autres pierres précieuses. Plusieurs sources d'eaux minérales fournissent des bains très-salutaires pour différens genres de maladies.

VOYAGE de Gibraltar et à Malaga, par François *Carter:* (en anglais) *Journey from Gibraltar and to Malaga, by Fr. Carter.* Londres, 1777; *ibid.* 1780, 2 vol. in-8°.

VOYAGE de Jean Talbot *Dillon* en Espagne, contenu dans une suite de lettres : (en anglais) *Travels through Spain by John Talbot Dillon, in a series of letters.* Londres, 1778, in-4°.

Le même, sous le titre suivant :

VOYAGE en Espagne, enrichi de vues sur l'histoire naturelle et la géographie-physique de ce royaume, contenu dans une suite de lettres de Jean Talbot *Dillon*, auquel on a joint plusieurs sujets intéressans renfermés dans les Mémoires de Don Guillaume Bowles et autres : (en anglais) *Tra-*

vels through Spain, with the view to illustrate the natural history and physical-geography of that kingdom, in a series of letters by John Talbot Dillon, including the most interesting subjects, in the Memoirs of Don Guillelmo Bowles and others. Londres, 1782, in-4°.

DESCRIPTION d'un voyage fait de l'Alsace à la Sierra-Morena, en l'année 1769 : (en allemand) *Beschreibung einer Reise welche nach der Sierra-Morena vom Elsas aus, unternommen worden, im Jahr 1769.* Leipsic, 1780, in-8°.

LETTRES d'un Voyageur anglais en Espagne, écrites en 1778, sur l'origine et les progrès de la poésie dans ce royaume : (en anglais) *Letters from an English Traveller in Spain, in 1778, on the origin and progress of poetry in that kingdom.* Londres, 1781, in-8°.

NOUVEAU VOYAGE en Espagne, où l'on traite des mœurs, du caractère des habitans, des monumens anciens et modernes, du commerce, des théâtres, de la législation, des tribunaux particuliers du royaume et de l'inquisition (par *Peyron*). Paris, Théophile Barrois, 1782, 2 vol. in-8°.

Ce Voyage annonce un homme fort instruit dans la partie des antiquités, un observateur éclairé, un écrivain très-impartial. Le lecteur qui a du loisir, trouvera dans cette relation des recherches intéressantes qu'il ne rencontreroit pas ailleurs : mais avant Peyron, Swinburne avoit décrit la Catalogne avec des détails plus circonstanciés, et la province de Grenade, au contraire, moins minutieusement et à plus grands traits. Toutes les autres parties de l'Espagne l'ont été depuis, sous des points de vue plus attachans et plus instructifs, par M. Bourgoing. Tout ce qui concerne la législation, l'administration intérieure, le clergé, l'inquisition, la marine, l'état militaire, l'agriculture, les arts mécaniques, le commerce, la littérature, les théâtres, a été traité aussi par ce dernier voyageur d'une manière fort supérieure, avec l'avantage inestimable d'offrir l'état actuel de l'Espagne. Je ne donnerai donc ici que le rapide apperçu de ce que Peyron nous a appris touchant Carthagène dans la province de Murcie, et Cuença dans la Nouvelle-Castille : ce sont les deux seules villes importantes de l'Espagne dont ni Swinburne ni M. Bourgoing n'aient fait aucune mention.

La province de Murcie, où est située Carthagène, est la plus petite des provinces de la monarchie espagnole : elle n'a que vingt-cinq lieues de long sur vingt-trois de large : outre qu'elle fournit à toute la Castille, à l'Angleterre, à la France, une quantité considérable d'oranges, de citrons, de cédrats, de figues et d'autres fruits, on y fait beaucoup de soie. On assure qu'elle renferme, dans une si petite étendue, plus de trois cent soixante et quinze mille mûriers, qu'on y fait éclore plus de quarante mille onces d'œufs de vers-à-soie, et que le produit qui en résulte est de deux cent cinquante mille livres de soie. Les montagnes y sont couvertes d'arbustes, de plantes odoriférantes et médicinales, de bons pâturages, et sur-tout d'une espèce de petits joncs dont on fait des ouvrages utiles. La capitale, qui porte le nom de la province, est située dans une plaine aussi étendue en longueur que la province même, sur une lieue et demie de largeur seulement. La *Segura*, baignant un des côtés de la ville, a un beau pont, et ses bords sont revêtus d'un superbe quai. Sur la façade moderne de la cathédrale, on a trop prodigué les ornemens. L'intérieur est vaste, d'une grande richesse, comme celui de toutes les églises d'Espagne, mais, ce qui ne s'y rencontre pas toujours, d'un fini précieux. La tour, de forme carrée, commencée il y a près de trois siècles, et qui, du temps de Peyron, n'étoit pas encore achevée, sera plus élevée que les tours de Séville, si renommées en Espagne. La base est ornée de belles arabesques et de pilastres d'ordre corinthien : on y monte par une pente douce ; et dans le centre, est un vaste appartement qui sert d'asyle aux criminels.

Mais la ville qui donne le plus d'importance à la province de Murcie, c'est Carthagène. Pour s'y transporter de la ville qui vient d'être décrite, il faut traverser de hautes montagnes, au milieu desquelles on n'a d'abord d'autre route qu'un ravin très-dangereux, puis des montagnes plus hautes et plus stériles encore, où les chemins, avec moins de dangers, présentent un aspect beaucoup plus affreux. A l'issue de ces montagnes, se trouve une vaste plaine, à l'extrémité de laquelle Carthagène est située.

Long-temps cette ville fut pour les Romains, ce que le Mexique et le Pérou sont pour les Espagnols d'aujourd'hui. Dans ses environs, il existe encore des mines d'argent, et il s'y trouve aussi des mines de plomb très-abondantes, une mine de soufre fort considérable, des améthystes et d'autres pierres précieuses. La campagne de Carthagène se nommoit autrefois *Campo Spartario*, à cause de ce jonc fin et creux, appelé par les anciens *spartum*, qui y croît en abondance (1). Dans les guerres des Goths, Carthagène fut entièrement détruite : il ne nous reste de ses ruines que quelques pierres antiques, avec des inscriptions.

Du côté de la terre, la nouvelle ville est défendue par une montagne : son port est si profond, que les navires arrivent jusqu'aux quais. La nature semble avoir symé-

---

(1) Il étoit, chez les anciens, d'un usage presque universel ; on le filoit, et on en faisoit des cordes pour les chariots, des câbles pour les vaisseaux, des nattes pour servir de lits, des nasses pour la pêche, des habits et des souliers pour les pauvres ; on l'employoit même pour le chauffage : on en transportoit de toutes parts, et sur-tout en Italie. L'usage en est beaucoup plus restreint aujourd'hui.

triquement arrangé autour de ce beau bassin plusieurs coteaux, pour l'abriter des orages. On ne connoît point de port qu'on puisse comparer à celui-ci, pour la régularité et la sûreté. C'est ce qui faisoit dire au fameux André Doria, qu'il ne connoissoit dans le monde que trois ports bien sûrs, *Juin, Juillet* et *Carthagène*.

L'arsenal de cette ville est immense : un vaisseau de ligne est facilement équipé et armé dans trois jours. Au gré du constructeur, la mer vient remplir les superbes bassins qui servent de chantiers ; et le vaisseau une fois construit, va de lui-même se rendre dans la Méditerranée. Chaque navire a, dans l'arsenal, son magasin particulier, qui renferme tous les agrès qui lui sont propres. La provision des menus bois y est considérable, mais les grosses pièces et les mâtures y sont rares. Une source d'eau vive que la nature a ménagée sur le bord de la mer, donne la plus grande facilité aux navires de faire *aiguade;* mais quelquefois elle est si abondante, qu'elle nuit aux constructions, et qu'on est obligé de pomper l'eau de cette source, et même celle de la mer, qui s'introduit aussi dans les bassins.

Cuença tient le troisième rang parmi les villes de la Nouvelle-Castille, où sont situées Madrid et Tolède. Ce qu'elle a de plus remarquable en édifices, est sa cathédrale. Sa construction est gothique, et elle forme cinq nefs. La longueur de cette église est de trois cents pieds, sa largeur de cent quatre-vingts. Le maître-autel est d'ordre corinthien : il est orné d'un superbe bas-relief de marbre blanc, représentant la Vierge tenant l'enfant Jésus dans ses bras : elle ressort presque entier du bloc. Sur le devant, un ange à genoux lui offre des fleurs : derrière elle, un autre soutient un rideau. Ce beau bas-relief a été sculpté à Gênes. Tous les autres ornemens de l'autel sont de jaspe de différentes couleurs, tiré des carrières qui sont aux environs de Cuença. Un autre autel, adossé à celui-là, est beaucoup plus parfait encore, par l'accord qui règne dans toutes ses parties. Le bas-relief, où l'on a sculpté les principaux traits de la vie de saint Julien, auquel est consacré cet autel, et les médaillons qui l'accompagnent, ont été sculptés à Florence, et sont de la plus belle exécution. Cet autel est encore décoré de quatre superbes colonnes de marbre vert. Au-dessus du couronnement, sont trois belles statues de marbre blanc, qui représentent la Foi l'Espérance et la Charité. L'espèce de façade qui décore l'entrée du cloître appartenant au chapitre, est un ouvrage gothique, mais admirable dans ses détails, par la belle exécution des figures et des ornemens.

Le commerce de laines de Cuença, et ses manufactures en ce genre, étoient encore d'une grande importance au commencement du dix-septième siècle; mais l'un et l'autre ont prodigieusement déchu. La tonte des laines, qui donnoit alors soixante et deux mille quintaux, ne s'élevoit pas, du temps de Peyron, à deux mille, et l'on ne fabriquoit plus dans cette ville et dans ses environs, que des draps grossiers. On ne compte guère dans cette ville, que six à sept mille habitans. La campagne qui l'environne est très-favorable aux abeilles, qui donnent un miel excellent dans la quantité de quatre-vingt-trois mille livres de miel, avec cinq mille livres de cire. Cette récolte et celle du safran, qui y réussit très-bien, pourroient augmenter, si elles étoient encouragées.

Ni Peyron, ni Swinburne, qui a voyagé avant lui, ni l'auteur du Tableau de l'Espagne, qui n'a publié sa relation que plusieurs années après, comme on le verra, n'ont décrit la Galice, les Asturies, l'Estramadure espagnole et la Navarre. Peyron se contente d'observer sur la Galice, que son peuple peut se comparer à celui de l'Auvergne, qu'il quitte son pays; et va se livrer, dans le reste de l'Espagne, aux mêmes travaux que l'Auvergnat et le Limousin sont en possession d'exercer en France.

L'auteur du Tableau de l'Espagne nous apprend que la Galice, dont le clergé possède plus de la moitié, la Galice, sans canaux, sans rivières navigables, presque sans chemins, n'a d'autre industrie que la fabrication de ses toiles, sa navigation et ses pêches; mais comme elle est pourvue d'un sol susceptible de toutes les cultures, entourée par la mer de deux côtés, et débarrassée du fléau de la *mesta* (1), elle est sans comparaison la province la plus peuplée de l'Espagne, quoiqu'elle ne soit pas, à beaucoup près, la plus étendue. On y comptoit en 1787, treize cent quarante-cinq mille huit cent trois habitans.

Sur les Asturies, Peyron a remarqué que généralement en Espagne, tous les domestiques sont Asturiens; qu'on les trouve fidèles, peu éclairés, mais exacts serviteurs (2).

OBSERVATIONS de M. l'abbé *Cavanilles*, sur l'article *Espagne* de la Nouvelle Encyclopédie. Paris, Joubert, 1784, in-8°.

En combattant les assertions un peu inconsidérées de M. Masson, auteur de cet article, l'abbé Cavanilles, Espagnol très-instruit, a donné dans ces Observations, des renseignemens très-instructifs sur l'état physique, moral, politique et littéraire de l'Espagne; mais il a un peu exagéré les progrès des Espagnols dans les sciences et dans la littérature.

NOUVEAU VOYAGE en Espagne, sous le rapport des arts, du commerce, des manufactures et de l'économie, par J. J. *Volkmann*, avec cartes: (en allemand) *Neueste Reise durch Spanien, vorzüglich in Ansehung der Künste, des Handels, der*

(1) Dans l'extrait que je donnerai du Tableau de l'Espagne, on verra ce que c'est que la *mesta*.

(2) A ces foibles renseignemens, j'ajouterai que la Galice ne possède de villes un peu considérables, que *Compostelle*, fameuse par le pélerinage de Saint-Jacques, et par l'ordre de ce nom qui y a pris naissance; et *la Corogne*, dont le port est un des meilleurs et des plus fréquentés de l'Espagne.

Les villes principales de l'Asturie sont *Oviedo*, sa capitale, qui est assez belle, et *Saint-Cader*, qui a un assez bon port, et dont le territoire produit d'excellens vins.

Œkonomie und Manufacturen, von J. J. Volkmann. Leipsic, 1785, 2 vol. in-8°.

VOYAGE d'un anonyme en Espagne, fait en 1755 : (en allemand) *Reise eines ungenannten durch Spanien, im Jahr 1755.* Kempten, 1786, in-8°.

NOUVELLES concernant la Géographie, la Statistique, la Politique, etc.... de l'Espagne : (en allemand) *Neueste die Geographie, Statistisk, Politik, etc.... von Spanien betreffende Nachrichten.* (Insérées dans le Nouveau Journal des Etats, 2e ann. 1er cah.)

NOUVEAU VOYAGE en Espagne, ou Tableau de l'état actuel de cette monarchie, contenant les détails les plus curieux sur la constitution politique, les tribunaux, l'inquisition, les forces de terre et de mer, le commerce et les manufactures, principalement celles de soierie et de draps, la compagnie des Philippines, et les autres institutions qui tendent à régénérer l'Espagne ; enfin sur les mœurs, la littérature, les spectacles, etc... (par le cit. *Bourgoing*), enrichi d'une carte de l'Espagne, de plans, de vues et de figures en taille-douce. Paris, Regnaud, 1788, 3 vol. in-8°.

— Le même, deuxième édition, considérablement augmentée. Paris, 1797, 3 vol. in-8°.

Le même, sous le titre suivant :

TABLEAU de l'Espagne moderne, par J. F. *Bourgoing*, envoyé extraordinaire de la République française en Suède, ci-devant ministre plénipotentiaire à la cour de Madrid, associé correspondant de l'Institut national. Troisième édition, corrigée et considérablement augmentée. Paris, Levrault, an XI — 1803, 3 vol. in-8°.

— Atlas de ce Voyage. *Ibid.* in-4°.

— Le même, traduit en anglais. Londres, 1789, 3 vol. in-8°.

— Le même, traduit en allemand par Cp. Alb. Kaiser. Jena, 1789-1790, 2 vol. in-8°.

Les planches de l'atlas de la nouvelle édition du Voyage original, sont d'une exécution très-inférieure à celle des planches de la première édition qu'elles répètent; mais quelque médiocrement exécuté qu'il soit, il contient de nouvelles planches qui ne se trouvent pas dans les deux premières éditions. Quant à cette troisième édition, annoncée sans doute par erreur, sur le frontispice, comme considérablement augmentée, elle ne contient rien qui ne se trouve dans l'édition de 1777, ainsi que l'éditeur lui-même a eu soin d'en prévenir dans l'avertissement placé à la tête de cett troisième édition.

De tous les ouvrages qui ont paru sur l'Espagne, celui-ci est le plus satisfaisant : l'auteur ne paroît pas avoir visité la Catalogne, et regrette amèrement d'avoir été forcé par les circonstances, de négliger la province de Grenade. Dans l'extrait que je vais donner de ce Tableau de l'Espagne, je m'écarterai de la marche qu'a suivie l'auteur. Dans ses descriptions, il a souvent mêlé des objets de nature à former des tableaux détachés, ce qui ne répond pas tout-à-fait au titre que définitivement il a donné à son ouvrage, qu'il représente plutôt comme un tableau que comme une relation proprement dite. Je ne m'attacherai donc d'abord qu'à la partie purement descriptive des localités : je réunirai ensuite sous autant de chefs, les observations disséminées dans tout son ouvrage, sur l'état physique, industriel, commercial, politique et ecclésiastique de l'Espagne : j'y ferai succéder l'apperçu de ses finances, de son état militaire et de sa marine ; il sera suivi de celui de l'état des sciences, de la littérature, des beaux-arts en Espagne; et je terminerai cet extrait par celui des observations de l'auteur sur les théâtres, les combats de taureaux, et le caractère, les mœurs, les usages de la nation espagnole.

Après avoir traversé la rivière de *Bidassoa*, qui forme la limite de la France et de l'Espagne, l'auteur du Tableau se trouve transporté dans la Biscaye. Les chemins de cette province, à la différence de ceux que l'on trouve en France par-delà les Pyrénées, peuvent être comptés parmi les plus beaux de l'Europe, malgré les difficultés qu'opposoit la nature du pays à leur perfection. La partie de la Biscaye qui touche immédiatement aux Pyrénées, semble être une prolongation de ces montagnes. Pour y tracer une route, il y avoit des descentes rapides à adoucir, des précipices à éviter, des croupes escarpées à tourner avec adresse. Les trois pays qui composent la Biscaye, et qui forment trois états distincts, ont réuni leurs efforts pour surmonter ces difficultés, et y ont réussi avec les seules ressources que leur ont fournies l'industrie des habitans et la portion de liberté dont ils jouissent : elles suppléent, chez les Biscayens, à la fertilité du sol. *Abela*, l'un de ces trois pays, est le seul qui produise des grains ; il en fournit les deux autres. Malgré la médiocrité du terroir en général, la Biscaye offre de rians coteaux, et une culture animée dans sa vallée.

Pendant les trente lieues qu'on parcourt depuis la *Bidassoa* jusqu'à *Vittoria*, qui est la limite de la province, on apperçoit à chaque instant un village ou un hameau. Le peuple a cette gaieté et ces mœurs hospitalières qui distinguent communément un peuple libre. Sa constitution lui donnoit jadis tous les priviléges de la liberté ; les atteintes qu'on y a portées, lui en ont laissé au moins les formes, qui paroissent suffire à son bonheur. Lorsque le roi a besoin de soldats pour ses troupes, ou de matelots pour ses flottes, il en instruit la province, qui avise aux moyens les moins vexatoires de lui fournir son contingent. Les impôts qu'elle paye, sont une espèce de don gratuit (*donativa*) qu'on lui demande rarement, et qui ne seroit pas accordé, s'il n'étoit modique : les Etats en font eux-mêmes la répartition, d'après un cadastre qui éprouve de fréquentes modifications.

L'industrie des Biscayens, avec le secours d'une instruction puisée dans des leçons publiques, dans des voyages entrepris au même effet, dans des correspondances chez l'étranger, s'exerce singulièrement sur l'exploitation et la fabrication du fer, principale production de la province. *Bilbao*, sa capitale, qui n'a pas plus de treize à quatorze mille habitans, étoit renommée pour ses tanneries; mais elles sont tombées depuis que les cuirs de l'Amérique espagnole ne peuvent plus aboutir dans son port sans payer de très-gros droits. Elle se dédommage de cette perte par son commerce, qui est immense. Il occupe deux cents maisons, et consiste en toutes sortes de marchandises, mais principalement en laines, que presque toute l'Espagne embarque à Bilbao pour les envois du dehors. La jalousie, propre à la liberté, rend le séjour de Bilbao et de toute la Biscaye en général, assez désagréable pour les étrangers.

D'autres ports que celui de Bilbao, mais principalement celui du *Passage*, l'un des plus vastes, et peut-être le plus sûr qu'il y ait en Europe, concourent encore à la prospérité de la Biscaye.

De *Vittoria*, l'on s'avance dans la Vieille-Castille, l'un des pays les plus arides et les plus nus qu'il y ait en Europe. En 1792, l'auteur du Tableau y remarqua quelques changemens heureux, tels que des plantations de vergers et des jardins. *Burgos*, sa capitale, autrefois opulente, industrieuse, commerçante, n'offre plus aujourd'hui que l'image de la pauvreté, de la fainéantise et de la dépopulation : on n'y compte pas plus de dix mille ames : son seul objet d'industrie, est de servir de passage aux laines qui doivent s'embarquer à la côte septentrionale. La magnificence de sa cathédrale, chef-d'œuvre d'élégance dans le genre gothique, contraste d'une manière choquante, avec les masures qui l'entourent. Les environs de Burgos, embellis par des avenues et des promenades, sont fertilisés d'ailleurs par le cours de l'*Alarçon*, qui arrose de vastes prairies, et qui porte trois beaux ponts de pierre dans l'espace d'une demi-lieue. Cette rivière baigne un riche monastère de filles, qui jouit de grands privilèges; et un hôpital royal, remarquable par son extrême propreté et la salubrité qui y règne.

L'exemple du roi, des princes de la maison royale et de plusieurs grands d'Espagne, a encouragé quelques plantations, si nécessaires dans une contrée, l'une des plus froides de l'Espagne, et la plus dénuée de bois : cela est remarquable sur-tout aux environs de Valladolid. Cette ville, l'une des plus considérables de l'Espagne, le siége de plusieurs grands établissemens du temps de Charles-Quint, et qui comptoit alors cent mille habitans, en contient à peine aujourd'hui vingt mille. De toute son ancienne industrie, elle n'a conservé que quelques médiocres fabriques ; et son antique magnificence se réduit à un nombre prodigieux d'édifices sacrés. Lorsque l'auteur du Tableau la visita, on cherchoit à la tirer de cette espèce d'engourdissement : on y avoit établi une école de dessin et une chaire de mathématiques : plusieurs de ses quartiers venoient d'être embellis par des mesures de police, et ses environs, par des promenades et des plantations de mûriers.

Olmedo, ville autrefois très-forte de la Vieille-Castille, et qui conserve encore une épaisse enceinte de murailles de trois-quarts de lieue, n'annonce dans son intérieur qu'une ville ruinée, sans population et sans industrie. Aucune autre n'a plus frappé l'auteur du Tableau par ses symptômes de misère et de dégradation. L'intervalle de onze lieues qui la sépare de Ségovie, est peut-être la partie la plus pauvre et la plus dépeuplée de toute l'Espagne.

Ségovie, jadis fameuse à plus d'un titre, est encore, malgré sa dépopulation et sa saleté, digne de l'attention du voyageur, par sa cathédrale, son château, appelé l'*Alcazar*, et son aqueduc.

Le vaisseau de la cathédrale, très-vaste et d'une majestueuse simplicité, offre un heureux mélange du goût gothique et de celui des Arabes.

L'Alcazar, jadis habité par les rois goths, est un édifice très-bien conservé : il avoit long-temps servi de prison aux corsaires barbaresques, qu'on y occupoit à divers travaux en les traitant avec humanité : on y a établi récemment une école militaire pour les jeunes gentilshommes qui se destinent à l'artillerie.

L'aqueduc est un des ouvrages des Romains le plus étonnant. Sur deux rangs d'arcades, il réunit deux collines séparées par une profonde vallée : dans sa partie la plus élevée, on croit voir un pont jeté sur un abîme.

En s'avançant de la Vieille-Castille vers la province de *Léon*, l'on rencontre les villes de *Medina-Rio-Seio* et de *Medina-del-Campo*. La première, jadis célèbre par ses fabriques, est réduite, d'une population de trente mille ames, à celle de quatorze cents feux : l'autre, autrefois la résidence de plusieurs monarques, le théâtre d'un grand commerce, et peuplée de cinquante à soixante mille ames, ne contient à présent que mille feux. Ainsi, dit l'auteur du Tableau, ce que le ravage des siècles accumulés et des guerres a opéré sur les villes de Persepolis, de Palmyre, et de quelques autres villes célèbres, deux siècles d'incurie et de mauvaise administration, l'ont amené pour les deux villes de Medina et tant d'autres cités de l'Espagne.

On peut en dire autant de *Léon*, capitale de l'ancien royaume de ce nom, qui n'a plus qu'une population de quinze cents feux.

La province de Léon, aujourd'hui, est l'une des plus désertes et des plus arides de l'Espagne : il faut en excepter les environs de sa capitale, embellis par des plantations; et ceux de *Peneranda*, jolie petite ville d'environ mille feux.

Salamanque, qui n'occupe que le second rang dans la province de Léon, est bien supérieure à sa capitale : elle doit cette supériorité à la réputation de son ancienne université, et beaucoup plus encore aux quatre grands colléges qu'elle renferme encore, sur sept qui portent ce nom en Espagne. Sa population est de deux mille huit cents feux. Avec des rues étroites, sales et mal peuplées, elle a une grande place, remarquable par sa propreté et la régularité de son architecture. Le grand nombre d'églises et de couvens qu'elle renferme, et la richesse de son clergé, expliquent assez le déclin de son ancienne splendeur.

L'*Arragon* confine à la Vieille-Castille. Le pays de cette province, qui forma jadis, avec ses annexes, un royaume assez puissant, est en général montueux, aride, mal cultivé et peu peuplé. Quelques cantons y sont favorisés par la nature, particulièrement la riche vallée qu'on trouve au midi de *Calataiud*, la seconde ville de l'Arragon. Quoiqu'extrêmement déchue, cette ville entretient treize savonneries. On ne récolte pourtant pas d'huile dans ses environs. Elle est aussi le centre d'un grand commerce du chanvre que produit en abondance la vallée dont je viens de parler, et qui s'emploie en cordages pour la marine royale.

La capitale de l'Arragon, *Sarragosse*, qui figuroit avec éclat lorsque l'Arragon avoit ses rois particuliers, et qui ne conserve de son ancienne magnificence, que ses deux vastes cathédrales, est réduite à une population d'environ quarante-deux mille ames. Depuis long-temps, son industrie se bornoit à quelques fabriques de draps, pour l'habillement de plusieurs régimens; mais lorsque M. Bourgoing y passa, elle se réveilloit sensiblement de son long engourdissement; et l'on venoit tout récemment d'y former, grace au patriotisme et au zèle de Dom *Pignatelli*, un établissement sous le nom de *Casa de la Misericordia*, où les jeunes gens des deux sexes qui étoient sans travail et sans ressource, trouvoient de l'occupation et la subsistance. Une université et une académie des beaux-arts, jusqu'alors insignifiantes, paroissoient prendre un peu plus d'essor. Sarragosse partage avec Tolède l'avantage d'avoir ouvert un asyle à l'humanité souffrante, sous le nom de Maison des fous.

Tolède, autrefois la capitale du royaume de Castille, n'est aujourd'hui que la seconde ville de la Nouvelle-Castille. Ses rues désertes, étroites et tortueuses, l'absence presque absolue de l'aisance et de l'industrie, ne répondent guère à son ancienne splendeur. Depuis quelque temps, ses habitans, dont toute l'industrie se réduisoit à des recherches de mollesse, se réveillent de leur léthargie par les soins actifs de leur archevêque, qui consacre un superflu, devenu immense par la circonscription de ses besoins, comme le sont les revenus de son archevêché, à ranimer l'industrie et à décorer la ville. On lui doit la réparation de l'Alcazar, l'établissement de plusieurs métiers en soierie, et un établissement pour les femmes indigentes et pour les vieillards. On doit aussi à deux de ses prédécesseurs, un très-bel hôpital pour les enfans-trouvés; et un autre hôpital, dont l'édifice se fait admirer par la beauté et la sagesse de ses proportions. Plusieurs autres fondations philanthropiques et pieuses, telles qu'une maison des fous, signalent le zèle de ces prélats. La cathédrale de Tolède, édifiée sur les ruines d'une mosquée, est l'un des monumens sacrés les plus précieux qu'il y ait en Europe. Toute la somptuosité des édifices gothiques y est déployée, et plusieurs de ses chapelles sont remarquables par la magnificence des tombeaux qu'elles renferment. La peinture étale dans cette église, ainsi que dans un vaste cloître formé sur les plus belles proportions, une foule de chefs-d'œuvre.

Après avoir passé le *Mançanarez* sur un pont qui ne mérite ni éloge ni critique (1), on arrive par une belle route plantée d'arbres, à Madrid, la capitale de toute l'Espagne, qui n'étoit autrefois qu'un bourg appartenant

---

(1) On a dit assez plaisamment, mais sans beaucoup de réflexion, *qu'à ce beau pont, il ne manquoit qu'une rivière*, parce que dans l'été, le Mançanarez est presque à sec: mais Silhouette a observé le premier, et M. Bourgoing l'observe aussi, que la fonte subite des neiges accumulées sur les montagnes, et quelquefois aussi des

aux archevêques de Tolède. La porte de *San-Vicenta*, par laquelle on entre, est moderne et d'un bon goût. Ce n'est que péniblement qu'on monte au palais neuf, qui, isolé sur une éminence, sans terrasse, sans parc, sans jardin, a de loin l'apparence d'une citadelle. On en prend une autre idée lorsqu'on le voit de près. Sa forme est carrée : autour de sa cour intérieure, règnent de larges portiques. Les bureaux et les logemens des principales personnes attachées à la Cour, occupent le rez-de-chaussée. C'est par un bel escalier de marbre, dont la cage est fort décoree, qu'on parvient aux appartemens du roi, qui ont les plus magnifiques dimensions, et qui sont ornés de belles peintures des maîtres de toutes les écoles, dont M Bourgoing a fait en partie l'énumération.

Dans les jardins de *Buen-Retiro*, palais situé aussi sur une éminence à l'autre extrémité de Madrid, et qui fut la résidence des rois de la maison de Bourbon jusqu'à l'achèvement du palais neuf, sont une manufacture de porcelaine et une fabrique d'ouvrages de marqueterie, dont l'entrée, du temps de M. Bourgoing, étoit interdite à tout le monde. Le théâtre de Buen-Retiro, dont la salle est petite et élégante, mais le théâtre fort vaste et s'ouvrant sur les jardins d'une manière assez favorable à la magie théâtrale, est encore parfaitement conservé, mais n'est plus d'usage.

Ce palais, aujourd'hui abandonné, domine sur le *Pardo*, qu'en l'aplanissant, en le plantant d'arbres; en éclairant ses avenues, en pourvoyant à son arrosement, en l'ornant de statues et de fontaines, Charles III a rendu l'une des plus belles promenades de l'Europe. On s'y promène en voiture et à pied : M. Bourgoing y a vu défiler

---

pluies abondantes qui charient des sables, grossissent tellement les petites rivières, dont le lit est peu profond, qu'on a été obligé de donner en même temps, et beaucoup de solidité aux ponts, pour arrêter l'impétuosité des crues, et beaucoup de longueur, pour que l'étendue du débordement ne les rende pas insuffisans.

jusqu'à quatre à cinq cents carrosses dans le plus grand ordre.

Outre le palais neuf, on peut citer comme de beaux édifices la porte d'*Alcala*, celle de *San-Vicenta*, dont j'ai déjà parlé, le bâtiment de la douane, celui de la poste, et sur-tout un bâtiment magnifique placé le long du Pardo, et destiné à servir de Muséum. Ce sont là les seuls édifices remarquables. Du reste, la ville de Madrid est en général bien percée; ses rues, sans être tirées au cordeau, sont pour la plupart larges et peu tortueuses. La rareté des pluies et les soins de la police moderne, en font une des villes les plus propres de l'Europe; mais hormis le Prado et ses environs, on ne peut citer aucun beau quartier. La *Plaza Major* que les Espagnols exaltent, n'a de remarquable qu'un assez bel édifice, où l'Académie d'histoire tient ses séances. Les maisons dont elle est entourée, et sous lesquelles règnent de longues arcades, sont uniformes, mais sans décoration. Un incendie avoit réduit en cendres l'une de ses façades, qui n'a pas été reconstruite. C'est sur cette place que se célébroient autrefois les *auto-da-fé* dans tout leur effrayant appareil : elle est encore aujourd'hui le théâtre des combats de taureaux qui se donnent lors des fêtes de la Cour : on l'illumine dans les solemnités publiques, et elle forme alors un beau coup-d'œil. On débite sur cette place la plupart des comestibles et des marchandises de tout genre : il en résulte qu'elle est obstruée par des échopes qui la défigurent. Un dénombrement assez récent ne portoit la population de Madrid qu'à cent trente et un mille habitans, sans y comprendre, à la vérité, les soldats de la garnison, les malades des différens hôpitaux, et les enfans-trouvés. M. Bourgoing évalue le total de cette population, à près de cent quatre-vingt mille ames. Il s'accorde avec M. Peyron sur les églises de Madrid, en observant, comme lui, qu'elles sont beaucoup moins remarquables par leur architecture, qui dans quelques-unes seulement a quelques beautés, que par les excellentes peintures qui les décorent, par plusieurs beaux mausolées qu'on y trouve, et par la richesse extraordinaire de tout ce qui est à l'usage du culte. Madrid se distingue sur-tout par des monumens de bienfaisance, tels que deux confréries dont les fonds sont consacrés à secourir les malheureux, un mont-de-piété qui fait des avances aux nécessiteux, une maison d'enfans-trouvés, et sur-tout trois hôpitaux qui, année commune, reçoivent dix-neuf à vingt mille malades.

Les bords charmans de la petite rivière de l'*Erema*, encaissée entre des piles de rochers pittoresques, et dont les eaux limpides tour à tour coulent avec fracas sur des écueils, se précipitent en cascades naturelles, formant de petits bassins tranquilles, n'annoncent guère les beautés sévères de l'Escurial.

Ce fameux monastère, fondé, comme on sait, par Philippe II, en exécution du vœu qu'il avoit fait le jour de Saint-Laurent, où se livra la sanglante bataille de Saint-Quentin, est situé sur le revers d'une montagne escarpée et aride. En le dédiant à Saint-Laurent, le superstitieux et sombre monarque lui donna la forme bizarre d'un gril, instrument, dit-on, du supplice qu'on fit souffrir à ce saint. Cette forme bizarre a nui au développement qui auroit fait voir la vaste étendue de l'édifice. La masse du bâtiment est imposante, sans avoir rien de magnifique. La seule façade de l'occident a un beau portail d'ordre dorique (1).

Lorsque la Cour n'est pas à l'Escurial, ce n'est, dit M. Bourgoing, qu'un vaste couvent où, sous l'inspection d'un prieur, habitent deux cents Hiéronomitains. A l'arrivée de la Cour, il se transforme en palais. Les moines alors sont relégués dans les façades de l'ouest et du midi,

(1) Cette entrée principale ne s'ouvre pour les rois d'Espagne et les princes de leur maison, que dans deux occasions solemnelles ; la première fois, lorsqu'après leur naissance, ils sont portés à l'Escurial; et la seconde, lorsqu'on va y déposer leurs cendres.

et les principales cellules deviennent les habitations de la famille royale et des personnes des deux sexes qui forment sa suite; le roi lui-même a la sienne dans l'espace resserré de l'édifice figuré en manche de gril.

Les deux églises, savoir l'extérieure et la souterraine, où est la sépulture des rois et des princes de la maison royale, sont décorées avec profusion des peintures des plus célèbres artistes de toutes les écoles. L'architecture en est simple, mais majestueuse. Les mausolées de Charles-Quint et de Philippe II, tous deux d'une belle exécution, ont tout-à-la-fois quelque chose de lugubre et de pompeux. Les sacristies renferment tout ce que la magnificence religieuse a pu imaginer en ornemens sacerdotaux, vases sacrés et autres objets relatifs à l'usage du culte.

Le jardin de l'Escurial n'est ni grand, ni décoré, ni même cultivé avec soin, et la situation de ce monastère-palais rend les promenades de ses environs très-pénibles. On s'égare pourtant avec plaisir dans son vallon, dont le terrein inégal offre à chaque instant de nouveaux points de vue, et favorise la pente rapide de plusieurs ruisseaux qui serpentent à travers les taillis.

Pour arriver de Madrid à *Saint-Ildephonse*, la plus somptueuse maison de plaisance des rois d'Espagne, on traverse à son approche la campagne la plus aride. C'est dans cet horizon vaste et nu que sont répandues des fabriques de différens genres, des papeteries, une manufacture de draps, une de glaces. De loin en loin l'on apperçoit, à la vérité, quelques champs cultivés et quelques prairies, mais il n'en résulte qu'un ensemble triste et pauvre, dont il faut accuser d'abord la nature du terrein, la ceinture des montagnes environnantes, le défaut de chemins, de canaux, de rivières navigables, et sur-tout les nombreux troupeaux de cerfs et de daims qui sont paisiblement établis dans une assez vaste étendue de territoire. Aux approches de Saint-Ildephonse, le paysage devient plus riant. Lorsqu'on peut écarter l'idée affligeante des dégâts que font ces animaux dévastateurs, alors on ne les voit pas sans plaisir errer par troupeaux dans les taillis, ou bondir sur les coteaux.

Le château, précédé d'une vaste cour ceinte d'une magnifique grille, offre une image imparfaite de celui de Versailles, avec lequel il a encore cette conformité frappante, que sa façade du côté de la cour n'a rien de magnifique, et que celle du côté des jardins, décorée de l'ordre corinthien, sans avoir la même étendue que celle de Versailles, n'est pas sans majesté.

Des montagnes qui environnent Saint-Ildephonse, coulent des ruisseaux qui fournissent abondamment des eaux à ses réservoirs. En même temps qu'elles vivifient les plantations des jardins, elles alimentent ses nombreuses fontaines, où Philippe v a répété les merveilles hydrauliques de Versailles, en y ajoutant une superbe cascade qui manque dans ce dernier lieu. La profusion des eaux est étonnante à Saint-Ildephonse, et leur limpidité est un avantage particulier à ce beau lieu (1). L'inégalité du terrein y ménage à chaque pas les points de vue les plus variés. Le clocher de la cathédrale de Ségovie, distante de dix lieues, en forme un (2).

La création de Saint-Ildephonse coûta à Philippe v quarante-cinq millions de piastres (environ deux cent cinquante millions de livres tournois); et c'est précisément la somme dont ce prince mourut endetté. On ne sera pas étonné de l'énormité de cette dépense, lorsqu'on saura que l'emplacement de Saint-Ildephonse étoit une croupe escarpée, formée d'une masse de rochers; qu'il a fallu la fouiller, l'aplanir, creuser dans ses flancs, pour procurer des ouvertures à tant de canaux qui y charient l'eau, rapporter par-tout de la terre végétale sur un sol stérile,

(1) Cette limpidité, que des dépenses énormes n'ont pas pu procurer aux eaux de Versailles, la nature seule l'a donnée à Saint-Ildephonse.

(2) Ces points de vue sont encore un avantage que Saint-Ildephonse a sur Versailles.

faire jouer la mine pour frayer un passage aux racines des arbres. Ces efforts ont été couronnés du succès dans les potagers, les vergers, les parterres, où toutes les plantes prospèrent; mais les arbres destinés à percer la nue, attestent déjà, dit l'auteur du Tableau, l'insuffisance de l'ar qui veut lutter contre la nature: plusieurs languissent sur leurs tiges grêles; tous les ans, il faut recourir à la poudre, pour procurer de nouveaux encaissemens à ceux qui les remplacent: ainsi Saint-Ildephonse rassemble en statues et groupes de marbre, en eaux abondantes et limpides, en sites pittoresques, tout ce qu'on peut desirer à cet égard dans des jardins, excepté ce qui en fait le principal charme, excepté d'épais ombrages. C'est néanmoins ici que la Cour vient tous les ans braver les ardeurs de la canicule: elle s'y rend vers la fin de juillet, et n'en repart qu'au commencement d'octobre. La situation de Saint-Ildephonse, et l'abondance des eaux qui y coulent, en rendent le séjour délicieux en été, malgré la langueur des plantations: on y trouve de la fraîcheur dans les matinées, et d'agréables soirées dans les jours les plus chauds.

Les appartemens du palais sont, pour ainsi dire, tapissés de tableaux des plus grands maîtres des trois écoles: on en voit aussi dans la galerie placée au rez-de-chaussée, et qui occupe toute la façade du côté des jardins; mais ce qui rend sur-tout cette galerie très-précieuse, c'est une belle collection d'antiques, qui firent autrefois partie du cabinet de la reine Christine.

Les abords d'*Aranjuez*, autre maison de plaisance des rois d'Espagne, sont bien différens de ceux de Saint-Ildephonse. Le chemin de Madrid à Aranjuez est l'un des plus beaux et des mieux entretenus qu'il y ait en Europe. Après l'avoir parcouru pendant six lieues, on descend par une rampe taillée en spirale, dans une charmante vallée. Le *Xarama* coule le long des coteaux qui la ferment du côté du nord, et on le passe sur un très-beau pont de pierres. Les plaines arides de la Castille ont disparu: l'on ne marche plus qu'à l'ombre de grands arbres, au bruit des cascades, au murmure des ruisseaux : l'émail des prairies, la variété des couleurs qu'étalent les fleurs des parterres, la végétation la plus brillante, annoncent le voisinage d'un fleuve qui féconde et vivifie tout ; c'est le Tage, qui, du côté de l'est, entre dans la vallée, y serpente pendant près de deux lieues, et va se réunir au Xarama.

Ce délicieux séjour fut habité d'abord par Charles-Quint, qui commença le palais. Ferdinand VI et Charles III y ont ajouté chacun une aile. Le tout forme moins une habitation royale qu'une très-jolie maison de plaisance, où l'art a secondé simplement la belle nature. Les eaux semblent y couler ou y jaillir sans effort : la hauteur des arbres et leurs troncs énormes, attestent la bonté du sol qui les nourrit depuis plusieurs siècles.

Le marquis de Grimaldi a fait du village d'Aranjuez une espèce de ville hollandaise. De larges rues tirées au cordeau sont ombragées de deux allées d'arbres, au milieu desquels coule un ruisseau.

Les environs d'Aranjuez ont le même charme que les jardins. Tous les genres de plantations y sont rassemblés. Ce qu'il y a de plus remarquable sur-tout dans ces plantations, c'est la principale des allées, qu'on appelle *la Calle de la Reyna :* elle forme la principale promenade de la Cour pendant près d'une demi-lieue ; de droite et de gauche elle est bordée de taillis touffus, où bondissent, comme à Saint-Ildephonse, des troupes de cerfs et de daims. Une sécurité, triste indice du respect qu'on y porte aux sangliers, leur a fait déposer dans ce lieu leur férocité naturelle. Si quelque chose peut faire pardonner la multiplication de ces animaux voraces, si funestes à l'agriculture, ou en balancer du moins les fâcheux inconvéniens, c'est l'heureuse idée qu'on a eue d'acclimater à Aranjuez les buffles d'Italie, qui remplacent si avantageusement les bœufs pour les travaux de grande culture.

Des étrangers qui avoient beaucoup voyagé, ont déclaré à M. Bourgoing, qu'ils ne connoissoient point en Europe de lieu où ils aimassent mieux passer le printemps qu'à

Aranjuez (1); mais aux approches de la canicule, lorsqu'un air brûlant engouffré dans la vallée, se charge des exhalaisons d'un fleuve devenu bourbeux et paresseux dans sa marche, et des vapeurs nitreuses que le soleil enlève aux collines, entre lesquelles coule le Tage, alors le séjour d'Aranjuez devient pernicieux, et la population de ce lieu, qui s'élevoit à environ dix mille ames, disparoît presque entièrement.

La route d'Aranjuez jusqu'aux frontières de la province de Valence, se fait d'abord à travers un pays aussi mal peuplé qu'aride. On est obligé de franchir une chaîne de montagnes escarpées, d'où l'on débouche dans une plaine qui fait encore partie de la Nouvelle-Castille, et où la bonté du sol et la douceur du climat concourent à faire prospérer la vigne, le lin, les pâturages, et sur-tout les mûriers, qui alimentent dans la petite ville de *Requena*, jusqu'à neuf cents métiers de soie.

L'entrée de la province de Valence, toute hérissée de rochers, n'est pas propre à annoncer la fécondité de cette contrée. Cependant il n'échappe pas à l'œil de l'observateur attentif, que de droite et de gauche les montagnes pelées sont cultivées dans les endroits même les plus voisins de leurs sommets, pour peu que la nature du sol s'y prête. Bientôt les environs du gros bourg de *Chiva* réalisent les idées séduisantes qu'on s'étoit faites du territoire de Valence. On voyage entre des haies vives d'aloès servant d'enceinte à des vergers, à des pâturages, à des plants d'oliviers et de mûriers : on retrouve ensuite quelques parties de terre en friche, qu'on a reconnu n'être susceptibles d'aucune culture. Mais à une lieue de Valence, ce n'est plus qu'une suite non interrompue de vergers, de parterres, de petites maisons de plaisance, dont la simplicité contraste agréablement avec le luxe de la nature.

L'intérieur de la ville de Valence n'a rien de bien remar-

---

(1) La nouvelle Cour, qui préfère Aranjuez à toutes les autres résidences, va s'y établir dès les premiers jours de janvier.

quable. On y voit peu de beaux édifices, si ce n'est la bourse; la cathédrale même est d'une médiocre architecture. Les rues sont étroites et tortueuses, mais l'ensemble plaît par l'extrême propreté qui y règne. L'indolence, et la misère qui en est la suite, sont inconnues à Valence. Outre quatre mille métiers en soie qui occupent vingt mille habitans, un grand nombre d'autres sont employés dans les fabriques relatives à la préparation de la soie, à celle du lin, dont on fait les câbles; de l'espart, avec lequel on fabrique des nattes et des cordages; de l'aloès, qui fournit une espèce de fil dont on fait les rênes; enfin d'une espèce de terre avec laquelle se font des carreaux de faïence colorés. Telles sont les principales manufactures qui enrichissent la ville. Les campagnes ne le sont pas moins par la quantité de vins, d'eaux-de-vie, de soude de différentes espèces, de riz et d'huile qu'on en exporte.

Ces différentes branches de commerce concourent, avec les fabriques de soie sur-tout, à entretenir une population de quatre-vingt dix à cent mille ames dans Valence, qui ne paroît pas avoir plus d'une lieue de tour. Cette disproportion s'explique par l'étranglement des rues, le peu de terrein qu'emportent les places publiques, et l'entassement des habitans les uns sur les autres, comme dans toutes les villes fabricantes.

Une seule chose manquoit à la prospérité de Valence, c'étoit un bon port. Il n'y avoit eu long-temps qu'une mauvaise rade vis-à-vis du village de *Grao.* A peine les petits bâtimens pouvoient-ils s'en approcher dans la distance d'une demi-lieue, et l'on n'y voyoit presque jamais de vaisseaux à trois mâts. Depuis huit à neuf ans, on s'étoit occupé de procurer un port à Valence. Un habile ingénieur espagnol avoit été chargé de l'entreprise : tout sembloit concourir à son succès; la protection du nouveau capitaine-général de la province, les contributions volontaires des commerçans et des fabricans, une avance de cinq millions de réaux faite par la banque de Saint-Charles, le droit dont on avoit chargé les soies, et dont le produit devoit faire face aux frais de l'entreprise, enfin divers autres fonds qu'on y avoit consacrés : mais, dit l'auteur du Tableau, dans une note, les hivers détruisent les ouvrages de la belle saison. Les vents ramènent sans cesse des bancs de sable à l'entrée du port, et il est bien à craindre que tant de dépenses aient été faites en pure perte.

L'une des plus intéressantes excursions que fit hors de Valence M. Bourgoing, eut pour objet de visiter la ville de *Murviedro*, bâtie sur l'emplacement de la célèbre ville de *Sagunte*. Les châteaux, les tours qui dominent Murviedro, n'appartiennent ni aux Saguntins, ni même aux Romains. L'ancienne Sagunte, détruite par les Romains en haine de sa vigoureuse résistance, fut reconstruite par eux avec beaucoup de magnificence. Quelques inscriptions puniques qu'on a découvertes avec quelques statues mutilées, vers le bas de la montagne, sont les seuls vestiges de la domination des Carthaginois dans cette partie de l'Espagne. Celle des Romains s'annonce par plusieurs restes d'antiquités : tels sont ceux d'un temple que la nouvelle Sagunte avoit dédié à Bacchus : on en a conservé le pavé en mosaïque, ou plutôt on en a recueilli les débris dans la bibliothèque de l'archevêché. C'est sur les fondemens de l'ancien cirque que reposent les murs qui servent d'enceinte à une longue suite de vergers ; mais des monumens de la nouvelle Sagunte, rien n'est si bien conservé que son théâtre (1). Le concierge qui y a son habitation, y a fait au gré de ses convenances, plusieurs changemens en dégradant ce qui gênoit ses distributions. Pour réveiller sans doute l'intérêt que les habitans de Murviedro devoient prendre à la conservation de ce beau monument de l'antiquité, le corrégidor y avoit fait représenter tout récemment un drame espagnol.

Il paroît que l'auteur du Tableau visita aussi Alicante, la ville la plus commerçante de l'Espagne après Cadix et

---

(1) Dans le Voyage de Peyron, l'on trouve une excellente description de ce théâtre, par un savant Espagnol.

Barcelone, et dont le territoire produit, outre ses vins si renommés en Europe, des eaux-de-vie, des amandes, de l'anis, du safran, de la sparterie, du sel, et une grande quantité de l'espèce de soude qu'on appelle *barilla*.

La description de Valence, par M. *Fischer*, dont je donnerai la notice, s'étend beaucoup plus sur ces deux objets.

En quittant Valence pour retourner à Madrid, M. Bourgoing traversa la province de *la Manche*, qui renferme de très-vastes plaines. Il en est qu'on fertilise avec la pratique des arrosemens; d'autres, sans ce secours, doivent tout à une bonne culture. Dans la plus grande, qui n'a pas moins de vingt lieues, on en parcourt jusqu'à trois ou quatre, sans que l'œil puisse se reposer sur une habitation humaine. La culture n'y est pas brillante, quoiqu'il ne manque à ce sol que d'être moins sec, pour devenir excellent. Quelques plantations d'oliviers clair-semés interrompent l'uniforme aridité de cette plaine. On apperçoit moins de vignes dans la Manche, qu'on ne s'y attend lorsqu'on est instruit de la grande consommation qui se fait en Espagne des vins de cette province, d'une excellente qualité pour l'usage ordinaire.

C'est dans une des campagnes les mieux cultivées de la Manche, que Cervantes a placé la scène des exploits et des amours de Don Quichotte. M. Bourgoing y vit les moulins célébrés par cet admirable écrivain : il entrevit le clocher de Toboso, et le bois où Don Quichotte attendoit en embuscade l'entrevue avec Dulcinée; mais il ne put pas engager son voiturier à s'y arrêter.

En suivant la route de Madrid à Cadix, on s'approche de *la Sierra-Morena*. Cette route, l'une des plus fréquentées du royaume, étoit autrefois l'effroi des voyageurs. On étoit obligé de franchir, presque au péril de sa vie, dans une de ses parties les plus escarpées, la chaîne de montagnes qui a donné son nom à la contrée. Un ingénieur français, choisi par le ministère espagnol, a substitué à cette route si dangereuse, un des plus beaux chemins qu'il y ait en Europe : c'est le long des flancs raboteux des rochers, qu'avec de longs circuits, et en appelant à son secours toutes les ressources de l'art, il a frayé une route sur laquelle on roule sans danger comme sans frayeur sur le bord des abîmes, et que sans effort on atteint Llerena, chef-lieu des plantations de la Sierra-Morena. La partie du pays montueux qui porte ce nom, et que traverse la route, avoit été autrefois habitée et cultivée; mais insensiblement elle s'étoit couverte de bois, et étoit devenue le repaire des brigands et des bêtes féroces. Le gouvernement conçut le projet de la défricher et de la peupler. On en confia l'exécution à Don Pablo Olavidè, né au Pérou, que ses talens avoient porté à une des premières places de l'administration. Il répondit de la manière la plus distinguée aux espérances qu'avoient données son zèle et sa capacité; mais s'étant attiré la haine d'un capucin allemand, préfet des nouvelles Missions, il fut dénoncé à l'inquisition, détenu long-temps dans les prisons, et condamné, pour quelques propos indiscrets, comme *hérétique en forme*, à être renfermé pendant huit ans dans un monastère à vingt lieues de Madrid, des maisons royales et de Seville. La même sentence confisquoit ses biens, et le déclaroit incapable de posséder aucunes charges. Echappé à la surveillance de ses gardiens, qui véritablement n'étoit pas fort active, il passa en France, où il a vécu paisiblement sous le nom de *comte de Lemos* (1). La disgrace de Don Olavidè, et d'autres causes dont M. Bourgoing fait l'énumération, ont fait très-sensiblement déchoir les colonies de Sierra-Morena.

En quittant cette intéressante contrée, M. Bourgoing entre dans l'*Andalousie*, la plus grande province d'Es-

(1) M. Bourgoing nous apprend qu'après avoir passé dans de justes angoisses en France le temps à jamais mémorable de *la terreur*, qui apprit à Don Olavidè qu'il y avoit sous le ciel quelque chose de plus redoutable encore que l'inquisition, cet illustre réfugié a obtenu en 1798 la permission de revoir sa patrie, et qu'après avoir reparu à Madrid, il s'est retiré dans l'Andalousie.

pagne, la plus riche en grains, en mines, en bestiaux, et qui produit une race d'excellens chevaux (1). Il visita d'abord *Cordoue*. Cette ville ancienne et célèbre, qui donna le jour à Sénèque et à Lucain, et qui, pendant plusieurs siècles, fut la résidence des rois maures, ne lui offrit rien d'imposant. Lorsque l'on arrive de Cadix, elle se présente assez avantageusement sous la forme d'un amphithéâtre circulaire le long du Guadalquivir; mais ses rues sont étroites et mal pavées, et elle n'a rien de remarquable que sa cathédrale (2).

Ce fut jadis une mosquée commencée par le roi maure *Abdéraman*, qui, voulant en faire le principal temple des mahométans après celui de la Mecque, y déploya une rare magnificence. Elle a en longueur vingt-neuf nefs, et dix-neuf en largeur, soutenues par plus de mille colonnes, y compris les cent qui forment l'enceinte intérieure de la coupole. L'œil embrasse, dit l'auteur du Tableau, plutôt avec surprise qu'avec ravissement, une forêt de colonnes dont il n'y a peut-être pas un autre exemple dans le monde: elles sont toutes de marbre de diverses couleurs, et de jaspe, mais un peu ternies par le temps.

De Cordoue, pour gagner Séville, on passe par *la Carlotta*, petit village tout nouveau et bien percé. Sa fondation a le même objet, et remonte à-peu-près à la même époque que celle de Llerena: c'est le chef-lieu des nouvelles peuplades de l'Andalousie (3). La beauté des appar-

(1) C'est ce même pays dont les anciens ont tant célébré la fertilité sous le nom de Bétique, et dont Fénélon fait une si riante peinture dans son Télémaque.

(2) L'auteur du Tableau ne parle pas de la grande place de Cordoue, qui, suivant Peyron, est imposante par son étendue, et l'élévation, la régularité de ses bâtimens.

(3) N'est-il pas bien extraordinaire qu'on ait été obligé de coloniser, comme un pays nouvellement découvert, l'Andalousie, la plus riche province de l'Espagne, et la plus florissante de toutes sous la domination des Maures? Tel est le résultat funeste de l'imprudente expulsion d'un peuple si industrieux.

temens de l'édifice qu'occupe l'intendant de ces colonies, qui l'est en même temps de celles de Sierra-Morena, rappela à l'auteur du Tableau, ce qu'on lui avoit observé plusieurs fois, que c'étoit par de semblables dépenses, faites tout en débutant, que les nouveaux établissemens en Espagne échouoient (1).

L'enceinte de Séville, située sur les bords du Guadalquivir, et de l'embellissement de laquelle les derniers intendans de l'Andalousie se sont beaucoup occupés, n'est guère moins grande que celle de Madrid. Les deux premiers édifices que visita M. Bourgoing, furent le vaste bâtiment où se fabrique le tabac, et celui qu'occupe la fonderie de canons. Plusieurs autres beaux édifices, des quais superbes, une promenade agréable, tant par ses plantations que par ses eaux, embellissent Séville. Pour juger de son ensemble, l'auteur du Tableau monta par un escalier en spirale et sans marches, à la *Giralda;* c'est le nom du clocher de la cathédrale, vaste édifice, et l'un des plus beaux monumens gothiques, ou arabesques plutôt, qui nous restent. La Giralda est composée de trois tours élevées l'une sur l'autre. L'architecte qui l'éleva, est un Maure nommé *Geber*, le même, dit-on, qui donna son nom à l'algèbre dont il fut l'inventeur, ou qu'il perfectionna. Ce clocher est un chef-d'œuvre, tant par sa décoration et la pente douce qu'on a ménagée pour y monter, que par son extrême élévation, qu'on estime, depuis sa base jusqu'à sa cime, de trois cent cinquante pieds.

C'est dans l'église de Séville qu'avoient été déposées d'abord les dépouilles mortelles de Christophe Colomb (2).

---

(1) La même chose s'est plus d'une fois aussi observée en France.

(2) Elles ont été transférées de Seville, dans l'église primatiale de Santo-Domingo, dit M. Bourgoing; et quoique M. Moreau-de Saint-Méry ait fait de vaines recherches pour avérer qu'elles

L'inscription laconique gravée sur sa tombe, qui subsiste toujours, est d'une simplicité énergique, à laquelle on ne devoit pas s'attendre chez une nation qu'on accuse, soit avec fondement, soit à tort, d'être exagérée dans ses idées, et trop pompeuse dans ses expressions (1) : elle est ainsi conçue :

A LA CASTILLE, A L'ARRAGON, COLOMB DONNA UN AUTRE MONDE.

Un autre édifice de Séville, aussi remarquable que sa principale église, c'est l'*Alcazas*, long-temps habité par les rois maures, augmenté d'abord par le roi Don Pédro, et ensuite par Charles-Quint, qui y ajouta des embellissemens de meilleur goût. Plusieurs rois d'Espagne y ont fait leur résidence, et Philippe V, qui y passa quelque temps avec toute sa Cour, fut tenté de s'y fixer. On y a recueilli divers morceaux de statues antiques, qu'on a découverts à quelque distanee de Séville.

Quoique cette ville ait encore quelque éclat par ses édifices, par l'agrément de sa situation, par la beauté de ses environs, il est difficile d'imaginer à quel point elle est déchue. Les historiens assurent que lorsque saint Ferdinand en fit la conquête, il en sortit quatre cent mille Maures (2), sans compter ceux que le siège avoit fait périr,

---

y existent encore, la tradition du pays ne permet guère d'en douter.

(1) J'ai cru pouvoir substituer cette observation à celle de M. Bourgoing, qui s'est contenté de remarquer, dans la première édition, que l'inscription, par son laconisme, contraste avec la plupart de celles dont on charge les monumens élevés à des hommes très-ordinaires.

(2) Il est étonnant que M. Bourgoing n'ait pas relevé l'exagération de ce calcul, qui porteroit la population de Séville, sous les rois maures, à cinq cent mille habitans environ. Le moyen d'imaginer que la capitale de l'un des huit ou dix Etats, entre lesquels l'Espagne étoit partagée, renfermât une pareille multitude ? N'est-il pas apparent que c'est pour relever la gloire de cette conquête que les historiens ont supposé une population si nombreuse ?

et ceux qui y restèrent après la prise de la place. Si l'on en croit, dit l'auteur du Tableau, les plaintes que les corps de métiers de Séville adressèrent en 1700 au gouvernement, cette ville avoit eu jusqu'à seize mille métiers de toutes grandeurs, et il y avoit cent trente mille personnes employées à cette fabrication. Aujourd'hui, elle compte au plus deux mille trois cent dix-huit métiers; et sa population ne passe pas dix-huit à dix-neuf cents feux.

Les environs de Séville, assez bien cultivés, comme tous ceux des villes de l'Andalousie, se distinguent surtout par les ruines d'*Italica*, ancienne ville romaine, patrie de *Silius Italicus*. Ce sont, chose assez singulière, des moines, dont le couvent est situé tout auprès, qui ont préservé ces ruines des outrages du temps et de ceux de l'ignorance.

Sur la route de Séville à Cadix, se trouve la ville de *Xerés*, dont le territoire, malgré l'imperfection de la culture des vignobles, produit une quantité prodigieuse du vin célèbre qui porte son nom, et dont plus de la moitié est exportée par les Anglais et les Français.

Au port Sainte-Marie, jolie ville presque rebâtie à neuf, et dont la plupart des rues sont larges et tirées au cordeau, on a le coup-d'œil vraiment pittoresque de la baie de Cadix. Quoiqu'on puisse la tourner par terre, pour arriver à la ville qui lui a donné son nom, le voyageur préfère de la traverser, malgré le danger qu'offre une barre, sur-tout dans la saison de l'hiver.

Cadix, l'ancienne *Gadé* des Phéniciens, devoit, en grande partie, son agrandissement, sa propreté, ses embellissemens, au comte *d'Oreilly*, encore gouverneur-général de l'Andalousie en 1785, époque où l'auteur du Tableau visita cette partie de l'Espagne. Les rues se pavoient, s'alignoient, se purgeoient d'immondices, et sur des masures informes s'élevoient des maisons régulières. Avant Oreilly, on avoit déjà conquis sur l'Océan un emplacement présentement occupé par la douane et d'autres édifices : cet administrateur projetoit de nouvelles constructions sur un terrein voisin de la mer, où des arbres, formant une promenade, ne venoient qu'à regret.

Les environs de la porte de terre, jadis en broussailles et infestés de brigands, se couvroient de jardins et d'autres cultures qui se ressentoient un peu du voisinage de la mer, de la chaleur du climat et du fond sablonneux du sol, et où prospéroient néanmoins à un certain point toutes les productions de l'Andalousie.

Cadix ne renferme qu'un petit nombre d'édifices remarquables; tels que la maison de la douane, qui est neuve et spacieuse, et la salle de la comédie, qui est distribuée avec intelligence, et dessinée avec goût. La nouvelle cathédrale, commencée dès 1720, et qui n'étoit pas encore achevée, n'annonçoit qu'un édifice fort lourd.

Cadix a une enceinte de murs qui fait plus pour son embellissement que pour sa défense. Ses fortifications du côté de la porte de terre, sont assez bien entretenues dans le seul point sur lequel elle pourroit être attaquée par terre.

M. Bourgoing n'a précisé ni l'étendue de Cadix, ni sa population totale. Voici tout ce qu'il nous apprend à cet égard. L'île de *Léon*, séparée de *la Caracque*, où sont établis les magasins pour la marine, par un bassin de neuf cents pieds de long sur six cents pieds de large, est une ville nouvelle, dont la fondation ne remonte qu'au milieu du dix-huitième siècle, et qui, en si peu de temps, s'est prodigieusement accrue. En 1790, on y comptoit quarante mille communians. Sa rue principale a un très-grand quart de lieue. Cette ville ressemble peu aux autres villes de l'Espagne : il y règne de la propreté, de l'aisance; elle a un marché bien pourvu, et une place spacieuse et régulière.

L'hospice de Cadix mérite les plus grands éloges: il n'y a pas d'établissement de ce genre mieux entendu et mieux dirigé. C'est encore au comte Oreilly que Cadix en est redevable. On y trouve, distribués avec la plus grande intelligence, des secours pour toutes les classes de l'humanité qui les réclament, telles que les enfans exposés, appartenant à des parens indigens, les vieillards des deux sexes, les incurables, les fous, les vagabonds, les filles abandonnées.

Oreilly avoit conçu le projet, très-praticable suivant les uns, absolument chimérique selon d'autres, de conduire à Cadix, qui n'a que des citernes, une source d'eau douce à travers un intervalle de onze lieues : on avoit calculé que cette espèce de miracle s'opéreroit moyennant dix millions de piastres (environ 54 millions tournois) ; et déjà Oreilly avoit réuni (en 1785) des souscriptions pour la valeur de douze cent mille piastres. L'auteur du Tableau ignoroit si ce projet avoit été suivi depuis la disgrace de cet administrateur.

Après avoir parcouru l'Espagne avec les trois voyageurs dont j'ai analysé les relations, on doit être curieux d'abord de savoir à quoi peut s'élever la population totale de ce royaume. Un dénombrement fait avec beaucoup d'incurie, et qui laissoit soupçonner d'ailleurs qu'il avoit pour objet l'établissement d'une nouvelle imposition sur les maisons, ne portoit cette population qu'à neuf millions cent cinquante-neuf mille neuf cent quatre-vingt-dix-neuf ames, tandis que celui qui fut fait avec plus de soin en 1787, l'a portée à dix millions deux cent soixante et neuf mille cent cinquante individus : c'est une population bien foible pour un pays aussi étendu que l'Espagne : on connoît les causes de cette dépopulation ; M. Bourgoing a jugé inutile de les rappeler. Cette dépopulation sans doute est l'une des causes de la langueur où, en général, est l'agriculture en Espagne (1).

---

(1) Peyron prétend que c'est moins le défaut de population, puisqu'il est prouvé que, depuis trente ans, celle de l'Espagne a augmenté d'un tiers, que le trop grand éloignement d'une peuplade ou d'un village à l'autre, qui préjudicie à l'agriculture ; qu'il n'y a guère que les terres distantes d'une lieue plus ou moins des villes et des villages, qui soient cultivées ; qu'on parcourt quelque-

Malgré cet état d'imperfection, quelques-unes des provinces d'Espagne, telles que l'Andalousie et les deux Castilles, recueillent plus de grains qu'elles ne peuvent en consommer ; mais les difficultés pour la circulation intérieure rendent cette fertilité à-peu-près inutile au reste du royaume. Peu de chemins, pas une rivière navigable, pas un canal qui soit en pleine activité, la mauvaise police des grains, ce sont là autant de principes de découragement pour les cultivateurs de ces trois provinces, et pour ceux des autres contrées de l'Espagne où la nature du sol permettroit à l'agriculture de prendre quelque essor (1).

D'autres causes préjudicient encore à l'agriculture : tels sont, entre autres, les priviléges ruineux de *la mesta* : on appelle ainsi une société de grands propriétaires de troupeaux, composée de riches monastères, de grands d'Espagne, de particuliers opulens, qui ont fait sanctionner par des ordonnances peu réfléchies, le droit pour leurs troupeaux qui voyagent, de dévorer sur quarante toises de largeur, les terres qu'ils traversent. Ces voyages, si ruineux pour l'agriculture, ont lieu deux fois par an : au mois d'octobre, des millions de moutons refluent des montagnes de la Vieille-Castille vers les plaines de l'Estramadure et de l'Andalousie ; et au mois de mai, remontent vers ces montagnes : on peut aisément juger du tort que l'exercice et souvent l'abus d'un pareil droit de pâture, font à l'agriculture. Indépendamment des efforts que l'intérêt particulier des propriétaires de troupeaux, tous gens très-puissans, leur a toujours fait faire pour empê-

---

fois quatre, cinq et même six lieues sans rencontrer d'habitation : mais à quoi donc tient cet état de choses, si ce n'est au défaut d'hommes ? S'ils étoient plus multipliés, ne cultiveroient-ils pas plus de terres ?

(1) Il est remarquable que, malgré la pénurie de grains qui afflige une partie des provinces de l'Espagne, l'usage du pain bis y est presque généralement inconnu. Le bas peuple, comme les personnes les plus aisées, ne se nourrit que de pain blanc.

cher qu'on ne remédiât à cet abus, le gouvernement d'ailleurs a cru voir dans la multiplication des moutons, que cet abus favorisoit (1), et dans la qualité supérieure que les promenades bis-annuelles procuroient, croyoit-on, à leur laine une source de prospérité pour l'Espagne. Mais il n'a pas considéré qu'il y a bien plus d'avantage à multiplier le nombre des hommes, qui dépend toujours d'une bonne culture, que celle des animaux les plus utiles au commerce. M. Bourgoing ne voit de ressource pour la réformation de cette erreur politique, que dans l'acclimatement des moutons de race espagnole dans les autres Etats de l'Europe ; alors les laines d'Espagne seront moins recherchées, et les propriétaires avides et fainéans des immenses troupeaux à laine qui couvrent les terres en Espagne, seront bien obligés de donner à leurs fonds et à leur industrie, un emploi moins fructueux pour eux-mêmes, mais plus avantageux pour leur patrie, en les appliquant à une bonne culture des terres. La destruction du privilége de *la mesta* ne préjudicieroit pas, au reste, ainsi qu'on l'a supposé faussement, à la bonne qualité des laines, dont elle diminueroit seulement la quantité, puisqu'il est constant que les troupeaux permanens de l'Estramadure Espagnole, donnent une laine aussi fine que celle des troupeaux errans.

D'autres vices particuliers nuisent à l'agriculture de l'Andalousie, la plus étendue et naturellement la plus fertile province de l'Espagne. L'un de ces vices est la division des terres en propriétés immenses, appartenant à des grands toujours absens de leurs domaines, et dont les régisseurs ne font valoir et ne surveillent que les meilleures terres de ces domaines : un autre vice est l'usage de diviser la terre en trois portions, dont l'une se cultive, l'autre reste en jachère, et la troisième est consacrée à la nourriture des bestiaux qui appartiennent au fermier, et que celui-ci augmente le plus qu'il lui est possible, pour tirer parti de

(1) On porte à cinq millions le nombre des moutons en Espagne.

la courte durée de sa jouissance. Voilà, dit M. Bourgoing, ce qui donne un air de dépopulation à de vastes cantons très-susceptibles d'une riche culture. Ainsi la première mesure économique à prendre en Andalousie, seroit de donner de longs termes aux baux. L'exemple de la Catalogne, de la Navarre, de la Galice et des Asturies devroit servir de leçon. Là, les baux sont à longues années, et ne peuvent pas se rompre par le caprice des propriétaires; là aussi, toute espèce d'agriculture est en vigueur.

C'est tout ce que M. Bourgoing a observé sur ces quatre provinces, qui paroissent ne rien laisser à desirer pour la prospérité de la culture.

Le sol excellent, mais un peu sec, de la Manche, ne sollicite que le secours des arrosemens : on les pratique beaucoup dans la province de Valence. Le fleuve du Guadalaviar arrive à Valence épuisé par les diverses saignées qu'on lui a faites pour pratiquer des canaux d'irrigation, qui contribuent singulièrement à fertiliser cette contrée. Ces arrosemens forment un objet essentiel de la police générale; et il y a dans la capitale un tribunal uniquement composé de cultivateurs, dont la juridiction a pour objet de faire exécuter les loix qui y sont relatives, et de punir les infractions. Cet arrosement général et périodique, avec le grand avantage de donner jusqu'à huit et dix fauchaisons de trèfle et de luzerne par an, d'entretenir des forêts d'oliviers, de vivifier un nombre prodigieux de mûriers qu'on dépouille trois fois par an, de nourrir en même temps sous leur ombre des fraises, des grains et des légumes en abondance, a des inconvéniens assez graves. Cette fertilité artificielle ne donne pas aux plantes la substance qu'elles reçoivent de la seule nature. Les alimens y sont en général beaucoup moins nourrissans que ceux des deux Castilles, dont le sol en général est assez sec. Cette profusion d'eau, qui dénature ainsi les plantes, paroît même s'étendre au règne animal (1). Elle

(1) La malignité a été plus loin aux dépens de l'espèce humaine,

a encore l'inconvénient d'encourager dans la province de Valence, la culture du riz, qui y prospère singulièrement, dont le débouché immense est pour cette province une source abondante de richesse, mais qui altère essentiellement la salubrité de l'air.

Autant l'excès des arrosemens est-il préjudiciable à la contrée de Valence, autant leur usage seroit-il avantageux aux deux Castilles, dont le sol d'ailleurs est favorable à la culture des grains, qu'il faudroit y encourager par une meilleure police sur le transport et le commerce de ces grains.

La multiplication des canaux rempliroit le premier objet, et l'établissement du canal d'Arragon a déjà commencé à vivifier la province de ce nom. Les travaux de ce canal, commencés par Charles-Quint, et long-temps abandonnés, ont été repris et suivis avec la plus grande activité, par Don Pignatelli : l'utilité de ce qui est fait, est attestée depuis dix-sept ans ; mais en 1793, le canal s'arrêtoit encore à une lieue au-dessous de Sarragosse, et l'auteur du Tableau a appris avec chagrin qu'il n'avoit depuis fait aucuns progrès. On lira avec beaucoup d'intérêt dans son ouvrage, les détails relatifs à ce canal. Aux portes même de Madrid, on en a commencé un qui devoit joindre le Mançanarès au Tage, et faciliter la communication entre la capitale et la résidence d'Aranjuez : on en a fait deux ou trois lieues, et on en est resté là : celui qu'on avoit projeté dans la province de Murcie, a été reconnu impraticable. Il n'y a encore que douze lieues de faites en deux parties du canal de *Campos*, destiné à vivifier les provinces de Castille et de Léon : il a été commencé, interrompu, repris et abandonné de nouveau. En 1784,

---

et même du beau sexe : elle a inventé deux vers que l'auteur du Tableau, dit-il, est loin d'adopter, et qu'il se permet à peine de transcrire : en voici la traduction : « A Valence, la viande est de » l'herbe, l'herbe est de l'eau, les hommes sont femmes, et les » femmes rien ».

le gouvernement a adopté le projet d'un autre canal encore plus utile, qui, du pied des montagnes de *Guadarrama*, doit aller se joindre au Tage, puis à la *Gondiana*, et aboutir au Guadalquivir au-dessus d'*Andujar*, et qui par conséquent vivifieroit tout le centre de l'Espagne. Un Français, nommé *Le Maure*, en avoit donné le plan, et alloit l'exécuter, lorsqu'il mourut; mais les devis étoient dressés, les fonds assurés, et l'entreprise fut confiée à ses fils : elle fut interrompue par quelques difficultés relatives au cours de ce canal; la guerre a nécessité la suspension des travaux; mais depuis la paix, on s'occupoit sérieusement de leur continuation.

Les routes par terre sont un autre moyen de transport dont on s'est plus occupé en Espagne qu'on ne l'a fait des canaux. L'Espagne possède quelques routes aussi belles qu'aucunes de l'Europe; mais il y a encore beaucoup à faire à cet égard.

L'activité qu'on mettroit à multiplier les canaux et les bonnes routes, ne seroit pas seulement utile au transport des productions de la terre; elle le seroit aussi à celui des objets d'industrie, entre lesquels les laines et les soies tiennent le premier rang en Espagne.

Les laines de la meilleure qualité sont celles des environs de Ségovie, et de quelques autres cantons à sept à huit lieues au levant et au nord de cette ville, en tirant vers le Douro. L'auteur du Tableau donne les procédés de la tonte et du lavage des laines : il faut les lire dans l'ouvrage même. Ségovie dans la Vieille-Castille, Brigahea et Guadalaxara dans la Nouvelle-Castille, sont en possession de fabriquer les draps fins. La dernière de ces villes possède la seule manufacture qu'il y ait en Espagne pour les draps de laine de Vigogne, production précieuse qu'elle tire de Buenos-Ayres et du Pérou, et qui ne se trouvent que là. Ces draps sont d'un usage si rare pour les Espagnols même, qu'il faut les commander quelques mois à l'avance. Au reste, avec moins d'apparence, ils ont plus de solidité que ceux de cette même laine qu'on fabrique en petite quantité à Paris. Ségovie eut autrefois jusqu'à six cents métiers de draps fins : en 1748, elle n'en avoit plus que trois cent soixante et cinq. Le gouvernement s'étoit occupé de régénérer ces fabriques; mais le réglement qu'il fit pour leur organisation, les avoit fait, au contraire, déchoir, tant l'industrie s'effarouche des mesures réglémentaires. Un seul particulier, encouragé par quelques priviléges qui n'avoient rien d'onéreux pour les autres fabriques, étoit parvenu à monter soixante et six métiers pour les draps superfins. Malgré l'abondance et la beauté des laines fines d'Espagne, cette fabrique et une autre établie à Guadalaxara, outre celles des draps de Vigogne, étoient les seules qui fabriquassent des draps fins.

En plusieurs autres endroits de l'Espagne, et particulièrement à Valence, on fabrique des draps communs ; mais ce qui distingue particulièrement l'industrie de cette ville, c'est, avec la préparation des soies, comparables aux meilleures de l'Europe, la fabrication des étoffes qu'on fait avec ces soies : l'art de les moirer est aussi avancé dans cette ville qu'en aucun endroit de l'Europe. On peut en dire autant des galons, qui approchent beaucoup de la perfection de ceux de France, s'ils ne les égalent même pas. On a établi des fabriques de chapeaux à Madrid, à Badajoz, à Séville. A Saint-Ildephonse, il s'est établi une fabrique de toile qui a fait en peu de temps des progrès sensibles. Cadix a des métiers de rubans et de réseaux de soie, des fabriques de toiles peintes, comme en a la Catalogne. Il s'est établi au port Sainte-Marie, une blanchisserie de cire.

La fabrique dans laquelle les Espagnols excellent le plus, et dans laquelle ils rivalisent même avec les Français, c'est la manufacture des glaces. Il n'y en a qu'une en Espagne ; elle est située à Saint-Ildephonse : elles sont moins blanches et peut-être moins bien polies que celles de Venise et de Saint-Gobin, mais nulle part on n'en a fabriqué d'aussi grandes. L'auteur du Tableau en vit couler une, en 1782, qui avoit cent trente pouces de long sur soixante et dix de large. Il a décrit dans son ouvrage les procédés du coulage, de la polissure et de l'étamage. Lors même que le roi d'Espagne n'emploieroit pas les plus belles de ces glaces à la décoration de ses palais ou à des présens dans les Cours, la vente de la totalité ne couvriroit pas, à beaucoup près, les frais de cet établissement.

Un art mécanique singulièrement ennobli par sa destination, et dans lequel les Espagnols se distinguent encore beaucoup, c'est l'imprimerie. L'édition de Don Quichotte, en quatre volumes in-4° ; le Salluste, traduit en espagnol par l'infant Don Gabriel, égalent les plus beaux ouvrages sortis jusqu'à ces derniers temps des presses d'Angleterre, de Parme et de France (1). Beaucoup d'autres ouvrages encore font honneur à celles d'Ibarra à Madrid, et de Benoît Montford à Valence.

En traitant du commerce de l'Espagne en général, M. Bourgoing observe que ce commerce a peut-être plus de rameaux que celui d'aucun autre pays du monde, en ce que, dans la grande quantité de productions territoriales qu'il peut envoyer au loin, il en est quelques-unes dont on est fort avide, d'autres dont on ne peut point se passer : tels sont ses vins, ses eaux-de-vie, ses vins de liqueur, ses fruits, sa soude, sa barille, ses huiles, ses laines, ses draps et ses soies. On peut inférer de cet exposé, que si elle n'avoit qu'elle seule à approvisionner des marchandises qui lui manquent, ce qu'elle reçoit de l'étranger seroit au moins balancé par ce qu'elle exporte. C'est l'approvisionnement de ses colonies, auquel elle ne peut pas suffire, qui l'oblige de recourir à ses voisins, et qui produit le désavantage de sa balance en Europe ; mais les métaux qu'elle tire de ses colonies soldent cette balance, d'où M. Bourgoing conclut que ces colonies ne lui sont

(1) On ne connoît guère d'ouvrages qui surpassent le Don Quichotte et le Salluste, que le Virgile, l'Horace et le Racine, récemment mis au jour par Didot l'aîné.

pas aussi désavantageuses qu'on se plaît encore à le croire; qu'au contraire, à mesure qu'elle augmente les productions de son sol et de ses fabriques, elle trouve pour ces productions, auprès de ses colons, un débouché dont l'immensité devient à son tour un encouragement pour son industrie. Quoi qu'il en soit de cette observation, il convient que sous le point de vue du commerce extérieur, l'Espagne joue encore un rôle passif; que son commerce intérieur, faute de canaux et de chemins suffisans, est en langueur, et que son commerce de cabotage n'est pas plus brillant. Le développement de ces assertions est très-intéressant à suivre dans l'ouvrage. On n'y lit pas avec moins de plaisir les détails instructifs où il entre sur le commerce de Cadix, le plus considérable que fasse l'Espagne. Les vues qu'il propose relativement à la cession de San-Domingo à la France, et à l'état de prospérité où commençoit à s'élever la Trinité sous la domination des Espagnols, n'ont guère d'application aujourd'hui, depuis les désastres de la colonie de Saint-Domingue, et la cession de la Trinité à l'Angleterre.

Tel est l'état physique, industriel et commercial de l'Espagne : voici l'apperçu très-rapide de son état politique et ecclésiastique.

On sait que l'autorité du monarque est absolue en Espagne; les entraves qui la limitoient ont disparu peu à peu et sans secousse. Les corps intermédiaires existent à peine de nom. Les conseils suprêmes, celui de Castille, le principal de tous, essayent quelquefois de présenter des remontrances, lorsqu'ils prévoyent des mesures désastreuses ou contraires aux loix, mais ils n'y donnent jamais de suite, parce que leurs membres, nommés par le roi et destituables par lui, attendent d'ailleurs de lui seul leur avancement dans la carrière de la magistrature. La consignation qu'ils font des cédules royales dans leurs registres, n'est qu'une pure formalité, et ils n'ont aucun moyen légal de se refuser à la volonté du monarque.

Les *Cortès*, cette espèce d'Etats-généraux qui avoient

jadis une si grande influence sur toutes les opérations du gouvernement, ne se sont plus assemblés depuis longtemps que pour la forme. Les rois d'Espagne, aujourd'hui, se contentent de leur rendre une sorte d'hommage, lorsqu'ils promulguent des ordonnances sous le nom de pragmatiques : l'intitulé porte qu'elles auront la même force que si elles étoient publiées dans l'assemblée des Cortès : elles ne sont plus convoquées que lors de l'avénement d'un nouveau roi au trône, pour lui prêter serment au nom de la nation, et recevoir le sien. Les lettres de convocation sont adressées à tous les grands, à tous les *titulos* de la Castille, à tous les prélats et à toutes les villes qui ont droit de siéger aux Cortès. De ces quatre classes, les deux premières représentent la noblesse; les prélats, tout le clergé; et les échevins députés par les villes, le tiers-état.

Dans le dernier rassemblement des Cortès, en 1789, à l'occasion du couronnement du roi actuel, elles étoient composées tout au plus de cent personnes, parce que la Galice, les Asturies, la Navarre, la Biscaye, le Guipuscoa ont leurs Etats particuliers. L'Arragon, qui avoit les siens revêtus autrefois d'un si grand pouvoir, les a perdus : ils n'ont pas été rassemblés, non plus que ceux de la Catalogne, depuis 1702, et ils sont fondus actuellement dans la grande division du royaume en *provinces de la Cour* ou de *Castille*, et *provinces de la couronne d'Arragon*. L'assemblée de 1789, toute informe et incomplète qu'elle fut, éprouva un moment le sentiment de ses forces. Déjà, dit M. Bourgoing, quelques orateurs intrépides se préparoient à exprimer leurs doléances sur quelques-uns des abus les moins tolérables; c'eût peut-être été le signal d'une révolution : la Cour la prévint, comme si elle avoit eu le pressentiment de celle qui, à cette même époque, alloit s'opérer en France. *Les Cortès furent poliment congédiées, et se retirèrent docilement.*

Les cinq grands conseils de la monarchie, sont ceux de Castille, d'Etat, des finances, de la guerre, et des Indes.

Le conseil de Castille tient le premier rang parmi les tribunaux et les conseils d'administration, car il est tout-à-la-fois l'un et l'autre : il est divisé en cinq chambres ou *salas*. Les membres de la dernière forment encore, en certains cas, une sixième chambre. Ce conseil est le seul tribunal que reconnoissent les grands d'Espagne. Il y a en outre deux chancelleries, celles de Grenade et de Valladolid, des jugemens desquelles on n'appelle au conseil de Castille que dans deux occasions. Les autres grands tribunaux du royaume, au nombre de huit, s'appellent audiences.

L'attribution des quatre autres grands conseils d'Espagne, est déterminée par leurs titres.

Il faut suivre dans l'ouvrage même, la hiérarchie des diverses magistratures, où l'on distingue les simples alcades, les alcades de Cour, les regidores, les corregidores. Les seules loix authentiques de l'Espagne, pour le civil, sont consignées dans les codes publiés sous ses anciens rois : on ne consulte le droit romain que pour y puiser des lumières ; il ne fait pas autorité.

Les commandans généraux des provinces, la plupart sous le titre de capitaine-général, quelques-uns sous le titre de vice-roi, sont obligés à une rigoureuse résidence.

Le concordat de 1753 a donné aux rois d'Espagne une grande influence sur le clergé de leurs Etats. Ils nomment à tous les bénéfices consistoriaux, aux bénéfices même à résidence et simples : la nomination de cinquante-deux seulement de ces deux dernières classes a été réservée au Pape, à la charge de ne les conférer qu'à des Espagnols. La dépouille des siéges vacans appartient au prince. Les entreprises de la cour de Rome sont sévèrement repoussées par une espèce d'appel comme d'abus : les priviléges de la nonciature ont été restreints. L'inquisition, qui subsiste toujours, est moins redoutable. A l'exception d'une pauvre femme, qui en 1780, ce qui fait frémir d'indignation et de pitié, *convaincue de sortilége et de maléfice*, fut condamnée, d'après cette imputation absurde, à être brûlée vive, et subit ce supplice, l'inquisition s'est bornée à faire expier les propos irréligieux qu'avoient tenus quelques particuliers, par une rétractation et quelques peines légères.

Un autre fléau pour l'Espagne, c'est l'opulence excessive des archevêchés et évêchés, des monastères, et surtout des chartreuses, dont les biens occupent la plus grande partie des cantons où ils sont situés : ces fondations religieuses, en dépeuplant, en appauvrissant le pays qui les environne, augmentent encore la misère et la fainéantise, par la charité aveugle avec laquelle ils les soudoyent (1).

Ces abus sont un peu tempérés, d'abord par l'emploi que fait le plus grand nombre des prélats, d'une partie de son superflu pour l'encouragement de l'industrie, et par la consommation qu'ils font tous de la totalité de leurs revenus dans le pays même, au moyen de la résidence qu'ils observent exactement (2). Puis tous les grands bénéfices, et même les bénéfices simples qui rapportent plus de deux cents ducats, peuvent être grevés de pensions, ce qui soulage beaucoup le trésor public. Enfin le clergé, sous différentes dénominations, paye d'assez fortes impositions.

Ceci me conduit à tracer une légère esquisse du tableau des impositions qu'on lève en Espagne. Elles se divisent en deux classes, qui embrassent presque tous les revenus

---

(1) Suivant le marquis de Langle, dans son Voyage en Espagne, dont je donnerai la notice, le clergé a beaucoup moins d'empire depuis quelque temps. Le nombre des couvens diminue. Il est défendu depuis quatre ans (ce voyageur vivoit en 1784) de recevoir aucun novice sans permission. On compte en Espagne cinquante mille moines; on en a compté le double. Le nombre des religieuses diminue tous les jours.

(2) Voici ce que le même marquis de Langle, dont le témoignage n'est pas suspect, observe sur les évêques d'Espagne. Les évêques, dit-il, sont en général d'une piété et d'une vertu exemplaires; aucun luxe, aucun faste, aucune influence politique; la prière, le jeûne, l'aumône, une solitude presque claustrale.

de l'Etat. Les premières, connues sous le nom de *rentes générales*, résultent des droits d'entrée et de sortie perçus à la frontière, et varient, quant au nom et à la quotité, d'une province à l'autre : la perception en est très-compliquée : on peut agréger à ces rentes générales, quelques autres droits, quoique la perception en soit différente ; tels sont les droits du bureau de santé établi à Cadix, ceux du grand-amiral, etc.... la vente des laines, le produit de la vente du sel, l'impôt sur le tabac, l'une des branches isolées des revenus de l'Espagne.

La partie du systême des finances d'Espagne la plus onéreuse au peuple, ce sont les *rentes provinciales*, parce qu'elles embrassent en premier lieu la consommation des denrées les plus communes, et qu'en outre, elles donnent lieu chacune à autant de dévorantes régies. Ces rentes provinciales comprennent encore un droit devenu considérable sur les meubles et les immeubles, deux neuvièmes que le roi perçoit sur toutes les dîmes, une espèce de taille qui se lève sur les roturiers, et enfin les droits d'entrée à Madrid. On a conçu le projet de convertir toutes ces impositions en une seule. Depuis 1748, trente mille personnes y travaillent : cette opération coûte trois millions par an, et elle n'étoit pas terminée en 1797.

Je n'analyserai pas ici l'exposé que fait M. Bourgoing des dépenses de l'Espagne, de la dette publique, des opérations de la banque de Saint-Charles, parce que, depuis l'époque où il a écrit, tous ces objets ont éprouvé des variations considérables : il en est de même de l'état militaire et de la marine de cette puissance. Sur l'état militaire, je me bornerai à remarquer que l'infanterie se recrute en Espagne, tant par des enrôlemens volontaires, que par une espèce de tirage à la milice ; et que quelques écoles militaires, formées assez récemment en Espagne, soit pour l'infanterie, soit pour la cavalerie, ont repeuplé l'armée de sujets distingués. On s'étonnera d'abord d'apprendre que les bons chevaux sont rares dans la cavalerie ; mais la surprise cessera bientôt, quand on considérera que la multiplication des mules a presque anéanti la race des bons chevaux dans la Castille, les Asturies, la Galice; et qu'en Andalousie, la seule province où les chevaux se soient conservés dans toute leur beauté, au moyen de la défense de faire saillir les jumens par des ânes, les haras sont fort négligés. Les corps de l'artillerie et du génie ont été calqués sur ceux de la France.

Quant à la marine, j'observe, avec M. Bourgoing, qu'elle ne cesse d'éprouver une disette de matelots, dont la cause évidente est l'exiguité de la marine marchande, qu'on s'efforce depuis quelque temps de relever; j'ajoute que l'infanterie de marine, destinée à suppléer les matelots, n'est jamais complète, non plus que le corps d'artillerie; qu'il y a un assez bon corps de pilotes répartis dans les trois départemens de la marine, et des écoles de pilotage pour chacun de ces départemens.

En rendant justice à la coupe et à la solidité des vaisseaux espagnols, on se récrioit avec raison sur leur pesanteur, qui vraisemblablement résultoit de la manière dont ils étoient gréés et arrimés. Les élèves que M. Gaultier, habile constructeur français, a laissés en Espagne, et des constructeurs nationaux qui se sont formés sans son secours, pourront corriger ce vice.

Les autres sciences commencent à prendre aussi de l'essor en Espagne. Les mathématiques sont enseignées avec succès dans les écoles d'artillerie, du génie, de la marine et de pilotage. Le cabinet d'histoire naturelle de Madrid, et son jardin de botanique, contribuent à étendre le goût de ces sciences. L'académie de la langue perfectionne cet idiôme, ou plutôt l'empêche de dégénérer. L'académie de l'histoire, qui contient dans ses salles une collection immense de diplômes, de chartes et d'autres documens rassemblés par ordre chronologique, source abondante de matériaux authentiques, fait et encourage des recherches utiles; mais elle n'a pas réussi encore à donner à l'Espagne de nouveaux historiens comparables aux *Mariana*, aux *Sepulveda*, aux *Solis*.

En littérature, l'Espagne ne peut pas citer aujourd'hui des hommes comparables à *Mendoza*, Ambroise *Morales*, *Herrera*, *Saavedra*, *Quevedo*, *Garcilasso*, *Calderon*, *Lopez de Vega*, et sur-tout à l'immortel *Cervantes* : mais elle possède quelques littérateurs distingués, tels que le P. *Feijo*, le P. *Sarmiento*, Don *George Juan*, Don *Usson*, Don Juan *Iriate*, *Canpomanès*, le chevalier *Azara*, *Guerara*, *Murillo*, *Cerda*, etc....

Les bibliothèques publiques, assez multipliées en Espagne, et dont les principales sont celles de l'Escurial, de Madrid et de Valence, procurent beaucoup de secours aux savans et aux littérateurs. Mais ce qui contribuera sur-tout en Espagne aux progrès de l'esprit humain, et sur-tout à celui des arts, de l'agriculture, de l'industrie et de tous les objets d'économie civile, c'est l'établissement des sociétés patriotiques. La Biscaye en a donné la première l'exemple : il a été bientôt suivi par les autres provinces et par la capitale. En 1795, l'auteur du Tableau comptoit jusqu'à soixante et deux établissemens de ce genre en Espagne.

Ce n'est ni à ces établissemens, ni même à l'académie des beaux-arts, fondée à Madrid, que l'Espagne est redevable d'avoir quelques artistes distingués dans la peinture et dans la gravure : c'est bien plutôt au célèbre *Mengs*, qui en quelque sorte y a formé une école, d'où sont sortis un petit nombre de peintres habiles dans le portrait, la miniature, et même l'histoire. On peut citer aussi quelques graveurs et plusieurs architectes estimés : mais ces artistes ont beaucoup à faire pour se rapprocher des excellens peintres que l'Espagne a produits, et même de quelques-uns de ses anciens architectes.

Quoique les Espagnols ne puissent pas citer, pour le théâtre, des hommes d'un mérite aussi éminent, à certains égards, que Lopez de Véga, et sur-tout de l'immortel Calderon, le parti qu'ils ont pris de traduire, et même de faire représenter quelques-unes de nos bonnes tragédies, de nos meilleures comédies, de nos drames sérieux, a mis quelques-uns de leurs poètes dramatiques sur la trace du bon goût; mais leurs heureux essais n'ont pas suffi pour déraciner entièrement le mauvais goût, contre lequel ne cessent de s'élever plusieurs de leurs gens de lettres, mais qui trouve encore des apologistes. Ce qui prouve qu'il n'est pas entièrement réformé en matière de spectacles, c'est la passion toujours subsistante chez les Espagnols, pour les combats de taureaux, qui, indépendamment de l'inconvénient qu'ils ont de familiariser les spectateurs avec l'effusion du sang et les souffrances de leurs semblables (1), ont celui de nuire à l'agriculture par la perte considérable de taureaux, et même de chevaux, qu'ils occasionnent. M. Bourgoing a décrit dans un grand détail ces spectacles, plus dégoûtans peut-être que curieux.

Ce voyageur observe très-judicieusement qu'il n'est pas facile d'assigner en général le caractère moral des Espagnols. Tant que les Arabes dominèrent en Espagne, la nation assujétie reçut de la nation conquérante une grande partie de ses mœurs, avec une tournure d'idées nobles, quelquefois gigantesques et orientales, et un goût presque passionné pour les sciences et pour les arts. Depuis leur expulsion, le peuple espagnol, par l'ascendant qu'il s'étoit donné en Europe, avoit pris un caractère de fierté et de gravité qui se prononçoit chez l'universalité des habitans de la péninsule. Enfin, sa réunion dans les assemblées générales de la nation, avoit exalté chez lui un esprit de patriotisme qui agissoit impérieusement, dans toute l'Espagne, sur les opinions, les affections et les mœurs. Ces trois causes d'uniformité dans le caractère national, se sont affoiblies, et ont livré les Espagnols à l'influence plus immédiate du climat, des loix, des productions de chaque

---

(1) Un écrivain français, distingué par plusieurs bons écrits (M. *Salaville*) nie positivement cette pernicieuse influence du spectacle des combats de taureaux sur le moral des Espagnols, dans une brochure qui a paru en l'an v sous ce titre : *De l'Homme et des Animaux*.

province ; en sorte que pour les caractériser exactement, il faudroit tracer de chacun des peuples divers de l'Espagne, un tableau particulier : mais malgré les révolutions qu'ont opérées le temps et les événemens politiques, il est resté des traits caractéristiques auxquels toute la nation espagnole est encore reconnoissable.

Les plus remarquables de ces traits, sont la fierté et la gravité. La première a influé sur la langue, qui, avec beaucoup de noblesse et un peu d'enflure, a néanmoins beaucoup de concision. La gravité espagnole n'exclut pas des accès de gaîté très-vifs, qui éclatent sur-tout aux représentations théâtrales, où les bouffonneries sont accueillies avec transport, et dans les repas familiers, où cette gaîté n'a pas besoin d'être provoquée, comme chez les peuples septentrionaux, par des vins fumeux.

La paresse qu'on reproche aux Espagnols ne tient qu'à certaines circonstances locales, et s'évanouit avec elles : on peut en juger par l'activité des Biscayens, des Catalans et des habitans du royaume de Valence. La lenteur à délibérer et à agir est habituelle chez eux; mais de grands intérêts, de vives passions, la font promptement disparoître. Leur penchant à la superstition est une affection plus enracinée encore chez cette nation. L'auteur du Tableau en cite des traits remarquables chez des hommes de la classe la plus élevée. Il se trouve néanmoins un assez grand nombre de gens éclairés qui gémissent des abus d'une dévotion mal entendue, et sur-tout du respect servile que le gros de la nation professe encore pour les moines.

Les Espagnols ont conservé jusqu'à nos jours une réputation bien méritée de patience et de sobriété. Sans prétendre affoiblir le mérite de cette dernière vertu, M. Bourgoing l'attribue en grande partie à la constitution de leurs corps robustes et nerveux, qui supporte mieux qu'aucun autre des peuples de l'Europe, la privation de la nourriture, et à la nature même des alimens, qui, sous un même volume, contiennent plus d'élémens nutritifs qu'ailleurs.

Les Espagnols sont très-attachés à leurs anciens usages; le marquis *Squillaci*, sous Charles III, en fit la triste expérience : les mesures qu'il prit pour proscrire les longs manteaux et les chapeaux rabatus, donnèrent lieu à une sédition très-grave, qu'on ne crut pouvoir appaiser que par sa disgrace.

L'usage du poignard, pour assouvir les vengeances, ne subsiste guère plus que dans les classes inférieures du peuple, et dans quelques provinces seulement, comme dans celle de Valence et dans l'Andalousie. On a remarqué que dans la première, les crimes ont un caractère d'atrocité réfléchie (1). La fureur des combats singuliers s'est extrêmement ralentie. Les *pedreades*, ou combats à coups de pierres lancées par des frondes, ont disparu ; mais la *rondalla*, espèce de défi que se donnent deux troupes de musiciens, qui se battent ensuite à coups de fusil et à l'arme blanche, subsiste encore dans la Navarre et dans l'Arragon : un pareil défi eut lieu en 1782, entre deux paroisses de la ville de Sarragosse.

La jalousie, si reprochée autrefois aux Espagnols, est fort atténuée aujourd'hui chez eux. Les amans y sont bien, à la vérité, exigeans, ombrageux, et quelquefois même atroces dans leurs vengeances; mais on compte peu de maris jaloux. Les femmes, si resserrées autrefois, jouissent d'une entière liberté. Leurs voiles n'ont plus d'autre usage que celui de mettre leurs attraits à l'abri du soleil, et de les rendre plus piquans.

Les plaisirs des Espagnols consistent principalement dans leurs danses et leurs jeux. Le *fandango*, de toutes leurs danses la plus usitée, ne se danse qu'entre deux personnes. Pour donner une juste idée de ses mouvemens voluptueux, l'auteur du Tableau ne peut s'empêcher

---

(1) Ne pourroit-on pas l'attribuer à la cupidité, qui n'est jamais si active et si capable de conduire aux plus grands excès, que chez un peuple presque uniquement occupé d'opérations mercantiles, comme l'est le peuple de Valence?

d'observer, *en rougissant*, que les scènes qu'elle offre sont aux véritables combats de Cythère, ce que sont nos évolutions en temps de paix, au véritable développement de l'art de la guerre. On ne connoît en Espagne, ni les bals publics, ni les mascarades : les bals particuliers, au contraire, y sont très-fréquens.

Les jeux d'exercice des Espagnols se ressentent de leur gravité. Leurs principaux délassemens sont, comme ailleurs, les jeux de cartes. Ils aiment peu la campagne, et les maisons de plaisance sont fort rares. Le goût pour la chasse semble uniquement affecté à la famille royale. C'est dans l'intérieur des villes que les riches concentrent tous leurs plaisirs : des concerts, où la musique n'a un caractère particulier que dans de petits airs détachés assez agréables, et qu'ils appellent *tonadillas* et *seguidillas ;* des assemblées appelées *tertullas*, qui, dans de certaines occasions, se terminent par des *refrescos*, ou collations dans lesquelles on déploie un grand luxe de friandises, et auxquelles il est extrêmement rare qu'on fasse succéder un souper. Tel est à-peu-près le cercle des divertissemens espagnols. On se réunit peu d'ailleurs pour se donner à manger.

Il faut lire dans l'ouvrage même, le portrait que trace des femmes espagnoles M. Bourgoing : j'en affoiblirois les traits en tentant de les esquisser. On pourra prendre une idée de ce sexe, plus séduisant peut-être en Espagne qu'en aucun autre pays, dans l'apperçu que je donnerai du Voyage de M. *Fischer*.

OBSERVATIONS de Physique et de Médecine faites en différens lieux de l'Espagne : on y a joint des Considérations sur la lèpre, la petite-vérole et la maladie vénérienne, par M. *Thiery*. Paris, Garnery, 1791, 2 vol. in-8°.

Dans ces Observations, le résultat d'un voyage et d'un assez long séjour en Espagne, M. Thiery ne s'est pas borné à décrire les maladies particulières à cette contrée, et à indiquer les traitemens qui peuvent y être appropriés :

en remontant aux causes les plus apparentes des maladies, il les a le plus fréquemment trouvées dans l'état physique du pays, et dans la constitution de ses habitans. Cette manière de procéder l'a engagé dans des détails très-intéressans sur la géologie de l'Espagne, sa température, relativement sur-tout aux deux Castilles, sur la nature des alimens dont se nourrissent les Espagnols, enfin sur plusieurs de leurs uságes.

Indépendamment du tableau de la constitution physique et des moeurs des Castillans, les observations du voyageur s'étendent, sous ces deux rapports, aux peuples de l'Arragon, de la Navarre, de la Biscaye, de la Galice et des Asturies.

Son ouvrage est encore enrichi d'une lettre de D. Francis *Lopez de Arebalo*, qui renferme une bonne description de la mine de cinabre, située près la ville d'Almadaw, et dont le produit est si précieux pour l'exploitation des mines de l'Amérique.

RELATION d'un Voyage à Madrid, fait en 1789, par Mlle *de Pons*.

Cette relation, l'ouvrage d'un auteur âgé seulement de seize ans, ne fut tirée, dans le temps, qu'à douze exemplaires seulement; elle étoit peu connue, et méritoit néanmoins de l'être par la naïveté des observations et la grace du style. On conçoit aisément qu'elle est devenue fort rare; et l'on doit savoir gré au rédacteur du *Petit Magasin des Dames*, qui paroît chaque année à Paris, chez Solvet, de l'avoir insérée dans le volume qui forme la quatrième année de ce recueil.

Entr'autres particularités curieuses que renferme cette relation, et qui ayant échappé à l'attention des précédens voyageurs, n'ont pas été non plus recueillies par les voyageurs les plus modernes, je remarque celle-ci :

« Il y a vingt ans que s'établit à la cour d'Espagne un
» usage assez bizarre, et qui a lieu au temps de Noël. C'est le
» *Nasimiento*, qui veut dire naissance. Il y a dans l'intérieur

» du palais, une salle immense : on travaille tous les ans,
» pendant plusieurs mois, à construire un paysage dans
» cette salle. On y voit des milliers de figures de cire, de
» la hauteur d'un pied, d'une vérité étonnante, et toutes
» vêtues dans les différens costumes du pays : on y voit des
» habitations, des édifices romains, et autres bien propor-
» tionnés, des rivières, des flottes, enfin un pays entier
» dont l'horizon semble, comme le véritable, se joindre
» au ciel. Le but des habitans est de se réjouir de la nais-
» sance du Christ. On voit les Mages qui viennent, avec
» une suite nombreuse, adorer Jésus-Christ, et lui offrir
» des présens magnifiques. Des milliers de bougies, artis-
» tement cachées, répandent une lumière douce et en
» même temps éclatante. Rien ne peut donner une idée
» du *Nasimiento;* c'est une chose tout-à-fait extraordi-
» naire : on le voit pendant quinze jours à-peu-près ; le
» roi prie les gens qui lui conviennent. On prétend que
» le *Nasimiento* coûte chaque année six à sept cent mille
» livres ».

Fragmens d'un Voyage en Espagne : (en allemand) *Fragments einer Reise nach Spanien.* (Insérés dans la Nouvelle Connoissance de la Littérature des Peuples, année 1789, 8e cah.)

Observations sur l'Espagne, sous le rapport de l'industrie, du luxe, des modes et des usages : (en allemand) *Bemerkungen über Spanien, in Rücksicht auf Industri, Luxus, Moden und Gebräuche.* (Insér. dans le 3e vol. du Journal du Luxe et des Modes.)

De l'Espagne : Fragment d'un Voyage fait en 1790 : (en allemand) *Von Spanien Bruchstük aus einer Reise-Beschreibung, vom Jahr 1790.* (Inséré dans le Journal de Berlin, 1791, VIIe vol.)

Voyage de Vienne à Madrid, en 1790 : (en allemand) *Reise von Wien nach Madrid, im Jahr 1790.* Berlin, 1792, in-8°.

VOYAGE dans une partie de l'Espagne, par F. G. *Baumgärtner :* (en allemand) *Reise durch einen Theil Spanien, von F. G. Baumgärtner.* Leipsic, 1793, in-8°.

LETTRES sur l'Espagne, par *Grosse :* (en allemand) *Briefe über Spanien, von Grosse.* Halle, 1793-1794, 2 vol. in-8°.

VOYAGE en Espagne, dans le cours des années 1786 et 1787, par J. *Townshend*, avec planches : (en anglais) *A Journey through Spanien, in the years 1786 and 1787, by J. Townshend.* Londres, Dilly, 1793, 3 vol. in-8°.

On pourroit reprocher à ce voyageur, dit l'auteur du Tableau de l'Espagne, un peu de précipitatión dans ses jugemens, et un peu trop de confiance dans la crédulité de ses lecteurs.

DESCRIPTION de l'Espagne, dans laquelle on donne spécialement la notice des objets concernant les beaux-arts, dignes de l'attention du voyageur curieux, par Don Antoine *Conca,* associé des académies royales de Florence et des Amateurs de l'agriculture : (en italien) *Descrizione odeporica della Spagna, in cui spezialmente si dà notizia delle cose spettanti alle belle arti degne dell' attentione del curioso viaggiatore, di Don Antonio Conca, socio delle reali accademie Florentina e de Georfili.* Parme, Bodoni, 1793-1795-1797, 4 vol. in-8°.

Cette description, pour la correction du texte, la beauté des caractères et du papier, est l'un des ouvrages sortis des presses de M. Bodoni, qui lui fait le plus d'honneur.

L'objet de M. Conca, ainsi que l'annonce le titre de son ouvrage, et qu'il le déclare avec plus de détail encore dans sa préface, a été de donner une description de l'Espagne, sous le rapport sur-tout des beaux-arts. En étendant ses observations aux divers états par lesquels ils ont passé dans cette contrée, depuis leur établissement en Europe, il n'a pas cru devoir, dit-il, se borner à une relation purement historique ; il s'est proposé de décrire, avec toute l'exactitude possible, dans chaque canton de l'Espagne où l'attention du public peut se porter, les plus belles productions des artistes espagnols, et les ouvrages capitaux des plus célèbres écoles étrangères, lesquels sont répandus avec profusion en Espagne.

Après avoir lancé quelques traits assez vifs contre certains voyageurs étrangers qui ont inconsidérément déprécié l'Espagne, et entre lesquels il signale, pour la France, le marquis de Langle; pour l'Angleterre, Clarke et Swinburne ; pour l'Italie, le P. Caymo et Baretti ; M. Conca rend la plus éclatante justice à quelques autres, tels que Twis et Talbot Dillon, mais sur-tout à M. Bourgoing, dont il exalte avec raison les observations pleines de sagacité, et le style vif et animé. Il relève sur-tout avec complaisance l'impartialité avec laquelle ce voyageur a jugé l'école espagnole ancienne et moderne, et les divers établissemens formés en Espagne en faveur des lettres et des beaux-arts. M. Conca ajoute, qu'en plusieurs endroits de son ouvrage, il s'est prévalu des opinions ou des jugemens de M. Bourgoing. Mais c'est principalement l'abbé Ponz, qu'il regarde comme une autorité irréfragable, qui a presque toujours été pour lui un guide sûr et fidèle. Les autres écrivains qu'il a consultés, sont l'abbé Cavanille, Bowle, Mongs, et le chevalier Azara, son traducteur.

Ces sources annoncent que M. Conca ne s'est pas borné, dans son ouvrage à décrire les productions des beaux-arts : il s'y est occupé aussi des antiquités, jusqu'à recueillir plusieurs inscriptions peu connues. Il a donné, sur chaque lieu un peu remarquable, des notices historiques, mais fort rapides : il n'a pas même négligé de faire quelques observations relatives à l'histoire naturelle ; mais fidèle au plan qu'il s'étoit tracé, son attention s'est principalement fixée sur les ouvrages d'art, qu'il juge presque toujours avec une rare impartialité, mais sur-tout avec le discernement et le tact qu'on doit attendre d'un homme familiarisé avec les chefs-d'œuvre de l'Italie. C'est principalement sous ce rapport que sa description doit être considérée comme très-précieuse, et même comme unique, jusqu'à ce que le Voyage pittoresque de M. Alexandre Laborde, dont je parlerai ultérieurement, ait paru.

M. Conca a donné à sa description la forme, et à bien des égards, l'intérêt d'un voyage.

Dans le premier volume, il conduit le lecteur de Bayonne à Madrid. Comme la Biscaye n'offre presque point d'ouvrages d'art, il fait quelques observations sur le commerce et les manufactures de cette province, sur le caractère de ses habitans. Dans la Vieille-Castille, il détaille les belles peintures qui décorent les églises et quelques palais de Burgos, et sur-tout les nombreuses beautés qu'étale en ce genre Valladolid. Madrid, comme on se le figure aisément, fournit une riche matière à ses descriptions. La porte d'Alcala, le théâtre, la belle statue de Philippe IV, par l'habile sculpteur *Tacca de Carrera*, le superbe palais du roi, où, dans les divers appartemens, les peintures des plus célèbres artistes de l'école espagnole rivalisent avec celles des autres écoles, sont décrits dans le plus grand détail, ainsi que les maisons royales d'*El-Campo* et du *Pardo*, où, parmi des tableaux du plus grand prix, se fait remarquer encore la statue d'un autre roi d'Espagne, Philippe III, commencée par Jean de Boulogne, et terminée par le même Tacca de Carrera. Une foule de peintures de première classe décorent les nombreuses églises de Madrid, les palais très-multipliés des grands. La bibliothèque royale, les établissemens publics de bienfaisance, les diverses académies, tout est indiqué, tout est soigneusement décrit. A Tolède, M. Conca fait admirer les beautés en tout genre de sa cathédrale et de ses annexes, la hardiesse de son aqueduc, les antiquités qu'offrent ses environs. A ces mâles beautés, succède la description de la charmante maison de plaisance d'Aranjuez, et de la superbe route qui, de ce lieu enchanté, conduit à Madrid.

Dans le second volume, M. Conca fait arriver le lecteur à ce superbe palais, à ce triste monastère de l'Escurial, où sont rassemblés avec une profusion qui étonne, mais qui n'est jamais désavouée par le goût le plus sévère, des tableaux de toutes les écoles, et où la sculpture le dispute à la peinture par les superbes mausolées de Charles-Quint et de Philippe II. Sur la route de l'Escurial à Saint-Ildephonse, des monastères recèlent des tableaux d'une grande valeur. Celles qui décorent la maison royale de ce nom, partagent l'admiration du voyageur entre ce genre de beautés et celles que lui offrent les cascades, les jets d'eau, les eaux plates, les sombres allées, les points de vue enchanteurs dont ce lieu est embelli. Avec moins de magnificence, mais avec autant de goût, les provinces de Léon et des Asturies, mais Salamanque sur-tout, renferment dans leurs églises, leurs monastères et leurs colléges, des peintures du plus grand prix.

Dans le troisième volume, on parcourt d'abord avec M. Conca, des lieux beaucoup moins renommés que les précédens; mais il fait découvrir à ses lecteurs, dans l'Estramadure, à Telavera, Placencia, Alcàntara, Merida et Badajoz, des trésors de peinture, qui, sans ses indications, pourroient être négligés par les voyageurs. Cordoue et Séville; les antiquités romaines qu'on trouve sur les routes qui y conduisent, les monumens arabes qui y subsistent encore, fournissent à M. Conca une ample moisson de descriptions. C'est dans la dernière de ces villes que se trouvent les principaux ouvrages du célèbre Murillo, sur lequel il donne une très-curieuse notice. L'Andalousie, avec un sol si riche et si négligé, ne possède pas autant de richesse d'art que les précédentes provinces; mais les antiquités romaines qu'on y trouve, les vestiges de l'antique *Munda*, et les beaux établissemens de Cadix, sont pour M. Conca, une mine féconde d'observations qu'il exploite avec beaucoup de talent.

Dans le quatrième volume, M. Conca s'arrête d'abord à Valence, dont il détaille le commerce et l'industrie, qui n'y ont point étouffé les beaux-arts. C'est dans cette ville que naquit le célèbre Ribera, dit l'Espagnolet. Ses églises très-nombreuses offrent plusieurs chefs-d'œuvre des peintres nationaux et des artistes étrangers. En s'avançant vers la Catalogne, M. Conca s'arrête sur les fameuses ruines de Sagunte, décrit son théâtre et son cirque. Tortose, Tarragonne, Barcelone, Girone, lui donnent lieu de décrire un grand nombre d'antiquités romaines qui se trouvent dans leurs environs. Leurs églises et celles de Sarragosse dans l'Arragon, de Pampelune dans la Navarre, du monastère de Montferrat dans la Catalogne, renferment toutes quelques chefs-d'œuvre d'art. Ce volume est terminé par la description de Grenade, qui renferme des monumens arabesques d'un si grand prix, et dont la cathédrale offre des peintures modernes si estimées. A cette description d'un grand intérêt, M. Conca a joint une notice des principaux peintres, sculpteurs et architectes qu'a produits Grenade, et celle de leurs meilleures productions.

Lorsqu'on a lu son ouvrage, on est confondu de l'immense quantité d'ouvrages d'art répandus dans toute l'Espagne. Peut-être pourroit-on l'apprécier d'après la liste des peintres, sculpteurs et architectes, dont les productions ont été décrites ou citées par M. Conca, qu'il a placée à la fin de chaque volume, et dont chacune renferme deux à trois cents noms différens. Quoique l'école espagnole se soit sur-tout signalée par ses peintres, dont plusieurs, comme Velasquez, Murillo, etc.... égalent ceux des plus célèbres écoles étrangères, on compte aussi dans cette contrée, des sculpteurs et des architectes du mérite le plus distingué.

Observations sur l'Histoire naturelle, la Géographie, l'agriculture, la population et les productions du royaume de Valence, par Don Antoine-Joseph *Cavanilles*, avec planches : (en espagnol) *Observaçiones sobre la Historia naturale, Geografia, agricultura, pollacion y fruttos del reyno de Valencia.* Madrid, de l'imprimerie royale, 1795-1797, 11 vol. in-fol.

Le discours préliminaire de cet ouvrage, dont l'auteur, comme on l'a vu, s'étoit fait connoître par de précédentes observations sur l'article *Espagne* dans l'Encyclopédie, renferme des notions générales sur la position géographique, les rivières, les montagnes de la province de Valence. Ce tableau confirme l'idée avantageuse que les précédentes relations ont donnée de la fertilité du sol de cette province, de sa bonne culture, des agrémens de son paysage, de la salubrité de l'air qu'on y respire, excepté sur les rives du Xucar.

Le corps de l'ouvrage est divisé en deux parties. La première est consacrée à des détails topographiques et à des observations sur la population, l'agriculture, les productions et le commerce du pays; l'auteur jette aussi un coup-d'œil rapide sur les monumens antiques. La seconde partie est purement relative à la botanique, dans laquelle l'auteur annonce des connoissances très-étendues, et d'une grande utilité pour le perfectionnement de cette science.

Dans la disposition des matériaux immenses de cet ouvrage, on peut reprocher à Cavanilles le défaut d'ordre et de méthode. Le style en est inégal; il a de la sécheresse dans les détails, et quelquefois de l'enflure dans l'expression.

LETTRES écrites de Barcelone ; ouvrage dans lequel on donne des détails sur l'état dans lequel se trouvoient les frontières d'Espagne en mars

1792, etc.... et sur les émigrés, etc.... auxquelles on a joint quelques réflexions philosophiques sur les mœurs, usages et opinions des Espagnols, par M. *Ch**** (*Chantreau*), citoyen français. Paris, Buisson, nouvelle édition, 1796, in-8°.

L'auteur de ces Lettres ne s'est presque pas éloigné de la Catalogne. Sa description de Barcelone ajoute quelques détails à ceux qui se trouvent sur cette ville dans la relation de Swinburne. L'auteur du Tableau de l'Espagne a porté sur ces Lettres le jugement suivant :

« Quoique le style du cit. Chantreau ne soit pas châtié, » et qu'il ait peut-être un peu sacrifié l'exactitude au désir » de faire des tableaux piquans, on ne le lit pas sans inté- » rêt et sans fruit ».

VOYAGE en Espagne, par le marquis *de Langle*, sixième édition, avec cartes et planches. Paris, Perlet, 1805, in-8°.

C'est l'édition la plus complète de ce Voyage ; il parut pour la première fois en 1785, sous le titre de *Voyage de Figaro en Espagne*, et fut brûlé à Paris en 1786. Il a été traduit en anglais sous le titre suivant :

VOYAGE sentimental du marquis *de Langle* en Espagne : (en anglais) *Marquis de Langle's Sentimental Journey through Spain*. Londres, 2 vol. in-12.

— Le même, traduit en allemand par K. Hammerdorfer. Leipsic, 1786, in-8°.

Des observations très-hardies, sur-tout pour le temps, excitèrent un orage contre le livre, et donnèrent de la célébrité à l'auteur. Ce sont plutôt des réminiscences piquantes sur les objets qui l'ont principalement frappé, qu'une relation suivie de son voyage : on le lit avec intérêt, mais il n'est pas fort instructif. Voici quelques traits détachés, comme le sont toutes les parties de l'ouvrage, qui pourront donner une idée de la manière d'écrire de l'auteur, et de la licence de ses remarques sur les opinions et les pratiques religieuses.

Article *Dévots*. Quelque fanatiques que soient les Espagnols, malgré le nombre infini de processions, de bénédictions, les habitans de Madrid sont moins dévots qu'on ne le pense généralement. Ici, comme par-tout ailleurs, la dévotion est le pis-aller des ambitieux détrompés ou rassasiés, des femmes âgées qui offrent à Dieu les restes du diable. En Espagne, comme ailleurs, les dévots sont inhumains, sont cruels. *Montrez-moi*, disoit un naturaliste, *la dent de tel ou tel animal, et je vous dirai s'il est doux ou carnassier*. Depuis les extrémités de la Cochinchine jusqu'au fond du Canada, dans tous les pays de l'univers, on pourroit dire: *Apprenez-moi le degré de dévotion d'un tel homme, et je jugerai à quel point il est méchant*.

Article *Ames du purgatoire*. Autrefois à Rome, dit Guichardin, il y avoit presque dans toutes les rues, des bureaux qu'on affermoit au plus offrant. Plusieurs de ces comptoirs se tenoient dans les cabarets: et là, chaque voyageur, en passant, jouoit tantôt à la courte-paille, tantôt à l'as qui court, *la délivrance des ames*. La même chose se pratique en Espagne, sous une forme différente seulement. Comme les jeux de hasard sont défendus, on ne joue plus; mais dans toutes les églises, dans tous les quartiers, il y a des bureaux, des troncs établis exprès à toute heure du jour, et l'on peut délivrer autant d'ames qu'on veut *à trente sols par tête*.

Article l'*In-pace*. Ce n'est point une fable, ce supplice existe dans les cloîtres espagnols. L'*in-pace* est un trou: avant d'y jeter le coupable, on le conduit en plein chapitre, on le fait mettre sur la sellette, on lui lit sa sentence; après qu'il l'a entendue, on le mène processionnellement, avec la croix, les cierges, le bénitier, l'encensoir. On chante le *libera*, on asperge, on encense le criminel, on lui donne un pain, un pot à l'eau, un chapelet, un cierge bénit ; on le descend dans l'*in-pace*, où bientôt il meurt de désespoir et de rage.

Article *Rogations*. L'usage des Rogations passa en Espagne vers le commencement du septième siècle. Alors on se contentoit de jeûner, de prier ; maintenant on jeûne, on prie, et on va dans les champs bénir les arbres, asperger l'herbe, invoquer le temps. C'est à saint Mamert, fripier à Pontoise, puis curé de Saint-Thomas du Louvre, puis évêque de Babylone, qu'on doit cette belle découverte. Avant le prélat Mamert, on laissoit faire Dieu, et on ne se doutoit pas que, rivale du soleil, l'eau bénite eût la vertu de fondre ou d'écarter les nuages, de hâter la végétation, de colorer les pêches, et de mûrir les prunes.

Article *Veille des grandes fêtes*. Il est amusant de voir le peuple faire, la veille des grandes fêtes, le siége des églises et celui des confessionnaux. Il seroit difficile de compter les coups de pied, les soufflets qui se distribuent en moins d'un quart-d'heure. Ce qui complète la bizarrerie de cette scène divertissante, c'est l'arrivée d'un grand ou d'un *hidalgos*, qui, suivi d'un laquais portant un coussin, fend la foule, sépare les combattans, entre le premier dans le confessionnal, où, à genoux sur un carreau, il peut se confesser à son aise, et se repentir commodément.

Article *Flagellans*. Dans presque toutes les villes, il y a une confrérie de Flagellans, qui se rend tous les soirs dans une salle très-vaste, attenante à la cathédrale. Là, ces flagellans forment une haie, ferment les fenêtres, chantent le *miserere*, et chaque confrère, à son tour, déchire en chantant les épaules de son voisin. Si les hommes seuls se fouettoient, passe encore ; leur peau tannée, livide et noire, peut être meurtrie sans conséquence ; mais des femmes, des religieuses, des novices charmantes, veiller, passer des nuits.... pour se fouetter !

Par ces traits, que j'ai recueillis parmi une foule d'autres de la même touche, on peut facilement deviner les motifs qui déterminèrent le brûlement de l'ouvrage et la proscription de son auteur.

LE PRISONNIER en Espagne, ou Coup-d'œil philosophique et sentimental sur les provinces de Catalogne et de Grenade, par M. *Massias*. Paris, Laran, an VI—1798, in-18.

Ces observations sur deux des plus belles provinces de l'Espagne, sont le fruit du voyage et du séjour forcé qu'y a fait l'auteur. Sans mettre ce Voyage à côté de celui de Sterne, on peut dire que dans son style, l'auteur a quelque chose de la manière de cet inimitable écrivain. Quant à la forme, c'est à-peu-près celle du Voyage du marquis de Langle; mais M. Massias n'en a point l'âcreté satyrique, et sa touche est presque toujours sentimentale.

VOYAGE en Espagne, etc.... par *Fischer:* (en allemand) *Reise nach Hispanien, von Fischer*. Leipsic, 1798, in-8°.

Ce Voyage a été traduit en français sous le titre suivant:

VOYAGE en Espagne, dans les années 1797 et 1798, faisant suite au Voyage en Espagne du cit. *Bourgoing*, par C. A. *Fischer*, traduit de l'allemand par C. F. Cramer, avec planches. Paris, Duchêne, 1800, 2 vol. in-8°.

L'auteur de ce Voyage ne s'est pas proposé de donner un tableau complet de l'Espagne: il a voulu seulement recueillir quelques détails échappés aux précédens voyageurs, relativement sur-tout à l'état de la littérature et de la librairie en Espagne, et à la manière d'y voyager avec fruit. Il a très-heureusement atteint ce double but, soit par la notice exacte que, dans son Voyage, l'on trouve des différentes sociétés littéraires qui se sont formées en Espagne, et des bons ouvrages en tout genre qui y ont été publiés depuis quelques années (1), soit par les avis détaillés qu'il donne sur les précautions que le voyageur doit prendre dans les routes, et les ménagemens qu'il doit garder dans ses séjours, à l'égard des opinions religieuses et des préjugés nationaux. Ce Voyage est terminé par un appendice sur la géographie et la statistique de Valence et des îles Baléares et Pithyuses, et par l'essai d'une Flore de Valence.

Sans s'écarter de son sujet principal, M. Fischer a jeté dans son Voyage la description des sites les plus pittoresques, d'un grand nombre de particularités intéressantes et neuves sur le climat, la population, les établissemens publics, et l'état actuel de la littérature et des arts en Espagne : on y trouve aussi des observations sur les mœurs et les usages de ses habitans, et sur l'hiérarchie de son Eglise.

Les observations de ce voyageur sur la Biscaye, ajoutent quelques traits à celles de l'auteur du Tableau de l'Espagne.

Ce pays, dit-il, est, comme on le sait, une province qui ne dépend pas proprement de l'Espagne, mais qui est seulement sous sa protection. C'est une espèce d'anomalie politique, que de voir un petit pays républicain réuni à une pareille monarchie. En effet, quelque illimitée que soit l'autorité des rois d'Espagne dans leurs autres provinces, il est vrai de dire qu'en Biscaye, ils n'ont qu'un

(1) C'est la partie sur laquelle M. Fischer s'est le plus étendu, et celle qui est le moins susceptible d'un extrait. Je me bornerai à observer que, dans la seule ville de Madrid, l'on compte douze académies, un cabinet d'histoire naturelle, un jardin de botanique, un observatoire royal, une école de minéralogie, un collége royal, un séminaire de nobles, un institut clinique, un collége de médecine, un de chirurgie. La liste que M. Fischer donne des bons ouvrages qui ont paru dans tous les genres, est très-curieuse, et fait foi des grands progrès que, depuis quelque temps, l'Espagne a faits dans toutes les branches des connoissances humaines.

simulacre de domination. Ici il n'existe ni douane, ni papier timbré, ni accise. En un mot, de toutes les impositions royales, on ne connoît que le *donativo*, c'est-à-dire, le don gratuit. La Biscaye se gouverne par elle-même; elle reçoit, par pure condescendance, un corrégidor et un commissaire de marine; mais aucun ordre du roi d'Espagne ne s'exécute en Biscaye sans la sanction de son gouvernement particulier. Autant il y a de simplicité dans la constitution de ce pays, autant on en trouve dans les moeurs de ses habitans. Si j'avois à peindre la Biscaye en un seul mot, ajoute M. Fischer, je dirois : Ce sont les Alpes Espagnoles habitées par des Grisons. Les Basques ont la même haine pour les innovations, la même roideur, le même amour pour la patrie et la liberté, la même droiture de caractère, la même finesse; mais ils tiennent de leur climat plus de vivacité et de feu. A l'appui de ce qu'il a dit de la simplicité des mœurs dans la Biscaye, M. Fischer remarque qu'il ne faut pas chercher à Bilbao, sa capitale, quelque riche que soit cette ville, les amusemens qu'on trouve ailleurs. Point de théâtres ni de spectacles d'aucun genre, point de cabinets de lecture, etc.; des promenades et des bals publics, des *tertullas*, où l'on passe paisiblement les soirées, voilà toutes les ressources en plaisirs qu'offre Bilbao.

M. Fischer s'est plus étendu que M. Bourgoing, sur la jalousie de commerce qui domine à Bilbao, et sur les désagrémens qui en résultent pour les étrangers. L'établissement d'une maison de commerce étrangère souffre beaucoup de difficultés. Pour en obtenir la permission, il faut d'abord que celui qui la demande fasse preuve de noblesse; c'est-à-dire, il faut qu'il prouve, par des titres incontestables, qu'il n'a jamais eu de Juif dans sa famille. Ces preuves, dit M. Fischer, s'appuyent par des piastres; et il dépend souvent du consulat d'admettre ou de rejeter la demande. Ce consulat, au reste, ne reconnoît point d'agens ou de consuls étrangers. Dans quelques circonstances, comme, par exemple, celle d'un naufrage, il les remplace à grands frais pour ceux qui en ont besoin. Cela arrive sur-tout à l'égard des maisons françaises, envers lesquelles on use ordinairement de plus de rigueur qu'envers les nations allemandes, parce que, disent-ils dans leur langage, les *Allemanes* sont en général *una nacion mas noble*, les Allemands sont une nation plus noble. Les Biscayens entendent par noblesse, celle d'extraction. Aussi n'y a-t-il à Bilbao que trois maisons françaises, qui ne font presque d'autre commerce que celui de commission, et qui éprouvent mille difficultés. En général, les Biscayens ont pour les Français une espèce de haine nationale, qui, depuis les derniers événemens, a été poussée chez ce peuple peu éclairé, jusqu'à l'horreur. *Francès, à la Francèse!* est presque devenu un titre de proscription et une qualité infamante, que d'ordinaire la populace accompagne de pierres (1). M. Fischer ajoute que, tout hérétiques qu'ils sont, les Anglais sont mieux vus à Bilbao, et qu'il s'y en trouve un grand nombre munis, à cause de la guerre, de passe-ports américains. Il a observé, au reste, que cette haine contre les Français souffre des exceptions à l'égard des prêtres émigrés et réfractaires, qui y ont été reçus avec beaucoup de générosité et de philanthropie. La jalousie du clergé espagnol, tout aussi active que celle du commerce, a mis néanmoins quelques modifications à cet accueil. Les ecclésiastiques de Bilbao ne voulant pas permettre aux prêtres français émigrés de dire la messe dans la ville, ceux-ci ont été contraints de se réfugier dans le voisinage. M. Fischer observe à ce sujet, qu'on fait monter le nombre des prêtres réfugiés en Espagne, à vingt-deux mille. Outre le profit qu'ils retirent de leurs messes (évalué à 12 sols), ils se livrent aux travaux mécaniques, exercent la médecine, enseignent les langues, servent les riches chanoines, etc....

---

(1) Il est singulier de trouver dans une ville si rapprochée des frontières de la France, une conformité si frappante entre sa populace et celle de Londres.

Parmi les négocians étrangers de Bilbao, les Allemands sont en plus grand nombre. Ce sont principalement des marchands de verre bohémiens.

M. Fischer termine son article de la Biscaye, par quelques observations relatives à l'idiôme biscayen. D'après les meilleurs écrits sur cette matière, il lui paroît prouvé que cette langue est l'ancienne langue des Cantabres, qui s'est conservée pure et sans alliage. Deux savans Espagnols distingués assurent qu'elle ne ressemble à aucune des langues connues quant aux sons, aux significations et aux tournures. Dans l'usage habituel, elle a été obligée de recourir aux langues française et espagnole, pour exprimer les idées nouvelles de la vie civile. Telle qu'elle est néanmoins, c'est encore la seule langue de la majorité des Biscayens, qui n'apprennent que très-peu, et même point du tout, le castillan, et elle n'est pas même délaissée par les gens d'un certain rang. Il paroît qu'elle est hérissée de consonnes, et que malgré son accent un peu chantant, elle a un peu de rudesse. On prétend qu'elle est riche en mots poétiques, et qu'elle a beaucoup de souplesse; mais des gens instruits l'accusent de prolixité et d'obscurité dans ses locutions et ses tours. On trouvera plus de développement sur cet objet, dans une note intéressante que le savant traducteur a jointe à cette partie du Voyage.

Relativement à Madrid, M. Fischer a ajouté quelques détails à ceux que nous a donnés l'auteur du Tableau de l'Espagne. Cette ville, dit-il, offre un carré régulier. Elle est entièrement environnée d'une muraille peu épaisse, mais assez haute, bâtie avec de la boue. Les vieilles maisons sont presque toutes construites en bois; les neuves, en pierre de granit, qu'on fait venir de dix-huit lieues. Les premières sont décorées de peintures qui représentent des combats de taureaux, des danseurs, etc.... et où l'on retrouve les anciens costumes: les autres sont simples, et presque toutes peintes en jaune. Si l'on en excepte le Prado, on n'a que les places publiques pour promenades, mais on en trouve de très-agréables dans les environs.

M. Fischer confirme ce que tous les voyageurs avoient dit, avant lui, de l'extrême variabilité du climat de Madrid; mais il le circonstancie davantage. Il n'est pas rare, dit-il, de voir régner tour à tour les quatre rumbs de vent dans la matinée. Cependant l'air, en général, est très-léger et très-pur. Les physiciens espagnols expliquent toutes les bizarreries du climat, par la situation élevée de Madrid, son éloignement de la mer, la proximité des montagnes, et la vaste étendue des plaines qui sont par-delà. Autant la chaleur de l'été est étouffante, autant le froid est cuisant en hiver. Tant que la canicule dure, il semble que ce soit du feu qu'on respire. On trouve cependant le moyen de s'en garantir dans l'intérieur des maisons. Plus la chaleur a été grande en été, plus le froid de l'hiver devient sensible, quoique la liqueur du thermomètre ne tombe que très-rarement à dix degrés au-dessous du point de congélation : mais les murailles à demi-ruinées; les pièces des appartemens longues et élevées, où aucunes croisées ni portes ne ferment bien; les planchers en carreaux que les tapis de nattes ne réchauffent que très-foiblement; le défaut de poèles et de cheminées, imparfaitement remplacés par des brasiers; toutes ces circonstances contribuent à faire trouver encore plus âpres les vents du nord qui viennent des montagnes, et produisent un froid humide insupportable, sur-tout pour les étrangers. Un climat si variable est nécessairement le principe de plusieurs épidémies : les plus communes sont les fièvres putrides, la phtisie et la colique; celle qui a pris le nom de colique de Madrid, et qui paroît tenir au système nerveux, est un accident dangereux qui, dit-on, ne peut être bien traité que par les médecins du pays.

En rendant justice à bien des égards aux Espagnols, M. Fischer ne les dépeint pas d'une manière fort avantageuse sous d'autres rapports.

Si l'on entre, dit-il, dans les chaumières pour en connoître les habitans, l'on y voit une mal-propreté dégoûtante, une ignorance totale des arts mécaniques, de l'industrie domestique et de l'économie publique. Leurs instrumens, leurs travaux, leur nourriture et leur habillement, tout porte l'empreinte de la misère et du besoin. Personne ne montre ni curiosité ni intérêt. De la fierté et de la gravité, un respect profond pour le système et les cérémonies catholiques, un attachement imperturbable à tout ce que l'usage a consacré, une aversion prononcée pour tout ce qui est étranger et pour toute innovation : voilà ce qui constitue le caractère des Espagnols, en faisant abstraction des différences qu'y apportent le pays et les professions.

Quant au physique, leur figure basanée et brûlée par le soleil, leurs cheveux noirs comme de la poix, leurs sourcils touffus, rebutent au premier abord. Ils ont je ne sais quoi de sombre, de sauvage et de sinistre; mais on se plaît bientôt à démêler dans cette physionomie nationale, l'expression de la finesse et de la générosité.

Voilà les premiers traits que M. Fischer emploie pour crayonner le portrait des Espagnols : mais il développe ou modifie dans des notes, ces traits jetés à la hâte.

Quant à la mal-propreté, il l'expliqne principalement par le défaut de linge. Le pays, à la vérité, fournit du linge grossier, mais il est très-cher. Le beau linge l'est à proportion, et se compte parmi les articles de grand luxe. De cette pénurie plus ou moins grande de linge, suivant la différence des localités, il résulte que la classe commune du peuple ne change de linge que tous les mois. De-là les maladies cutanées, et la multiplication excessive de la vermine : elle est telle que, dans les villages, les petites villes, et les quartiers des grandes villes habités par les gens les moins aisés, les gens mariés ou les voisins sont dans l'usage de s'en débarrasser mutuellement en public. Quand ce service se rend entre des gens non mariés, c'est une preuve sûre de leur intimité. Au surplus, il y a dans les grandes villes des personnes qui se chargent spécialement de cette besogne, et qui en font métier. Elles vont régulièrement dans les maisons, pour rendre ce service à leurs pratiques; et elles en reçoivent d'autres dans leurs chaumières construites de nattes, dans les places, devant les maisons, etc.... Le climat, l'usage des réseaux et l'abondance des cheveux concourent à multiplier une génération d'insectes qui ne respecte pas les plus belles têtes. Cette mal-propreté s'amalgame avec le luxe et le faste. On trouve souvent ces insectes dans les palais les plus magnifiques. Tandis qu'on en respecte l'extérieur, personne, même les femmes, ne se fait scrupule d'en salir le vestibule et l'escalier de la manière la plus choquante. A ce genre de mal-propreté, il faut ajouter celle qui résulte du défaut de lieux d'aisance.

A l'appui de ce que M. Fischer dit de l'ignorance totale des arts mécaniques, de l'industrie domestique et de l'économie publique, il observe que, même dans les plus grandes villes, où l'on seroit à portée d'avoir des ouvriers habiles, on cherche en vain dans beaucoup de maisons, plusieurs meubles d'usage; et que dans les petites villes, les bourgs et les villages, on manque presque entièrement d'une infinité d'ustensiles d'un usage commun dans les moindres endroits de l'Allemagne. Outre que les prix de ces objets sont trop hauts, les occasions de se les procurer sont très-rares, à cause de l'éloignement. De ces circonstances, il suit que les Espagnols des classes communes du peuple, bornés dans leurs idées, restent indifférens sur toutes ces jouissances, et s'en tiennent au plus strict nécessaire. Cette indifférence s'étend aux ustensiles les plus nécessaires de l'agriculture et de l'industrie. Qu'on examine, dit M. Fischer, les charrues, les faucilles, les cognées, les établis, on sera surpris de leur imperfection et de leur grossièreté. L'habitude de tout ce qui est ancien, exclut toute combinaison, toute idée d'amélioration. Ainsi la fabrication de certaines étoffes communes, la préparation de certains alimens, la manière d'élever les abeilles, de planter les arbres, sont presque entièrement ignorées.

Sur la nourriture et l'habillement des Espagnols,

M. Fischer entre dans des détails qui prouvent que l'art de la cuisine et celui de tailler les étoffes sont peu avancés en Espagne : on ne lira pas sans intérêt ces détails dans le Voyage même.

M. Fischer modifie ce qu'il avoit dit du défaut de curiosité et d'intérêt chez les Espagnols, en le restreignant à ce qu'il leur importeroit le plus de connoître et d'étudier chez les nations voisines ; car du reste, il observe qu'ils sont très-empressés dans leurs entretiens avec les étrangers, à s'enquérir des plus petites bagatelles, et sur-tout de ce qui peut intéresser ces étrangers. Il en prend occasion d'exalter l'hospitalité qu'exerce généreusement ce peuple. Il lui attribue encore un sentiment naturel de justice et d'équité, une très-grande honnêteté, une générosité qui perce dans toutes ses actions, enfin un assemblage de qualités qui doit le rendre estimable à tout observateur impartial.

Quant à la fierté et à la gravité espagnoles, dont on parle tant, M. Fischer les explique d'une manière très-avantageuse pour cette nation. Quoique dans certains cas, dit-il, l'Espagnol soit un peu jaloux des prérogatives de son rang, il ne le fait pas sentir aux autres. Quoiqu'on puisse aisément le captiver en lui montrant des déférences, il s'indigne des manières rampantes. Un titre supérieur semble le flatter ; mais néanmoins il apprécie peu ses avantages à cet égard. Il est certain, ajoute M. Fischer avec une impartialité bien louable, qu'on trouve chez les Espagnols moins de cérémonies, et plus de véritable politesse, moins de morgue, et une plus grande égalité entre les diverses conditions, moins d'orgueil chez les grands, et plus de mépris pour les préjugés de la naissance, que chez les Allemands. Un *duc d'Ossuna*, un *duc de Medina-Sidonia*, traitent les gens de lettres et les artistes avec une considération et une civilité dont on souhaiteroit trouver plus d'exemples en Allemagne.

Tandis que la variabilité des opinions humaines, et le discrédit de tous les systêmes imitatifs de dogmes, sont démontrées par mille exemples, M. Fischer explique le profond respect des Espagnols pour le systême et les cérémonies catholiques, par l'attention soutenue qu'on a de le graver de bonne heure dans une raison encore naissante, et par l'appui que lui prête la force publique. Il assigne à-peu-près la même cause à l'aversion prononcée des Espagnols pour tout ce qui est étranger et pour toute innovation, en observant néanmoins que cette aversion est bien diminuée dans les classes supérieures. Il ajoute que les principes de la révolution française, malgré toutes les précautions qu'on a prises, se sont considérablement répandus, que l'abolition des dîmes sur-tout, a trouvé beaucoup de partisans, et qu'on peut avancer que l'Espagne ne manque point de cercles révolutionnaires clandestins.

A ce que M. Fischer avoit dit de la constitution physique des Espagnols, il ajoute qu'on ne peut pas dire qu'ils soient laids; mais que leur teint livide et basané leur nuit même quelquefois auprès des femmes de leur nation, dès qu'ils se trouvent en concurrence avec des étrangers, et que c'est un proverbe assez commun chez les belles : *Nous autres, nous goûtons la chair étrangère.*

Le tableau que M. Fischer a tracé des femmes espagnoles, quant au caractère moral sur-tout, s'applique sans doute davantage à celles qui habitent la capitale, où les mœurs sont toujours plus altérées, les passions plus effervescentes, qu'aux Espagnoles concentrées dans les provinces.

Ses crayons s'exercent d'abord sur leur extérieur.

La physionomie d'une femme espagnole, dit-il, porte l'empreinte de la sensibilité. Sa taille est svelte, sa démarche majestueuse; sa voix sonore, son œil noir et brillant. La vivacité de ses gestes, en un mot, tout le jeu de sa figure annoncent la trempe de son ame. Ses charmes se développent de bonne heure, pour se faner très-rapidement. Le climat, les alimens échauffans, l'excès dans les plaisirs, tout y contribue. Presque toutes les Espagnoles ont la lèvre supérieure velue; cette particularité explique la force de leur tempérament; mais elle a je ne sais quoi de désagréable : presque toutes ont les dents gâtées par l'usage immodéré des sucreries.

A ce tableau du physique des Espagnoles, succède celui de leurs qualités morales.

Un entêtement fanatique pour le systême religieux de leur pays, un orgueil qui veut tout courber sous son empire, une bizarrerie qui n'admet d'autres loix que les siennes, une passion pour la vengeance qui ne connoît rien de sacré, un penchant effréné pour la volupté, voilà, dit Fischer, des qualités peu aimables chez les Espagnoles; mais tout cela est compensé chez elles par une fidélité et un attachement à toute épreuve, par une force d'ame presque incroyable, par un héroïsme poussé au plus haut degré : toutes leurs sensations sont violentes, mais elles ont un caractère d'énergie et de sublimité qui vous entraîne en dépit de vous. Une Espagnole n'est rien moins que délicate dans ce qui concerne les sens. Avec une imagination fougueuse et des desirs brûlans, elle ignore les charmes et l'illusion que le sexe emprunte de la délicatesse : ainsi les expressions les plus libres et les regards les plus lascifs, n'ont rien qui la fasse rougir. On seroit cependant trompé, si, sur ces observations, on alloit fonder le succès de certaines vues; l'Espagnole s'explique là-dessus avec une liberté mâle. Ses lèvres, ses yeux, n'ont rien de chaste, mais son orgueil lui défend d'aller plus loin. Les entreprises qu'un homme tenteroit vis-à-vis d'elle, marqueroient de la supériorité, et c'est elle qui veut dominer; elle ne veut pas être choisie, c'est elle qui veut choisir : voilà pourquoi l'homme timide et froid fait plus souvent fortune auprès d'elle, que l'amant le plus entreprenant et le plus passionné. Comme l'orgueil la préserve de toute bassesse, l'énergie de son caractère la tient en garde contre l'esprit de légèreté : l'Espagnole est donc fidelle et constante dans les engagemens illicites. Rien de si onéreux que la gêne attachée au titre d'amant d'une femme mariée; c'est une série non interrompue d'attentions et de soins minutieux.

Je ne suivrai point M. Fischer dans les détails où il entre sur les fonctions du *corteja ;* c'est le nom qu'on donne, en Espagne, à l'amant en titre, qui s'appelle en Italie *sigisbée*, et il n'en diffère que par d'assez légères nuances : je m'arrêterai seulement sur ce que M. Fischer affirme de la rareté des bons ménages en Espagne, et qu'il attribue aux vices de l'éducation des femmes espagnoles : fort communément, en effet, elle se réduit à quelques pratiques religieuses, à l'exercice de la danse, au jeu de la guitare, à la broderie. Sans doute les exceptions que M. Fischer avoue devoir être faites à ce portrait général des femmes espagnoles, sont beaucoup plus fréquentes, ainsi que je l'ai déjà fait observer, dans les différentes provinces de l'Espagne qu'à Madrid, qui partage nécessairement la corruption inhérente aux autres capitales et aux autres Cours.

Plusieurs voyageurs avoient décrit la voluptueuse danse du *fandango* : M. Fischer a peint avec des traits de flamme, celle qu'on appelle le *valero ;* il faut recourir à l'ouvrage même, pour tous les détails de ce tableau fait de génie ; il le termine en comparant ainsi les deux danses :

« Le *fandango* étourdit les sens, le *valero* les transporte :
» le *fandango* peint la jouissance, et le *valero*, la tendresse
» récompensée ».

On conçoit aisément à quel point des danses de ce genre doivent enflammer l'imagination déjà si ardente, remuer le cœur déjà si brûlant des Andalousiens ; car c'est l'Andalousie que la chaleur du climat, la vivacité des habitans, la beauté de l'un, l'agilité des autres, rendent exclusivement propre à la danse du *valero*.

« Il faut, dit M. Fischer, la voir exécuter par un couple
» bien assorti, dont la figure ne soit effacée que par le
» talent ; et l'on oubliera tout ce qu'on a vu dans ce genre,
» comme étant sans ame et sans expression ».

DESCRIPTION de toute l'Espagne : (en espagnol) *Descripcion de totta España*. Madrid, 1801, in-8°.

Cette description est fort abrégée.

TABLEAU de Valence, publié par Chrétien-Auguste *Fischer* : (en allemand) *Gemälde von Valencia, herausgegeben von Christian August. Fischer.* Leipsic, Henrich Gräff, 1803, in-8°.

Cet ouvrage a été traduit en français sous le titre suivant :

DESCRIPTION de Valence, ou Tableau de cette province, de ses productions, de ses habitans, de leurs mœurs, de leurs usages, etc.... par Chrétien-Auguste *Fischer*, pour faire suite au Voyage en Espagne du même auteur, traduite par Charles-François Cramer. Paris, Henrichs et Cramer, an XII — 1804, in-8°.

L'auteur de cette description, déjà si avantageusement connu par son Voyage en Espagne, dont je viens de donner l'extrait, ne dissimule pas les secours qu'il a tirés de l'immense ouvrage publié par Cavanilles sur cette province, et dont on a vu précédemment la notice ; mais en reconnoissant qu'on doit à ce savant beaucoup d'observations neuves sur la topographie, la physique et la botanique de Valence, il faut remarquer que Cavanilles n'a presque rien dit sur l'aspect non moins intéressant de la nature animée et intellectuelle. L'auteur du Tableau, en puisant dans l'ouvrage de Cavanilles la plus grande partie de ce qui concerne l'histoire naturelle de Valence, a donc été obligé d'ajouter de son propre fonds, tous les détails relatifs aux hommes et aux mœurs.

De ce Tableau, où l'auteur allemand se livre souvent à l'enthousiasme qu'ont dû nécessairement lui inspirer un beau ciel, une nature toujours riante, un sol presque par-tout fertile, les mœurs douces, la vivacité des manières, la gaîté du caractère des habitans, je n'extrairai que crtains détails qui ne se trouvent point dans l'excellente description de la province de Valence dont M. Bourgoing a enrichi son Tableau de l'Espagne.

Dans cet extrait, je coordonnerai les observations de M. Fischer, qui, dans la rédaction de son ouvrage, a mis presque aussi peu de méthode que Cavanilles, auquel il reproche le défaut d'ordre dans la disposition de ses matériaux.

Un des grands avantages d'abord de la province de Valence, c'est de n'être pas affligée de ces terribles secousses qui, plus d'une fois, ont renversé Lisbonne, et causé des ravages, sinon aussi violens, au moins aussi redoutables, dans quelques autres provinces de l'Espagne. La chronique de Valence ne cite que deux tremblemens de terre, l'un de 1545, et l'autre de 1748; mais ni l'un ni l'autre n'ont produit de fâcheux désastres.

Il ne faut, dit M. Fischer, que jeter les yeux sur la carte, et l'on devinera bientôt le climat de cette charmante vallée qui forme la province de Valence. Environnée de montagnes de trois côtés, elle n'est ouverte qu'au sud-est du côté de la mer, et par conséquent à l'abri de tous les vents. Cette belle chaîne de côtes doit donc nécessairement jouir d'un printemps continuel. La hauteur moyenne du baromètre est de vingt-six pouces; sa plus grande variation est de treize lignes et demie, de manière qu'en quarante-huit heures, dans les temps ordinaires, elle va à peine à une ligne et demie. Le thermomètre, en été, se soutient entre dix-sept et vingt degrés au-dessus de zéro; dans l'hiver, entre sept et treize, rarement il descend à trois. La chaleur, qui, comme on le voit, n'est pas excessive, est habituellement tempérée d'ailleurs par les vents de mer. Les orages, à la vérité, sont très-fréquens en été, mais ils se réduisent à quelques éclats de tonnerre et à quelques gouttes de pluie. Dans l'espace d'une heure, et souvent même de vingt à vingt-cinq minutes, l'horizon se trouve éclairci, la mer et les eaux des canaux pompant presque toute la matière électrique. Dans les hivers, on n'a vu que deux fois en cinq siècles de la gelée, et même des brouillards; car les vents qui dominent, venant du sud-est, laissent toujours le ciel clair et serein. M. Fischer a donné le tableau du cours des saisons; il le dépeint comme une succession continuelle de charmes nouveaux, où la nature se montre toujours jeune et florissante.

Quoique la fertilité soit un avantage commun à presque toutes les parties de la province de Valence, nulle part le climat n'est plus doux, le sol plus fertile, l'agriculture plus productive, que dans la contrée de *Grandia*, qui n'a en longueur et en largeur que pour deux heures de marche. Entourée de montagnes et s'étendant le long de la côte, elle est arrosée par deux fleuvès, et ressemble à un magnifique jardin. Avec tant d'avantages, tout y mûrit un mois plutôt que dans la *Huerta*, ou vallée qui environne la ville de Valence. La quantité des productions étonne, quand on la rapproche du peu d'étendue du territoire : M. Fischer en a fait l'énumération. Sans être portée à cet excès, l'abondance est générale dans presque toute la province de Valence. On doit en excepter néanmoins le froment, dont on ne récolte pas une quantité suffisante pour la subsistance des habitans. Cette pénurie ne tient pas à la nature du sol, mais à la préférence qu'on a long-temps donnée, au grand préjudice de la salubrité du climat et de la santé des habitans, à la culture du riz : mais on a commencé à détruire plusieurs rizières.

Comme il ne pleut presque pas dans la province de Valence, sa grande fertilité, indépendamment de la nature du sol, doit s'attribuer à la pratique des arrosemens, par lesquels on tire parti, mais avec beaucoup de peines et de fortes dépenses, soit des rivières, soit des autres courans. De grands canaux fournissent à une multitude de petits canaux secondaires, l'eau nécessaire pour les irrigations. La quantité et la durée de l'arrosement donnent fréquemment matière à des procès interminables entre les particuliers voisins et les différentes communes. Ce besoin urgent d'arrosement pour fertiliser les terres, a introduit une classe de voleurs d'eau qui, malgré la gravité des peines infligées suivant la nature du délit dont ils se sont rendus coupables, est extrêmement multipliée : elle met tant d'adresse à le commettre, qu'il reste presque toujours impuni. Les canaux tirés des rivières, ne sont pas les seules ressources pour l'arrosement : on perce, à grands frais, les montagnes pour en faire sourdre l'eau qu'on transporte par des aqueducs : on creuse des citernes pour y recueillir la petite quantité d'eau pluviale qui tombe dans le cours de l'année.

Quoiqu'on ne récolte dans la province de Valence qu'une quantité insuffisante de blé, il s'y est établi des magasins, comme si l'on en avoit beaucoup à mettre en réserve : les plus considérables ont été construits à *Bussajo*, bourg superbe, éloigné de Valence d'environ trois quarts-d'heure de marche, et orné de jolies maisons de campagne et de jardins agréables, où l'on jouit tout-à-la-fois d'un air frais et pur, et de la meilleure société. Ces magasins sont au nombre de quarante et un. Ils s'annoncent par de grands fossés perpendiculaires d'environ trente à cinquante pieds, qui conduisent au magasin voûté et revêtu de faïence, de cent quatre-vingt-sept à cent quatre-vingt-dix pieds en carré. Les *Rejos*, ainsi nomme-t-on ces magasins, ne datent que de 1573. Le blé s'y conserve parfaitement, et c'est aujourd'hui le grenier le plus considérable de Valence, quoiqu'ils ne soient remplis qu'environ au tiers. On en trouve d'autres à *Nules*, mais qui ne leur sont pas comparables pour leurs dimensions.

On cultivoit jadis le riz, dit M. Fischer, sur toute la côte de Valence, et même dans l'intérieur de la province, sur-tout le long des grandes rivières, avec une espèce de fureur. Maintenant cette culture est plus restreinte, et cependant elle occupe encore près de deux cent mille *hennagadas* (mesure qui contient deux mille pieds carrés). Le riz de Valence se transporte presque dans toutes les provinces de l'Espagne, et forme par conséquent une branche considérable de commerce ; mais les avantages qu'on en retire ne sont, dans l'opinion de M. Fischer, que très-illusoires. Cette culture, suivant lui, est également préjudiciable, soit à la population, soit aux autres cultures. Il établit solidement le premier fait, par une comparaison des tableaux des naissances et des morts dans la contrée où se cultive le riz, avec ceux des pays où cette culture a été abandonnée. La preuve du second fait résulte de l'augmentation des productions de la terre dans les cantons où l'on a substitué d'autres cultures à celle du riz.

M. Fischer combat ensuite, avec beaucoup de solidité, les sophismes que les partisans de cette culture emploient pour la soutenir. Il prouve que le froment, dont l'insuffisance est le principal prétexte que l'on fait valoir pour autoriser la culture du riz, réussiroit parfaitement dans les terres qu'on consacre au riz, et qu'en même temps qu'on anéantiroit un principe évident de dépopulation, l'on se procureroit avec moins de travaux un grain plus nourricier et plus sain.

C'est la soie qui forme le produit le plus considérable de la province de Valence; elle occupe la plus grande partie de ses habitans, et cet objet balance presque seul tous les autres articles ensemble; mais malgré les encouragemens du gouvernement, on s'obstine à suivre l'ancienne routine pour le dévidage de la soie, qui est très-défectueux. En général, toutes les fabriques de ce fil si précieux sont mal organisées : aussi d'un million et demi de livres de soie, ne s'en exporte-t-il qu'environ trente-huit mille quatre cent trente livres; tout le reste se consomme dans le pays.

L'industrie des habitans est aussi peu avancée pour la fabrication de l'huile, qui, en conséquence, est très-inférieure à celle de la Pouille et de la Provence. Outre que les oliviers se cultivent avec peu de soin, l'on cueille les olives beaucoup trop tard, et sans observer les précautions nécessaires, de manière qu'elles sont souvent tachées, et presque en putridité; enfin on les porte au pressoir sans séparer les bonnes d'avec les mauvaises; abus irrémédiable, tant qu'on laissera subsister le droit oppressif des moulins bannaux et privilégiés. Par quelques essais qui ont très-bien réussi, on s'est assuré qu'avec une meilleure méthode de culture, et des préparations plus soignées, l'huile de Valence égaleroit en qualité celle de Provence. Malgré son infériorité, cette huile n'en a pas moins été jusqu'ici l'objet d'un commerce très-lucratif. Précisément à cause de son âcreté, elle est très-recherchée par les fabricans de savon de Marseille; et il s'en exporte jusqu'à quatre-vingt et cent mille quintaux, à huit piastres et demie le quintal.

Parmi les différentes espèces de soude qu'on trouve sur les côtes de la province de Valence, comme sur celles de la province de Murcie, la barille tient le premier rang; elle forme une branche de commerce très-avantageuse. Le quintal se vend soixante et dix, quatre-vingt et quelquefois même jusqu'à cent dix réaux; et chaque année il s'en exporte de cent cinquante à cent soixante mille quintaux en Angleterre, en France, etc. Des soudes plus communes, il s'en exporte encore dans les mêmes pays et en Hollande, environ vingt-huit mille quintaux.

L'*esparto*, dont les feuilles ont la forme d'une alène, et qu'on cultive à Valence sur toutes les montagnes et les hauteurs stériles, est, pour toute la province, d'une grande utilité. On en fait jusqu'à quarante-cinq espèces d'ouvrages, dont le débit s'est peu à peu répandu dans toute l'Europe. Les plus connus sont les câbles de vaisseaux faits de cette matière, et qui sont très-recherchés pour leur bon marché, leur durée, leur légèreté. Un câble d'esparto de douze à quatorze pouces d'épaisseur, et de quatre-vingt-dix à cent soixante toises de longueur, se vend tout au plus trente piastres. Il dure autant que deux autres de chanvre, et il a l'avantage de surnager toujours sur l'eau. Quant aux autres tissus d'esparto, on en fait des paniers, des nattes, des dessus de table, des fonds de chaises, des sangles pour les lits, et d'autres objets pareils qui sont durables et à bon marché. On a même essayé d'en faire une espèce de pluche, et l'on a imaginé, pour cela, une machine, au moyen de laquelle les filamens de cette matière se divisent et s'adoucissent sous des coups redoublés. Ces ouvrages d'esparto forment, pour la majeure partie de la province, une excellente branche d'industrie, à laquelle, comme le travail en est extrêmement aisé, et se paye un très-bon prix, les hommes même consacrent par jour une heure de loisir. M. Fischer regrette seulement qu'une matière aussi utile ne s'économise pas assez et qu'elle s'exporte souvent sans avoir été travaillée dans les pays. Dans certains lieux, on s'en sert pour se chauffer et pour engraisser les terres; et les fabriques restent souvent oisives faute de matière, tandis qu'on en trouve tant qu'on veut dans les ports étrangers. Le gouvernement pourroit aisément remédier à ces abus, en chargeant de droits considérables l'esparto brut et non travaillé : c'est ce que M. Fischer laisse entrevoir, sans l'énoncer positivement.

Les palmiers de la grande espèce sont aussi un produit précieux pour la province de Valence. On les y place dans une terre limonneuse, à six pieds seulement de distance, le long d'un petit canal, avec l'attention de doubler les arbres femelles : ils s'y élèvent jusqu'à trente et même soixante pieds, jusqu'à ce qu'à la dixième année, ils commencent à porter des fleurs : c'est alors qu'on met à profit et les fruits et les rameaux. Les premiers connus sous le nom de *dattes*, se tirent des arbres femelles; les autres qui le sont sous la dénomination de *palmes*, qu'on envoie dans tout le nord de l'Espagne et même jusqu'en Italie, pour être employés dans les cérémonies du dimanche des Rameaux, sont fournis par les arbres mâles. Pour former la couronne de ceux-ci, de laquelle on tire les palmes, il faut, suspendu en l'air, se livrer à un travail très-dangereux, dont on ne lira pas sans frémir les détails dans l'ouvrage même.

Une singularité remarquable du climat de Valence, c'est que l'amandier, qui résiste à nos froids les plus violens, est tellement délicat dans cette contrée, qu'une seule journée un peu rigoureuse peut le faire mourir; mais cela arrive seulement dans les parties septentrionales, où le climat n'est pas toujours aussi doux que sur les côtes. Lorsqu'il n'est pas frappé par cet accident et qu'il est planté dans un sol sableux ou plâtreux, l'amandier vit jusqu'à soixante ans.

Les orangers s'élèvent à Valence, soit de semences, soit de rejetons. M. Fischer a décrit l'une et l'autre méthode. Les orangers qui viennent de pepins acquièrent plus de hauteur et atteignent à un plus grand âge que les autres; mais ils croissent aussi plus lentement, et donnent des fruits d'une qualité bien inférieure. Au contraire, les orangers qui viennent de rejetons, croissent beaucoup plus vîte, et donnent des fruits excellens, mais ils sont plus petits, et meurent dans la vingtième ou dans la vingt-cinquième année : c'est à ceux-ci que les Valenciens donnent la préférence. Chaque oranger donne un produit de six réaux, dont il faut déduire tout au plus un tiers pour les frais; et comme dans les intervalles de ces arbres on peut faire venir des légumes de diverses espèces, la culture des orangers est productive.

Les cannes à sucre, qui réussiroient dans presque toutes les parties méridionales de la province de Valence, ne se cultivent que dans la fertile contrée de *Gandia* et dans les villages circonvoisins, où l'on en plante, soit à cause de leur suc rafraîchissant, soit afin d'améliorer les champs, qui en reçoivent un engrais suffisant pour faire supporter aux terres, après la coupe des cannes, pendant deux années consécutives, du maïs et du froment. Malgré ces deux avantages, et celui de procurer un bénéfice très-honnête par la vente du sucre, la culture des cannes paroît avoir été oubliée par-tout ailleurs qu'à Gandia, depuis l'introduction du sucre des îles occidentales. M. Fischer décrit la méthode qu'on pratique pour cette culture, et il observe que, dans le district de Gandia, la moisson des cannes est une véritable fête pour tous les âges, chacun la passant presque toujours dans une douce ivresse que le jus de la canne ne manque pas de produire, lorsqu'on en prend dans une certaine quantité.

La province de Valence possède trois salines considérables, où la cristallisation s'opère par la voie de l'évaporation, et dont M. Fischer porte le produit à deux cent mille piastres. Il en est une quatrième, formée de masses d'un sel dur comme la pierre : c'est une espèce de roche qui s'élève de deux cents pieds environ : le sel en est extrêmement brut, et l'on en fait peu d'usage.

Dans un sol aussi fertile, sous une aussi agréable température, on conçoit qu'il doit se faire une grande quantité d'excellens vins. Les vins ordinaires de Valence se consomment dans le pays : on les convertit aussi en eaux-de-vie, et en général ils sont à très-bon compte. Quant à l'eau-de-vie, on en exporte beaucoup en France, et elle sert à frélater celle du pays. Il en passe aussi beaucoup en contrebande dans la Grande-Bretagne, par l'île de Guernesey ; mais la plus grande partie va dans l'Amérique Espagnole. Les vins communs fournissent encore ce qu'on appelle l'*arrope ;* c'est une espèce de sirop, qu'avec un douzième de terre calcaire et le secours de la cuisson, le vin doux produit, et qu'on conserve pour faire des confitures et pour d'autres usages. Les vignes qui donnent ces vins, fournissent aussi vingt-huit mille quintaux au moins de raisins secs qui s'exportent chez l'étranger. Dans toute la province de Valence, les vendanges donnent lieu aux plus belles fêtes qu'on puisse voir dans le midi ; mais les vins les plus précieux de Valence sont ceux d'Alicante et de Bénicarlo. Pour ceux d'Alicante, on distingue cinq différens plants. Le véritable vin d'Alicante ne se tire que du *muscatella*, mais souvent on y emploie aussi des raisins de qualité inférieure. Ce qu'on appelle vins de malvoisie, se tire du muscatella et de divers autres plants. Quant aux vins de Bénicarlo, l'on distingue ceux que produit véritablement le terroir de Bénicarlo, et ceux que sous ce nom, l'on apporte de quelques cantons voisins, et qui sont d'une qualité un peu inférieure. L'exportation des vins d'Alicante et de Bénicarlo est très-considérable: année commune, on l'évalue à trois mille cinq cents pièces.

La *Guerta*, ou vallée d'Alicante, est délicieuse par l'agréable mélange de vignes, d'orangers, de figuiers, de toutes espèces de fruits. De beaux blés, des légumes très-variés, des prés artificiels, achèvent d'enrichir cette heureuse contrée, dont on porte la population à douze mille ames, et qu'embellissent encore de magnifiques maisons de campagne. M. Fischer a donné l'énumération de ses produits qui étonnent l'imagination. Ces avantages sont un peu balancés par une fièvre épidémique qui, tous les automnes, afflige cette belle Guerta, et qui, sur-tout par le défaut de médecins, entraîne une mortalité extraordinaire. M. Fischer en attribue la cause, non à l'abus des fruits, mais aux exhalaisons nuisibles d'un profond marais qui est dans le voisinage: en le comblant, on feroit cesser l'épidémie. Ces inconvéniens et la mauvaise qualité de l'eau n'empêchent pas que la ville d'Alicante n'ait une population de dix-neuf à vingt mille ames, et que le commerce n'en soit très-actif.

La province de Valence possède un assez grand nombre de mines de fer, mais presque toutes sont abandonnées: il y en a deux seulement d'exploitées, et qui le sont mal. On a laissé dépérir une mine de cobalt; celle de cuivre ne s'exploite pas: les mines de plomb ne l'ont été que de 1775 à 1777. La plus précieuse des mines de Valence, est celle de vif-argent, qui, depuis plusieurs siècles, étoit tombée dans le dépérissement, qu'on a remise en activité dans l'année 1793, mais qu'on dit avoir été abandonnée de nouveau en 1795, quoique le produit en soit avantageux, et quelque utile que soit ce minéral pour l'exploitation des mines du Mexique et du Pérou. Les essais qu'on en avoit faits, donnoient sur un quintal de minéral, treize livres de mercure, vingt et une livres de cuivre, dix-huit livres de soufre et d'arsénic, un cent vingt-huitième d'argent.

On trouve dans la province de Valence un grand

nombre de carrières de très-beau marbre, dont on extrait de superbes blocs. A *Buixcarra*, renommé dans toute l'Espagne, pour la finesse et la beauté de ses marbres, l'on tire des couches presque horizontales de la carrière, des colonnes de trente pieds de hauteur, sur douze ou quatorze pieds de diamètre. La carrière de *la Corvesa* donne des marbres de quinze à dix-huit espèces différentes, et des couleurs les plus rares. Il en est encore plusieurs autres très-renommées par leurs diverses espèces de marbres d'un grain très-fin et susceptibles d'un beau poli : à peine se sert-on de ces marbres pour la construction de quelques palais et de quelques églises et cloîtres. La plus grande partie des richesses que renferment ces carrières, est inconnue même aux propriétaires.

Avec une multitude de productions naturelles et l'esprit d'industrie des habitans, la province de Valence doit avoir beaucoup de manufactures. Les principales sont celles de soie et de laine. Les premières font mouvoir dans la seule ville de Valence, comme l'avoit déjà observé M. Bourgoing, près de quatre mille métiers, et elles occupent jusqu'à vingt-cinq mille ouvriers. Il faut y ajouter celles des toiles, alimentées par le chanvre et le lin; celles d'aloës, d'esparto, de junco, de palmistes, dont on fait des meubles et des étoffes; enfin les manufactures de faïence, où l'on fabrique, entre autres, de petits carreaux ornés de diverses figures, et embellis par les plus vives couleurs, qui servent à carreler les appartemens. Avec le secours des ouvriers de Sèves, l'art de la porcelaine a été porté à Valence au plus haut degré de perfection. A ces différentes fabriques, il faut ajouter les savonneries, les brasseries, les distilleries, les forges de fer et de cuivre, les fours à chaux et à plâtre; cette dernière substance est répandue avec profusion dans toute la province de Valence.

Le commerce, tant intérieur qu'extérieur, est très-actif dans cette province. Le premier de ces deux genres de commerce a deux branches : l'une se resserre dans quelques districts provinciaux, l'autre embrasse les provinces limitrophes. L'un et l'autre de ces deux commerces dans l'intérieur, se font par mer ou par terre. Pour le commerce par terre, on emploie les *arrieneros*, espèce de charrette attelée de mulos. Le commerce de mer se fait par la voie du cabotage. Le commerce extérieur est principalement en vigueur dans les ports d'Alicante, de Valence, de Vinaros, de Bénicarlo, de Murviedro, de Guardomar. Il seroit beaucoup plus actif dans le port de Valence, si, comme l'a observé M. Bourgoing, les travaux qu'on a entrepris pour le rendre propre à recevoir de plus gros vaisseaux, n'étoient pas contrariés dans la saison de l'hiver. Alicante est la première place de commerce de toute la province. Toutes les productions de la terre et de l'industrie qu'on a passées en revue, sont pour les cinq sixièmes au moins l'objet de ce commerce, qui, depuis trente ans, a toujours été en augmentant.

Le transport des marchandises se fait avec facilité sur les principales grandes routes : elles sont excellentes dans toutes les parties de la province qui portent le nom de *Plana*, ou plaine. C'est au milieu des plus beaux paysages, des cultures les plus variées, qu'on voyage sur des chemins bien ferrés. Par-tout on rencontre des ponts et des indications itinéraires, des hospices et des *ventes* ou auberges, construites avec beaucoup d'élégance, et même de luxe. On y trouve, ce qui est fort rare dans les autres parties de l'Espagne, des lits très-propres, de beaux meubles : on y est servi en faïence anglaise. Les routes de terre d'un village à l'autre sont incommodes, et quelquefois peu praticables : plus basses de cinq à six pieds que les champs riverains, elles deviennent en hiver, par des inondations soudaines, inabordables pendant plusieurs jours. Dans les montagnes, les chemins sont plus pénibles encore, et quelquefois dangereux; mais les divers points de vue y forment une succession de surprises agréables, et la nature y est si riche, qu'on croit marcher d'un jardin à l'autre.

Après avoir rassemblé les traits confusément épars dans

l'ouvrage de M. Fischer, sur le matériel de la province de Valence, je vais réunir aussi ceux qu'il a disséminés avec la même confusion, sur les habitans de cette belle contrée.

Le climat y est si favorable à la propagation de l'espèce humaine, que la population, chose prodigieuse et presque incroyable! se trouvant réduite, par les guerres, les proscriptions, les bannissemens politiques, à vingt-cinq mille cinq cent quatre-vingts ames, elle s'élevoit déjà en 1761, à six cent quatre mille six cent douze. En 1768, elle étoit portée à sept cent seize mille huit cent trente-six. Dix-neuf ans après (en 1787), à sept cent quatre-vingt-trois mille quatre-vingt-quatre. Plus récemment (en 1795), on avoit enregistré neuf cent trente-deux mille cent cinquante habitans. Un calcul exact portoit le nombre des villes, bourgs et villages, à six cent vingt-huit.

M. Fischer dépeint le caractère physique et moral des Valenciens : je copie fidèlement ses expressions.

« Le Valencien semble réunir tous les avantages des » habitans du Nord à ceux des habitans du Midi : il a la » force des uns, la sensibilité et l'irritabilité des autres. » Il est dur comme un Norwégien ; ardent, fougueux » comme un Provençal. Il en est de même des femmes. » A la beauté de leur teint, à la couleur de leurs cheveux, » à leur charmant embonpoint, on les prendroit pour » des femmes du Nord ; mais leurs graces, leur sensibilité, » leur éclat, tout leur ensemble les ramène dans le Midi.

» Le climat influe également sur les formes morales. » Les hommes ont une gaîté franche, cette vigueur de » santé et cette surabondance de vie qui distinguent les pays » méridionaux ; les femmes, cette aménité enchanteresse, » ce tempérament ardent, impétueux, ce caractère enjoué » qui forme le plus doux lien de la société.

» Les deux sexes se distinguent principalement par la » propreté et l'élégante coquetterie de leur ajustement. » La couleur favorite est le bleu. Les étoffes les plus com- » munes, sont les indiennes et les toiles : mais dans leur

» grande parure, les hommes mettent un gilet de velours
» noir et bleu ; les femmes, des corsets de cette même
» étoffe, ou verts, ou roses. Mais ce qui rend le costume
» des Valenciennes si attrayant, ce qui l'approche du beau
» idéal, c'est cette grace, cette vivacité, cette tournure
» méridionale qui semble si naturelle aux plus simples vil-
» lageoises ».

Tout annonce chez les habitans de la province de Valence, la vie et la gaîté. Tout, jusqu'à leurs divertissemens même, indique la vigueur et la plus grande irritabilité. Malgré des travaux pénibles et continuels, ils se font un jeu des exercices les plus fatigans, tels que le ballon, la fronde, la course, le jeu de boule, où l'on se sert de masses de fer; des joûtes sur le bord de la mer, l'ascension à des mâts de cocagne, etc.... Un de leurs plus agréables divertissemens, ce sont les *fêtes sur l'eau* : elles ont ordinairement lieu à l'occasion de la découverte de quelque source, et se distinguent de toutes les autres par des emblêmes et des symboles ingénieux.

Dans toute la province, on rencontre une foule d'histrions, d'escamoteurs, de danseurs de corde, de joueurs de marionnettes. Ces histrions donnent souvent des représentations des anciens *autos sacramentales*, accompagnés d'anges et de diables, et plus communément des *Saginottes* en langage valencien, dont quelques-unes offrent des situations comiques. Ils y joignent aussi des espèces de ballets, et des imitations burlesques de danses étrangères.

Comme l'Italie, l'Espagne a ses improvisateurs qu'on appelle *trovadoses*; mais c'est dans la province de Valence qu'ils sont le plus multipliés. Les ballades érotiques sont les morceaux qu'on leur demande le plus souvent. Ces chants, dit Fischer, peignent les mystères de l'amour avec une chaleur, une sensibilité qui monte souvent l'imagination de l'auditeur jusqu'aux attitudes les plus voluptueuses du *volero*, si ce n'est à des situations plus délicieuses encore. Les trovadoses ont dans le pays toute la considération qu'ils méritent par leur talent. La plupart d'ailleurs se chargent d'inviter aux mariages, d'écrire pour le public; et en général ils se distinguent par une vie libre, insouciante, et sujette à tous les écarts d'une imagination poétique.

Valence a produit une foule d'excellens peintres, dont la capitale possède plusieurs tableaux célèbres, indépendamment de quantité d'autres productions d'artistes espagnols. Fischer fait l'énumération des principaux, dont quelques-uns ont été payés, dans les premières années du seizième siècle, jusqu'à trois mille ducats chacun. Valence, dit-il, semble avoir été destinée pour être la patrie du génie. Il présage qu'il s'y élevera quelque jour une école espagnole, qui surpassera peut-être toutes celles qui l'ont précédée. Il s'est formé dans la capitale, une académie pour la peinture et les autres arts du dessin, qui donne les plus belles espérances pour l'avenir. Les sciences et les lettres ne sont pas plus négligées que les beaux-arts. Valence a une université instituée dès l'an 1411. Depuis sa réforme totale, en 1787, on peut la considérer comme la première de toutes celles de l'Espagne, principalement en ce qui concerne l'étude de la médecine. On y compte soixante et dix-huit professeurs : il y en a onze pour la théologie, douze pour la jurisprudence, dix-huit pour la médecine, neuf pour la philosophie, six pour les langues, etc.... La bibliothèque qui y est attachée, ne renferme guére que quinze mille volumes; mais elle offre les collections précieuses de Franc-Perez-Bayer, et ce qui a paru de meilleur dans ces derniers temps, sur-tout en médecine. La bibliothèque du palais archi-épiscopal, qui est publique comme l'autre, et qui, pour la beauté du local, l'emporte même sur la bibliothèque royale de Madrid, est beaucoup plus considérable que celle de l'université : elle contient cinquante mille volumes. On y trouve tous les ouvrages espagnols qui ont paru depuis 1763; et dans ce qui concerne la géographie et l'histoire, plusieurs excellens livres étrangers. On est redevable à l'imprimerie de *Monford*, établie dans la ville de Valence, de plusieurs éditions magnifiques, qui, suivant Fischer, peuvent rivaliser avec celles d'Ibarra, de Sanchez, de Bodoni et de Didot. Il y en a encore plusieurs autres dans cette ville; et l'on trouve dans sa librairie, un fonds considérable de nouveaux livres étrangers.

Quoiqu'avec le secours de toutes ces sources d'instruction, les lumières aient pénétré jusqu'à un certain point dans la province de Valence, la superstition y exerce encore un grand empire, au moins dans la classe du peuple. Elle se déclare principalement par une croyance exagérée en la protection des saints. Presque tous ont leur fonction particulière: mais saint Nicolas sur-tout, comme chez les Russes, avec lesquels d'ailleurs les Valenciens n'ont aucun rapport, est singulièrement honoré, notamment par les jeunes filles qui desirent cesser de l'être. De toutes les fêtes religieuses, celle qui se célèbre avec le plus de magnificence et d'éclat, c'est la fête de l'Assomption de la Vierge: la description que Fischer en a faite est très-curieuse.

La langue qu'on parle dans la vie commune à Valence et dans toute la province, est un patois qui approche beaucoup du limousin, et qui ne s'en éloigne que par ses dialectes: ce patois, dans la bouche des femmes sur-tout, est d'une harmonie et d'une douceur extrême. La plupart des personnes qui le parlent, et même les gens de la campagne, comprennent très-bien la langue castillane, ou l'espagnol proprement dit.

Fischer a décrit, tantôt avec les couleurs les plus riantes, tantôt avec des traits pleins de feu, les amours, les fiançailles, les noces des Valenciens: il faudroit le copier littéralement, pour ne pas affoiblir le tableau qu'il en a tracé.

La beauté du climat, la fertilité du sol, la bonne constitution physique des habitans de Valence, prolongent leurs jours au-delà du terme ordinaire. On rencontre fréquemment des vieillards de soixante-dix à quatre-vingts ans, auxquels on en donneroit à peine cinquante. Il n'est pas très-rare d'entendre parler d'hommes parvenus à l'âge de cent vingt ans, et même à celui de cent quarante années, et dont la vieillesse est encore verte et active. Il n'y a d'exception à cet égard, que dans la Huerta d'Alicante, la contrée d'Aropasa, la banlieue de Museros, où il existe plusieurs lagunes et marais, et en général dans tous les lieux où l'on cultive le riz. L'abandon absolu de cette culture, le comblement des lagunes, le dessèchement des marais, feroient cesser l'épidémie, qui, dans la Huerta d'Alicante, emporte quelquefois en un seul jour, vingt à vingt-cinq personnes.

Le tableau de Valence est suivi d'un premier appendice qui renferme un coup-d'œil général sur la géographie et la statistique de la province de Valence, des îles Baléares et des îles Pithyuses : j'en ai donné un extrait à l'article de ces îles. Un second appendice contient l'essai d'une Flore de Valence.

NOUVEAU VOYAGE en Espagne. Paris, Lenormant, 1 vol. in-8°. 1805.

Cet ouvrage renferme principalement une revue critique et trop prolongée des sarcasmes qu'a répandus le marquis de Langle dans son Voyage d'Espagne, et qui assurément ne comportoient pas une réfutation si sérieuse. On y attaque également à plusieurs reprises, l'auteur du Tableau de l'Espagne, M. Bourgoing, dont on relève les prétendues contradictions, qui ne m'ont paru que des modifications judicieuses de ses observations générales. Il se trouve néanmoins dans le *Nouveau Voyage*, quelques détails assez curieux sur le *Buen-Retiros*, ancien palais des rois d'Espagne à Madrid; sur les travaux immenses qu'a nécessités la construction du *Palais neuf* de cette capitale; enfin sur un autre petit palais près l'Escurial, qu'on appelle la *Maison du Prince;* mais ce qui peut surtout donner quelque prix à ce nouveau Voyage, ce sont les recherches que le voyageur a faites sur les importations et les exportations de l'Espagne : il en résulte que la balance du commerce lui est toujours favorable dans ses opérations avec les autres nations de l'Europe.

On y lit aussi avec beaucoup d'intérêt, que le roi d'Espagne actuel, Charles IV, a réparé les maux que faisoit éprouver aux cultivateurs le goût effréné de Charles III pour la chasse. Du moment que Charles IV monta sur le trône, il s'occupa de la destruction de plusieurs milliers de cerfs et de daims, qui dévastoient les environs des résidences royales. Des battues très-multipliées eurent lieu. Après avoir traqué autant de ces animaux qu'il étoit possible, on les fit passer devant des batteries chargées à

les parcs royaux, où ils auroient toujours dû être resserrés.

VOYAGE pittoresque et historique de l'Espagne, par Alexandre *de La Borde* et une société de gens de lettres et d'artistes de Madrid. Paris, 4 vol. gr. in-fol. avec estampes. *Sous presse.*

Voici ce que portoit l'ancien Prospectus de ce Voyage:

« Les différens ouvrages publiés sur l'Espagne ont assez fait connoître son commerce, ses finances, ses loix et son administration intérieure; il étoit à desirer qu'un ouvrage fût uniquement consacré à retracer fidèlement les sites pittoresques de la nature, et les monumens des arts qui ornent ce beau pays..... Le mélange de gloire et de malheurs qui caractérise l'histoire d'Espagne, en rend le Voyage plus intéressant; et l'idée de ne point séparer les faits historiques de la partie descriptive et pittoresque, a fait adopter à l'auteur la marche et la distribution qui suivent.

» L'ouvrage entier, tant pour le texte que pour les figures, formera quatre volumes.

» Le premier volume comprendra l'entrée en Espagne par les environs de Barrèges, et les parties les plus remarquables des Pyrénées espagnoles, les sites pittoresques du

Mont-Serrat, les vues de Barcelone, les antiquités de Tarragone, de Sagonte, aujourd'hui Morviedo: les environs de Valence, Alicante, Carthagène et le royaume de Murcie. Cette première partie, remarquable sur-tout par les guerres des Carthaginois et des Romains, les campagnes de Jules-César, et les monumens d'antiquité qu'on y trouve encore, sera précédée d'un tableau de l'Espagne ancienne, depuis ses premiers habitans jusqu'à la conquête des Goths, et d'une carte de la Tarragonoise et de la Bétique, rédigée d'après les auteurs anciens et les nouvelles recherches faites dans le pays, et comparée avec une carte soignée de l'Espagne moderne.

» Le second volume comprendra le royaume de Grenade, Cordoue, Séville, et tout le reste de l'Andalousie, et sera précédé d'un abrégé de l'histoire des Maures d'Espagne, d'observations sur leurs sciences, leurs arts, leur architecture comparée avec l'architecture gothique, et les traces qu'on retrouve encore de leur séjour en Espagne, dans les coutumes et le langage. Cette partie sera terminée par les antiquités de Mérida et de l'Estramadoure.

» Le troisième volume renfermera tout le nord de l'Espagne, l'aqueduc de Ségovie, les ruines d'Oxana, de Clunia, de Numance; les édifices gothiques de Burgos, de Léon, de Valladolid; les sites pittoresques des Asturies, de l'Arragon, d'une partie de la Galice et de la Biscaye. Cette partie sera précédée d'un examen de l'empire des Goths en Espagne, et de la renaissance de la monarchie espagnole sous le roi Pélage, avec un tableau comparatif des différens princes qui régnèrent après lui, et des différens Etats qui se formèrent depuis, et se confondirent successivement.

» Le quatrième volume sera consacré aux vues de Madrid, et des maisons royales des environs : on y trouvera les jardins et les marbres de Saint-Ildephonse, les vues pittoresques d'Aranjuez, les richesses de l'Escurial, et les détails sur les principales cérémonies religieuses ou coutumes nationales, telles que les courses de taureaux, les tournois, les danses du pays; enfin, tout ce qui a rapport à l'Espagne moderne.

» Cette partie sera terminée par une histoire de l'art en Espagne, depuis Ferdinand et Isabelle, tant en peinture qu'en sculpture et architecture; un examen abrégé de la littérature espagnole, et les portraits et la vie des principaux personnages qui s'y sont distingués.... »

Le 19 avril 1806, la Gazette de la cour d'Espagne a publié le prospectus d'un Voyage pittoresque d'Espagne, qui consistera en 60 à 70 cahiers, chacun de trois feuilles de texte et de six feuilles de gravures, dont quelques-unes contiendront plusieurs sujets; le tout devant former quatre grands volumes in-folio. Les gravures seront exécutées par les plus habiles artistes de Madrid et de Paris. Le texte espagnol sera rédigé par le P. *Roxas*, religieux augustin; et le texte français, par M. Alexandre *de La Borde*, associé de l'éditeur M. Boudeville....

A l'occasion de cette annonce insérée dans plusieurs journaux, M. de La Borde vient d'adresser l'avis suivant aux souscripteurs du Voyage pittoresque d'Espagne, annoncé dans le précédent prospectus.

« Les souscripteurs de cet ouvrage sont prévenus que
» le Voyage pittoresque annoncé dans la Gazette de Ma-
» drid, est le même que celui de M. de La Borde, par une
» suite de sa réunion à une société de Madrid, qui avoit
» commencé la même entreprise ».

Lorsque M. Alexandre de La Borde publia la description de la Mosaïque d'Italica et le prospectus du *Voyage pittoresque d'Espagne*, inséré dans le Moniteur du 2 thermidor an X, il apprit que S. M. C. venoit d'accorder à M. Boudeville, peintre de la Cour, un privilége pour le même genre d'ouvrage. Ces deux personnes, voyant le tort qu'elles pourroient se faire mutuellement, sans aucun avantage pour les arts, se réunirent, sous la condition expresse, qu'il ne seroit rien changé au plan du travail de M. de La Borde, ni à la forme de la publication, et que M. de La Borde conserveroit toujours la rédaction du texte et le choix des dessins.... Aux longs travaux de M. de la Borde en Espagne, se trouveront joints de nouveaux dessins et plans qu'il n'auroit jamais pu se procurer ; et les savans espagnols enrichiront volontiers de leurs recherches, un ouvrage national que leurs souverains ont honoré de leur protection ».

Un troisième et dernier prospectus, publié en 1807, annonce que :

Deux éditions, en tout conformes l'une à l'autre, paroîtront en même temps ; la première, en espagnol, sortira des presses de l'imprimerie royale à Madrid ; la seconde, en français, de celles de Didot l'aîné, à Paris.

Ce qui en a paru au moment du tirage de la présente feuille, consiste en cinq livraisons.

La première livraison contient vingt-trois feuilles d'introduction.

La seconde livraison contient six planches, avec leurs explications : 1. vue de Barcelone ; 2. plan de cette ville et de son port ; 3. trois autres vues de la même ville ; 4. vues de ses promenades publiques ; 5. sa cathédrale ; 6. temple d'Hercule et bains des Arabes.

La troisième livraison contient : 1. bas-reliefs antiques à Barcelone ; 2. cascades de Saint-Michel-del-Fay ; 3. *idem.* 4. hermitage de Saint-Michel ; 5. pont de Martorelle et le Mont-Serrat ; 6. *idem*, et son arc de triomphe.

La quatrième livraison contient : 1. le Mont-Serrat ; 2. monastère du Mont-Serrat ; 3. *idem.* ; 4. *idem.* ; 5. son église ; 6. ses jardins.

La cinquième livraison contient : 1. hermitages de Sainte-Anne, de la Sainte-Trinité, de Saint-Dimas ; 2. intérieur de ce dernier ; 3. hermitage de Saint-Onufre, et grotte de la Vierge de Mont-Serrat ; 4. hermitage de Saint-Benoît, grottes de stalactites du Mont-Serrat ; 5. pont de Monistrole ; 6. pont de Lladenet.

FIN DU TOME TROISIÈME.

Lightning Source UK Ltd.
Milton Keynes UK
UKHW01n2037110918
328730UK00006B/15/P